# 中国科技统计年鉴

# CHINA STATISTICAL YEARBOOK ON SCIENCE AND TECHNOLOGY

## 2010

国家统计局
科学技术部 编

*Compiled by*
**National Bureau of Statistics**
**Ministry of Science and Technology**

中国统计出版社
China Statistics Press

(京)新登字041号

图书在版编目(CIP)数据

中国科技统计年鉴. 2010：汉英对照／国家统计局，科学技术部编. —北京：中国统计出版社，2010.11

ISBN 978-7-5037-6152-2

Ⅰ. ①中… Ⅱ. ①国… ②科… Ⅲ. ①科技统计-中国-2010-年鉴-汉、英 Ⅳ. ①G322-66

中国版本图书馆CIP数据核字(2010)第230719号

中国科技统计年鉴-2010

---

作　　者/国家统计局、科学技术部　编
责任编辑/徐　涛　赵利婧
装帧设计/李雪燕
出版发行/中国统计出版社
通信地址/北京市西城区月坛南街57号　邮政编码/100826
办公地址/北京市丰台区西三环南路甲6号
电　　话/邮购(010)63376907　书店(010)68783172
印　　刷/河北天普润印刷厂
经　　销/新华书店
开　　本/880×1230mm　1/16
印　　张/19.25
字　　数/610千字
版　　别/2010年12月第1版
版　　次/2010年12月第1次印刷
书　　号/ISBN 978-7-5037-6152-2/G·194
定　　价/260.00元

---

**本书附同版本CD-ROM一张，光盘内容以书面文字为准。**
**中国统计版图书，如有印装错误，本社发行部负责调换。**

# 《中国科技统计年鉴—2010》
## 编辑委员会和编辑部

# THE CHINA STATISTICAL YEARBOOK ON SIENCE AND TECHNOLOGY—2010

## Editorial Board and Editorial Staff

# 编者说明

《中国科技统计年鉴-2010》是国家统计局和科技部共同编辑的反映我国科技活动情况的统计资料书，收录了全国三十一个省、自治区、直辖市以及国务院有关部门2009年度科技统计数据。

全书内容分为九个部分。第一部分为反映全社会科技活动的综合统计资料。第二、三、四部分分别为工业企业、研究与开发机构和高等学校科技活动统计资料，其中工业企业的口径为规模以上企业，指年主营业务收入在500万元及以上的企业；研究与开发机构的口径为地级及以上政府部门属科学研究与技术开发机构、科学技术信息和文献机构；高等学校包括了高校附属医院。第五部分为高技术产业发展统计资料。第六部分为国家科技发展计划统计资料。第七部分为科技活动成果统计资料。第八部分为综合技术服务部门和科协活动有关资料。第九部分为国际科技统计资料。最后附有主要统计指标解释。

需要说明的是，2009年我国开展了第二次全国R&D资源清查，此次清查对我国科技统计指标体系进行了修订，故本书对第一至四章有关资料的编辑进行了较大的改动。与往年相比，上述章节在内容上着重突出能够反映自主创新能力的研究与试验发展（R&D）指标及其相关结构指标，同时删除了不能进行国际比较的科技活动人员、经费及相关指标。

本书有关符号说明："空格"表示该项统计指标数据不足本表最小单位数、不详或无该项数据；"#"表示是其中的主要项；"*"或"①"表示本表下有注解。

本书中因小数取舍而产生的误差均未做配平处理。

参与本书编辑的单位还有教育部、国防科技工业局、财政部、人事部、国土资源部、商务部、国家质量检验检疫总局、国家知识产权局、中国科学院、中国工程院、中国地震局、中国气象局、国家测绘局、中国科协。我们对上述单位有关人员在本书的编辑过程中给予的大力支持与合作，表示衷心感谢。

# FOREWORD

*China Statistical Yearbook on Science and Technology – 2010* is prepared jointly by the National Bureau of Statistics and the Ministry of Science and Technology. The Yearbook, which covers data series at the national, provincial and local levels, and autonomous regions, as well as departments directly under the State Council, reports on the development of China's science and technology activities.

The yearbook contains the following nine parts, The first part reflect general science and technology (S&T) Information on whole society; The second part, the third part and the forth part reflect respectively S&T information about Industrial Enterprises, Independent Research Institutions and Institutions of Higher Education. Industrial Enterprises cover Industrial Enterprises above Designated Size, with sales revenue over 5 million RMB; Independent Research Institutions cover the municipal and above scientific research and technological development institutions which belong to government; Institutions of Higher Education cover Institutions of Higher Education and affiliated hospitals. The fifth part contains information on High Technology Industry. The sixth part contains information on National Program for Science and Technology. The seventh part contains information on results of S&T activities. The eighth part covers Scientific and Technologic Service and S&T activities of China Associations for S&T. The ninth part contains information on the international comparisons.

There is the second R&D Resources Survey carried out in China in 2009 and we revise the S&T index system through this survey. Therefore the information from the first part to the forth part changes by a big margin. Compared with previous years, in this four chapters we highlight R&D indicators and other relevant structural indicators which reflect ability of independent innovation and delete the S&T activities personnel, funding and other relevant indicators which cannot used to compare with other countries.

Notations used in this book: " (blank space)" indicates that the figure is not large enough to be measured with the smallest unit in the table or data are unknown or are not available; "#" indicates a major breakdown of the total; and " * " or "①" indicates footnotes at the end of the table.

Statistical discrepancies due to rounding are not adjusted in the yearbook.

The institutions participating editing this volume include: Ministry of Education, Sate Administration of Science, Technology and Industry for National Defense, Ministry of Finance, Ministry of Personnel, Ministry of Land and Resources, Ministry of Commerce, General Administration of Quality Supervision, Inspection and Quarantine, State Intellectual Property Office, Chinese Academy of Sciences, Chinese Academy of Engineering, China Earthquake Administration, China Meteorological Administration, State Bureau of Surveying and Mapping, China Association for Science and Technology. We would like to express our gratitude to these institutions of the State Council for their cooperation and support in sparing no effort to provide all the required data.

# 目　录　Contents

## 一、综　合
## General

## 二、工业企业
## Industrial Enterprises

## 三、研究与开发机构
## R&D Institutions

## 四、高等学校
## Higher Education

## 五、高技术产业
## High-tech Industry

## 六、国家科技发展计划
## National Program for Science and Technology Development



## 七、科技活动成果
## Results of Science and Technology Activities

## 八、科技服务
## Scientific and Technologic Services

## 九、国际比较
## International Comparison

# 一、综合
# General

# 1-1 研究与试验发展(R&D)人员(2009年)
## R&D Personnel (2009)

单位：人 (person)

| 项 目 | Item | R&D人员 Total | #女性 Female | #全时人员 Full-time Equivalent | #博士毕业 Doctor | #硕士毕业 Master | #本科毕业 Under-graduate |
|---|---|---|---|---|---|---|---|
| **全 国** | **Total** | **3183687** | **788977** | **1954957** | **178843** | **432580** | **945095** |
| **按执行部门分** | **by Performer** | | | | | | |
| 企 业 | Enterprises | 2185241 | 455192 | 1396620 | 22375 | 150640 | 625843 |
| #大中型工业企业 | Large and Medium-sized Industrial Enterprises | 1518991 | 327141 | 998289 | 13193 | 106318 | 470887 |
| 研究与开发机构 | R&D Institutions | 323034 | 102903 | 250027 | 35393 | 80511 | 136015 |
| 高等学校 | Higher Education | 509366 | 164706 | 259072 | 114931 | 178550 | 154667 |
| 其 他 | Others | 166046 | 66176 | 49238 | 6144 | 22879 | 28570 |
| **按地区分** | **by Region** | | | | | | |
| 东部地区 | Eastern Region | 2017182 | 497263 | 1277377 | 118706 | 266982 | 588169 |
| 中部地区 | Middle Region | 691268 | 162331 | 400562 | 34610 | 92143 | 200676 |
| 西部地区 | Western Region | 475203 | 129379 | 276994 | 25518 | 73452 | 156241 |
| 北 京 | Beijing | 252676 | 80242 | 166788 | 37609 | 55705 | 65083 |
| 天 津 | Tianjin | 72599 | 20727 | 39153 | 5351 | 9374 | 21883 |
| 河 北 | Hebei | 84601 | 23906 | 43997 | 2787 | 10803 | 27162 |
| 山 西 | Shanxi | 65147 | 16051 | 39370 | 2292 | 7515 | 16620 |
| 内蒙古 | Inner Mongolia | 31381 | 9768 | 18319 | 1057 | 4087 | 10513 |
| 辽 宁 | Liaoning | 119440 | 33361 | 75214 | 8048 | 17703 | 35237 |
| 吉 林 | Jilin | 56428 | 18008 | 31457 | 6725 | 13121 | 19444 |
| 黑龙江 | Heilongjiang | 72587 | 19037 | 47090 | 4251 | 10990 | 22528 |
| 上 海 | Shanghai | 170512 | 43279 | 104409 | 17160 | 29732 | 49489 |
| 江 苏 | Jiangsu | 369403 | 81779 | 228734 | 13525 | 33296 | 95862 |
| 浙 江 | Zhejiang | 239058 | 56183 | 134559 | 8688 | 21288 | 67646 |
| 安 徽 | Anhui | 87664 | 15426 | 52492 | 2973 | 11589 | 27702 |
| 福 建 | Fujian | 85745 | 19917 | 51914 | 3608 | 7887 | 23831 |
| 江 西 | Jiangxi | 51894 | 11923 | 28797 | 1435 | 5951 | 15419 |
| 山 东 | Shandong | 233137 | 56615 | 150084 | 8829 | 24097 | 83428 |
| 河 南 | Henan | 132062 | 29447 | 71046 | 3107 | 12730 | 37972 |
| 湖 北 | Hubei | 131680 | 29791 | 79565 | 9138 | 16554 | 32320 |
| 湖 南 | Hunan | 93806 | 22648 | 50745 | 4689 | 13693 | 28671 |
| 广 东 | Guangdong | 383524 | 79563 | 278890 | 12729 | 56037 | 117220 |
| 广 西 | Guangxi | 45049 | 12281 | 23655 | 2786 | 8563 | 13942 |
| 海 南 | Hainan | 6487 | 1691 | 3635 | 372 | 1060 | 1328 |
| 重 庆 | Chongqing | 53359 | 13851 | 31617 | 2960 | 8582 | 15199 |
| 四 川 | Sichuan | 125089 | 31089 | 72918 | 6370 | 19358 | 42562 |
| 贵 州 | Guizhou | 19982 | 6053 | 10948 | 1023 | 2739 | 8210 |
| 云 南 | Yunnan | 36876 | 11521 | 18947 | 2565 | 6520 | 12230 |
| 西 藏 | Tibet | 1916 | 649 | 1184 | 107 | 402 | 922 |
| 陕 西 | Shaanxi | 93576 | 26298 | 64630 | 5170 | 14260 | 28892 |
| 甘 肃 | Gansu | 29490 | 6985 | 15568 | 2068 | 3945 | 10297 |
| 青 海 | Qinghai | 7510 | 2237 | 3506 | 269 | 681 | 2604 |
| 宁 夏 | Ningxia | 10722 | 2807 | 5773 | 331 | 1120 | 3650 |
| 新 疆 | Xinjiang | 20253 | 5840 | 9929 | 812 | 3195 | 7220 |

# 1-2 全国研究与试验发展(R&D)人员全时当量
# Full-time Equivalent of R&D Personnel

单位：万人年 (10000 man-year)

| 年 份 Year | R&D人员全时当量 Total | 基础研究 Basic Research | 应用研究 Applied Research | 试验发展 Experimental Development |
|---|---|---|---|---|
| 1992 | 67.43 | 5.84 | 20.90 | 40.70 |
| 1993 | 69.78 | 6.33 | 21.49 | 41.96 |
| 1994 | 78.32 | 7.64 | 24.20 | 46.48 |
| 1995 | 75.17 | 6.66 | 22.79 | 45.71 |
| 1996 | 80.40 | 6.96 | 23.65 | 49.79 |
| 1997 | 83.12 | 7.17 | 25.27 | 50.68 |
| 1998 | 75.52 | 7.87 | 24.97 | 42.68 |
| 1999 | 82.17 | 7.60 | 24.15 | 50.42 |
| 2000 | 92.21 | 7.96 | 21.96 | 62.28 |
| 2001 | 95.65 | 7.88 | 22.60 | 65.17 |
| 2002 | 103.51 | 8.40 | 24.73 | 70.39 |
| 2003 | 109.48 | 8.97 | 26.03 | 74.49 |
| 2004 | 115.26 | 11.07 | 27.86 | 76.33 |
| 2005 | 136.48 | 11.54 | 29.71 | 95.23 |
| 2006 | 150.25 | 13.13 | 29.97 | 107.14 |
| 2007 | 173.62 | 13.81 | 28.60 | 131.21 |
| 2008 | 196.54 | 15.40 | 28.94 | 152.20 |
| 2009 | 229.13 | 16.46 | 31.53 | 181.14 |

# 1-3 按执行部门分研究与试验发展(R&D)人员全时当量(2009年)
# Full-time Equivalent of R&D Personnel by Performer(2009)

单位：万人年 (10000 man-year)

| 项 目 | Item | R&D人员全时当量 Total | #研究人员 Researchers | 基础研究 Basic Research | 应用研究 Applied Research | 试验发展 Experimental Development |
|---|---|---|---|---|---|---|
| **全 国** | **Total** | **229.13** | **115.23** | **16.46** | **31.53** | **181.14** |
| 企 业 | Enterprises | 164.75 | 70.78 | 0.17 | 2.50 | 162.08 |
| #大中型工业企业 | Large and Medium-sized Industrial Enterprises | 115.88 | 52.27 | 0.08 | 1.36 | 114.44 |
| 研究与开发机构 | R&D Institutions | 27.72 | 17.25 | 4.08 | 10.29 | 13.35 |
| 高等学校 | Higher Education | 27.52 | 22.51 | 11.27 | 14.12 | 2.12 |
| 其 他 | Others | 9.14 | 4.70 | 0.94 | 4.62 | 3.59 |

# 1-4 各地区研究与试验发展(R&D)人员全时当量(2009年)

## Full-time Equivalent of R&D Personnel by Region (2009)

单位：人年 (man-year)

| 地 区 | Region | R&D人员全时当量 Total | #研究人员 Researchers | 基础研究 Basic Research | 应用研究 Applied Research | 试验发展 Experimental Development |
|---|---|---|---|---|---|---|
| **全 国** | **National Total** | **2291252** | **1152311** | **164556** | **315348** | **1811405** |
| 东部地区 | Eastern Region | 1488201 | 693593 | 90654 | 171275 | 1226306 |
| 中部地区 | Middle Region | 481650 | 271055 | 38276 | 70466 | 372914 |
| 西部地区 | Western Region | 321367 | 187649 | 35626 | 73607 | 212151 |
| 北 京 | Beijing | 191779 | 103479 | 27186 | 46617 | 117983 |
| 天 津 | Tianjin | 52039 | 28783 | 4342 | 10191 | 37507 |
| 河 北 | Hebei | 56509 | 38808 | 3192 | 10246 | 43073 |
| 山 西 | Shanxi | 47772 | 25262 | 3029 | 8621 | 36124 |
| 内 蒙 古 | Inner Mongolia | 21676 | 12706 | 1747 | 4274 | 15657 |
| 辽 宁 | Liaoning | 80925 | 54395 | 7044 | 13871 | 60012 |
| 吉 林 | Jilin | 39393 | 26088 | 6350 | 10604 | 22439 |
| 黑 龙 江 | Heilongjiang | 54159 | 37020 | 6965 | 8058 | 39136 |
| 上 海 | Shanghai | 132859 | 64616 | 13610 | 25454 | 93804 |
| 江 苏 | Jiangsu | 273273 | 106783 | 8829 | 16624 | 247825 |
| 浙 江 | Zhejiang | 185069 | 59084 | 5483 | 9588 | 170001 |
| 安 徽 | Anhui | 59697 | 30165 | 5400 | 7711 | 46585 |
| 福 建 | Fujian | 63269 | 22789 | 3336 | 7549 | 52385 |
| 江 西 | Jiangxi | 33055 | 18352 | 2312 | 5965 | 24777 |
| 山 东 | Shandong | 164620 | 83330 | 8505 | 11657 | 144461 |
| 河 南 | Henan | 92571 | 47996 | 2625 | 5443 | 84507 |
| 湖 北 | Hubei | 91161 | 51212 | 6427 | 14187 | 70544 |
| 湖 南 | Hunan | 63843 | 34959 | 5167 | 9878 | 48802 |
| 广 东 | Guangdong | 283650 | 129768 | 8677 | 18793 | 256181 |
| 广 西 | Guangxi | 29856 | 15699 | 4792 | 9650 | 15411 |
| 海 南 | Hainan | 4210 | 1758 | 452 | 687 | 3074 |
| 重 庆 | Chongqing | 35005 | 20067 | 3352 | 5410 | 26243 |
| 四 川 | Sichuan | 85921 | 48786 | 9416 | 17283 | 59228 |
| 贵 州 | Guizhou | 13093 | 7733 | 1514 | 2148 | 9432 |
| 云 南 | Yunnan | 21110 | 12205 | 3852 | 6711 | 10549 |
| 西 藏 | Tibet | 1332 | 698 | 222 | 557 | 552 |
| 陕 西 | Shaanxi | 68040 | 42347 | 5495 | 14963 | 47585 |
| 甘 肃 | Gansu | 21158 | 12745 | 2217 | 5505 | 13437 |
| 青 海 | Qinghai | 4603 | 3001 | 606 | 1338 | 2661 |
| 宁 夏 | Ningxia | 6920 | 3395 | 991 | 1320 | 4614 |
| 新 疆 | Xinjiang | 12655 | 8268 | 1422 | 4448 | 6784 |

# 1-5 全国研究与试验发展(R&D)经费内部支出
## Intramura Expenditure on R&D

单位：亿元、% (100 million yuan,%)

| 年 份 Year | R&D经费内部支出 Total | 基础研究 Basic Research | 应用研究 Applied Research | 试验发展 Experimental Development | 占国内生产总值比重 of GDP | R&D经费内部支出现价增长 Growth at Current Price | R&D经费内部支出可比价增长 Growth at Constant Price |
|---|---|---|---|---|---|---|---|
| 1995 | 348.69 | 18.06 | 92.02 | 238.60 | 0.57 | | 38.10 |
| 1996 | 404.48 | 20.24 | 99.12 | 285.12 | 0.57 | 16.00 | 8.99 |
| 1997 | 509.16 | 27.44 | 132.46 | 349.26 | 0.64 | 25.88 | 24.00 |
| 1998 | 551.12 | 28.95 | 124.62 | 397.54 | 0.65 | 8.24 | 9.18 |
| 1999 | 678.91 | 33.90 | 151.55 | 493.46 | 0.76 | 23.19 | 24.75 |
| 2000 | 895.66 | 46.73 | 151.90 | 697.03 | 0.90 | 31.93 | 29.26 |
| 2001 | 1042.49 | 55.60 | 184.85 | 802.03 | 0.95 | 16.39 | 14.05 |
| 2002 | 1287.64 | 73.77 | 246.68 | 967.20 | 1.07 | 23.52 | 22.80 |
| 2003 | 1539.63 | 87.65 | 311.45 | 1140.52 | 1.13 | 19.57 | 16.53 |
| 2004 | 1966.33 | 117.18 | 400.49 | 1448.67 | 1.23 | 27.71 | 19.46 |
| 2005 | 2449.97 | 131.21 | 433.53 | 1885.24 | 1.32 | 24.60 | 19.88 |
| 2006 | 3003.10 | 155.76 | 488.97 | 2358.37 | 1.39 | 22.58 | 18.11 |
| 2007 | 3710.24 | 174.52 | 492.94 | 3042.78 | 1.40 | 23.55 | 14.82 |
| 2008 | 4616.02 | 220.82 | 575.16 | 3820.04 | 1.47 | 24.41 | 15.41 |
| 2009 | 5802.11 | 270.29 | 730.79 | 4801.03 | 1.70 | 25.70 | 26.48 |

# 1-6 按执行部门分组的研究与试验发展(R&D)经费内部支出(2009年)
## Intramural Expenditure on R&D by Performer(2009)

单位：亿元 (100 million yuan)

| 项 目 | Item | R&D经费内部支出 Total | 基础研究 Basic Research | 应用研究 Applied Research | 试验发展 Experimental Development |
|---|---|---|---|---|---|
| **全 国** | **Total** | **5802.11** | **270.29** | **730.79** | **4801.03** |
| 企 业 | Enterprises | 4248.60 | 4.42 | 84.82 | 4159.37 |
| #大中型工业企业 | Large and Medium-sized Industrial Enterprises | 3210.23 | 2.28 | 46.65 | 3161.30 |
| 研究与开发机构 | R&D Institutions | 995.95 | 110.63 | 350.91 | 534.41 |
| 高等学校 | Higher Education | 468.17 | 145.51 | 250.03 | 72.63 |
| 其 他 | Others | 89.38 | 9.73 | 45.04 | 34.62 |

# 1-7 各地区研究与试验发展(R&D)经费内部支出(2009年)

# Intramural Expenditure on R&D by Region (2009)

单位：万元、% (10000 yuan，%)

| 地 区 | Region | R&D经费内部支出 Total | 基础研究 Basic Research | 应用研究 Applied Research | 试验发展 Experimental Development | R&D经费内部支出占国内生产总值的比重 of GDP |
|---|---|---|---|---|---|---|
| **全 国** | **National Total** | **58021068** | **2702857** | **7307915** | **48010294** | **1.70** |
| 东部地区 | Eastern Region | 40522180 | 1693803 | 4343924 | 34484455 | 1.91 |
| 中部地区 | Middle Region | 10249424 | 531182 | 1389059 | 8329181 | 1.19 |
| 西部地区 | Western Region | 7248845 | 477872 | 1574932 | 5196038 | 1.08 |
| 北 京 | Beijing | 6686351 | 704789 | 1532072 | 4449491 | 5.50 |
| 天 津 | Tianjin | 1784661 | 72940 | 281477 | 1430244 | 2.37 |
| 河 北 | Hebei | 1348446 | 39791 | 285501 | 1023154 | 0.78 |
| 山 西 | Shanxi | 808563 | 22951 | 128010 | 657602 | 1.10 |
| 内蒙古 | Inner Mongolia | 520726 | 20341 | 57046 | 443338 | 0.53 |
| 辽 宁 | Liaoning | 2323687 | 62404 | 269047 | 1992237 | 1.53 |
| 吉 林 | Jilin | 813602 | 80658 | 129466 | 603477 | 1.12 |
| 黑龙江 | Heilongjiang | 1091704 | 114210 | 209670 | 767823 | 1.27 |
| 上 海 | Shanghai | 4233774 | 288064 | 708073 | 3237638 | 2.81 |
| 江 苏 | Jiangsu | 7019529 | 180012 | 456576 | 6382942 | 2.04 |
| 浙 江 | Zhejiang | 3988367 | 67347 | 199119 | 3721901 | 1.73 |
| 安 徽 | Anhui | 1359535 | 100385 | 155950 | 1103200 | 1.35 |
| 福 建 | Fujian | 1353819 | 32702 | 106538 | 1214579 | 1.11 |
| 江 西 | Jiangxi | 758936 | 21235 | 129235 | 608466 | 0.99 |
| 山 东 | Shandong | 5195920 | 105046 | 194974 | 4895900 | 1.53 |
| 河 南 | Henan | 1747599 | 24980 | 85935 | 1636684 | 0.90 |
| 湖 北 | Hubei | 2134490 | 89327 | 335189 | 1709975 | 1.65 |
| 湖 南 | Hunan | 1534995 | 77436 | 215605 | 1241954 | 1.18 |
| 广 东 | Guangdong | 6529820 | 130288 | 296507 | 6103025 | 1.65 |
| 广 西 | Guangxi | 472028 | 26383 | 76057 | 369588 | 0.61 |
| 海 南 | Hainan | 57806 | 10422 | 14039 | 33344 | 0.35 |
| 重 庆 | Chongqing | 794599 | 43473 | 128007 | 623119 | 1.22 |
| 四 川 | Sichuan | 2144590 | 130582 | 629512 | 1384495 | 1.52 |
| 贵 州 | Guizhou | 264134 | 24749 | 30261 | 209124 | 0.68 |
| 云 南 | Yunnan | 372304 | 46003 | 108300 | 218002 | 0.60 |
| 西 藏 | Tibet | 14385 | 1635 | 3976 | 8774 | 0.33 |
| 陕 西 | Shaanxi | 1895063 | 97397 | 344357 | 1453309 | 2.32 |
| 甘 肃 | Gansu | 372612 | 59999 | 91132 | 221482 | 1.10 |
| 青 海 | Qinghai | 75938 | 7201 | 17278 | 51459 | 0.70 |
| 宁 夏 | Ningxia | 104422 | 9639 | 11411 | 83372 | 0.77 |
| 新 疆 | Xinjiang | 218043 | 10470 | 77596 | 129976 | 0.51 |

## 1-8 按执行部门分组的研究与试验发展(R&D)经费内部支出
## Intramural Expenditure on R&D by Performer

单位：亿元 (100 million yuan)

| 年 份 Year | R&D经费内部支出 Total | 企 业 Enterprises | #大中型工业企业 Large & Medium-sized Industrial Enterprises | 研究与开发机构 R&D Institutions | 高等学校 Higher Education | 其 他 Others |
|---|---|---|---|---|---|---|
| 1995 | 348.7 | | 141.7 | 146.4 | 42.3 | |
| 1996 | 404.5 | | 160.5 | 172.9 | 47.8 | |
| 1997 | 509.2 | | 188.3 | 206.4 | 57.7 | |
| 1998 | 551.1 | | 197.1 | 234.3 | 57.3 | |
| 1999 | 678.9 | | 249.9 | 260.5 | 63.5 | |
| 2000 | 895.7 | 537.0 | 353.4 | 258.0 | 76.7 | 24.0 |
| 2001 | 1042.5 | 630.0 | 442.3 | 288.5 | 102.4 | 21.6 |
| 2002 | 1287.6 | 787.8 | 560.2 | 351.3 | 130.5 | 18.0 |
| 2003 | 1539.6 | 960.2 | 720.8 | 399.0 | 162.3 | 18.1 |
| 2004 | 1966.3 | 1314.0 | 954.4 | 431.7 | 200.9 | 19.7 |
| 2005 | 2450.0 | 1673.8 | 1250.3 | 513.1 | 242.3 | 20.8 |
| 2006 | 3003.1 | 2134.5 | 1630.2 | 567.3 | 276.8 | 24.5 |
| 2007 | 3710.2 | 2681.9 | 2112.5 | 687.9 | 314.7 | 25.7 |
| 2008 | 4616.0 | 3381.7 | 2681.3 | 811.3 | 390.2 | 32.9 |
| 2009 | 5802.1 | 4248.6 | 3210.2 | 995.9 | 468.2 | 89.4 |

## 1-9 按执行部门和支出用途分R&D经费内部支出(2009年)
## Intramural Expenditure on R&D by Performer and Use(2009)

单位：亿元 (100 million yuan)

| 项 目 | Item | R&D经费内部支出 Total | 日常性支出 Routine Expenses | #人员劳务费 Labor Cost | 资产性支出 Assets Expenditure | #仪器和设备 Equipment |
|---|---|---|---|---|---|---|
| **全 国** | **Total** | **5802.1** | **4868.8** | **1431.5** | **933.3** | **748.4** |
| 企 业 | Enterprises | 4248.6 | 3721.3 | 1129.7 | 527.3 | 491.5 |
| #大中型工业企业 | Large and Medium-sized Industrial Enterprises | 3210.2 | 2821.8 | 808.9 | 388.4 | 366.4 |
| 研究与开发机构 | R&D Institutions | 995.9 | 697.9 | 180.6 | 298.0 | 169.8 |
| 高等学校 | Higher Education | 468.2 | 380.7 | 80.9 | 87.5 | 70.5 |
| 其 他 | Others | 89.4 | 68.8 | 40.3 | 20.5 | 16.6 |

# 1-10 各地区按支出用途分研究与试验发展(R&D)经费内部支出(2009年)

## Intramural Expenditure on R&D by Use and Region (2009)

单位：万元 (10000 yuan)

| 地区 | Region | R&D经费内部支出 Total | 日常性支出 Routine Expenses | #人员劳务费 Labor Cost | 资产性支出 Assets Expenditure | #仪器和设备 Equipment |
|---|---|---|---|---|---|---|
| **全 国** | **National Total** | **58021068** | **48687893** | **14314605** | **9333177** | **7483827** |
| 东部地区 | Eastern Region | 40522180 | 34388122 | 10649708 | 6134058 | 5129729 |
| 中部地区 | Middle Region | 10249424 | 8477823 | 2091467 | 1771602 | 1403361 |
| 西部地区 | Western Region | 7248845 | 5821437 | 1573289 | 1427407 | 950628 |
| 北 京 | Beijing | 6686351 | 5367567 | 1674560 | 1318784 | 974321 |
| 天 津 | Tianjin | 1784661 | 1446838 | 320884 | 337824 | 275948 |
| 河 北 | Hebei | 1348446 | 1097007 | 277054 | 251439 | 218800 |
| 山 西 | Shanxi | 808563 | 645164 | 159283 | 163399 | 141886 |
| 内蒙古 | Inner Mongolia | 520726 | 422149 | 105012 | 98577 | 81209 |
| 辽 宁 | Liaoning | 2323687 | 2028380 | 395789 | 295307 | 262446 |
| 吉 林 | Jilin | 813602 | 705576 | 152934 | 108026 | 93159 |
| 黑龙江 | Heilongjiang | 1091704 | 896141 | 221512 | 195563 | 125719 |
| 上 海 | Shanghai | 4233774 | 3555593 | 1261208 | 678182 | 557392 |
| 江 苏 | Jiangsu | 7019529 | 6172378 | 1736001 | 847151 | 645012 |
| 浙 江 | Zhejiang | 3988367 | 3428616 | 1153854 | 559751 | 528732 |
| 安 徽 | Anhui | 1359535 | 1112970 | 251154 | 246565 | 205083 |
| 福 建 | Fujian | 1353819 | 1096674 | 364757 | 257145 | 246703 |
| 江 西 | Jiangxi | 758936 | 616200 | 136893 | 142737 | 98718 |
| 山 东 | Shandong | 5195920 | 4365000 | 1008618 | 830920 | 772496 |
| 河 南 | Henan | 1747599 | 1407047 | 365155 | 340553 | 289187 |
| 湖 北 | Hubei | 2134490 | 1771399 | 449057 | 363091 | 272942 |
| 湖 南 | Hunan | 1534995 | 1323326 | 355477 | 211669 | 176668 |
| 广 东 | Guangdong | 6529820 | 5783323 | 2438676 | 746498 | 637586 |
| 广 西 | Guangxi | 472028 | 398911 | 114710 | 73116 | 65877 |
| 海 南 | Hainan | 57806 | 46747 | 18307 | 11059 | 10295 |
| 重 庆 | Chongqing | 794599 | 605928 | 173388 | 188671 | 140906 |
| 四 川 | Sichuan | 2144590 | 1755258 | 527437 | 389332 | 211410 |
| 贵 州 | Guizhou | 264134 | 224918 | 53911 | 39216 | 36400 |
| 云 南 | Yunnan | 372304 | 279932 | 80223 | 92373 | 64443 |
| 西 藏 | Tibet | 14385 | 12270 | 4327 | 2115 | 1855 |
| 陕 西 | Shaanxi | 1895063 | 1491059 | 305453 | 404004 | 231013 |
| 甘 肃 | Gansu | 372612 | 304218 | 91575 | 68395 | 52431 |
| 青 海 | Qinghai | 75938 | 64709 | 24082 | 11229 | 10219 |
| 宁 夏 | Ningxia | 104422 | 85112 | 25564 | 19310 | 18494 |
| 新 疆 | Xinjiang | 218043 | 176974 | 67607 | 41069 | 36372 |

# 1-11 按资金来源分研究与试验发展(R&D)经费内部支出
## Intramural Expenditure on R&D by Sources

单位：亿元 (100 million yuan)

| 年份 Year | R&D经费内部支出 Total | 政府资金 Government Funds | 企业资金 Self-raised Funds by Enterprises | 国外资金 Foreign Funds | 其他资金 Other Funds |
|---|---|---|---|---|---|
| 2003 | 1539.6 | 460.6 | 925.4 | 30.0 | 123.8 |
| 2004 | 1966.3 | 523.6 | 1291.3 | 25.2 | 126.2 |
| 2005 | 2450.0 | 645.4 | 1642.5 | 22.7 | 139.4 |
| 2006 | 3003.1 | 742.1 | 2073.7 | 48.4 | 138.9 |
| 2007 | 3710.2 | 913.5 | 2611.0 | 50.0 | 135.8 |
| 2008 | 4616.0 | 1088.9 | 3311.5 | 57.2 | 158.4 |
| 2009 | 5802.1 | 1358.3 | 4162.7 | 78.1 | 203.0 |

# 1-12 按执行部门和来源构成分研究与试验发展(R&D)经费内部支出(2009年)
## Intramural Expenditure on R&D by Performer and Sources (2009)

单位：亿元 (100 million yuan)

| 项目 | Item | R&D经费内部支出 Total | 政府资金 Government Funds | 企业资金 Self-raised Funds by Enterprises | 国外资金 Foreign Funds | 其他资金 Other Funds |
|---|---|---|---|---|---|---|
| **全 国** | **Total** | **5802.1** | **1358.3** | **4162.7** | **78.1** | **203.0** |
| 企 业 | Enterprises | 4248.6 | 183.9 | 3944.9 | 68.7 | 51.1 |
| #大中型工业企业 | Large and Medium-sized Industrial Enterprises | 3210.2 | 136.8 | 3010.0 | 28.5 | 34.9 |
| 研究与开发机构 | R&D Institutions | 995.9 | 849.5 | 29.8 | 4.2 | 112.4 |
| 高等学校 | Higher Education | 468.2 | 262.2 | 171.7 | 4.8 | 29.5 |
| 其 他 | Others | 89.4 | 62.6 | 16.3 | 0.5 | 9.9 |

# 1-13 各地区按资金来源分研究与试验发展(R&D)经费内部支出(2009年)
# Intramural Expenditure on R&D by Region and Sources(2009)

单位：万元 (10000 yuan)

| 地 区 | Region | R&D经费内部支出 Total | 政府资金 Government Funds | 企业资金 Self-raised Funds by Enterprises | 国外资金 Foreign Funds | 其他资金 Other Funds |
|---|---|---|---|---|---|---|
| **全 国** | **National Total** | **58021068** | **13582710** | **41627182** | **780999** | **2030155** |
| 东部地区 | Eastern Region | 40522180 | 8198711 | 30285840 | 724565 | 1313042 |
| 中部地区 | Middle Region | 10249424 | 2364927 | 7477817 | 29931 | 376748 |
| 西部地区 | Western Region | 7248845 | 3019035 | 3862941 | 26502 | 340366 |
| 北 京 | Beijing | 6686351 | 3494931 | 2411603 | 291490 | 488328 |
| 天 津 | Tianjin | 1784661 | 323641 | 1361968 | 34109 | 64943 |
| 河 北 | Hebei | 1348446 | 292998 | 1013145 | 364 | 41939 |
| 山 西 | Shanxi | 808563 | 137282 | 651885 | 622 | 18774 |
| 内蒙古 | Inner Mongolia | 520726 | 82074 | 415806 | 4800 | 18045 |
| 辽 宁 | Liaoning | 2323687 | 487753 | 1789541 | 6786 | 39606 |
| 吉 林 | Jilin | 813602 | 255869 | 529435 | 3981 | 24317 |
| 黑龙江 | Heilongjiang | 1091704 | 410176 | 654072 | 1349 | 26107 |
| 上 海 | Shanghai | 4233774 | 1129246 | 2829970 | 120018 | 154541 |
| 江 苏 | Jiangsu | 7019529 | 904044 | 5748243 | 162915 | 204328 |
| 浙 江 | Zhejiang | 3988367 | 366313 | 3536890 | 24760 | 60405 |
| 安 徽 | Anhui | 1359535 | 312361 | 942490 | 3148 | 101536 |
| 福 建 | Fujian | 1353819 | 146440 | 1165913 | 8359 | 33107 |
| 江 西 | Jiangxi | 758936 | 169343 | 560718 | 4303 | 24572 |
| 山 东 | Shandong | 5195920 | 448952 | 4628047 | 21469 | 97453 |
| 河 南 | Henan | 1747599 | 277610 | 1421898 | 5942 | 42149 |
| 湖 北 | Hubei | 2134490 | 557837 | 1501513 | 7178 | 67962 |
| 湖 南 | Hunan | 1534995 | 244450 | 1215807 | 3408 | 71331 |
| 广 东 | Guangdong | 6529820 | 572882 | 5778450 | 53968 | 124500 |
| 广 西 | Guangxi | 472028 | 113824 | 339070 | 791 | 18343 |
| 海 南 | Hainan | 57806 | 31513 | 22070 | 329 | 3894 |
| 重 庆 | Chongqing | 794599 | 153117 | 613388 | 3518 | 24576 |
| 四 川 | Sichuan | 2144590 | 1044100 | 1037607 | 3533 | 59349 |
| 贵 州 | Guizhou | 264134 | 55462 | 184297 | 512 | 23863 |
| 云 南 | Yunnan | 372304 | 159559 | 163507 | 6910 | 42329 |
| 西 藏 | Tibet | 14385 | 8263 | 5828 | | 294 |
| 陕 西 | Shaanxi | 1895063 | 1152301 | 623641 | 5030 | 114091 |
| 甘 肃 | Gansu | 372612 | 141603 | 207441 | 791 | 22776 |
| 青 海 | Qinghai | 75938 | 21550 | 51447 | 1 | 2940 |
| 宁 夏 | Ningxia | 104422 | 24379 | 78447 | | 1597 |
| 新 疆 | Xinjiang | 218043 | 62804 | 142462 | 615 | 12162 |

# 1-14 按执行部门分研究与试验发展(R&D)经费外部支出(2009年)

## External Expenditure on R&D by Performer and Sources (2009)

单位：亿元 (100 million yuan)

| 项　目 | Item | R&D经费外部支出 Total | 对国内研究机构支出 to Domestic Research Institutions | 对国内高等学校支出 to Domestic Higher Education | 对国内企业支出 to Domestic Enterprises | 对境外机构支出 to Foreign Institutions |
|---|---|---|---|---|---|---|
| **全　国** | **Total** | **367.5** | **141.8** | **80.9** | **79.5** | **58.6** |
| 企　业 | Enterprises | 304.6 | 119.5 | 66.0 | 62.9 | 55.8 |
| #大中型工业企业 | Large and Medium-sized Industrial Enterprises | 249.8 | 95.9 | 51.1 | 51.0 | 51.8 |
| 研究与开发机构 | R&D Institutions | 21.4 | 8.9 | 2.5 | 3.8 | 0.3 |
| 高等学校 | Higher Education | 37.5 | 11.6 | 11.3 | 12.2 | 2.1 |
| 其　他 | Others | 4.0 | 1.9 | 1.1 | 0.6 | 0.4 |

# 1-15 国家财政科技支出

## Government Expenditure for Science and Technology

单位：亿元 (100 million yuan)

| 年　份 Year | 国家财政总支出 Total Government Budgetary Expenditure (A) | 国家财政科技拨款 Appropriation for Science and Technology (B) | 中央 Central Government | 地方 Local Government | 科技拨款占财政总支出的比重 % of Total Government Budgetary Expenditure (B/A) |
|---|---|---|---|---|---|
| 1980 | 1228.8 | 64.6 | | | 5.3 |
| 1981 | 1138.4 | 61.6 | | | 5.4 |
| 1982 | 1230.0 | 65.3 | | | 5.3 |
| 1983 | 1409.5 | 79.0 | | | 5.6 |
| 1984 | 1701.0 | 94.7 | | | 5.6 |
| 1985 | 2004.3 | 102.6 | | | 5.1 |
| 1986 | 2204.9 | 112.6 | | | 5.1 |
| 1987 | 2262.2 | 113.8 | | | 5.0 |
| 1988 | 2491.2 | 121.1 | | | 4.9 |
| 1989 | 2823.8 | 127.9 | | | 4.5 |
| 1990 | 3083.6 | 139.1 | 97.6 | 41.6 | 4.5 |
| 1991 | 3386.6 | 160.7 | 115.4 | 45.3 | 4.7 |
| 1992 | 3742.2 | 189.3 | 133.6 | 55.7 | 5.1 |
| 1993 | 4642.3 | 225.6 | 167.6 | 58.0 | 4.9 |
| 1994 | 5792.6 | 268.3 | 199.0 | 69.3 | 4.6 |
| 1995 | 6823.7 | 302.4 | 215.6 | 86.8 | 4.4 |
| 1996 | 7937.6 | 348.6 | 242.8 | 105.8 | 4.4 |
| 1997 | 9233.6 | 408.9 | 273.9 | 134.0 | 4.4 |
| 1998 | 10798.2 | 438.6 | 289.7 | 148.9 | 4.1 |
| 1999 | 13187.7 | 543.9 | 355.6 | 188.3 | 4.1 |
| 2000 | 15886.5 | 575.6 | 349.6 | 226.0 | 3.6 |
| 2001 | 18902.6 | 703.3 | 444.3 | 258.9 | 3.7 |
| 2002 | 22053.2 | 816.2 | 511.2 | 305.0 | 3.7 |
| 2003 | 24650.0 | 944.6 | 609.9 | 335.6 | 3.8 |
| 2004 | 28486.9 | 1095.3 | 692.4 | 402.9 | 3.8 |
| 2005 | 33930.3 | 1334.9 | 807.8 | 527.1 | 3.9 |
| 2006 | 40422.7 | 1688.5 | 1009.7 | 678.8 | 4.2 |
| 2007 | 49781.4 | 2113.5 | 1043.0 | 1070.5 | 4.3 |
| 2008 | 62592.7 | 2581.8 | 1285.2 | 1296.6 | 4.1 |
| 2009 | 76299.9 | 3224.9 | 1648.6 | 1576.3 | 4.2 |

# 1-16 国家财政教育支出

# Government Expenditure for Education

单位: 亿元 (100 million yuan)

| 年 份<br>Year | 国家财政总支出<br>Total Government Budgetary Expenditure<br>(A) | 国家财政性教育经费<br>Government Expenditure for Education<br>(B) | #国家财政预算内教育支出<br>Budgetary Expenditure for Education<br>(C) | 教育支出占国内生产总值的比重<br>% of GDP<br>(B/GDP) | 教育支出占国家财政支出的比重<br>% of Government Budgetary Expenditure<br>(C/A) |
|---|---|---|---|---|---|
| 1980 | 1228.8 | | 108.2 | | 8.81 |
| 1981 | 1138.4 | | 117.6 | | 10.33 |
| 1982 | 1230.0 | | 133.2 | | 10.83 |
| 1983 | 1409.5 | | 151.9 | | 10.78 |
| 1984 | 1701.0 | | 179.8 | | 10.57 |
| 1985 | 2004.3 | | 227.9 | | 11.37 |
| 1986 | 2204.9 | | 270.4 | | 12.26 |
| 1987 | 2262.2 | | 285.9 | | 12.64 |
| 1988 | 2491.2 | | 340.7 | | 13.68 |
| 1989 | 2823.8 | 503.9 | 397.7 | 3.15 | 14.08 |
| 1990 | 3083.6 | 548.7 | 433.9 | 3.10 | 14.07 |
| 1991 | 3386.6 | 617.8 | 459.7 | 3.02 | 13.57 |
| 1992 | 3742.2 | 728.7 | 538.7 | 2.65 | 14.40 |
| 1993 | 4642.3 | 867.8 | 644.4 | 2.46 | 13.88 |
| 1994 | 5792.6 | 1174.7 | 884.0 | 2.44 | 15.26 |
| 1995 | 6823.7 | 1411.5 | 1028.4 | 2.32 | 15.07 |
| 1996 | 7937.6 | 1671.7 | 1211.9 | 2.35 | 15.27 |
| 1997 | 9233.6 | 1862.5 | 1357.7 | 2.36 | 14.70 |
| 1998 | 10798.2 | 2032.4 | 1565.6 | 2.41 | 14.50 |
| 1999 | 13187.7 | 2287.2 | 1815.8 | 2.55 | 13.77 |
| 2000 | 15886.5 | 2562.6 | 2085.7 | 2.58 | 13.13 |
| 2001 | 18902.6 | 3057.0 | 2582.4 | 2.79 | 13.66 |
| 2002 | 22053.2 | 3491.4 | 3114.2 | 2.90 | 14.12 |
| 2003 | 24650.0 | 3850.6 | 3453.9 | 2.84 | 14.01 |
| 2004 | 28486.9 | 4465.9 | 4027.8 | 2.79 | 14.14 |
| 2005 | 33930.3 | 5161.1 | 4665.7 | 2.78 | 13.75 |
| 2006 | 40422.7 | 6348.4 | 5795.6 | 2.92 | 14.34 |
| 2007 | 49781.4 | 8280.2 | 7654.9 | 3.09 | 15.38 |
| 2008 | 62592.7 | 10449.6 | 9685.6 | 3.30 | 15.47 |

# 1-17 公有经济企事业单位专业技术人员

## Technical Personnel in State-owned and Collective-owned Enterprises and Institutions

单位：人 (person)

| 年份 Year | 合计 Total | 小计 Subtotal | 工程技术 Engineering | 农业技术 Agriculture | 科学研究 Scientific Research | 卫生技术 Health Care | 教学人员 Teaching | 公有企事业单位在岗职工(万人) Staff and Workers in State-owned Enterprises (10000 persons) | 平均每万名职工中专业技术人员 Technical Personnel per 10000 Employees |
|---|---|---|---|---|---|---|---|---|---|
| 1995 | 27053663 | 19133834 | 5625850 | 535731 | 302879 | 3035335 | 9634039 | 9975 | 2712 |
| 1996 | 28019313 | 19920785 | 5745367 | 579157 | 303177 | 3130788 | 10162296 | 9919 | 2825 |
| 1997 | 28603117 | 20495006 | 5719337 | 611458 | 302684 | 3213762 | 10647765 | 9723 | 2942 |
| 1998 | 28773511 | 20913343 | 5656735 | 635929 | 290537 | 3254958 | 11075184 | 7766 | 3705 |
| 1999 | 29042988 | 21430140 | 5654863 | 654138 | 283532 | 3329706 | 11507901 | 7286 | 3986 |
| 2000 | 28874159 | 21650807 | 5551098 | 670105 | 274506 | 3371966 | 11783132 | 6820 | 4234 |
| 2001 | 28477431 | 21698037 | 5316327 | 674644 | 265554 | 3390233 | 12051279 | 6355 | 4481 |
| 2002 | 28344158 | 21860024 | 5289166 | 666998 | 262692 | 3402326 | 12238842 | 5890 | 4812 |
| 2003 | 27745585 | 21739699 | 4992867 | 683437 | 275496 | 3441109 | 12346790 | 5575 | 4977 |
| 2004 | 27504073 | 21783019 | 4807869 | 704576 | 282002 | 3532282 | 12456290 | 5375 | 5117 |
| 2005 | 27567260 | 21978684 | 4791227 | 705720 | 311166 | 3581181 | 12589390 | 5161 | 5341 |
| 2006 | 27739287 | 22298171 | 4893672 | 701930 | 326728 | 3612091 | 12763750 | 5085 | 5455 |
| 2007 | 28014657 | 22545110 | 5017747 | 701481 | 349208 | 3640554 | 12836120 | 5044 | 5554 |
| 2008 | 28635696 | 23098880 | 5176798 | 715774 | 368655 | 3888273 | 12949380 | 5006 | 5720 |
| 2009 | 28879635 | 23211769 | 5310622 | 714720 | 388150 | 3929037 | 12869240 | 4935 | 5852 |

注：2008年及以前年份统计口径为“国有企事业单位”，不包含集体企事业单位情况。

# 1-18 公有经济企事业单位分行业专业技术人员(2009年)

## Technical Personnel in State-owned and Collective-owned Enterprises and Institutions by Industrial Sector (2009)

单位：万人 (10000 persons)

| 行业 | Industry | 合计 Total | 企业 Enterprise | 事业 Institution |
|---|---|---|---|---|
| **总计** | **Total** | **2888.0** | **830.4** | **2057.6** |
| 农、林、牧、渔业 | Farming, Forestry, Farming of Animals and Fishing | 114.5 | 24.3 | 90.2 |
| 工业 | Mining,Manufacturing,Production and Distribution of Electricity, Gas and Water | 322.6 | 320.7 | 2.0 |
| 建筑业 | Construction | 99.8 | 92.0 | 7.8 |
| 交通运输、仓储和邮政业 | Traffic,Transport, Storage and Post | 90.4 | 65.0 | 25.4 |
| 信息传输、计算机服务和软件业 | Information Transfer, Computer Services and Software | 49.7 | 46.4 | 3.2 |
| 批发和零售业 | Wholesale and Retail Trade | 34.3 | 33.9 | 0.4 |
| 住宿和餐饮业 | Accommodation and Restaurants | 3.0 | 2.3 | 0.7 |
| 金融业 | Finance | 182.6 | 177.5 | 5.1 |
| 房地产业 | Real Estate | 11.9 | 8.2 | 3.7 |
| 租赁和商务服务业 | Tenancy and Business Services | 7.2 | 4.4 | 2.8 |
| 科学研究、技术服务和地质勘查业 | Scientific Research,Technical Service and Geologic Perambulation | 92.1 | 24.3 | 67.7 |
| 水利、环境和公共设施管理业 | Management of Water Conservancy, Environment and Public Establishment | 47.5 | 4.4 | 43.1 |
| 居民服务和其他服务业 | Resident Services and Other Services | 19.3 | 12.0 | 7.3 |
| 教育 | Education | 1309.5 | 2.2 | 1307.4 |
| 卫生、社会保障和社会福利业 | Sanitation, Social Security and Social welfare | 387.6 | 5.5 | 382.2 |
| 文化、体育和娱乐业 | Culture, Sports and Entertainment | 70.5 | 6.7 | 63.9 |
| 公共管理和社会组织 | Public Management and Social Organization | 45.4 | 0.6 | 44.8 |

# 1-19 各地区公有经济企事业单位专业技术人员(2009年)

# Technical Personnel in State-owned and Collective-owned Enterprises and Institutions by Region (2009)

单位：人 (person)

| 地 区 | Region | 合 计 Total | 小 计 Subtotal | 工程技术 Engineering | 农业技术 Agriculture | 科学研究 Scientific Research | 卫生技术 Health Care | 教学人员 Teaching |
|---|---|---|---|---|---|---|---|---|
| **全 国** | **National Total** | **28879635** | **23211769** | **5310622** | **714720** | **388150** | **3929037** | **12869240** |
| 东部地区 | Eastern Region | 9301477 | 7924107 | 1207811 | 196426 | 70487 | 1598676 | 4850707 |
| 中部地区 | Middle Region | 7171561 | 6312860 | 803121 | 200691 | 39286 | 1181511 | 4088251 |
| 西部地区 | Western Region | 6283482 | 5651391 | 768717 | 283848 | 28354 | 929001 | 3641471 |
| 北 京 | Beijing | 455745 | 352533 | 99917 | 4687 | 5304 | 83790 | 158835 |
| 天 津 | Tianjin | 315767 | 250599 | 66425 | 3091 | 3145 | 56417 | 121521 |
| 河 北 | Hebei | 1174259 | 1039693 | 127438 | 26778 | 7311 | 165368 | 712798 |
| 山 西 | Shanxi | 864758 | 728478 | 146990 | 20840 | 3958 | 119458 | 437232 |
| 内蒙古 | Inner Mongolia | 556413 | 493000 | 64790 | 32144 | 2205 | 88058 | 305803 |
| 辽 宁 | Liaoning | 709135 | 607800 | 95865 | 22803 | 3228 | 142060 | 343844 |
| 吉 林 | Jilin | 630819 | 552889 | 81974 | 28373 | 6277 | 111971 | 324294 |
| 黑龙江 | Heilongjiang | 813806 | 688326 | 116154 | 35310 | 5898 | 141749 | 389215 |
| 上 海 | Shanghai | 583986 | 363787 | 107649 | 3879 | 6431 | 95686 | 150142 |
| 江 苏 | Jiangsu | 1185041 | 1038973 | 112759 | 29752 | 7245 | 213965 | 675252 |
| 浙 江 | Zhejiang | 863487 | 733099 | 102941 | 18852 | 6577 | 172390 | 432339 |
| 安 徽 | Anhui | 836859 | 746743 | 87816 | 20276 | 3232 | 118062 | 517357 |
| 福 建 | Fujian | 611313 | 543331 | 69135 | 13247 | 6458 | 85901 | 368590 |
| 江 西 | Jiangxi | 709372 | 634501 | 69264 | 19950 | 3104 | 122430 | 419753 |
| 山 东 | Shandong | 1799758 | 1567276 | 264499 | 53748 | 18391 | 286683 | 943955 |
| 河 南 | Henan | 1391600 | 1273668 | 115935 | 27573 | 5437 | 197158 | 927565 |
| 湖 北 | Hubei | 902129 | 794661 | 82607 | 18355 | 6014 | 192423 | 495262 |
| 湖 南 | Hunan | 1022218 | 893594 | 102381 | 30014 | 5366 | 178260 | 577573 |
| 广 东 | Guangdong | 1462861 | 1300813 | 153563 | 15805 | 5984 | 268796 | 856665 |
| 广 西 | Guangxi | 845262 | 754256 | 142809 | 22353 | 3079 | 120626 | 465389 |
| 海 南 | Hainan | 140125 | 126203 | 7620 | 3784 | 413 | 27620 | 86766 |
| 重 庆 | Chongqing | 438394 | 384339 | 47956 | 14445 | 1620 | 62554 | 257764 |
| 四 川 | Sichuan | 1105086 | 1012281 | 121698 | 46859 | 7338 | 180602 | 655784 |
| 贵 州 | Guizhou | 588178 | 535297 | 62323 | 25958 | 1456 | 74469 | 371091 |
| 云 南 | Yunnan | 750259 | 688529 | 88831 | 38051 | 3449 | 108699 | 449499 |
| 西 藏 | Tibet | 53294 | 49430 | 2754 | 2794 | 278 | 8328 | 35276 |
| 陕 西 | Shaanxi | 740744 | 647370 | 99588 | 28142 | 3083 | 108247 | 408310 |
| 甘 肃 | Gansu | 502781 | 459603 | 58717 | 24980 | 1813 | 66563 | 307530 |
| 青 海 | Qinghai | 116444 | 104505 | 16354 | 8853 | 753 | 19712 | 58833 |
| 宁 夏 | Ningxia | 128210 | 111153 | 15372 | 9143 | 762 | 18316 | 67560 |
| 新 疆 | Xinjiang | 458417 | 411628 | 47525 | 30126 | 2518 | 72827 | 258632 |

注：全国数据包含中央属及地方属单位的专业技术人员，分地区数据只含地方属单位。

# 1-20 全国研究生分学科招生数

## Number of New Enrollment of Postgraduate Students by Field of Study

单位：人 (person)

| 学 科 | Field of Study | 1995 | 2000 | 2001 | 2002 | 2003 | 2004 | 2005 | 2006 | 2007 | 2008 | 2009 |
|---|---|---|---|---|---|---|---|---|---|---|---|---|
| **合 计** | **Total** | **51053** | **128484** | **165197** | **202611** | **268925** | **326286** | **364831** | **397925** | **418612** | **446422** | **510953** |
| 哲 学 | Philosophy | 705 | 1679 | 2022 | 2356 | 3103 | 3882 | 4414 | 4742 | 5441 | 5269 | 5254 |
| 经济学 | Economics | 4648 | 14850 | 8468 | 11016 | 14423 | 17007 | 18612 | 19635 | 20162 | 20981 | 21576 |
| 法 学 | Law | 2369 | 8198 | 11064 | 13782 | 18489 | 22979 | 24770 | 26868 | 31385 | 34810 | 31085 |
| 教育学 | Education | 930 | 3227 | 4532 | 5123 | 7671 | 10053 | 12357 | 14340 | 14961 | 15862 | 16683 |
| 文 学 | Literature | 2936 | 7754 | 10691 | 13468 | 18926 | 24783 | 28962 | 31351 | 35749 | 39151 | 41845 |
| 历史学 | History | 930 | 2106 | 2503 | 2835 | 3634 | 4572 | 5249 | 5481 | 5334 | 5574 | 5842 |
| 理 学 | Sciences | 8496 | 17707 | 21286 | 26240 | 33969 | 41067 | 45193 | 47749 | 51389 | 55526 | 59279 |
| 工 学 | Engineering | 23139 | 55284 | 62958 | 79486 | 103212 | 120750 | 131345 | 144841 | 146318 | 155484 | 158703 |
| 农 学 | Agriculture | 1772 | 4847 | 5687 | 6521 | 9693 | 12110 | 13864 | 14841 | 15733 | 13259 | 14800 |
| 医 学 | Medicine | 5128 | 12832 | 16800 | 19815 | 26501 | 33012 | 38340 | 42200 | 44161 | 47412 | 44713 |
| 军事学 | Military | | | 65 | 118 | 124 | 174 | 219 | 215 | 244 | 230 | 233 |
| 管理学 | Management | | | 19121 | 21851 | 29180 | 35897 | 41506 | 45662 | 47735 | 52864 | 38701 |
| 专业学位 | Academic Degree | | | | | | | | | | | 72239 |

# 1-21 全国普通高校本、专科分学科招生数

## Number of New Enrollment in Undergraduate and Junior Colleges by Field of Study

单位：人 (person)

| 学 科 | Field of Study | 1995 | 2000 | 2001 | 2002 | 2003 | 2004 | 2005 | 2006 | 2007 | 2008 | 2009 |
|---|---|---|---|---|---|---|---|---|---|---|---|---|
| **合 计** | **Total** | **925940** | **2206072** | **2682790** | **3204976** | **3821701** | **4473422** | **5044581** | **5460530** | **5659194** | **6076612** | **6394932** |
| 哲 学 | Philosophy | 1747 | 1847 | 1805 | 2175 | 1520 | 4067 | 1797 | 2158 | 2337 | 2442 | 2563 |
| 经济学 | Economics | 152694 | 363379 | 138746 | 182416 | 221410 | 240100 | 264219 | 268773 | 287701 | 310117 | 309119 |
| 法 学 | Law | 31939 | 114682 | 146782 | 160618 | 185999 | 195638 | 199521 | 196195 | 191377 | 191822 | 196144 |
| 教育学 | Education | 41258 | 107259 | 158283 | 178223 | 218575 | 264251 | 315638 | 334939 | 267253 | 278674 | 290625 |
| 文 学 | Literature | 131587 | 343418 | 417604 | 509315 | 612021 | 724402 | 760475 | 816922 | 878088 | 927212 | 961419 |
| 历史学 | History | 15672 | 22003 | 16082 | 15351 | 16330 | 17128 | 13379 | 13698 | 14937 | 15730 | 17007 |
| 理 学 | Sciences | 100295 | 202466 | 258201 | 294867 | 329656 | 357070 | 270147 | 281691 | 297972 | 313923 | 335354 |
| 工 学 | Engineering | 352463 | 832124 | 892356 | 1057241 | 1242426 | 1466459 | 1809426 | 1992426 | 2085292 | 2258245 | 2339887 |
| 农 学 | Agriculture | 32590 | 68966 | 62952 | 69247 | 81619 | 88281 | 97188 | 100020 | 103557 | 110877 | 118911 |
| 医 学 | Medicine | 65695 | 149928 | 174156 | 207909 | 257681 | 299314 | 338563 | 380083 | 366068 | 396021 | 453312 |
| 管理学 | Management | | | 415823 | 527614 | 654464 | 816712 | 974228 | 1073625 | 1164612 | 1271549 | 1370591 |

# 1-22 全国研究生分学科在校生数

## Number of Total Enrollment of Postgraduate Students by Field of Study

单位：人 (person)

| 学 科 | Field of Study | 1995 | 2000 | 2001 | 2002 | 2003 | 2004 | 2005 | 2006 | 2007 | 2008 | 2009 |
|---|---|---|---|---|---|---|---|---|---|---|---|---|
| **合 计** | **Total** | **145443** | **301239** | **393256** | **500980** | **651260** | **819896** | **978610** | **1104653** | **1195047** | **1283046** | **510953** |
| 哲 学 | Philosophy | 1924 | 4007 | 5111 | 6229 | 7747 | 9666 | 11632 | 13221 | 14708 | 15321 | 5254 |
| 经济学 | Economics | 13885 | 35342 | 20301 | 27061 | 34675 | 42425 | 49752 | 54162 | 56738 | 59282 | 21576 |
| 法 学 | Law | 6644 | 18890 | 24654 | 32754 | 43718 | 55575 | 65272 | 71724 | 80311 | 91324 | 31085 |
| 教育学 | Education | 2602 | 7415 | 9984 | 12364 | 17425 | 22812 | 29855 | 36702 | 40980 | 44385 | 16683 |
| 文 学 | Literature | 7657 | 17622 | 23974 | 32109 | 43459 | 57589 | 73000 | 83738 | 93935 | 104445 | 41845 |
| 历史学 | History | 2593 | 4981 | 6212 | 7602 | 9259 | 11319 | 13790 | 15630 | 16389 | 16739 | 5842 |
| 理 学 | Sciences | 24282 | 41733 | 49614 | 63940 | 82125 | 102381 | 120510 | 134729 | 146146 | 157404 | 59279 |
| 工 学 | Engineering | 65653 | 129799 | 154508 | 197278 | 255754 | 318063 | 369738 | 412273 | 436352 | 461951 | 158703 |
| 农 学 | Agriculture | 5244 | 11380 | 13112 | 16475 | 22105 | 28930 | 36061 | 41442 | 45285 | 44914 | 14800 |
| 医 学 | Medicine | 14959 | 30070 | 38837 | 50000 | 63939 | 81859 | 100343 | 115901 | 128471 | 140030 | 44713 |
| 军事学 | Military | | | 159 | 229 | 315 | 427 | 546 | 629 | 704 | 733 | 233 |
| 管理学 | Management | | | 46790 | 54939 | 70739 | 88850 | 108111 | 124502 | 135028 | 146518 | 38701 |
| 专业学位 | Academic Degree | | | | | | | | | | | 72239 |

# 1-23 全国普通高校本、专科分学科在校生数

## Number of Total Enrollment in Undergraduate and Junior Colleges by Field of Study

单位：人 (person)

| 学 科 | Field of Study | 1995 | 2000 | 2001 | 2002 | 2003 | 2004 | 2005 | 2006 | 2007 | 2008 | 2009 |
|---|---|---|---|---|---|---|---|---|---|---|---|---|
| **合 计** | **Total** | **2906429** | **5560900** | **7190658** | **9033631** | **11085642** | **13334969** | **15617767** | **17388441** | **18848954** | **20210249** | **21446570** |
| 哲 学 | Philosophy | 5826 | 5068 | 5372 | 6637 | 5974 | 9980 | 6323 | 6846 | 7637 | 8316 | 8930 |
| 经济学 | Economics | 434084 | 876452 | 359888 | 466433 | 604135 | 731263 | 857757 | 921365 | 971043 | 1028338 | 1080187 |
| 法 学 | Law | 92618 | 272016 | 387880 | 474846 | 560916 | 629549 | 697174 | 710173 | 703132 | 695849 | 694100 |
| 教育学 | Education | 117367 | 236208 | 374450 | 470293 | 592123 | 724416 | 1022708 | 1029612 | 1038604 | 1042829 | 1051122 |
| 文 学 | Literature | 365551 | 818568 | 1059300 | 1368278 | 1719230 | 2118209 | 2318665 | 2642439 | 2895580 | 3107607 | 3270300 |
| 历史学 | History | 48355 | 62246 | 53368 | 55565 | 56673 | 60071 | 49390 | 52514 | 54640 | 57444 | 60634 |
| 理 学 | Sciences | 309903 | 536776 | 716276 | 852238 | 1004506 | 1156113 | 967908 | 1047936 | 1105990 | 1157086 | 1206825 |
| 工 学 | Engineering | 1166931 | 2148329 | 2491193 | 3084999 | 3693401 | 4376167 | 5477207 | 6143918 | 6720538 | 7272009 | 7741552 |
| 农 学 | Agriculture | 109791 | 181828 | 186022 | 216040 | 249671 | 280212 | 308107 | 331606 | 350970 | 366827 | 385395 |
| 医 学 | Medicine | 256003 | 422869 | 529410 | 656560 | 814741 | 976261 | 1132165 | 1268587 | 1386289 | 1515045 | 1652513 |
| 管理学 | Management | | | 1027499 | 1381742 | 1784272 | 2272728 | 2780363 | 3233445 | 3614531 | 3958899 | 4295012 |

# 1-24 全国研究生分学科毕业生数

## Number of Graduates of Postgraduate Students by Field of Study

单位：人 (person)

| 学 科 | Field of Study | 1995 | 2000 | 2001 | 2002 | 2003 | 2004 | 2005 | 2006 | 2007 | 2008 | 2009 |
|---|---|---|---|---|---|---|---|---|---|---|---|---|
| **合 计** | **Total** | **31877** | **58767** | **67809** | **80841** | **111091** | **150777** | **189728** | **255902** | **311839** | **344825** | **371273** |
| 哲 学 | Philosophy | 460 | 775 | 904 | 1223 | 1562 | 1854 | 2249 | 3117 | 3738 | 4328 | 4518 |
| 经济学 | Economics | 2165 | 7308 | 3981 | 4433 | 6578 | 8098 | 10930 | 14784 | 17239 | 18109 | 18327 |
| 法 学 | Law | 1370 | 3820 | 4504 | 5139 | 7484 | 11097 | 14103 | 19413 | 22556 | 24295 | 21681 |
| 教育学 | Education | 577 | 1221 | 1550 | 1946 | 2764 | 4276 | 5101 | 7767 | 9854 | 12197 | 13406 |
| 文 学 | Literature | 1607 | 3714 | 4193 | 5157 | 7426 | 10483 | 13314 | 20107 | 25064 | 28247 | 31634 |
| 历史学 | History | 593 | 1026 | 1179 | 1395 | 1926 | 2407 | 2657 | 3497 | 4424 | 4981 | 5082 |
| 理 学 | Sciences | 6039 | 8077 | 8637 | 9866 | 13220 | 17540 | 22028 | 29137 | 35266 | 39444 | 41822 |
| 工 学 | Engineering | 14675 | 24378 | 24873 | 30078 | 41337 | 56074 | 72941 | 94516 | 114621 | 123226 | 130514 |
| 农 学 | Agriculture | 1111 | 2282 | 2136 | 2790 | 3849 | 5165 | 6038 | 8853 | 11297 | 12879 | 13425 |
| 医 学 | Medicine | 3280 | 6166 | 6992 | 8677 | 12207 | 16128 | 19405 | 26415 | 32453 | 37402 | 34629 |
| 军事学 | Military | | | 17 | 33 | 32 | 59 | 114 | 117 | 163 | 198 | 191 |
| 管理学 | Management | | | 8843 | 10104 | 12706 | 17596 | 20848 | 28179 | 35164 | 39519 | 31636 |
| 专业学位 | Academic Degree | | | | | | | | | | | 24408 |

# 1-25 全国普通高校本、专科分学科毕业生数

## Number of Graduates in Undergraduate and Junior Colleges by Field of Study

单位：人 (person)

| 学 科 | Field of Study | 1995 | 2000 | 2001 | 2002 | 2003 | 2004 | 2005 | 2006 | 2007 | 2008 | 2009 |
|---|---|---|---|---|---|---|---|---|---|---|---|---|
| **合 计** | **Total** | **805397** | **949767** | **1036323** | **1337309** | **1877492** | **2391152** | **3067956** | **3774708** | **4477907** | **5119498** | **5311023** |
| 哲 学 | Philosophy | 2110 | 916 | 925 | 1012 | 1196 | 1331 | 1275 | 1417 | 1325 | 1610 | 1652 |
| 经济学 | Economics | 119042 | 159299 | 57254 | 65942 | 88181 | 113687 | 162977 | 203957 | 235925 | 258968 | 258264 |
| 法 学 | Law | 23170 | 44124 | 61474 | 79966 | 110416 | 133364 | 163529 | 186164 | 204798 | 208000 | 200921 |
| 教育学 | Education | 41898 | 42052 | 52563 | 79812 | 117072 | 146685 | 280134 | 322317 | 352729 | 348848 | 328396 |
| 文 学 | Literature | 115969 | 146997 | 157837 | 198535 | 286889 | 367133 | 415206 | 524806 | 635004 | 740631 | 788745 |
| 历史学 | History | 18117 | 13661 | 10220 | 11683 | 13905 | 14502 | 10694 | 10605 | 12316 | 12732 | 13544 |
| 理 学 | Sciences | 100566 | 98200 | 115829 | 131494 | 173031 | 207490 | 164867 | 197231 | 230883 | 253467 | 266037 |
| 工 学 | Engineering | 295839 | 354291 | 349097 | 459842 | 644106 | 812148 | 1090986 | 1341724 | 1594130 | 1841946 | 1918428 |
| 农 学 | Agriculture | 32975 | 30370 | 28543 | 36284 | 50057 | 59564 | 69531 | 77177 | 88330 | 97740 | 97392 |
| 医 学 | Medicine | 55711 | 59857 | 62638 | 79500 | 111356 | 154187 | 202577 | 253252 | 300389 | 367491 | 390535 |
| 管理学 | Management | | | 139943 | 193239 | 281283 | 381061 | 506180 | 656058 | 822078 | 988065 | 1047109 |

# 1-26 中国科学院院士和中国工程院院士
# Academicians of China Academy of Sciences and Academicians of China Academy of Engineering

单位：人 (person)

| 项 目 | Item | 1995 | 2000 | 2001 | 2002 | 2003 | 2004 | 2005 | 2006 | 2007 | 2008 | 2009 |
|---|---|---|---|---|---|---|---|---|---|---|---|---|
| **中国科学院院士合计[1]** | **Academicians of China Academy of Sciences** | **571** | **617** | **653** | **639** | **685** | **672** | **706** | **692** | **709** | **692** | **714** |
| 数学物理学部 | Division of Mathematics and Physics | 113 | 115 | 124 | 122 | 128 | 126 | 130 | 130 | 135 | 134 | 137 |
| 化学部 | Division of Chemistry | 99 | 107 | 113 | 110 | 119 | 119 | 125 | 121 | 124 | 120 | 125 |
| 生命科学和医学学部 | Division of Life Sciences and Medical Sciences | 96 | 107 | 114 | 112 | 122 | 117 | 126 | 123 | 129 | 124 | 126 |
| 地学部 | Division of Earth Sciences | 102 | 110 | 115 | 110 | 117 | 113 | 119 | 117 | 117 | 113 | 116 |
| 信息技术科学部 | Division of Information Technological Sciences | | | | | | 76 | 81 | 79 | 80 | 79 | 83 |
| 技术科学部 | Division of Technological Sciences | 161 | 178 | 187 | 185 | 199 | 121 | 125 | 122 | 124 | 122 | 127 |
| **中国工程院院士合计** | **Academicians of China Academy of Engineering** | **327** | **542** | **613** | **609** | **660** | **655** | **701** | **694** | **718** | **711** | **749** |
| 机械与运载工程学部 | Division of Mechanical and Vehicle Engineering | 49 | 78 | 89 | 88 | 96 | 96 | 104 | 102 | 105 | 103 | 106 |
| 信息与电子工程学部 | Division of Information and Electronic Engineering | 59 | 94 | 102 | 100 | 105 | 104 | 107 | 106 | 105 | 105 | 108 |
| 化工、冶金与材料工程学部 | Division of Chemical, Metallurgic and Material | 46 | 74 | 81 | 81 | 88 | 88 | 93 | 92 | 94 | 92 | 95 |
| 能源与矿业工程学部 | Division of Energy and Mining Engineering | 42 | 71 | 81 | 81 | 88 | 88 | 95 | 94 | 95 | 95 | 100 |
| 土木、水利与建筑工程学部 | Division of Civil , Hydraulic and Architecture Engineering | 41 | 71 | 80 | 80 | 87 | 86 | 93 | 93 | 97 | 96 | 100 |
| 环境与轻纺工程学部[2] | Division of Environment, Light and Textile Industries Engineering | 42 | 74 | 86 | 85 | 92 | 91 | 97 | 95 | 37 | 36 | 42 |
| 农业学部 | Division of Agriculture | | | | | | | | | 64 | 64 | 70 |
| 医药与卫生工程学部 | Division of Medical and Health | 48 | 80 | 89 | 89 | 96 | 94 | 101 | 101 | 107 | 107 | 112 |
| 工程管理学部[3] | Division of Engineering Management | | | 33 | 33 | 36 | 36 | 39 | 39 | 41 | 41 | 44 |

注：① 2006年中国科学院另有53位外籍院士。
② 2007年以前数据包括农业学部。
③ 2009年工程管理学部中有28人是跨学部院士。

# 1-27　中国科学院全体院士名单*（704人）

## 数学物理学部（135人）

| | | | | | | | | |
|---|---|---|---|---|---|---|---|---|
| 艾国祥 | 白以龙 | 陈　彪 | 陈和生 | 陈佳洱 | 陈建生 | 陈木法 | 陈难先 | 陈式刚 |
| 程开甲 | 崔尔杰 | 崔向群 | 戴元本 | 丁伟岳 | 丁夏畦 | 范海福 | 方　成 | 方守贤 |
| 冯　端 | 甘子钊 | 葛墨林 | 龚昌德 | 谷超豪 | 郭柏灵 | 郭尚平 | 郝柏林 | 何泽慧 |
| 何祚庥 | 贺贤土 | 洪朝生 | 洪家兴 | 胡和生 | 胡仁宇 | 黄润乾 | 黄祖洽 | 霍裕平 |
| 姜伯驹 | 解思深 | 经福谦 | 邝宇平 | 李安民 | 李邦河 | 李大潜 | 李德平 | 李方华 |
| 李家春 | 李家明 | 李惕碚 | 李荫远 | 李正武 | 林　群 | 刘应明 | 龙以明 | 陆启铿 |
| 陆　埮 | 罗　俊 | 吕　敏 | 马大猷 | 马志明 | 闵乃本 | 欧阳钟灿 | 彭实戈 | 曲钦岳 |
| 沈文庆 | 沈学础 | 石钟慈 | 苏定强 | 苏肇冰 | 孙昌璞 | 孙义燧 | 汤定元 | 唐孝威 |
| 陶瑞宝 | 田　刚 | 童秉纲 | 万哲先 | 汪承灏 | 王鼎盛 | 王恩哥 | 王乃彦 | 王诗宬 |
| 王世绩 | 王绶琯 | 王　迅 | 王业宁 | 王　元 | 王梓坤 | 魏宝文 | 文　兰 | 吴文俊 |
| 吴岳良 | 席南华 | 夏道行 | 冼鼎昌 | 谢家麟 | 邢定钰 | 熊大闰 | 徐叙瑢 | 徐至展 |
| 严加安 | 杨福家 | 杨国桢 | 杨　乐 | 杨应昌 | 叶朝辉 | 叶叔华 | 应崇福 | 于　渌 |
| 于　敏 | 俞昌旋 | 詹文龙 | 张殿琳 | 张恭庆 | 张涵信 | 张焕乔 | 张家铝 | 张　杰 |
| 张仁和 | 张淑仪 | 张伟平 | 张裕恒 | 张宗烨 | 章　综 | 赵光达 | 赵忠贤 | 郑厚植 |
| 郑晓静 | 周光召 | 周　恒 | 周又元 | 周毓麟 | 朱邦芬 | 朱光亚 | 庄逢甘 | 邹广田 |

## 化学部（122人）

| | | | | | | | | |
|---|---|---|---|---|---|---|---|---|
| 白春礼 | 包信和 | 蔡启瑞 | 曹　镛 | 查全性 | 柴之芳 | 陈冠荣 | 陈洪渊 | 陈家镛 |
| 陈俊武 | 陈凯先 | 陈庆云 | 陈茹玉 | 陈小明 | 陈新滋 | 陈　懿 | 程津培 | 程镕时 |
| 戴立信 | 段　雪 | 费维扬 | 冯守华 | 高　鸿 | 高　松 | 郭景坤 | 郭慕孙 | 何国钟 |
| 何鸣元 | 洪茂椿 | 侯建国 | 胡宏纹 | 胡　英 | 黄本立 | 黄春辉 | 黄　量 | 黄乃正 |
| 黄维垣 | 黄志镗 | 计亮年 | 江桂斌 | 江　雷 | 江　龙 | 江　明 | 江元生 | 蒋锡夔 |
| 黎乐民 | 李　灿 | 李洪钟 | 李静海 | 梁敬魁 | 林国强 | 林励吾 | 刘若庄 | 刘有成 |
| 刘元方 | 卢佩章 | 陆婉珍 | 陆熙炎 | 麻生明 | 麦松威 | 闵恩泽 | 倪嘉缵 | 彭少逸 |
| 钱逸泰 | 任詠华 | 沙国河 | 申泮文 | 沈家骢 | 沈天慧 | 沈之荃 | 宋礼成 | 苏　锵 |
| 孙家钟 | 唐本忠 | 唐有祺 | 田昭武 | 田中群 | 佟振合 | 涂永强 | 万惠霖 | 万立骏 |
| 汪尔康 | 王方定 | 王佛松 | 王　夔 | 吴　奇 | 吴新涛 | 吴养洁 | 吴云东 | 谢毓元 |
| 徐光宪 | 徐如人 | 徐　僖 | 徐晓白 | 严东生 | 颜德岳 | 杨玉良 | 姚建年 | 姚守拙 |
| 游效曾 | 余国琮 | 俞汝勤 | 袁承业 | 袁　权 | 张存浩 | 张礼和 | 张　滂 | 张乾二 |
| 张　希 | 张玉奎 | 赵东元 | 赵玉芬 | 郑兰荪 | 支志明 | 周其凤 | 周其林 | 周同惠 |
| 周维善 | 朱道本 | 朱起鹤 | 朱清时 | 卓仁禧 | | | | |

## 生命科学和医学学部（124人）

| | | | | | | | | |
|---|---|---|---|---|---|---|---|---|
| 曹文宣 | 常文瑞 | 陈可冀 | 陈　霖 | 陈润生 | 陈文新 | 陈晓亚 | 陈宜瑜 | 陈宜张 |
| 陈　竺 | 陈子元 | 邓子新 | 段树民 | 方精云 | 方荣祥 | 龚岳亭 | 郭爱克 | 韩济生 |
| 韩启德 | 郝　水 | 贺福初 | 贺　林 | 洪德元 | 洪国藩 | 洪孟民 | 侯凡凡 | 蒋有绪 |
| 金国章 | 鞠　躬 | 孔祥复 | 匡廷云 | 李朝义 | 李季伦 | 李家洋 | 李振声 | 梁栋材 |
| 梁智仁 | 林鸿宣 | 林其谁 | 刘建康 | 刘瑞玉 | 刘新垣 | 刘以训 | 刘允怡 | 卢永根 |
| 陆士新 | 毛江森 | 孟安明 | 裴　钢 | 戚正武 | 强伯勤 | 邱式邦 | 饶子和 | 尚永丰 |
| 沈善炯 | 沈　岩 | 沈允钢 | 沈自尹 | 施教耐 | 施履吉 | 施蕴渝 | 石元春 | 苏国辉 |
| 隋森芳 | 孙大业 | 孙汉董 | 孙曼霁 | 孙儒泳 | 唐崇惕 | 唐守正 | 田　波 | 童坦君 |
| 汪忠镐 | 王大成 | 王恩多 | 王世真 | 王文采 | 王正敏 | 王志新 | 王志珍 | 魏江春 |
| 魏于全 | 吴常信 | 吴建屏 | 吴阶平 | 吴孟超 | 吴　旻 | 吴征镒 | 吴祖泽 | 武维华 |
| 谢华安 | 谢联辉 | 许智宏 | 薛社普 | 杨福愉 | 杨弘远 | 杨焕明 | 杨雄里 | 姚开泰 |

注：本名单为2010年11月底现有院士人员。

| | | | | | | | | |
|---|---|---|---|---|---|---|---|---|
| 叶玉如 | 尹文英 | 印象初 | 曾益新 | 曾 毅 | 翟中和 | 张春霆 | 张启发 | 张树政 |
| 张新时 | 张亚平 | 张永莲 | 张友尚 | 赵尔宓 | 赵国屏 | 赵进东 | 郑光美 | 郑国锠 |
| 郑儒永 | 郑守仪 | 周 俊 | 朱兆良 | 朱作言 | 庄巧生 | 庄文颖 | | |

**地学部（114人）**

| | | | | | | | | |
|---|---|---|---|---|---|---|---|---|
| 安芷生 | 常印佛 | 巢纪平 | 陈俊勇 | 陈梦熊 | 陈 旭 | 陈 颙 | 陈运泰 | 程国栋 |
| 丑纪范 | 戴金星 | 邓起东 | 丁国瑜 | 丁仲礼 | 冯士筰 | 符淙斌 | 傅家谟 | 高 俊 |
| 顾知微 | 郭令智 | 侯仁之 | 胡敦欣 | 黄荣辉 | 贾承造 | 金振民 | 李崇银 | 李德仁 |
| 李德生 | 李吉均 | 李曙光 | 李廷栋 | 李小文 | 李星学 | 林学钰 | 刘宝珺 | 刘昌明 |
| 刘光鼎 | 刘嘉麒 | 刘振兴 | 陆大道 | 吕达仁 | 马 瑾 | 马在田 | 马宗晋 | 莫宣学 |
| 穆 穆 | 欧阳自远 | 秦大河 | 秦蕴珊 | 邱占祥 | 任纪舜 | 戎嘉余 | 沈其韩 | 施雅风 |
| 石耀霖 | 苏纪兰 | 孙鸿烈 | 孙 枢 | 陶诗言 | 陶 澍 | 滕吉文 | 田在艺 | 童庆禧 |
| 涂传诒 | 汪集旸 | 汪品先 | 王德滋 | 王 水 | 王铁冠 | 王 颖 | 魏奉思 | 文圣常 |
| 吴国雄 | 吴新智 | 伍荣生 | 肖序常 | 谢学锦 | 徐冠华 | 徐世浙 | 许厚泽 | 许志琴 |
| 薛禹群 | 杨 起 | 杨文采 | 杨元喜 | 姚檀栋 | 姚振兴 | 叶大年 | 叶笃正 | 叶嘉安 |
| 殷鸿福 | 於崇文 | 袁道先 | 曾庆存 | 曾融生 | 翟明国 | 翟裕生 | 张本仁 | 张国伟 |
| 张 经 | 张弥曼 | 张彭熹 | 张宗祜 | 赵柏林 | 赵鹏大 | 赵其国 | 郑 度 | 郑永飞 |
| 钟大赉 | 周卫健 | 周秀骥 | 周志炎 | 朱日祥 | 朱显谟 | | | |

**信息技术科学部（83人）**

| | | | | | | | | |
|---|---|---|---|---|---|---|---|---|
| 包为民 | 保 铮 | 陈定昌 | 陈桂林 | 陈国良 | 陈翰馥 | 陈俊亮 | 陈星弼 | 陈星旦 |
| 褚君浩 | 戴汝为 | 董韫美 | 冯纯伯 | 干福熹 | 高庆狮 | 郭光灿 | 郭 雷 | 何积丰 |
| 侯朝焕 | 侯 洵 | 怀进鹏 | 黄宏嘉 | 黄 琳 | 黄民强 | 黄纬禄 | 简水生 | 匡定波 |
| 雷啸霖 | 李启虎 | 李 未 | 李衍达 | 李志坚 | 梁思礼 | 林惠民 | 林为干 | 林尊琪 |
| 刘国治 | 刘盛纲 | 刘颂豪 | 刘永坦 | 陆汝钤 | 陆元九 | 罗沛霖 | 母国光 | 彭堃墀 |
| 秦国刚 | 阙端麟 | 沈绪榜 | 宋 健 | 孙钟秀 | 王大珩 | 王家骐 | 王启明 | 王守觉 |
| 王守武 | 王 圩 | 王阳元 | 王育竹 | 王 越 | 王占国 | 王之江 | 吴德馨 | 吴宏鑫 |
| 吴培亨 | 吴一戎 | 夏建白 | 夏培肃 | 许宁生 | 薛永祺 | 杨芙清 | 姚建铨 | 叶培大 |
| 张 钹 | 张景中 | 张嗣瀛 | 张效祥 | 张 煦 | 郑耀宗 | 郑有炓 | 周炳琨 | 周巢尘 |
| 周兴铭 | 朱中梁 | | | | | | | |

**技术科学部（126人）**

| | | | | | | | | |
|---|---|---|---|---|---|---|---|---|
| 蔡其巩 | 蔡睿贤 | 曹楚南 | 曹春晓 | 陈创天 | 陈 达 | 陈能宽 | 陈学俊 | 陈祖煜 |
| 程耿东 | 程时杰 | 都有为 | 范守善 | 高镇同 | 葛昌纯 | 顾秉林 | 顾诵芬 | 顾逸东 |
| 过增元 | 韩祯祥 | 胡海昌 | 胡海岩 | 胡文瑞 | 胡聿贤 | 黄克智 | 姜中宏 | 蒋民华 |
| 金展鹏 | 柯 俊 | 李济生 | 李敏华 | 李述汤 | 李 天 | 李依依 | 林秉南 | 林 皋 |
| 刘宝镛 | 刘广均 | 刘竹生 | 柳百新 | 卢 柯 | 卢 强 | 路甬祥 | 闵桂荣 | 欧阳予 |
| 潘际銮 | 潘家铮 | 彭一刚 | 齐 康 | 邱大洪 | 任露泉 | 任新民 | 邵象华 | 申长雨 |
| 沈志云 | 师昌绪 | 宋家树 | 宋玉泉 | 宋振骐 | 孙家栋 | 孙 钧 | 唐叔贤 | 陶文铨 |
| 屠守锷 | 汪 耕 | 王补宣 | 王崇愚 | 王大中 | 王淀佐 | 王光谦 | 王克明 | 王立鼎 |
| 王希季 | 王锡凡 | 王 曦 | 王自强 | 魏寿昆 | 温诗铸 | 闻邦椿 | 吴承康 | 吴良镛 |
| 吴硕贤 | 伍小平 | 肖纪美 | 谢光选 | 邢球痕 | 熊有伦 | 徐采栋 | 徐建中 | 徐性初 |
| 徐祖耀 | 许学彦 | 薛其坤 | 严陆光 | 颜鸣皋 | 杨叔子 | 杨 卫 | 杨 槱 | 姚 熹 |
| 叶恒强 | 叶培建 | 于起峰 | 余梦伦 | 俞鸿儒 | 张楚汉 | 张光斗 | 张兴钤 | 张佑启 |
| 张 泽 | 赵淳生 | 郑时龄 | 郑哲敏 | 钟万勰 | 钟香崇 | 周干峙 | 周国治 | 周锡元 |
| 周孝信 | 周尧和 | 周 远 | 朱 静 | 朱森元 | 朱位秋 | 祝世宁 | 庄逢辰 | 邹世昌 |

# 1-28 中国工程院全体院士名单(749人)

## 机械与运载工程学部(106人)

| | | | | | | | | |
|---|---|---|---|---|---|---|---|---|
| 艾 兴 | 陈福田 | 陈懋章 | 陈士橹 | 陈一坚 | 陈予恕 | 崔国良 | 丁衡高 | 董春鹏 |
| 杜善义 | 段正澄 | 朵英贤 | 范本尧 | 冯培德 | 高伯龙 | 高金吉 | 顾国彪 | 顾诵芬 |
| 管 德 | 关 杰 | 关 桥 | 郭重庆 | 郭孔辉 | 何友声 | 胡正寰 | 黄崇祺 | 黄瑞松 |
| 黄文虎 | 黄先祥 | 黄旭华 | 金东寒 | 乐嘉陵 | 李椿萱 | 李鹤林 | 李鸿志 | 李 明 |
| 李培根 | 李 钊 | 梁晋才 | 林尚扬 | 林宗虎 | 柳百成 | 刘大响 | 刘人怀 | 刘兴洲 |
| 刘怡昕 | 刘永才 | 刘友梅 | 龙乐豪 | 卢秉恒 | 路甬祥 | 陆元九 | 马伟明 | 孟执中 |
| 闵桂荣 | 潘健生 | 潘镜芙 | 戚发轫 | 钱清泉 | 饶芳权 | 阮雪榆 | 沈闻孙 | 沈志云 |
| 石 屏 | 宋文骢 | 苏哲子 | 孙敬良 | 谭建荣 | 唐任远 | 屠基达 | 涂铭旌 | 屠善澄 |
| 王 浚 | 汪顺亭 | 王兴治 | 王永志 | 汪槱生 | 王玉明 | 王哲荣 | 温俊峰 | 吴有生 |
| 谢友柏 | 徐滨士 | 徐德民 | 徐玉如 | 徐志磊 | 杨凤田 | 杨士莪 | 尹泽勇 | 于本水 |
| 臧克茂 | 曾广商 | 张炳炎 | 张福泽 | 张贵田 | 张金麟 | 张立同(女) | 张彦仲 | 赵 煦 |
| 钟掘(女) | 钟群鹏 | 钟志华 | 周 济 | 周勤之 | 朱能鸿 | 朱英浩 | | |

## 信息与电子工程学部(108人)

| | | | | | | | | |
|---|---|---|---|---|---|---|---|---|
| 贲 德 | 蔡鹤皋 | 蔡吉人 | 柴天佑 | 陈 鲸 | 陈敬熊 | 陈俊亮 | 陈良惠 | 陈左宁(女) |
| 戴 浩 | 邓中翰 | 范滇元 | 方滨兴 | 方家熊 | 封锡盛 | 高 洁 | 龚惠兴 | 宫先仪 |
| 龚知本 | 郭桂蓉 | 何德全 | 何新贵 | 胡光镇 | 胡启恒(女) | 黄培康 | 姜景山 | 姜文汉 |
| 金国藩 | 金怡濂 | 李伯虎 | 李德仁 | 李德毅 | 李国杰 | 李乐民 | 李三立 | 李同保 |
| 李幼平 | 梁骏吾 | 林祥棣 | 林永年 | 凌永顺 | 刘 玠 | 刘尚合 | 刘永坦 | 刘韵洁 |
| 陆建勋 | 卢锡城 | 罗沛霖 | 马远良 | 毛二可 | 倪光南 | 牛憨笨 | 潘君骅 | 潘云鹤 |
| 沈昌祥 | 宋 健 | 苏君红 | 孙家广 | 孙优贤 | 孙 玉 | 孙忠良 | 童志鹏 | 汪成为 |
| 王大珩 | 王任享 | 王天然 | 王小谟 | 王 越 | 王子才 | 韦钰(女) | 魏正耀 | 魏子卿 |
| 吴 澄 | 邬贺铨 | 邬江兴 | 吴曼青 | 吴佑寿 | 吴祖垲 | 许居衍 | 徐扬生 | 徐元森 |
| 许祖彦 | 薛鸣球 | 杨士中 | 姚骏恩 | 叶铭汉 | 叶尚福 | 叶声华 | 俞大光 | 于 全 |
| 张光义 | 张履谦 | 张明高 | 张乃通 | 张锡祥 | 张尧学 | 张直中 | 张钟华 | 赵伊君 |
| 赵梓森 | 郑南宁 | 钟 山 | 周炯槃 | 周立伟 | 周寿桓 | 周仲义 | 朱高峰 | 庄松林 |

## 化工、冶金与材料工程学部(95人)

| | | | | | | | | |
|---|---|---|---|---|---|---|---|---|
| 才鸿年 | 曹湘洪 | 陈丙珍(女) | 陈国良 | 陈 景 | 陈立泉 | 陈清如 | 陈蕴博 | 崔 崑 |
| 戴永年 | 丁传贤 | 董海山 | 傅恒志 | 付贤智 | 干 勇 | 高从堦 | 顾真安 | 关兴亚 |
| 何季麟 | 侯芙生 | 胡永康 | 胡壮麒 | 黄伯云 | 黄培云 | 姜德生 | 江东亮 | 金 涌 |
| 柯 伟 | 李大东 | 李东英 | 李冠兴 | 李恒德 | 李俊贤 | 李龙土 | 李正邦 | 李正名 |
| 刘伯里 | 刘炯天 | 刘业翔 | 陆钟武 | 毛炳权 | 闵恩泽 | 欧阳平凯 | 邱定蕃 | 桑凤亭 |
| 邵象华 | 沈德忠 | 沈寅初 | 师昌绪 | 舒兴田 | 孙传尧 | 唐明述 | 屠海令 | 王淀佐 |
| 王国栋 | 王静康(女) | 汪燮卿 | 汪旭光 | 王一德 | 王泽山 | 王震西 | 魏可镁 | 翁宇庆 |
| 武 胜 | 吴慰祖 | 吴以成 | 徐承恩 | 徐德龙 | 徐更光 | 徐匡迪 | 徐南平 | 薛群基 |
| 严东生 | 杨启业 | 殷国茂 | 殷瑞钰 | 余永富 | 袁晴棠(女) | 袁渭康 | 曾苏民 | 张国成 |
| 张生勇 | 张寿荣 | 张文海 | 张兴栋 | 张耀明 | 赵连城 | 赵振业 | 周光耀 | 周克崧 |
| 周 廉 | 周 玉 | 朱永濬 | 邹竞(女) | 左铁镛 | | | | |

## 能源与矿业工程学部(100人)

| | | | | | | | | |
|---|---|---|---|---|---|---|---|---|
| 安继刚 | 陈清泉 | 岑可法 | 常印佛 | 陈念念 | 陈森玉 | 陈毓川 | 杜祥琬 | 多　吉 |
| 樊明武 | 范维澄 | 范维唐 | 傅依备 | 古德生 | 顾金才 | 顾心怿 | 韩大匡 | 韩英铎 |
| 何多慧 | 何继善 | 洪伯潜 | 胡见义 | 胡思得 | 黄其励 | 蒋洪德 | 金庆焕 | 康玉柱 |
| 雷清泉 | 李立涅 | 李庆忠 | 李焯芬 | 梁维燕 | 刘宝琛 | 刘广志 | 罗平亚 | 马永生 |
| 毛用泽 | 倪维斗 | 潘　垣 | 潘自强 | 裴荣富 | 彭士禄 | 彭苏萍 | 彭先觉 | 钱皋韵 |
| 钱鸣高 | 钱绍钧 | 乔登江 | 秦裕琨 | 邱爱慈(女) | 邱中建 | 阮可强 | 沈国荣 | 沈忠厚 |
| 苏义脑 | 孙才新 | 孙承纬 | 孙玉发 | 唐西生 | 汤中立 | 童晓光 | 万元熙 | 王德民 |
| 王思敬 | 王仲奇 | 闻雪友 | 翁史烈 | 鲜学福 | 谢和平 | 谢克昌 | 徐大懋 | 许绍燮 |
| 徐旭常 | 薛禹胜 | 杨奇逊 | 杨裕生 | 叶奇蓁 | 衣宝廉 | 于俊崇 | 于润沧 | 余贻鑫 |
| 袁　亮 | 袁士义 | 岳光溪 | 曾恒一 | 翟光明 | 张光斗 | 张铁岗 | 张信威 | 张勇传 |
| 张宗祜 | 赵文津 | 郑健超 | 郑绵平 | 周邦新 | 周世宁 | 周守为 | 周永茂 | 朱光亚 |
| 朱建士 | | | | | | | | |

## 土木、水利与建筑工程学部(100人)

| | | | | | | | | |
|---|---|---|---|---|---|---|---|---|
| 曹楚生 | 陈厚群 | 陈吉余 | 陈　新 | 陈肇元 | 陈志恺 | 程泰宁 | 崔俊芝 | 戴复东 |
| 董石麟 | 范立础 | 方秦汉 | 冯叔瑜 | 傅熹年 | 葛修润 | 关肇邺 | 韩其为 | 何华武 |
| 何镜堂 | 黄　卫 | 黄熙龄 | 江欢成 | 江　亿 | 雷志栋 | 李道增 | 李圭白 | 李　玶 |
| 李猷嘉 | 梁文灏 | 梁应辰 | 廖振鹏 | 林俊德 | 林元培 | 刘建航 | 刘经南 | 刘济舟 |
| 刘先林 | 龙驭球 | 卢耀如 | 吕志涛 | 罗绍基 | 马国馨 | 马洪琪 | 马克俭 | 茆　智 |
| 孟兆祯 | 宁津生 | 欧进萍 | 潘家铮 | 钱七虎 | 钱正英(女) | 秦顺全 | 任南琪 | 容柏生 |
| 沙庆林 | 沈世钊 | 沈祖炎 | 施仲衡 | 孙伟(女) | 谭靖夷 | 王光远 | 王　浩 | 王家耀 |
| 王景全 | 王梦恕 | 王瑞珠 | 王小东 | 魏敦山 | 文伏波 | 吴良镛 | 吴中如 | 项海帆 |
| 谢鉴衡 | 谢礼立 | 谢世楞 | 许其凤 | 杨秀敏 | 杨永斌 | 叶可明 | 曾庆元 | 张超然 |
| 张建云 | 张　杰 | 张锦秋(女) | 张蔚榛 | 张祖勋 | 赵国藩 | 郑皆连 | 郑守仁 | 郑颖人 |
| 郑哲敏 | 钟登华 | 钟训正 | 周丰峻 | 周福霖 | 周干峙 | 周　镜 | 周君亮 | 朱伯芳 |
| 邹德慈 | | | | | | | | |

## 环境与轻纺工程学部(42人)

| | | | | | | | | |
|---|---|---|---|---|---|---|---|---|
| 蔡道基 | 陈克复 | 陈联寿 | 丁德文 | 丁一汇 | 方国洪 | 顾夏声 | 郝吉明 | 侯保荣 |
| 侯立安 | 季国标 | 蒋士成 | 金鉴明 | 金翔龙 | 李泽椿 | 刘鸿亮 | 伦世仪 | 梅自强 |
| 孟　伟 | 潘德炉 | 庞国芳 | 钱易(女) | 曲久辉 | 任阵海 | 石　碧 | 孙宝国 | 孙晋良 |
| 孙铁珩 | 汤鸿霄 | 唐孝炎(女) | 王文兴 | 魏复盛 | 许健民 | 徐祥德 | 姚　穆 | 郁铭芳 |
| 袁业立 | 张全兴 | 张懿(女) | 周国泰 | 周翔(女) | 朱尊权 | | | |

## 农业学部(70人)

| | | | | | | | | |
|---|---|---|---|---|---|---|---|---|
| 陈焕春 | 陈俊愉 | 陈温福 | 陈宗懋 | 程顺和 | 戴景瑞 | 邓秀新 | 董玉琛(女) | 范云六(女) |
| 方智远 | 冯宗炜 | 傅廷栋 | 盖钧镒 | 官春云 | 管华诗 | 郭予元 | 侯 锋 | 蒋亦元 |
| 雷霁霖 | 李 宁 | 李佩成 | 李文华 | 李 玉 | 林浩然 | 刘大钧 | 刘守仁 | 刘兴土 |
| 刘秀梵 | 刘 旭 | 刘 筠 | 卢良恕 | 罗锡文 | 马建章 | 麦康森 | 南志标 | 任继周 |
| 荣廷昭 | 山 仑 | 沈国舫 | 沈荣显 | 石元春 | 石玉林 | 束怀瑞 | 宋湛谦 | 孙九林 |
| 唐启升 | 汪懋华 | 王明庥 | 王涛(女) | 吴明珠(女) | 夏咸柱 | 向仲怀 | 辛世文 | 熊远著 |
| 旭日干 | 徐洵(女) | 颜龙安 | 尹伟伦 | 余松烈 | 于振文 | 袁隆平 | 曾德超 | 曾士迈 |
| 张福绥 | 张改平 | 张齐生 | 张子仪 | 赵法箴 | 周开达 | 朱英国 | | |

## 医药卫生学部(112人)

| | | | | | | | | |
|---|---|---|---|---|---|---|---|---|
| 安静娴(女) | 巴德年 | 曹雪涛 | 陈灏珠 | 陈洪铎 | 陈冀胜 | 陈君石 | 陈赛娟(女) | 陈香美(女) |
| 陈亚珠(女) | 陈肇隆 | 陈志南 | 程 京 | 程莘农 | 程书钧 | 程天民 | 池志强 | 戴尅戎 |
| 丁 健 | 樊代明 | 范上达 | 付小兵 | 高润霖 | 高守一 | 葛宝丰 | 顾健人 | 顾玉东 |
| 郭应禄 | 郝希山 | 洪 涛 | 侯惠民 | 侯云德 | 胡亚美(女) | 胡之璧(女) | 黄翠芬(女) | 黄志强 |
| 李春岩 | 李大鹏 | 黎介寿 | 李兰娟(女) | 李连达 | 李瑞麟 | 李载平 | 廖万清 | 刘昌孝 |
| 刘德培 | 刘彤华(女) | 刘 耀 | 刘玉清 | 刘志红(女) | 陆道培 | 卢世璧 | 彭司勋 | 秦伯益 |
| 邱贵兴 | 邱蔚六 | 阮长耿 | 桑国卫 | 沈倍奋(女) | 沈家祥 | 沈渔邨(女) | 盛志勇 | 石学敏 |
| 史轶蘩(女) | 孙 燕 | 唐希灿 | 汤钊猷 | 王红阳(女) | 王琳芳(女) | 王士雯(女) | 王澍寰 | 王威琪 |
| 王永炎 | 王正国 | 王振义 | 王忠诚 | 闻玉梅(女) | 翁心植 | 吴德昌 | 吴阶平 | 吴天一 |
| 吴咸中 | 吴以岭 | 夏家辉 | 项坤三 | 肖碧莲(女) | 肖培根 | 谢立信 | 杨宝峰 | 杨胜利 |
| 姚新生 | 于德泉 | 俞梦孙 | 于维汉 | 俞永新 | 袁国勇 | 曾溢滔 | 张伯礼 | 张涤生 |
| 张金哲 | 张心湜 | 张 运 | 赵 铠 | 甄永苏 | 郑树森 | 钟南山 | 钟世镇 | 周宏灏 |
| 周后元 | 周良辅 | 朱晓东 | 庄 辉 | | | | | |

## 工程管理学部(44人,其中28人为跨学部院士)

| | | | | | | | | |
|---|---|---|---|---|---|---|---|---|
| 巴德年 | 陈清泉 | 程天民 | 杜祥琬 | 傅志寰 | 郭重庆 | 郭桂蓉 | 何继善 | 蒋士成 |
| 金鉴明 | 李东英 | 李京文 | 刘德培 | 刘 玠 | 刘人怀 | 刘源张 | 卢良恕 | 陆佑楣 |
| 栾恩杰 | 罗绍基 | 潘家铮 | 钱七虎 | 饶芳权 | 沈荣骏 | 孙永福 | 王 安 | 王基铭 |
| 王礼恒 | 王陇德 | 汪应洛 | 王玉普 | 王众托 | 徐滨士 | 徐匡迪 | 许庆瑞 | 徐寿波 |
| 叶可明 | 殷瑞钰 | 袁晴棠(女) | 翟光明 | 张寿荣 | 郑南宁 | 朱高峰 | 朱晓东 | |

# 二、工业企业

# Industrial Enterprises

# 2-1　规模以上工业企业科技活动基本情况

# Basic Statistics on Science and Technology Activities of Industrial Enterprises above Designated Size

| 指　　标 | Item | 2000 | 2004 | 2008 | 2009 |
|---|---|---|---|---|---|
| **企业基本情况** | **Statistics on Industrial Enterprises** | | | | |
| 有R&D活动企业数(个) | Number of Enterprises Having R&D Activities (unit) | 17272 | 17075 | 27278 | 36387 |
| 有R&D活动企业所占比重(%) | Percentage of Enterprises Having R&D Activities to Total Number of Enterprises (%) | 10.60 | 6.18 | 6.51 | 8.47 |
| **研究与试验发展(R&D)活动情况** | **Statitstics on R&D Activities** | | | | |
| R&D人员全时当量（万人年) | Full-time Equivalent of R&D Personnel(10000 man-year) | 43.9 | 54.2 | 123.0 | 144.6 |
| R&D经费内部支出（亿元) | Intramural Expenditure on R&D(100 million yuan) | 489.7 | 1104.5 | 3073.1 | 3775.7 |
| R&D经费内部支出与主营业务收入之比(%) | Percentage of Intramural Expenditure on R&D to Sales Revenue (%) | 0.58 | 0.56 | 0.61 | 0.69 |
| R&D项目数(项) | R&D Projects (item) | 65289 | 53641 | 143448 | 194400 |
| R&D项目经费内部支出(亿元) | Intramural Expenditure on R&D Projects(100 million yuan) | 417.6 | 921.2 | 2902.0 | 3185.9 |
| **企业办研发机构情况** | **Statistics on R&D Institutions** | | | | |
| 机构数（个) | Number of R&D Institutions(unit) | 15529 | 17555 | 26177 | 29879 |
| 机构人员数（万人) | R&D Personnel(10000 man-year) | 60.0 | 64.4 | 130.4 | 155.0 |
| 机构经费支出（亿元) | Expenditure on R&D(100 million yuan) | 435.8 | 841.6 | 2634.8 | 2983.6 |
| **新产品开发及生产情况** | **Statitstics on New Products Development and Production** | | | | |
| 新产品开发项目数（个) | Number of New Products(unit) | 91880 | 76176 | 184859 | 237754 |
| 新产品开经费支出（亿元) | Expenditure on New Products Development(100 million yuan) | 529.5 | 965.7 | 3676.1 | 4482.0 |
| 新产品销售收入（亿元) | Sales Revenue of New Products(100 million yuan ) | 9369.5 | 22808.6 | 57027.1 | 65838.2 |
| #新产品出口 | Export | 1728.4 | 5312.2 | 14081.6 | 11572.5 |
| **专利情况** | **Statistics on Patent** | | | | |
| 专利申请数（件) | Patent Applications (piece) | 26184 | 64569 | 173573 | 265808 |
| #发明专利 | Inventions | 7970 | 20456 | 59254 | 92450 |
| 有效发明专利数(件) | Number of Patents In Force(piece) | 15333 | 30315 | 80252 | 118245 |
| **技术获取和技术改造情况（亿元)** | **Statistics on Technology Acquisition and Technology Reconstruction(100 million yuan)** | | | | |
| 引进国外技术经费支出 | Expenditure for Acquisition of Foreign Technology | 304.9 | 397.4 | 466.9 | 422.2 |
| 引进技术消化吸收经费支出 | Expenditure for Assimilation of Technology | 22.8 | 61.2 | 122.7 | 182.0 |
| 购买国内技术经费支出 | Expenditure for Purchase of Domestic Technology | 34.5 | 82.5 | 184.2 | 203.4 |
| 技术改造经费支出 | Expenditure for Technical Renovation | 1291.5 | 2953.5 | 4672.7 | 4344.7 |

注：2004年R&D项目及新产品开发项目数为立项经费10万元及以上项目。

Note：Statistics on R&D projects and new products in 2004 cover the projects above 100000 yuan.

# 2-2 大中型工业企业

## Basic Statistics on Science and Technology Activities of

| 指　标 | Item | 2000 | 2001 |
|---|---|---|---|
| **企业基本情况** | **Statistics on Industrial Enterprises** | | |
| 有R&D活动企业数(个) | Number of Enterprises Having R&D Activities(unit) | 7116 | 6747 |
| 有R&D活动企业所占比重(%) | Percentage of Enterprises Having R&D Activities to Total Number of Enterprises (%) | 32.68 | 29.46 |
| **研究与试验发展（R&D）活动情况** | **Statitstics on R&D Activities** | | |
| R&D人员全时当量（万人年） | Full-time Equivalent of R&D Personnel(10000 man-year) | 32.9 | 37.9 |
| R&D经费内部支出（亿元） | Intramural Expenditure on R&D(100 million yuan) | 353.4 | 442.3 |
| R&D经费内部支出与主营业务收入之比(%) | Percentage of Intramural Expenditure on R&D to Sales Revenue (%) | 0.71 | 0.76 |
| R&D项目数(项) | R&D Projects (item) | 46844 | 51678 |
| R&D项目经费内部支出(亿元) | Intramural Expenditure on R&D Projects(100 million yuan) | 309.5 | 389.9 |
| **企业办研发机构情况** | **Statistics on R&D Institutions** | | |
| 机构数（个） | Number of R&D Institutions(unit) | 7639 | 7419 |
| 机构人员数（万人） | R&D Personnel(10000 man-year) | 44.0 | 47.4 |
| 机构经费支出（亿元） | Expenditure on R&D(100 million yuan) | 334.7 | 403.8 |
| **新产品开发及生产情况** | **Statitstics on New Products Development and Production** | | |
| 新产品开发项目数（个） | Number of New Products(unit) | 55953 | 57412 |
| 新产品开经费支出（亿元） | Expenditure on New Products Development(100 million yuan) | 388.9 | 422.0 |
| 新产品销售收入（亿元） | Sales Revenue of New Products(100 million yuan ) | 7641.4 | 8793.5 |
| #新产品出口 | Export | 1270.6 | 1392.8 |
| **专利情况** | **Statistics on Patent** | | |
| 专利申请数（件） | Patent Applications (piece) | 11819 | 15338 |
| #发明专利 | Inventions | 2792 | 3625 |
| 有效发明专利数(件) | Number of Patents In Force(piece) | 6394 | 8088 |
| **技术获取和技术改造情况（亿元）** | **Statistics on Technology Acquisition and Technology Reconstruction(100 million yuan)** | | |
| 引进国外技术经费支出 | Expenditure for Acquisition of Foreign Technology | 245.4 | 285.9 |
| 引进技术消化吸收经费支出 | Expenditure for Assimilation of Technology | 18.2 | 19.6 |
| 购买国内技术经费支出 | Expenditure for Purchase of Domestic Technology | 26.4 | 36.3 |
| 技术改造经费支出 | Expenditure for Technical Renovation | 1132.6 | 1264.8 |

# 科技活动基本情况

# Large and Medium-sized Industrial Enterprises

| 2002 | 2003 | 2004 | 2005 | 2006 | 2007 | 2008 | 2009 |
|---|---|---|---|---|---|---|---|
| 7100 | 6651 | 6566 | 6874 | 7838 | 8954 | 10027 | 12434 |
| 30.74 | 29.86 | 23.71 | 24.06 | 24.01 | 24.70 | 24.87 | 30.48 |
| 42.4 | 47.8 | 43.8 | 60.6 | 69.6 | 85.8 | 101.4 | 115.9 |
| 560.2 | 720.8 | 954.5 | 1250.3 | 1630.2 | 2112.5 | 2681.3 | 3210.2 |
| 0.83 | 0.75 | 0.71 | 0.76 | 0.77 | 0.81 | 0.84 | 0.96 |
| 57744 | 64095 | 67259 | 70580 | 87207 | 92913 | 103234 | 133852 |
| 489.5 | 628.4 | 793.6 | 1142.3 | 1491.0 | 1967.6 | 2520.9 | 2696.4 |
| 7216 | 6871 | 9083 | 9352 | 10464 | 11847 | 13241 | 15217 |
| 49.8 | 53.1 | 52.8 | 64.3 | 75.8 | 88.3 | 107.5 | 128.0 |
| 520.9 | 653.4 | 745.6 | 1018.3 | 1335.1 | 1791.8 | 2336.3 | 2625.1 |
| 59788 | 68633 | 74576 | 81033 | 100760 | 112369 | 121358 | 152770 |
| 509.2 | 639.0 | 820.9 | 1457.2 | 1862.9 | 2453.3 | 3095.8 | 3654.6 |
| 10837.8 | 14097.7 | 20421.2 | 24097.1 | 31232.8 | 40976.2 | 51291.6 | 57978.1 |
| 1772.0 | 2589.9 | 4853.7 | 5538.9 | 7335.2 | 9922.4 | 13210.7 | 10678.7 |
| 21297 | 31382 | 42318 | 55271 | 69009 | 95905 | 122076 | 166762 |
| 5770 | 9395 | 13908 | 18292 | 25685 | 36074 | 43773 | 63011 |
| 9388 | 15409 | 17988 | 22971 | 29176 | 43652 | 55723 | 81592 |
| 372.5 | 405.4 | 367.9 | 296.8 | 320.4 | 452.5 | 440.4 | 394.6 |
| 25.7 | 27.1 | 54.0 | 69.4 | 81.9 | 106.6 | 106.4 | 163.8 |
| 42.9 | 54.3 | 69.9 | 83.4 | 87.4 | 129.6 | 166.2 | 174.7 |
| 1492.1 | 1896.4 | 2590.6 | 2792.9 | 3019.6 | 3650.0 | 4167.2 | 3671.4 |

# 2-3 按登记注册类型分规模以上

## Basic Statistics on Industrial Enterprises above

单位：万元

| 注册类型 | Type of Registration | 企业数（个）Number of Industrial Enterprises above Designated Size (unit) | #有研发机构的企业数 Number of Enterprises Having R&D Institutions | #有R&D活动的企业数 Number of Enterprises Having R&D Activities |
|---|---|---|---|---|
| **总　计** | **Total** | **429378** | **25391** | **36387** |
| **内资企业** | **Domestic Funded** | **355011** | **19449** | **28155** |
| 国有企业 | State-owned Enterprises | 8860 | 940 | 1251 |
| #大型企业 | Large-sized Enterprises | 419 | 237 | 255 |
| 集体企业 | Collective-owned Enterprises | 10187 | 298 | 174 |
| 股份合作企业 | Cooperative Enterprises | 5010 | 357 | 203 |
| 联营企业 | Joint Ownership Enterprises | 745 | 53 | 30 |
| 国有联营企业 | State Joint Ownership Enterprises | 137 | 22 | 9 |
| 集体联营企业 | Collective Joint Ownership Enterprises | 236 | 9 | 5 |
| 国有与集体联营企业 | Joint State-collective Enterprises | 180 | 15 | 12 |
| 其他联营企业 | Other Joint Ownership Enterprises | 192 | 7 | 4 |
| 有限责任公司 | Limited Liability Corporations | 64870 | 7683 | 5708 |
| 国有独资公司 | State Sole Funded Corporations | 1397 | 486 | 431 |
| 其他有限责任公司 | Other Limited Liability Corporations | 63473 | 7197 | 5277 |
| 股份有限公司 | Share-holding Corporations Ltd. | 9301 | 2230 | 1994 |
| 私营企业 | Private Enterprises | 253366 | 16153 | 10304 |
| 私营独资企业 | Private-funded Enterprises | 56747 | 1490 | 820 |
| 私营合伙企业 | Private Partnership Enterprises | 10098 | 269 | 138 |
| 私营有限责任公司 | Private Limited Liability Corporations | 176925 | 13604 | 8749 |
| 私营股份有限公司 | Private Share-holding Corporations Ltd. | 9596 | 790 | 597 |
| 其他企业 | Other Enterprises | 2672 | 130 | 96 |
| **港澳台商投资企业** | **Enterprises with Funds from Hong Kong, Macau and Taiwan** | **33865** | **3525** | **2612** |
| 与港澳台商合资经营企业 | Joint-venture Enterprises (with Funds from Hong Kong, Macau and Taiwan) | 10728 | 1282 | 1732 |
| 与港澳台商合作经营企业 | Cooperative Enterprises (with Funds from Hong Kong, Macau and Taiwan) | 1272 | 81 | 103 |
| 港澳台商独资经营企业 | Enterprises with Sole Funds from Hong Kong, Macau and Taiwan | 21290 | 1163 | 1579 |
| 港澳台商投资股份有限公司 | Share-holding Corporations Ltd. With from Hong Kong, Macau and Taiwan | 575 | 86 | 111 |
| **外商投资企业** | **Foreign Funded Enterprises** | **40502** | **3330** | **4707** |
| 中外合资经营企业 | Joint-venture Enterprises | 15378 | 1739 | 2358 |
| 中外合作经营 | Cooperation Enterprises | 1322 | 88 | 124 |
| 外资企业 | Enterprises with Sole Foreign Funds | 23151 | 1369 | 2068 |
| 外商投资股份有限公司 | Share-holding Corporations Ltd.with Foreign Funds | 651 | 134 | 157 |

# 工业企业基本情况(2009年)

# Designated Size by Registration Status (2009)

(10000 yuan)

| 年末从业人员(人) Employed Persons at the year-end (person) | 工业总产值 Gross Industrial Output Value | #新产品 New Products | 资产总计 Total Assets | 主营业务收入 Revenue from Principal Business | #新产品 New Products | 利润总额 Total Profits |
|---|---|---|---|---|---|---|
| **87420647** | **5479795538** | **681988049** | **4906682583** | **5454850211** | **658382082** | **343524120** |
| **63080297** | **3952765182** | **446459845** | **3665604301** | **3948815243** | **424544508** | **242288171** |
| 6647284 | 486500814 | 67587605 | 719411826 | 523137551 | 68218798 | 21055263 |
| 3437401 | 304894454 | 58875014 | 402570634 | 325276142 | 59828587 | 9610316 |
| 1955884 | 96438007 | 8974420 | 49563256 | 95326146 | 8634218 | 6335517 |
| 663193 | 36919509 | 1795532 | 24921344 | 36041385 | 1668132 | 2583007 |
| 175226 | 12995344 | 1469441 | 16216603 | 11800148 | 1455443 | 434929 |
| 64135 | 8351015 | 1326347 | 13211244 | 7288711 | 1328953 | 186699 |
| 46177 | 1955811 | 41324 | 893596 | 1900399 | 40731 | 117439 |
| 39491 | 1277268 | 71611 | 1211090 | 1238781 | 57050 | 22783 |
| 25423 | 1411250 | 30160 | 900674 | 1372258 | 28710 | 108008 |
| 18254424 | 1179395544 | 158821320 | 1351651678 | 1194885168 | 159597112 | 75408205 |
| 3220891 | 193479829 | 38332295 | 363178015 | 210087509 | 40013108 | 11467057 |
| 15033533 | 985915715 | 120489025 | 988473662 | 984797659 | 119584005 | 63941147 |
| 5597060 | 499522503 | 96425121 | 575999318 | 493864622 | 92897884 | 40506891 |
| 29301473 | 1618981441 | 109824893 | 912739747 | 1572074870 | 90470431 | 94702330 |
| 5320053 | 300266439 | 5974544 | 119575537 | 291559828 | 5511912 | 21553172 |
| 1045547 | 48442099 | 741180 | 19263491 | 47518088 | 613167 | 3637697 |
| 21330697 | 1166794068 | 86683469 | 710812417 | 1133543744 | 69396135 | 62588336 |
| 1605176 | 103478834 | 16425700 | 63088302 | 99453210 | 14949217 | 6923125 |
| 485753 | 22012022 | 1561514 | 15100529 | 21685354 | 1602490 | 1262030 |
| **11313008** | **524003105** | **67676551** | **445439043** | **513607874** | **64270926** | **34863842** |
| 3049246 | 187887506 | 31203657 | 177903805 | 182064398 | 29540368 | 12581477 |
| 385206 | 15991368 | 568987 | 14071368 | 15696939 | 569525 | 1180990 |
| 7634115 | 299163614 | 30487105 | 229012226 | 294672122 | 30202550 | 19419883 |
| 244441 | 20960617 | 5416803 | 24451644 | 21174415 | 3958484 | 1681492 |
| **13027342** | **1003027251** | **167851652** | **795639239** | **992427094** | **169566648** | **66372107** |
| 4476219 | 459232116 | 116555008 | 369951103 | 455862984 | 120509172 | 85168949 |
| 350986 | 21519775 | 1154918 | 21596427 | 21411237 | 1090466 | 5276909 |
| 7735416 | 487251382 | 40170810 | 361858816 | 479447680 | 40336965 | 226369163 |
| 464721 | 35023978 | 9970916 | 42232893 | 35705193 | 7630047 | 9193796 |

# 2-4 按登记注册类型分大中型

## Basic Statistics on Large and Medium-sized Industrial

单位：万元

| 注册类型 | Type of Registration | 企业数（个）Number of Industrial Enterprises above Designated Size (unit) | #有研发机构的企业数 Number of Enterprises Having R&D Institutions | #有R&D活动的企业数 Number of Enterprises Having R&D Activities |
|---|---|---|---|---|
| **总　计** | **Total** | **40792** | **11741** | **12434** |
| **内资企业** | **Domestic Funded** | **26528** | **8441** | **8656** |
| 国有企业 | State-owned Enterprises | 3080 | 767 | 888 |
| #大型企业 | Large-sized Enterprises | 419 | 237 | 255 |
| 集体企业 | Collective-owned Enterprises | 685 | 80 | 92 |
| 股份合作企业 | Cooperative Enterprises | 313 | 77 | 99 |
| 联营企业 | Joint Ownership Enterprises | 80 | 14 | 17 |
| 国有联营企业 | State Joint Ownership Enterprises | 30 | 5 | 9 |
| 集体联营企业 | Collective Joint Ownership Enterprises | 18 | | |
| 国有与集体联营企业 | Joint State-collective Enterprises | 21 | 7 | 6 |
| 其他联营企业 | Other Joint Ownership Enterprises | 11 | 2 | 2 |
| 有限责任公司 | Limited Liability Corporations | 8693 | 2988 | 3073 |
| 国有独资公司 | State Sole Funded Corporations | 762 | 383 | 419 |
| 其他有限责任公司 | Other Limited Liability Corporations | 7931 | 2605 | 2654 |
| 股份有限公司 | Share-holding Corporations Ltd. | 2797 | 1547 | 1522 |
| 私营企业 | Private Enterprises | 10699 | 2923 | 2917 |
| 私营独资企业 | Private-funded Enterprises | 1105 | 151 | 187 |
| 私营合伙企业 | Private Partnership Enterprises | 231 | 27 | 26 |
| 私营有限责任公司 | Private Limited Liability Corporations | 8669 | 2477 | 2449 |
| 私营股份有限公司 | Private Share-holding Corporations Ltd. | 694 | 268 | 255 |
| 其他企业 | Other Enterprises | 181 | 45 | 48 |
| **港澳台商投资企业** | **Enterprises with Funds from Hong Kong, Macau and Taiwan** | **6498** | **1447** | **1602** |
| 与港澳台商合资经营企业 | Joint-venture Enterprises (with Funds from Hong Kong, Macau and Taiwan) | 2119 | 681 | 745 |
| 与港澳台商合作经营企业 | Cooperative Enterprises (with Funds from Hong Kong, Macau and Taiwan) | 187 | 37 | 40 |
| 港澳台商独资经营企业 | Enterprises with Sole Funds from Hong Kong, Macau and Taiwan | 4045 | 661 | 737 |
| 港澳台商投资股份有限公司 | Share-holding Corporations Ltd. With from Hong Kong, Macau and Taiwan | 147 | 68 | 80 |
| **外商投资企业** | **Foreign Funded Enterprises** | **7766** | **1853** | **2176** |
| 中外合资经营企业 | Joint-venture Enterprises | 2879 | 947 | 1028 |
| 中外合作经营 | Cooperation Enterprises | 228 | 42 | 43 |
| 外资企业 | Enterprises with Sole Foreign Funds | 4412 | 758 | 989 |
| 外商投资股份有限公司 | Share-holding Corporations Ltd.with Foreign Funds | 247 | 106 | 116 |

# 工业企业基本情况(2009年)

# Enterprises by Registration Status (2009)

(10000 yuan)

| 年末从业人员(人) Employed Persons at the year-end (person) | 工业总产值 Gross Industrial Output Value | #新产品 New Products | 资产总计 Total Assets | 主营业务收入 Revenue from Principal Business | #新产品 New Products | 利润总额 Total Profits |
|---|---|---|---|---|---|---|
| **47624144** | **3331771678** | **587144049** | **3482017282** | **3343409475** | **579780546** | **220429266** |
| **31759463** | **2237403999** | **370990059** | **2613783113** | **2260830806** | **364212557** | **145164753** |
| 5620143 | 444984930 | 66382428 | 644707064 | 466262160 | 67025008 | 18624192 |
| 3437401 | 304894454 | 58875014 | 402570634 | 325276142 | 59828587 | 9610316 |
| 814767 | 42939941 | 8392142 | 25917693 | 43047251 | 8066924 | 2882292 |
| 240809 | 16451067 | 1242671 | 12266932 | 16253403 | 1132883 | 1081997 |
| 92946 | 8863506 | 1332957 | 11851013 | 7599024 | 1319257 | 201723 |
| 49476 | 7340855 | 1288908 | 10633259 | 6188164 | 1288098 | 118983 |
| 17869 | 726969 | | 324763 | 687242 | | 43180 |
| 20095 | 463113 | 43549 | 576521 | 409052 | 30709 | -436 |
| 5506 | 332570 | 500 | 316469 | 314567 | 450 | 39997 |
| 12230268 | 813141023 | 140966288 | 1059730193 | 838783877 | 140076360 | 55100102 |
| 3111631 | 188250293 | 37967906 | 350320094 | 204726530 | 39562243 | 11250234 |
| 9118637 | 624890730 | 102998381 | 709410099 | 634057347 | 100514118 | 43849868 |
| 4789729 | 443138949 | 92780093 | 525972195 | 438989292 | 89478516 | 36649270 |
| 7739527 | 458880060 | 58637201 | 325141726 | 440955134 | 55787072 | 30111011 |
| 706793 | 39563013 | 2239116 | 22049502 | 37710709 | 2065550 | 3423318 |
| 134578 | 6380572 | 205430 | 3164055 | 6240237 | 174909 | 594577 |
| 6175751 | 359802736 | 42064909 | 263004541 | 346129781 | 40762716 | 22089217 |
| 722405 | 53133740 | 14127746 | 36923628 | 50874407 | 12783897 | 4003899 |
| 231274 | 9004524 | 1256280 | 8196298 | 8940666 | 1326537 | 514166 |
| **7084659** | **354920096** | **61028133** | **299453498** | **349430648** | **57868082** | **25175799** |
| 1867920 | 120041875 | 27137176 | 118042403 | 116329609 | 25652870 | 8766694 |
| 189136 | 9773374 | 410070 | 8773713 | 9562916 | 420082 | 753413 |
| 4850315 | 207153632 | 28196173 | 151024879 | 205360927 | 27977311 | 14165147 |
| 177288 | 17951216 | 5284715 | 21612504 | 18177197 | 3817819 | 1490546 |
| **8780022** | **739447582** | **155125857** | **568780671** | **733148021** | **157699907** | **50088714** |
| 2888939 | 348849242 | 109175054 | 278963235 | 347934613 | 113748691 | 27640910 |
| 197023 | 13680958 | 806698 | 14995253 | 13688499 | 789863 | 1225047 |
| 5291231 | 346094215 | 35510155 | 236379728 | 339915563 | 35833774 | 18650215 |
| 402829 | 30823167 | 9633950 | 38442454 | 31609346 | 7327579 | 2572542 |

# 2-5 按行业分规模以上工业

## Basic Statistics on Industrial Enterprises above

单位：万元

| 行　业 | Industry | 企业数（个） Number of Industrial Enterprises above Designated Size (unit) | #有研发机构的企业数 Number of Enterprises Having R&D Institutions | #有R&D活动的企业数 Number of Enterprises Having R&D Activities |
|---|---|---|---|---|
| **总　计** | **Total** | **429378** | **25391** | **36387** |
| 煤炭开采和洗选业 | Mining and Washing of Coal | 8656 | 139 | 165 |
| 石油和天然气开采业 | Extraction of Petroleum and Natural Gas | 323 | 45 | 51 |
| 黑色金属矿采选业 | Mining of Ferrous Metal Ores | 3916 | 31 | 54 |
| 有色金属矿采选业 | Mining of Non-ferrous Metal Ores | 2386 | 47 | 74 |
| 非金属矿采选业 | Mining and Processing of Nonmetal Ores | 4212 | 46 | 67 |
| 其他采矿业 | Mining of Other Ores | 28 | | |
| 农副食品加工业 | Processing of Food from Agricultural Products | 24374 | 891 | 1029 |
| 食品制造业 | Manufacture of Foods | 8654 | 539 | 679 |
| 饮料制造业 | Manufacture of Beverage | 5839 | 415 | 482 |
| 烟草制品业 | Manufacture of Tobacco | 159 | 40 | 48 |
| 纺织业 | Manufacture of Textile | 32094 | 942 | 1380 |
| 纺织服装、鞋、帽制造业 | Manufacture of Textile Wearing Apparel, Footware and Caps | 18077 | 238 | 371 |
| 皮革、毛皮、羽毛(绒)及其制品业 | Manufacture of Leather, Fur, Feather and Its Products | 8429 | 203 | 254 |
| 木材加工及木、竹、藤、棕、草制品业 | Processing of Timbers, Manufacture of Wood, Bamboo, Rattan, Palm, Straw | 10687 | 220 | 385 |
| 家具制造业 | Manufacture of Furniture | 5492 | 153 | 179 |
| 造纸及纸制品业 | Manufacture of Paper and Paper Products | 9797 | 263 | 355 |
| 印刷业和记录媒介的复制 | Printing,Reproduction of Recording Media | 6533 | 149 | 217 |
| 文教体育用品制造业 | Manufacture of Articles for Culture, Education and Sport Activity | 4700 | 204 | 252 |
| 石油加工、炼焦及核燃料加工业 | Processing of Petroleum ,Coking,Processing of Nucleus Fuel | 2282 | 133 | 174 |
| 化学原料及化学制品制造业 | Manufacture of Chemical Raw Material and Chemical Products | 28496 | 2526 | 3475 |
| 医药制造业 | Manufacture of Medicines | 6761 | 1549 | 2045 |
| 化学纤维制造业 | Manufacture of Chemical Fiber | 1914 | 146 | 196 |
| 橡胶制品业 | Manufacture of Rubber | 4657 | 293 | 358 |
| 塑料制品业 | Manufacture of Plastic | 19619 | 661 | 1017 |
| 非金属矿物制品业 | Manufacture of Non-metallic Mineral Products | 31987 | 1090 | 1540 |
| 黑色金属冶炼及压延加工业 | Manufacture and Processing of Ferrous Metals | 7667 | 326 | 449 |
| 有色金属冶炼及压延加工业 | Manufacture and Processing of Non-ferrous Metals | 7974 | 544 | 807 |
| 金属制品业 | Manufacture of Metal Products | 24422 | 883 | 1382 |
| 通用设备制造业 | Manufacture of General Purpose Machinery | 36999 | 2701 | 4082 |
| 专用设备制造业 | Manufacture of Special Purpose Machinery | 18922 | 2012 | 3066 |
| 交通运输设备制造业 | Manufacture of Transport Equipment | 19235 | 1766 | 2438 |
| 电气机械及器材制造业 | Manufacture of Electrical Machinery and Equipment | 26298 | 2761 | 4053 |
| 通信设备、计算机及其他电子设备制造业 | Manufacture of Communication,Computer, Other Electronic Equipment | 14159 | 2089 | 3121 |
| 仪器仪表及文化、办公用机械制造业 | Manufacture of Measuring Instrument, Machinery for Cultural and Office Work | 5656 | 928 | 1460 |
| 工艺品及其他制造业 | Manufacture of Artwork, Other Manufacture | 7654 | 198 | 322 |
| 电力、热力的生产和供应业 | Production and Supply of Electric Power and Heat Power | 6259 | 159 | 258 |
| 燃气生产和供应业 | Production and Distribution of Gas | 904 | 9 | 20 |
| 水的生产和供应业 | Production and Distribution of Water | 2017 | 40 | 56 |

# 企业基本情况(2009年)

# Designated Size by Industrial Sector (2009)

(10000 yuan)

| 年末从业人员(人) Employed Persons at the year-end (person) | 工业总产值 Gross Industrial Output Value | #新产品 New Products | 资产总计 Total Assets | 主营业务收入 Revenue from Principal Business | #新产品 New Products | 利润总额 Total Profits |
|---|---|---|---|---|---|---|
| **87420647** | **5479795538** | **681988049** | **4906682583** | **5454850211** | **658382082** | **343524120** |
| 5071404 | 164803869 | 7853257 | 238948930 | 175548189 | 9949776 | 22187187 |
| 1082162 | 75309417 | 177876 | 148324143 | 78303711 | 179734 | 19058954 |
| 587834 | 38418671 | 128813 | 32908705 | 36402500 | 127545 | 4461308 |
| 499423 | 28466317 | 716191 | 25160663 | 28868718 | 714045 | 3356266 |
| 533163 | 22659517 | 381037 | 14955667 | 21998856 | 365130 | 1778664 |
| 3045 | 152365 | | 53124 | 155071 | | 6284 |
| 3258645 | 280011295 | 10463547 | 130291624 | 14157872 | 9726604 | 16836481 |
| 1611040 | 91849545 | 6067838 | 60689925 | 7074330 | 5760295 | 6065565 |
| 1183139 | 73883302 | 5463721 | 64963507 | 6960743 | 5407713 | 1698664 |
| 204961 | 50376049 | 6923361 | 50449488 | 6589241 | 7607132 | 247109 |
| 6105572 | 228629436 | 21003383 | 161793408 | 10661793 | 17889720 | 36893473 |
| 4474616 | 104579401 | 5361285 | 59562038 | 6051787 | 5072699 | 31366541 |
| 2541074 | 64011528 | 3349529 | 32264923 | 4050471 | 3203870 | 19245600 |
| 1295048 | 57575304 | 2489067 | 29372827 | 3359835 | 2334952 | 5824107 |
| 972217 | 34168790 | 1405329 | 20931533 | 1825139 | 1488788 | 9867933 |
| 1523250 | 82197325 | 6621466 | 79932268 | 4936376 | 6320544 | 4536499 |
| 805945 | 29718719 | 1762026 | 28022949 | 2389313 | 1706396 | 2586133 |
| 1217763 | 26262587 | 1549595 | 16527436 | 1152455 | 1504718 | 12489299 |
| 841342 | 215622281 | 6235369 | 129147989 | 9345396 | 6501033 | 3562001 |
| 4382730 | 367930251 | 38204250 | 312746201 | 21276784 | 36789229 | 22510327 |
| 1550717 | 94128077 | 17230624 | 91258462 | 9764764 | 15924583 | 7376765 |
| 414587 | 38306395 | 6353108 | 33682889 | 1682524 | 7749054 | 2533304 |
| 966210 | 47672382 | 6775888 | 34944626 | 3148133 | 6552184 | 8913884 |
| 2555080 | 109797061 | 7133377 | 75107746 | 6010394 | 6909031 | 17284085 |
| 5003567 | 247390615 | 12109812 | 204426655 | 18291265 | 11511430 | 12225153 |
| 3176998 | 426526417 | 48387930 | 424407115 | 13619686 | 48959029 | 9791697 |
| 1761508 | 205967453 | 16018266 | 163793382 | 8828527 | 16466471 | 7436330 |
| 3201319 | 160635253 | 10440891 | 108293568 | 8468161 | 10095898 | 21306502 |
| 4797918 | 274318788 | 41312464 | 222455487 | 17930880 | 39998344 | 27356092 |
| 3020310 | 166624106 | 31963133 | 152087224 | 11681802 | 30665895 | 15158199 |
| 4920566 | 415080181 | 164063821 | 377839214 | 30983962 | 150064104 | 47879465 |
| 5266857 | 338514646 | 74603315 | 241318771 | 21746805 | 69228923 | 60724257 |
| 6614768 | 446002816 | 107385020 | 294083505 | 17658422 | 109456919 | 272101044 |
| 1109095 | 50129253 | 9075060 | 44197072 | 3721786 | 9376391 | 16756744 |
| 1341191 | 44409671 | 2264363 | 27444213 | 2525060 | 2020166 | 13446264 |
| 2801701 | 336437233 | 558846 | 685465465 | 361779591 | 522975 | 14138627 |
| 179876 | 18051849 | 13935 | 33226170 | 18857062 | 104881 | 1822841 |
| 443866 | 10012538 | 58103 | 49306028 | 9590717 | 44577 | 291753 |

# 2-6 按行业分大中型工业

## Basic Statistics on Large and Medium-sized Industrial

单位：万元

| 行 业 | Industry | 企业数（个） Number of Industrial Enterprises above Designated Size (unit) | #有研发机构的企业数 Number of Enterprises Having R&D Institutions | #有R&D活动的企业数 Number of Enterprises Having R&D Activities |
|---|---|---|---|---|
| **总 计** | **Total** | **40792** | **11741** | **12434** |
| 煤炭开采和洗选业 | Mining and Washing of Coal | 1245 | 126 | 141 |
| 石油和天然气开采业 | Extraction of Petroleum and Natural Gas | 81 | 38 | 37 |
| 黑色金属矿采选业 | Mining of Ferrous Metal Ores | 274 | 27 | 31 |
| 有色金属矿采选业 | Mining of Non-ferrous Metal Ores | 317 | 36 | 51 |
| 非金属矿采选业 | Mining and Processing of Nonmetal Ores | 160 | 30 | 30 |
| 其他采矿业 | Mining of Other Ores | | | |
| 农副食品加工业 | Processing of Food from Agricultural Products | 1557 | 298 | 275 |
| 食品制造业 | Manufacture of Foods | 948 | 212 | 225 |
| 饮料制造业 | Manufacture of Beverage | 726 | 225 | 212 |
| 烟草制品业 | Manufacture of Tobacco | 97 | 35 | 37 |
| 纺织业 | Manufacture of Textile | 3026 | 609 | 611 |
| 纺织服装、鞋、帽制造业 | Manufacture of Textile Wearing Apparel, Footware and Caps | 1660 | 169 | 149 |
| 皮革、毛皮、羽毛(绒)及其制品业 | Manufacture of Leather, Fur, Feather and Its Products | 963 | 138 | 126 |
| 木材加工及木、竹、藤、 | Processing of Timbers, Manufacture of Wood, | 372 | 62 | 67 |
| 棕、草制品业 | Bamboo, Rattan, Palm, Straw | 492 | 85 | 66 |
| 家具制造业 | Manufacture of Furniture | 754 | 165 | 166 |
| 造纸及纸制品业 | Manufacture of Paper and Paper Products | 399 | 77 | 85 |
| 印刷业和记录媒介的复制 | Printing,Reproduction of Recording Media | | | |
| 文教体育用品制造业 | Manufacture of Articles for Culture, Education and Sport Activity | 493 | 93 | 90 |
| 石油加工、炼焦及核燃料加工业 | Processing of Petroleum ,Coking,Processing of Nucleus Fuel | 507 | 91 | 107 |
| 化学原料及化学制品制造业 | Manufacture of Chemical Raw Material and Chemical Products | 2169 | 924 | 915 |
| 医药制造业 | Manufacture of Medicines | 1011 | 632 | 661 |
| 化学纤维制造业 | Manufacture of Chemical Fiber | 238 | 96 | 106 |
| 橡胶制品业 | Manufacture of Rubber | 476 | 145 | 150 |
| 塑料制品业 | Manufacture of Plastic | 1119 | 236 | 235 |
| 非金属矿物制品业 | Manufacture of Non-metallic Mineral Products | 2379 | 515 | 494 |
| 黑色金属冶炼及压延加工业 | Manufacture and Processing of Ferrous Metals | 1108 | 240 | 271 |
| 有色金属冶炼及压延加工业 | Manufacture and Processing of Non-ferrous Metals | 876 | 282 | 318 |
| 金属制品业 | Manufacture of Metal Products | 1394 | 363 | 409 |
| 通用设备制造业 | Manufacture of General Purpose Machinery | 2416 | 1090 | 1170 |
| 专用设备制造业 | Manufacture of Special Purpose Machinery | 1480 | 711 | 742 |
| 交通运输设备制造业 | Manufacture of Transport Equipment | 2620 | 1065 | 1119 |
| 电气机械及器材制造业 | Manufacture of Electrical Machinery and Equipment | 2929 | 1269 | 1349 |
| 通信设备、计算机及其他电子设备制造业 | Manufacture of Communication,Computer, Other Electronic Equipment | 3203 | 1077 | 1310 |
| 仪器仪表及文化、办公用机械制造业 | Manufacture of Measuring Instrument, Machinery for Cultural and Office Work | 612 | 302 | 344 |
| 工艺品及其他制造业 | Manufacture of Artwork, Other Manufacture | 523 | 115 | 112 |
| 电力、热力的生产和供应业 | Production and Supply of Electric Power and Heat Power | 1775 | 131 | 183 |
| 燃气生产和供应业 | Production and Distribution of Gas | 129 | 6 | 13 |
| 水的生产和供应业 | Production and Distribution of Water | 233 | 23 | 25 |

# 企业基本情况(2009年)

# Enterprises by Industrial Sector (2009)

(10000 yuan)

| 年末从业人员(人) Employed Persons at the year-end (person) | 工业总产值 Gross Industrial Output Value | #新产品 New Products | 资产总计 Total Assets | 主营业务收入 Revenue from Principal Business | #新产品 New Products | 利润总额 Total Profits |
|---|---|---|---|---|---|---|
| **47624144** | **3331771678** | **587144049** | **3482017282** | **3343409475** | **579780546** | **220429266** |
| 3952192 | 112758919 | 7014747 | 204862435 | 124416368 | 6524027 | 693862 |
| 1052040 | 70475498 | 144778 | 141474357 | 73895262 | 153388 | 980765 |
| 274345 | 13481770 | 79342 | 19154653 | 12682981 | 78741 | 647 |
| 264329 | 12750130 | 619313 | 15569808 | 13890574 | 617941 | 154059 |
| 161507 | 4739149 | 238915 | 6005722 | 4728565 | 234863 | 98044 |
| 1326412 | 105458531 | 6912026 | 61269181 | 105463216 | 6336931 | 5410647 |
| 816180 | 50417899 | 4898535 | 35684958 | 48549350 | 4670113 | 4362114 |
| 694190 | 45064068 | 4360427 | 44464466 | 46882057 | 4367562 | 4849595 |
| 194120 | 49746012 | 6859209 | 49592403 | 49367410 | 7547039 | 6494473 |
| 2940561 | 105146990 | 18165831 | 92087263 | 103049994 | 15330843 | 5204266 |
| 1707143 | 45332287 | 4552441 | 32155017 | 43690973 | 4278844 | 3522092 |
| 1354871 | 32009714 | 2719907 | 18812537 | 30989842 | 2608667 | 2382265 |
| 263942 | 11898674 | 1554049 | 9222477 | 11675834 | 1510201 | 741807 |
| 422020 | 12889533 | 1040644 | 9902684 | 12649031 | 1151529 | 772809 |
| 626726 | 39615484 | 5729127 | 53471446 | 38202154 | 5502603 | 2611821 |
| 276837 | 9998183 | 1260114 | 11340002 | 9585043 | 1241597 | 1129299 |
| 577883 | 10932301 | 1128780 | 8765028 | 10632474 | 1113193 | 516517 |
| 706223 | 188402900 | 5900798 | 115098689 | 186085092 | 6170503 | 8117198 |
| 2132605 | 182248941 | 28352879 | 197464128 | 182007677 | 27273660 | 10030267 |
| 925591 | 55430520 | 13440843 | 59202088 | 54566996 | 12483159 | 6693921 |
| 290715 | 28010451 | 5638440 | 25946347 | 27849886 | 7114423 | 1269229 |
| 527926 | 28622306 | 6300020 | 24517449 | 28005509 | 6096850 | 2010925 |
| 894889 | 33447059 | 4757224 | 28210083 | 32049458 | 4574561 | 2117218 |
| 1889263 | 89013498 | 8786610 | 106508117 | 85776219 | 8369690 | 8057878 |
| 2572535 | 348994223 | 46658913 | 369232766 | 362799478 | 47337141 | 10638793 |
| 1157885 | 119711308 | 13205905 | 128915443 | 124924545 | 13852482 | 5666301 |
| 1096719 | 54567770 | 6997185 | 46218495 | 52438354 | 6789418 | 3421610 |
| 1947294 | 118658000 | 33717044 | 126724944 | 116550620 | 32737014 | 8978013 |
| 1477352 | 84786159 | 25849579 | 91722486 | 84602667 | 24840531 | 6396164 |
| 3244212 | 323521601 | 144815747 | 312095785 | 320214942 | 145705929 | 25769067 |
| 2971978 | 203936100 | 64694733 | 158575128 | 195598523 | 59980864 | 14693649 |
| 5164591 | 389253151 | 102177761 | 248775866 | 387148965 | 104362336 | 15023979 |
| 625417 | 29681711 | 6572843 | 24427036 | 28764138 | 6968492 | 2245895 |
| 461022 | 17249359 | 1634354 | 13010406 | 17072728 | 1437988 | 947027 |
| 2280273 | 289539827 | 358024 | 536825361 | 301755499 | 315057 | 10462539 |
| 114868 | 7736773 |  | 22909256 | 8470298 | 95462 | 792753 |
| 221092 | 4925268 | 2820 | 31050915 | 4986335 | 2813 | 17114 |

# 2-7 各地区规模以上工业

## Basic Statistics on Industrial Enterprises above

单位：万元

| 地区 | Region | 企业数（个）Number of Industrial Enterprises above Designated Size (unit) | #有研发机构的企业数 Number of Enterprises Having R&D Institutions | #有R&D活动的企业数 Number of Enterprises Having R&D Activities | 年末从业人员（人）Employed Persons at the year-end (person) |
|---|---|---|---|---|---|
| **全国** | **National Total** | **429378** | **25391** | **36387** | **87420647** |
| 东部地区 | Eastern Region | 303103 | 18387 | 26948 | 57796910 |
| 中部地区 | Middle Region | 81185 | 4547 | 6364 | 18140215 |
| 西部地区 | Western Region | 45078 | 2455 | 3073 | 11481934 |
| 北京 | Beijing | 6890 | 549 | 1114 | 1198942 |
| 天津 | Tianjin | 6875 | 413 | 620 | 1313406 |
| 河北 | Hebei | 12755 | 465 | 532 | 3182814 |
| 山西 | Shanxi | 4022 | 220 | 262 | 2110992 |
| 内蒙古 | Inner Mongolia | 4464 | 136 | 191 | 1102502 |
| 辽宁 | Liaoning | 23359 | 628 | 897 | 3712370 |
| 吉林 | Jilin | 5936 | 156 | 194 | 1309230 |
| 黑龙江 | Heilongjiang | 4389 | 156 | 302 | 1443581 |
| 上海 | Shanghai | 16905 | 1147 | 1389 | 2816452 |
| 江苏 | Jiangsu | 60831 | 4435 | 7278 | 10289063 |
| 浙江 | Zhejiang | 60479 | 5347 | 7842 | 7971112 |
| 安徽 | Anhui | 13459 | 1262 | 1084 | 2312105 |
| 福建 | Fujian | 16822 | 889 | 1329 | 3607300 |
| 江西 | Jiangxi | 7538 | 270 | 476 | 1744914 |
| 山东 | Shandong | 45511 | 1876 | 2311 | 9140521 |
| 河南 | Henan | 18510 | 1095 | 1327 | 4239268 |
| 湖北 | Hubei | 14024 | 691 | 1133 | 2581152 |
| 湖南 | Hunan | 13307 | 697 | 1586 | 2398973 |
| 广东 | Guangdong | 52186 | 2601 | 3583 | 14446633 |
| 广西 | Guangxi | 5586 | 309 | 414 | 1203038 |
| 海南 | Hainan | 490 | 37 | 53 | 118297 |
| 重庆 | Chongqing | 6412 | 383 | 549 | 1371893 |
| 四川 | Sichuan | 12998 | 681 | 843 | 3142452 |
| 贵州 | Guizhou | 2512 | 143 | 143 | 743241 |
| 云南 | Yunnan | 3390 | 213 | 212 | 839905 |
| 西藏 | Tibet | 87 | 5 | 7 | 18846 |
| 陕西 | Shaanxi | 4265 | 262 | 319 | 1369758 |
| 甘肃 | Gansu | 1985 | 104 | 135 | 687953 |
| 青海 | Qinghai | 415 | 21 | 25 | 170745 |
| 宁夏 | Ningxia | 969 | 85 | 113 | 272788 |
| 新疆 | Xinjiang | 1995 | 113 | 122 | 558813 |

# 企业基本情况(2009年)

# Designated Size by Region (2009)

(10000 yuan)

| 工业总产值<br>Gross Industrial Output Value | #新产品<br>New Products | 资产总计<br>Total Assets | 主营业务收入<br>Revenue from Principal Business | #新产品<br>New Products | 利润总额<br>Total Profits |
|---|---|---|---|---|---|
| **5479795538** | **681988049** | **4906682583** | **5454850211** | **658382082** | **343524120** |
| 3716465261 | 486339057 | 3072726579 | 3718618296 | 470039572 | 667713410 |
| 1069138863 | 121965347 | 1001186646 | 1061768090 | 119763171 | 33314121 |
| 694112204 | 73680100 | 832706045 | 674402222 | 68576088 | 16964751 |
| 108286849 | 26676100 | 194849464 | 119671665 | 28314951 | 15193871 |
| 130436115 | 29071117 | 140892573 | 132083307 | 28262709 | 17726503 |
| 240510626 | 11673258 | 205432682 | 241102276 | 11634045 | 7736537 |
| 92465826 | 7568977 | 154238775 | 91426609 | 6296160 | 1985429 |
| 106471382 | 5642368 | 115025732 | 104272469 | 3340301 | 1136498 |
| 281611517 | 25999724 | 248679049 | 278709155 | 25868782 | 23870617 |
| 100155332 | 29342229 | 83778364 | 96768787 | 28925805 | 1755542 |
| 73007990 | 5158317 | 88523418 | 77290936 | 5097624 | 1526053 |
| 240418149 | 49212317 | 245068285 | 253949780 | 54440825 | 66856775 |
| 733480038 | 100156458 | 537804965 | 719526640 | 85236348 | 149348063 |
| 401657182 | 68011970 | 387344077 | 409478435 | 63482974 | 84113899 |
| 132806353 | 17088079 | 121004775 | 127473095 | 15333831 | 5723920 |
| 158121208 | 18081068 | 125504163 | 164139434 | 17674924 | 35431437 |
| 97824593 | 5313568 | 70187111 | 99194077 | 5094716 | 8026044 |
| 721860314 | 72364464 | 462444654 | 720089861 | 71919279 | 55701718 |
| 281593026 | 15844515 | 197858124 | 285416945 | 17710388 | 4525519 |
| 156218299 | 18394689 | 183888766 | 153455298 | 18116899 | 6534666 |
| 135067445 | 23254975 | 101707314 | 130742343 | 23187749 | 3236949 |
| 689515851 | 84834806 | 511799035 | 669779250 | 82955488 | 210851462 |
| 67681164 | 7817586 | 65776516 | 64488204 | 8223781 | 2754932 |
| 10567414 | 257775 | 12907633 | 10088494 | 249246 | 882529 |
| 67541109 | 19651262 | 64380071 | 66221990 | 19029836 | 2683102 |
| 181226651 | 23919946 | 172126598 | 172961383 | 21846719 | 5413890 |
| 33715006 | 1990596 | 51750362 | 32499234 | 1891156 | 707601 |
| 51333332 | 2735626 | 73964061 | 49253903 | 2739668 | 957570 |
| 481263 | 54674 | 2237828 | 475015 | 48166 | 378 |
| 83787853 | 6859434 | 120487709 | 81852403 | 6566624 | 2271499 |
| 37473581 | 1693113 | 52754965 | 38613245 | 2348957 | 307373 |
| 10746396 | 544145 | 25129156 | 10896774 | 542937 | 24454 |
| 14615771 | 1126328 | 26766059 | 13900938 | 963234 | 354393 |
| 39038697 | 1645022 | 62306990 | 38966664 | 1034710 | 353061 |

# 2-8 各地区大中型工业

## Basic Statistics on Large and Medium-sized

单位：万元

| 地 区 | Region | 企业数（个）Number of Industrial Enterprises above Designated Size (unit) | #有研发机构的企业数 Number of Enterprises Having R&D Institutions | #有R&D活动的企业数 Number of Enterprises Having R&D Activities | 年末从业人员（人）Employed Persons at the year-end (person) |
|---|---|---|---|---|---|
| **全 国** | **National Total** | **40792** | **11741** | **12434** | **47624144** |
| 东部地区 | Eastern Region | 27161 | 8186 | 8796 | 30183339 |
| 中部地区 | Middle Region | 7943 | 2128 | 2228 | 10580076 |
| 西部地区 | Western Region | 5688 | 1427 | 1410 | 6860729 |
| 北 京 | Beijing | 633 | 201 | 266 | 688423 |
| 天 津 | Tianjin | 673 | 195 | 203 | 783880 |
| 河 北 | Hebei | 1471 | 285 | 266 | 1964160 |
| 山 西 | Shanxi | 1003 | 147 | 148 | 1731211 |
| 内蒙古 | Inner Mongolia | 593 | 96 | 93 | 684201 |
| 辽 宁 | Liaoning | 1320 | 278 | 306 | 1948188 |
| 吉 林 | Jilin | 468 | 83 | 74 | 753872 |
| 黑龙江 | Heilongjiang | 528 | 96 | 131 | 1078925 |
| 上 海 | Shanghai | 1626 | 519 | 574 | 1454982 |
| 江 苏 | Jiangsu | 4717 | 1778 | 2159 | 5116584 |
| 浙 江 | Zhejiang | 4328 | 1983 | 1867 | 3312196 |
| 安 徽 | Anhui | 954 | 409 | 304 | 1285147 |
| 福 建 | Fujian | 1858 | 440 | 447 | 1769063 |
| 江 西 | Jiangxi | 654 | 140 | 169 | 776094 |
| 山 东 | Shandong | 3821 | 1094 | 1099 | 4863900 |
| 河 南 | Henan | 2258 | 594 | 633 | 2530156 |
| 湖 北 | Hubei | 1174 | 345 | 369 | 1447232 |
| 湖 南 | Hunan | 904 | 314 | 400 | 977439 |
| 广 东 | Guangdong | 6618 | 1395 | 1593 | 8209757 |
| 广 西 | Guangxi | 657 | 142 | 142 | 600003 |
| 海 南 | Hainan | 96 | 18 | 16 | 72206 |
| 重 庆 | Chongqing | 671 | 223 | 277 | 752285 |
| 四 川 | Sichuan | 1460 | 362 | 324 | 1659833 |
| 贵 州 | Guizhou | 374 | 101 | 90 | 474040 |
| 云 南 | Yunnan | 539 | 117 | 103 | 504061 |
| 西 藏 | Tibet | 11 | 3 | 2 | 8918 |
| 陕 西 | Shaanxi | 591 | 180 | 178 | 955810 |
| 甘 肃 | Gansu | 281 | 68 | 75 | 485260 |
| 青 海 | Qinghai | 81 | 17 | 12 | 129622 |
| 宁 夏 | Ningxia | 144 | 55 | 55 | 205392 |
| 新 疆 | Xinjiang | 286 | 63 | 59 | 401304 |

# 企业基本情况(2009年)
# Industrial Enterprises by Region (2009)

(10000 yuan)

| 工业总产值 Gross Industrial Output Value | #新产品 New Products | 资产总计 Total Assets | 主营业务收入 Revenue from Principal Business | #新产品 New Products | 利润总额 Total Profits |
|---|---|---|---|---|---|
| **3331771678** | **587144049** | **3482017282** | **3343409475** | **579780546** | **220429266** |
| 2230638349 | 413866550 | 2102550348 | 2243356636 | 412012639 | 140201049 |
| 650714816 | 108168750 | 760032050 | 654196623 | 107019282 | 44893788 |
| 450418513 | 65108749 | 619434884 | 445856216 | 60748626 | 35334429 |
| 81388320 | 20996833 | 160959226 | 90916543 | 19829168 | 5695310 |
| 93477588 | 27085102 | 91427878 | 95068730 | 26215887 | 6819552 |
| 156272154 | 11018765 | 161557609 | 159513936 | 10952204 | 8447158 |
| 77476287 | 7189338 | 131041808 | 77047835 | 6081847 | 4479572 |
| 63552992 | 5494910 | 82139134 | 62710737 | 3188152 | 6552062 |
| 146133853 | 23603211 | 176549340 | 147642655 | 23723459 | 6136610 |
| 62897252 | 28153274 | 59400779 | 61016867 | 28070578 | 3262289 |
| 55998933 | 4947915 | 71933093 | 60713681 | 4911381 | 7867573 |
| 171975494 | 45684640 | 172690156 | 184505195 | 50784738 | 10193241 |
| 426222319 | 72754081 | 350931714 | 420104096 | 72939425 | 26053507 |
| 212225737 | 48262194 | 208110406 | 207899899 | 45261993 | 13354292 |
| 81275373 | 14208985 | 86687204 | 78640839 | 12689635 | 5311676 |
| 90143009 | 15594329 | 81250429 | 92261847 | 15279620 | 7284698 |
| 42482252 | 4913423 | 43896145 | 44478179 | 4715900 | 2270099 |
| 390131813 | 68490916 | 330799793 | 394743282 | 68376264 | 25491544 |
| 166141781 | 14331092 | 150981646 | 170188270 | 16312978 | 10654188 |
| 102061896 | 16668050 | 148209953 | 102408037 | 16505431 | 7300715 |
| 62381043 | 17756675 | 67881422 | 59702915 | 17731532 | 3747676 |
| 454796904 | 80276649 | 359193360 | 443305645 | 78547987 | 29995109 |
| 39751580 | 7342792 | 42686030 | 38960249 | 7818720 | 2265745 |
| 7871158 | 99829 | 9080439 | 7394808 | 101895 | 730029 |
| 44632957 | 17440933 | 47170857 | 43509922 | 16889747 | 2245235 |
| 97734814 | 19342516 | 119583068 | 94756456 | 17785186 | 5743669 |
| 24207200 | 1872691 | 40899878 | 23772469 | 1774830 | 1772623 |
| 38559485 | 2269845 | 53363263 | 37124242 | 2307527 | 2788757 |
| 209585 | 51029 | 1411376 | 235816 | 44445 | |
| 61283705 | 6550195 | 99827620 | 61271695 | 6281446 | 6739533 |
| 30537070 | 1594080 | 41018872 | 32984935 | 2268508 | 1428629 |
| 8318188 | 539098 | 20996052 | 8878768 | 541425 | 759895 |
| 10851820 | 1050319 | 22200165 | 10456430 | 898957 | 755712 |
| 30779117 | 1560342 | 48138570 | 31194496 | 949684 | 4282571 |

# 2-9 按登记注册类型分规模以上工业企业R&D人员(2009年)

# R&D Personnel in Industrial Enterprises above Designated Size by Registration Status(2009)

单位：人、人年 (person, man-year)

| 注册类型 | Type of Registration | R&D人员 R&D Personnel | #女性 Female | R&D人员全时当量 Full-time Equivalent | #研究人员 Researchers |
|---|---|---|---|---|---|
| **总 计** | **Total** | **1914274** | **402071** | **1445570** | **625391** |
| **内资企业** | **Domestic Funded** | **1431061** | **300660** | **1068715** | **520960** |
| 国有企业 | State-owned Enterprises | 174768 | 38827 | 126287 | 81311 |
| #大型企业 | Large-sized Enterprises | 119643 | 26043 | 85125 | 55939 |
| 集体企业 | Collective-owned Enterprises | 14360 | 3134 | 10892 | 4354 |
| 股份合作企业 | Cooperative Enterprises | 9902 | 1994 | 6336 | 2380 |
| 联营企业 | Joint Ownership Enterprises | 3308 | 839 | 2252 | 1270 |
| 国有联营企业 | State Joint Ownership Enterprises | 2709 | 704 | 1788 | 1094 |
| 集体联营企业 | Collective Joint Ownership Enterprises | 137 | 25 | 105 | 30 |
| 国有与集体联营企业 | Joint State-collective Enterprises | 330 | 83 | 240 | 95 |
| 其他联营企业 | Other Joint Ownership Enterprises | 132 | 27 | 119 | 51 |
| 有限责任公司 | Limited Liability Corporations | 580102 | 122171 | 437541 | 240162 |
| 国有独资公司 | State Sole Funded Corporations | 140510 | 28883 | 103787 | 56455 |
| 其他有限责任公司 | Other Limited Liability Corporations | 439592 | 93288 | 333754 | 183707 |
| 股份有限公司 | Share-holding Corporations Ltd. | 285987 | 63165 | 225098 | 103406 |
| 私营企业 | Private Enterprises | 356350 | 68949 | 256945 | 86756 |
| 私营独资企业 | Private-funded Enterprises | 24560 | 4263 | 15989 | 5025 |
| 私营合伙企业 | Private Partnership Enterprises | 3725 | 647 | 2772 | 807 |
| 私营有限责任公司 | Private Limited Liability Corporations | 296095 | 56352 | 215721 | 71889 |
| 私营股份有限公司 | Private Share-holding Corporations Ltd. | 31970 | 7687 | 22463 | 9035 |
| 其他企业 | Other Enterprises | 6284 | 1581 | 3364 | 1321 |
| **港澳台商投资企业** | **Enterprises with Funds from Hong Kong, Macau and Taiwan** | **198824** | **40414** | **148586** | **40423** |
| 与港澳台商合资经营企业 | Joint-venture Enterprises (with Funds from Hong Kong, Macau and Taiwan) | 86645 | 17269 | 64698 | 19670 |
| 与港澳台商合作经营企业 | Cooperative Enterprises (with Funds from Hong Kong, Macau and Taiwan) | 3044 | 636 | 2592 | 700 |
| 港澳台商独资经营企业 | Enterprises with Sole Funds from Hong Kong, Macau and Taiwan | 96105 | 19557 | 70810 | 16877 |
| 港澳台商投资股份有限公司 | Share-holding Corporations Ltd. With from Hong Kong, Macau and Taiwan | 13030 | 2952 | 10485 | 3177 |
| **外商投资企业** | **Foreign Funded Enterprises** | **284389** | **60997** | **228270** | **64008** |
| 中外合资经营企业 | Joint-venture Enterprises | 132675 | 27373 | 104245 | 35086 |
| 中外合作经营 | Cooperation Enterprises | 3496 | 974 | 2461 | 634 |
| 外资企业 | Enterprises with Sole Foreign Funds | 124862 | 27146 | 102568 | 22459 |
| 外商投资股份有限公司 | Share-holding Corporations Ltd.with Foreign Funds | 23356 | 5504 | 18996 | 5828 |

# 2-10 按登记注册类型分大中型工业企业R&D人员(2009年)
# R&D Personnel in Large and Medium-sized Industrial Enterprises by Registration Status(2009)

单位：人、人年 (person, man-year)

| 注册类型 | Type of Registration | R&D人员 R&D Personnel | #女性 Female | R&D人员全时当量 Full-time Equivalent | #研究人员 Researchers |
|---|---|---|---|---|---|
| **总　计** | **Total** | **1518991** | **327141** | **1158839** | **522662** |
| **内资企业** | **Domestic Funded** | **1118529** | **242151** | **843378** | **437290** |
| 国有企业 | State-owned Enterprises | 166323 | 36913 | 120445 | 78218 |
| #大型企业 | Large-sized Enterprises | 119643 | 26043 | 85125 | 55939 |
| 集体企业 | Collective-owned Enterprises | 11495 | 2584 | 8941 | 3547 |
| 股份合作企业 | Cooperative Enterprises | 6386 | 1329 | 3816 | 1341 |
| 联营企业 | Joint Ownership Enterprises | 2655 | 705 | 1734 | 1033 |
| 国有联营企业 | State Joint Ownership Enterprises | 2386 | 648 | 1500 | 964 |
| 国有与集体联营企业 | Joint State-collective Enterprises | 195 | 50 | 168 | 64 |
| 其他联营企业 | Other Joint Ownership Enterprises | 74 | 7 | 67 | 5 |
| 有限责任公司 | Limited Liability Corporations | 489584 | 104158 | 371887 | 213627 |
| 国有独资公司 | State Sole Funded Corporations | 138742 | 28456 | 102553 | 55805 |
| 其他有限责任公司 | Other Limited Liability Corporations | 350842 | 75702 | 269334 | 157822 |
| 股份有限公司 | Share-holding Corporations Ltd. | 268312 | 59557 | 212114 | 97779 |
| 私营企业 | Private Enterprises | 168791 | 35568 | 121934 | 40769 |
| 私营独资企业 | Private-funded Enterprises | 8792 | 1610 | 5343 | 1378 |
| 私营合伙企业 | Private Partnership Enterprises | 1306 | 249 | 1092 | 310 |
| 私营有限责任公司 | Private Limited Liability Corporations | 135783 | 27691 | 99245 | 32432 |
| 私营股份有限公司 | Private Share-holding Corporations Ltd. | 22910 | 6018 | 16254 | 6649 |
| 其他企业 | Other Enterprises | 4983 | 1337 | 2506 | 977 |
| **港澳台商投资企业** | **Enterprises with Funds from Hong Kong, Macau and Taiwan** | **163344** | **33330** | **122667** | **32567** |
| 与港澳台商合资经营企业 | Joint-venture Enterprises (with Funds from Hong Kong, Macau and Taiwan) | 68024 | 13449 | 50986 | 15259 |
| 与港澳台商合作经营企业 | Cooperative Enterprises (with Funds from Hong Kong, Macau and Taiwan) | 1999 | 414 | 1764 | 446 |
| 港澳台商独资经营企业 | Enterprises with Sole Funds from Hong Kong, Macau and Taiwan | 80894 | 16624 | 59849 | 13822 |
| 港澳台商投资股份有限公司 | Share-holding Corporations Ltd. With from Hong Kong, Macau and Taiwan | 12427 | 2843 | 10068 | 3041 |
| **外商投资企业** | **Foreign Funded Enterprises** | **237118** | **51660** | **192794** | **52805** |
| 中外合资经营企业 | Joint-venture Enterprises | 106842 | 22233 | 84810 | 28196 |
| 中外合作经营 | Cooperation Enterprises | 2008 | 604 | 1434 | 340 |
| 外资企业 | Enterprises with Sole Foreign Funds | 105919 | 23510 | 88396 | 18714 |
| 外商投资股份有限公司 | Share-holding Corporations Ltd.with Foreign Funds | 22349 | 5313 | 18155 | 5556 |

# 2-11 按行业分规模以上工业企业R&D人员(2009年)
# R&D Personnel in Industrial Enterprises above Designated Size by Industrial Sector(2009)

单位：人、人年 (person, man-year)

| 行业 | Industry | R&D人员 R&D Personnel | #女性 Female | R&D人员全时当量 Full-time Equivalent | #研究人员 Researchers |
|---|---|---|---|---|---|
| **总计** | **Total** | **1914274** | **402071** | **1445570** | **625391** |
| 煤炭开采和洗选业 | Mining and Washing of Coal | 69593 | 8760 | 46404 | 23333 |
| 石油和天然气开采业 | Extraction of Petroleum and Natural Gas | 32289 | 8898 | 23320 | 17330 |
| 黑色金属矿采选业 | Mining of Ferrous Metal Ores | 2123 | 190 | 1473 | 977 |
| 有色金属矿采选业 | Mining of Non-ferrous Metal Ores | 4135 | 402 | 2309 | 1287 |
| 非金属矿采选业 | Mining and Processing of Nonmetal Ores | 2697 | 607 | 2102 | 955 |
| 农副食品加工业 | Processing of Food from Agricultural Products | 24772 | 5873 | 17876 | 6397 |
| 食品制造业 | Manufacture of Foods | 20976 | 5689 | 14529 | 5164 |
| 饮料制造业 | Manufacture of Beverage | 22230 | 5951 | 16522 | 5908 |
| 烟草制品业 | Manufacture of Tobacco | 5238 | 1259 | 4192 | 2426 |
| 纺织业 | Manufacture of Textile | 53076 | 19673 | 37106 | 10713 |
| 纺织服装、鞋、帽制造业 | Manufacture of Textile Wearing Apparel, Footware and Caps | 11620 | 4817 | 9079 | 3325 |
| 皮革、毛皮、羽毛(绒)及其制品业 | Manufacture of Leather, Fur, Feather and Its Products | 7092 | 2456 | 5141 | 1054 |
| 木材加工及木、竹、藤、棕、草制品业 | Processing of Timbers,Manufacture of Wood, Bamboo,Rattan,Palm,Straw | 5794 | 941 | 3605 | 1113 |
| 家具制造业 | Manufacture of Furniture | 4867 | 885 | 3194 | 562 |
| 造纸及纸制品业 | Manufacture of Paper and Paper Products | 16575 | 3649 | 11147 | 3483 |
| 印刷业和记录媒介的复制 | Printing,Reproduction of Recording Media | 7532 | 1623 | 5170 | 1366 |
| 文教体育用品制造业 | Manufacture of Articles for Culture, Education and Sport Activity | 8480 | 1772 | 6580 | 1169 |
| 石油加工、炼焦及核燃料加工业 | Processing of Petroleum ,Coking,Processing of Nucleus Fuel | 14252 | 3020 | 10201 | 6971 |
| 化学原料及化学制品制造业 | Manufacture of Chemical Raw Material and Chemical Products | 136027 | 28134 | 102302 | 44826 |
| 医药制造业 | Manufacture of Medicines | 90222 | 32167 | 70065 | 30484 |
| 化学纤维制造业 | Manufacture of Chemical Fiber | 13766 | 3149 | 10086 | 3459 |
| 橡胶制品业 | Manufacture of Rubber | 18215 | 3708 | 12193 | 3836 |
| 塑料制品业 | Manufacture of Plastic | 26029 | 4597 | 19935 | 7041 |
| 非金属矿物制品业 | Manufacture of Non-metallic Mineral Products | 55029 | 9998 | 39833 | 15474 |
| 黑色金属冶炼及压延加工业 | Manufacture and Processing of Ferrous Metals | 89700 | 13478 | 62453 | 35183 |
| 有色金属冶炼及压延加工业 | Manufacture and Processing of Non-ferrous Metals | 47405 | 7267 | 34016 | 16427 |
| 金属制品业 | Manufacture of Metal Products | 44330 | 7685 | 32046 | 11173 |
| 通用设备制造业 | Manufacture of General Purpose Machinery | 161325 | 29618 | 118017 | 51376 |
| 专用设备制造业 | Manufacture of Special Purpose Machinery | 136626 | 25652 | 106612 | 48810 |
| 交通运输设备制造业 | Manufacture of Transport Equipment | 197976 | 37509 | 159609 | 68026 |
| 电气机械及器材制造业 | Manufacture of Electrical Machinery and Equipment | 194660 | 38946 | 142852 | 50567 |
| 通信设备、计算机及其他电子设备制造业 | Manufacture of Communication,Computer, Other Electronic Equipment | 296136 | 64359 | 246701 | 110579 |
| 仪器仪表及文化、办公用机械制造业 | Manufacture of Measuring Instrument, Machinery for Cultural and Office Work | 54463 | 10604 | 43094 | 18631 |
| 工艺品及其他制造业 | Manufacture of Artwork, Other Manufacture | 12647 | 3465 | 10038 | 3669 |
| 电力、热力的生产和供应业 | Production and Supply of Electric Power and Heat Power | 24247 | 4820 | 14261 | 11398 |
| 燃气生产和供应业 | Production and Distribution of Gas | 275 | 42 | 143 | 57 |
| 水的生产和供应业 | Production and Distribution of Water | 1520 | 348 | 1130 | 775 |

# 2-12 按行业分大中型工业企业R&D人员(2009年)

## R&D Personnel in Large and Medium-sized Industrial Enterprises by Industrial Sector(2009)

单位：人 、人年 (person, man-year)

| 行 业 | Industry | R&D人员 R&D Personnel | #女性 Female | R&D人员全时当量 Full-time Equivalent | #研究人员 Researchers |
|---|---|---|---|---|---|
| **总 计** | **Total** | **1518991** | **327141** | **1158839** | **522662** |
| 煤炭开采和洗选业 | Mining and Washing of Coal | 69093 | 8723 | 46105 | 23221 |
| 石油和天然气开采业 | Extraction of Petroleum and Natural Gas | 31799 | 8803 | 23088 | 17178 |
| 黑色金属矿采选业 | Mining of Ferrous Metal Ores | 1894 | 179 | 1300 | 933 |
| 有色金属矿采选业 | Mining of Non-ferrous Metal Ores | 3727 | 361 | 2069 | 1143 |
| 非金属矿采选业 | Mining and Processing of Nonmetal Ores | 2314 | 562 | 1842 | 874 |
| 农副食品加工业 | Processing of Food from Agricultural Products | 15297 | 3945 | 11163 | 4193 |
| 食品制造业 | Manufacture of Foods | 13801 | 3915 | 9509 | 3420 |
| 饮料制造业 | Manufacture of Beverage | 18702 | 5150 | 14065 | 4893 |
| 烟草制品业 | Manufacture of Tobacco | 5009 | 1191 | 4023 | 2322 |
| 纺织业 | Manufacture of Textile | 44225 | 17317 | 30894 | 9137 |
| 纺织服装、鞋、帽制造业 | Manufacture of Textile Wearing Apparel, Footware and Caps | 9374 | 3799 | 7330 | 2990 |
| 皮革、毛皮、羽毛(绒)及其制品业 | Manufacture of Leather, Fur, Feather and Its Products | 5696 | 2066 | 4181 | 851 |
| 木材加工及木、竹、藤、棕、草制品业 | Processing of Timbers,Manufacture of Wood, Bamboo,Rattan,Palm,Straw | 2337 | 431 | 1325 | 436 |
| 家具制造业 | Manufacture of Furniture | 3440 | 682 | 2143 | 360 |
| 造纸及纸制品业 | Manufacture of Paper and Paper Products | 14426 | 3304 | 9612 | 2912 |
| 印刷业和记录媒介的复制 | Printing,Reproduction of Recording Media | 5416 | 1193 | 3800 | 939 |
| 文教体育用品制造业 | Manufacture of Articles for Culture, Education and Sport Activity | 6151 | 1288 | 4881 | 786 |
| 石油加工、炼焦及核燃料加工业 | Processing of Petroleum ,Coking,Processing of Nucleus Fuel | 13246 | 2800 | 9469 | 6691 |
| 化学原料及化学制品制造业 | Manufacture of Chemical Raw Material and Chemical Products | 95662 | 19694 | 72701 | 32762 |
| 医药制造业 | Manufacture of Medicines | 64859 | 24562 | 51108 | 23098 |
| 化学纤维制造业 | Manufacture of Chemical Fiber | 12395 | 2890 | 9098 | 3077 |
| 橡胶制品业 | Manufacture of Rubber | 15196 | 3119 | 10003 | 3075 |
| 塑料制品业 | Manufacture of Plastic | 16101 | 2856 | 12562 | 4588 |
| 非金属矿物制品业 | Manufacture of Non-metallic Mineral Products | 38819 | 7177 | 28292 | 10943 |
| 黑色金属冶炼及压延加工业 | Manufacture and Processing of Ferrous Metals | 86857 | 13094 | 60363 | 34236 |
| 有色金属冶炼及压延加工业 | Manufacture and Processing of Non-ferrous Metals | 39665 | 6094 | 28324 | 14411 |
| 金属制品业 | Manufacture of Metal Products | 30845 | 5687 | 22700 | 8078 |
| 通用设备制造业 | Manufacture of General Purpose Machinery | 114815 | 22662 | 84219 | 39088 |
| 专用设备制造业 | Manufacture of Special Purpose Machinery | 94145 | 18943 | 75524 | 36812 |
| 交通运输设备制造业 | Manufacture of Transport Equipment | 175899 | 34153 | 143758 | 62545 |
| 电气机械及器材制造业 | Manufacture of Electrical Machinery and Equipment | 145932 | 30056 | 108094 | 38540 |
| 通信设备、计算机及其他电子设备制造业 | Manufacture of Communication,Computer, Other Electronic Equipment | 255641 | 55990 | 216504 | 101178 |
| 仪器仪表及文化、办公用机械制造业 | Manufacture of Measuring Instrument, Machinery for Cultural and Office Work | 32269 | 6711 | 26351 | 12044 |
| 工艺品及其他制造业 | Manufacture of Artwork, Other Manufacture | 9553 | 2779 | 7833 | 3018 |
| 电力、热力的生产和供应业 | Production and Supply of Electric Power and Heat Power | 22981 | 4667 | 13623 | 11187 |
| 燃气生产和供应业 | Production and Distribution of Gas | 203 | 30 | 98 | 52 |
| 水的生产和供应业 | Production and Distribution of Water | 1134 | 260 | 826 | 652 |

# 2-13 各地区规模以上工业企业R&D人员(2009年)

# R&D Personnel in Industrial Enterprises above Designated Size by Region(2009)

单位：人、人年 (person, man-year)

| 地区 | Region | R&D人员 R&D Personnel | #女性 Female | R&D人员全时当量 Full-time Equivalent | #研究人员 Researchers |
|---|---|---|---|---|---|
| **全 国** | **National Total** | **1914274** | **402071** | **1445570** | **625391** |
| 东部地区 | Eastern Region | 1309356 | 277165 | 1002444 | 399763 |
| 中部地区 | Middle Region | 393851 | 76379 | 290522 | 147421 |
| 西部地区 | Western Region | 211033 | 48523 | 152571 | 78193 |
| 北 京 | Beijing | 53086 | 14092 | 41515 | 17802 |
| 天 津 | Tianjin | 41010 | 9973 | 30055 | 13802 |
| 河 北 | Hebei | 50333 | 12971 | 36393 | 22796 |
| 山 西 | Shanxi | 40963 | 8502 | 32692 | 14440 |
| 内蒙古 | Inner Mongolia | 16627 | 4735 | 12300 | 6424 |
| 辽 宁 | Liaoning | 69192 | 16450 | 48084 | 32304 |
| 吉 林 | Jilin | 18154 | 4179 | 14671 | 10713 |
| 黑龙江 | Heilongjiang | 36422 | 7682 | 27649 | 20858 |
| 上 海 | Shanghai | 79769 | 17016 | 67397 | 24900 |
| 江 苏 | Jiangsu | 292015 | 59361 | 222360 | 73114 |
| 浙 江 | Zhejiang | 184929 | 39620 | 150613 | 39570 |
| 安 徽 | Anhui | 53976 | 8015 | 37608 | 15781 |
| 福 建 | Fujian | 59897 | 12904 | 46394 | 14711 |
| 江 西 | Jiangxi | 29583 | 5085 | 19942 | 9624 |
| 山 东 | Shandong | 178650 | 39672 | 129808 | 59082 |
| 河 南 | Henan | 93537 | 17795 | 69581 | 32464 |
| 湖 北 | Hubei | 69180 | 15011 | 50383 | 24278 |
| 湖 南 | Hunan | 52036 | 10110 | 37995 | 19264 |
| 广 东 | Guangdong | 299008 | 54746 | 228780 | 101197 |
| 广 西 | Guangxi | 15782 | 3344 | 12030 | 4178 |
| 海 南 | Hainan | 1467 | 360 | 1046 | 487 |
| 重 庆 | Chongqing | 33065 | 7352 | 23254 | 11930 |
| 四 川 | Sichuan | 58356 | 12428 | 44337 | 21785 |
| 贵 州 | Guizhou | 9517 | 2465 | 7232 | 3812 |
| 云 南 | Yunnan | 12104 | 2033 | 6784 | 3105 |
| 西 藏 | Tibet | 433 | 234 | 378 | 163 |
| 陕 西 | Shaanxi | 36917 | 9396 | 25888 | 14771 |
| 甘 肃 | Gansu | 13403 | 2727 | 10234 | 6184 |
| 青 海 | Qinghai | 2348 | 707 | 1551 | 988 |
| 宁 夏 | Ningxia | 5009 | 1079 | 3568 | 1525 |
| 新 疆 | Xinjiang | 7472 | 2023 | 5018 | 3329 |

# 2-14　各地区大中型工业企业R&D人员(2009年)

# R&D Personnel in Large and Medium-sized Industrial Enterprises by Region(2009)

单位：人、人年　　(person, man-year)

| 地　区 | Region | R&D人员 R&D Personnel | #女性 Female | R&D人员全时当量 Full-time Equivalent | #研究人员 Researchers |
|---|---|---|---|---|---|
| **全　国** | **National Total** | **1518991** | **327141** | **1158839** | **522662** |
| 东部地区 | Eastern Region | 1006514 | 219553 | 778733 | 324144 |
| 中部地区 | Middle Region | 328517 | 64285 | 245624 | 128241 |
| 西部地区 | Western Region | 183960 | 43303 | 134482 | 70277 |
| 北　京 | Beijing | 34280 | 9834 | 27168 | 11971 |
| 天　津 | Tianjin | 31673 | 7940 | 23162 | 10967 |
| 河　北 | Hebei | 45066 | 11857 | 32847 | 21117 |
| 山　西 | Shanxi | 38502 | 8049 | 30805 | 13288 |
| 内蒙古 | Inner Mongolia | 15108 | 4468 | 11236 | 5879 |
| 辽　宁 | Liaoning | 59566 | 14150 | 41293 | 28584 |
| 吉　林 | Jilin | 15741 | 3547 | 13181 | 9937 |
| 黑龙江 | Heilongjiang | 32999 | 6970 | 24899 | 19281 |
| 上　海 | Shanghai | 62965 | 13710 | 54160 | 19649 |
| 江　苏 | Jiangsu | 210043 | 44336 | 163032 | 53178 |
| 浙　江 | Zhejiang | 107757 | 25156 | 90044 | 23211 |
| 安　徽 | Anhui | 42295 | 5948 | 29852 | 12482 |
| 福　建 | Fujian | 42766 | 9218 | 33849 | 10661 |
| 江　西 | Jiangxi | 24646 | 4172 | 17107 | 8372 |
| 山　东 | Shandong | 153405 | 34703 | 111340 | 51431 |
| 河　南 | Henan | 80074 | 15349 | 59990 | 28996 |
| 湖　北 | Hubei | 55893 | 12489 | 41695 | 20568 |
| 湖　南 | Hunan | 38367 | 7761 | 28096 | 15316 |
| 广　东 | Guangdong | 258171 | 48441 | 201311 | 93054 |
| 广　西 | Guangxi | 12327 | 2582 | 9658 | 3281 |
| 海　南 | Hainan | 822 | 208 | 529 | 320 |
| 重　庆 | Chongqing | 28958 | 6712 | 20692 | 10991 |
| 四　川 | Sichuan | 48439 | 10488 | 37507 | 18738 |
| 贵　州 | Guizhou | 8656 | 2306 | 6651 | 3431 |
| 云　南 | Yunnan | 10638 | 1743 | 6029 | 2784 |
| 西　藏 | Tibet | 346 | 226 | 337 | 106 |
| 陕　西 | Shaanxi | 33970 | 8848 | 23685 | 13848 |
| 甘　肃 | Gansu | 12520 | 2534 | 9799 | 5896 |
| 青　海 | Qinghai | 2118 | 635 | 1402 | 951 |
| 宁　夏 | Ningxia | 4135 | 899 | 2960 | 1285 |
| 新　疆 | Xinjiang | 6745 | 1862 | 4527 | 3087 |

# 2-15 按登记注册类型分规模以上工业

# Intramural Expenditure on R&D in Industrial Enterprises

单位：万元

| 注册类型 | Type of Registration | R&D经费内部支出 Intramural Expenditure on R&D | #试验发展支出 Experimental Development | 日常性支出 Routine Expenses | #人员劳务费 Labor Cost |
|---|---|---|---|---|---|
| **总　计** | **Total** | **37757113** | **37203607** | **33085661** | **9529053** |
| **内资企业** | **Domestic Funded** | **27789291** | **27358609** | **24162482** | **6709160** |
| 国有企业 | State-owned Enterprises | 3309867 | 3227831 | 2890937 | 702119 |
| #大型企业 | Large-sized Enterprises | 2533410 | 2462410 | 2217932 | 510510 |
| 集体企业 | Collective-owned Enterprises | 474829 | 473491 | 435895 | 100976 |
| 股份合作企业 | Cooperative Enterprises | 149092 | 147907 | 126996 | 33683 |
| 联营企业 | Joint Ownership Enterprises | 80301 | 79981 | 75733 | 19567 |
| 国有联营企业 | State Joint Ownership Enterprises | 69971 | 69651 | 67362 | 16278 |
| 集体联营企业 | Collective Joint Ownership Enterprises | 1240 | 1240 | 1015 | 372 |
| 国有与集体联营企业 | Joint State-collective Enterprises | 6419 | 6419 | 5180 | 2349 |
| 其他联营企业 | Other Joint Ownership Enterprises | 2671 | 2671 | 2177 | 568 |
| 有限责任公司 | Limited Liability Corporations | 12036359 | 11850896 | 10461919 | 3017247 |
| 国有独资公司 | State Sole Funded Corporations | 3135762 | 3060141 | 2708432 | 604047 |
| 其他有限责任公司 | Other Limited Liability Corporations | 8900597 | 8790755 | 7753487 | 2413200 |
| 股份有限公司 | Share-holding Corporations Ltd. | 5793450 | 5665399 | 5118134 | 1517582 |
| 私营企业 | Private Enterprises | 5829145 | 5798295 | 4960320 | 1293527 |
| 私营独资企业 | Private-funded Enterprises | 361993 | 361529 | 304009 | 76355 |
| 私营合伙企业 | Private Partnership Enterprises | 46942 | 46918 | 38995 | 12097 |
| 私营有限责任公司 | Private Limited Liability Corporations | 4796215 | 4772768 | 4081762 | 1073980 |
| 私营股份有限公司 | Private Share-holding Corporations Ltd. | 623995 | 617080 | 535555 | 131096 |
| 其他企业 | Other Enterprises | 116250 | 114809 | 92548 | 24461 |
| **港澳台商投资企业** | **Enterprises with Funds from Hong Kong, Macau and Taiwan** | **3645268** | **3620605** | **3222800** | **1031691** |
| 与港澳台商合资经营企业 | Joint-venture Enterprises (with Funds from Hong Kong, Macau and Taiwan) | 1705758 | 1697065 | 1462495 | 387547 |
| 与港澳台商合作经营企业 | Cooperative Enterprises (with Funds from Hong Kong, Macau and Taiwan) | 51279 | 51279 | 47488 | 12179 |
| 港澳台商独资经营企业 | Enterprises with Sole Funds from Hong Kong, Macau and Taiwan | 1649024 | 1634450 | 1491846 | 547273 |
| 港澳台商投资股份有限公司 | Share-holding Corporations Ltd. with Funds from Hong Kong, Macau and Taiwan | 239208 | 237812 | 220971 | 84693 |
| **外商投资企业** | **Foreign Funded Enterprises** | **6322554** | **6224393** | **5700379** | **1788202** |
| 中外合资经营企业 | Joint-venture Enterprises | 3345633 | 3292262 | 2986103 | 831642 |
| 中外合作经营 | Cooperation Enterprises | 78663 | 78663 | 73202 | 22311 |
| 外资企业 | Enterprises with Sole Foreign Funds | 2333017 | 2292682 | 2121094 | 814578 |
| 外商投资股份有限公司 | Share-holding Corporations Ltd. with Foreign Funds | 565242 | 560786 | 519980 | 119671 |

# 企业R&D经费内部支出(2009年)

## above Designated Size by Registration Status(2009)

(10000 yuan)

| 资产性支出 Assets Expenditure | #仪器和设备 Equipment | 政府资金 Government Funds | 企业资金 Self-raised Funds by Enterprises | 境外资金 Foreign Funds | 其他资金 Other Funds |
|---|---|---|---|---|---|
| **4671452** | **4413274** | **1600403** | **35382682** | **340929** | **433100** |
| **3626809** | **3417377** | **1388827** | **25982953** | **109422** | **308089** |
| 418930 | 391633 | 149813 | 3072887 | 43894 | 43273 |
| 315479 | 294518 | 80845 | 2386667 | 40448 | 25450 |
| 38934 | 33155 | 9068 | 461669 | | 4092 |
| 22096 | 20465 | 5396 | 140604 | | 3092 |
| 4568 | 4535 | 1213 | 78455 | 540 | 93 |
| 2610 | 2593 | 687 | 68931 | 260 | 93 |
| 225 | 223 | 23 | 1217 | | |
| 1239 | 1233 | 463 | 5676 | 280 | |
| 495 | 487 | 40 | 2631 | | |
| 1574440 | 1477712 | 742111 | 11141022 | 33429 | 119796 |
| 427329 | 406260 | 188809 | 2917744 | 12320 | 16890 |
| 1147110 | 1071452 | 553302 | 8223279 | 21109 | 102907 |
| 675316 | 642486 | 282587 | 5435155 | 13960 | 61748 |
| 868825 | 824350 | 196594 | 5541557 | 17119 | 73875 |
| 57984 | 54801 | 10215 | 345485 | 448 | 5845 |
| 7947 | 7710 | 1127 | 45539 | | 276 |
| 714453 | 680532 | 159586 | 4558125 | 16043 | 62461 |
| 88441 | 81307 | 25666 | 592408 | 628 | 5293 |
| 23702 | 23043 | 2045 | 111604 | 480 | 2121 |
| **422468** | **405152** | **95338** | **3465348** | **53881** | **30701** |
| 243263 | 234142 | 63399 | 1617893 | 9318 | 15148 |
| 3790 | 3711 | 1158 | 49772 | | 348 |
| 157178 | 149559 | 23880 | 1568654 | 43788 | 12702 |
| 18237 | 17740 | 6901 | 229030 | 774 | 2503 |
| **622175** | **590745** | **116238** | **5934380** | **177626** | **94310** |
| 359530 | 343091 | 64845 | 3185334 | 68927 | 26527 |
| 5461 | 4969 | 826 | 74025 | 3248 | 564 |
| 211924 | 204848 | 33991 | 2148102 | 95510 | 55415 |
| 45261 | 37837 | 16577 | 526919 | 9941 | 11805 |

# 2-16 按登记注册类型分大中型工业

## Intramural Expenditure on R&D in Large and Medium-sized

单位：万元

| 注册类型 | Type of Registration | R&D经费内部支出 Intramural Expenditure on R&D | #试验发展支出 Experimental Development | 日常性支出 Routine Expenses |
|---|---|---|---|---|
| **总　计** | **Total** | **32102300** | **31613005** | **28218113** |
| **内资企业** | **Domestic Funded** | **23436582** | **23039704** | **20440730** |
| 国有企业 | State-owned Enterprises | 3217948 | 3137067 | 2808435 |
| #大型企业 | Large-sized Enterprises | 2533410 | 2462410 | 2217932 |
| 集体企业 | Collective-owned Enterprises | 436754 | 436754 | 403145 |
| 股份合作企业 | Cooperative Enterprises | 96938 | 95798 | 84027 |
| 联营企业 | Joint Ownership Enterprises | 73116 | 72796 | 69752 |
| 国有联营企业 | State Joint Ownership Enterprises | 66431 | 66110 | 64564 |
| 国有与集体联营企业 | Joint State-collective Enterprises | 4490 | 4490 | 3400 |
| 其他联营企业 | Other Joint Ownership Enterprises | 2195 | 2195 | 1788 |
| 有限责任公司 | Limited Liability Corporations | 10787752 | 10614509 | 9378099 |
| 国有独资公司 | State Sole Funded Corporations | 3111622 | 3036480 | 2687420 |
| 其他有限责任公司 | Other Limited Liability Corporations | 7676130 | 7578029 | 6690679 |
| 股份有限公司 | Share-holding Corporations Ltd. | 5510394 | 5385867 | 4862440 |
| 私营企业 | Private Enterprises | 3215234 | 3198493 | 2757957 |
| 私营独资企业 | Private-funded Enterprises | 133474 | 133357 | 115859 |
| 私营合伙企业 | Private Partnership Enterprises | 16945 | 16945 | 13280 |
| 私营有限责任公司 | Private Limited Liability Corporations | 2580632 | 2567766 | 2212250 |
| 私营股份有限公司 | Private Share-holding Corporations Ltd. | 484183 | 480424 | 416568 |
| 其他企业 | Other Enterprises | 98446 | 98421 | 76876 |
| **港澳台商投资企业** | **Enterprises with Funds from Hong Kong, Macau and Taiwan** | **3123358** | **3111668** | **2771895** |
| 与港澳台商合资经营企业 | Joint-venture Enterprises (with Funds from Hong Kong, Macau and Taiwan) | 1433202 | 1425324 | 1229458 |
| 与港澳台商合作经营企业 | Cooperative Enterprises (with Funds from Hong Kong, Macau and Taiwan) | 37646 | 37646 | 35094 |
| 港澳台商独资经营企业 | Enterprises with Sole Funds from Hong Kong, Macau and Taiwan | 1424288 | 1421444 | 1296560 |
| 港澳台商投资股份有限公司 | Share-holding Corporations Ltd. With from Hong Kong, Macau and Taiwan | 228222 | 227253 | 210783 |
| **外商投资企业** | **Foreign Funded Enterprises** | **5542360** | **5461633** | **5005488** |
| 中外合资经营企业 | Joint-venture Enterprises | 2909318 | 2872785 | 2601860 |
| 中外合作经营 | Cooperation Enterprises | 57509 | 57509 | 54209 |
| 外资企业 | Enterprises with Sole Foreign Funds | 2031581 | 1991843 | 1849069 |
| 外商投资股份有限公司 | Share-holding Corporations Ltd.with Foreign Funds | 543952 | 539496 | 500350 |

# 企业R&D经费内部支出(2009年)

## Industrial Enterprises by Registration Status(2009)

(10000 yuan)

| #人员劳务费 Labor Cost | 资产性支出 Assets Expenditure | #仪器和设备 Equipment | 政府资金 Government Funds | 企业资金 Self-raised Funds by Enterprises | 境外资金 Foreign Funds | 其他资金 Other Funds |
|---|---|---|---|---|---|---|
| **8089252** | **3884187** | **3664469** | **1367748** | **30099860** | **285352** | **349340** |
| **5655488** | **2995852** | **2817501** | **1189297** | **21909099** | **97019** | **241166** |
| 674865 | 409513 | 382721 | 141736 | 2992251 | 43852 | 40109 |
| 510510 | 315479 | 294518 | 80845 | 2386667 | 40448 | 25450 |
| 92106 | 33609 | 28261 | 7847 | 425442 | | 3465 |
| 22464 | 12912 | 12129 | 3476 | 91319 | | 2143 |
| 17362 | 3364 | 3359 | 682 | 72434 | | |
| 15070 | 1866 | 1866 | 529 | 65902 | | |
| 1895 | 1090 | 1090 | 153 | 4337 | | |
| 397 | 408 | 403 | | 2195 | | |
| 2703895 | 1409653 | 1320418 | 678557 | 9978196 | 30355 | 100643 |
| 597278 | 424202 | 403147 | 186615 | 2895996 | 12320 | 16691 |
| 2106617 | 985451 | 917271 | 491942 | 7082200 | 18036 | 83952 |
| 1450133 | 647954 | 616296 | 262740 | 5175872 | 12536 | 59245 |
| 674071 | 457277 | 433320 | 92740 | 3079105 | 9795 | 33595 |
| 28220 | 17614 | 16690 | 3406 | 128702 | 143 | 1223 |
| 4727 | 3665 | 3632 | 230 | 16674 | | 42 |
| 540310 | 368383 | 350598 | 71618 | 2469536 | 9144 | 30334 |
| 100814 | 67615 | 62402 | 17486 | 464194 | 508 | 1996 |
| 20592 | 21570 | 20997 | 1520 | 94479 | 480 | 1967 |
| **884379** | **351463** | **337181** | **80234** | **2968741** | **49706** | **24676** |
| 317722 | 203744 | 196735 | 53253 | 1359313 | 8296 | 12340 |
| 8459 | 2552 | 2490 | 889 | 36739 | | 18 |
| 475983 | 127728 | 121002 | 19778 | 1353605 | 40667 | 10238 |
| 82215 | 17439 | 16954 | 6315 | 219084 | 743 | 2080 |
| **1549385** | **536872** | **509788** | **98216** | **5222019** | **138627** | **83497** |
| 712156 | 307458 | 293810 | 51984 | 2788362 | 47223 | 21749 |
| 16263 | 3300 | 2903 | 330 | 53949 | 2960 | 269 |
| 706214 | 182512 | 176775 | 29705 | 1872917 | 79285 | 49674 |
| 114753 | 43602 | 36300 | 16197 | 506791 | 9159 | 11805 |

# 2-17 按行业分规模以上工业

## Intramural Expenditure on R&D in Industrial Enterprises above

单位：万元

| 行业 | Industry | R&D经费内部支出 Intramural Expenditure on R&D | #试验发展支出 Experimental Development | 日常性支出 Routine Expenses |
|---|---|---|---|---|
| **总计** | **Total** | **37757113** | **37203607** | **33085661** |
| 煤炭开采和洗选业 | Mining and Washing of Coal | 937871 | 917990 | 791028 |
| 石油和天然气开采业 | Extraction of Petroleum and Natural Gas | 637222 | 551038 | 588324 |
| 黑色金属矿采选业 | Mining of Ferrous Metal Ores | 20059 | 19722 | 17402 |
| 有色金属矿采选业 | Mining of Non-ferrous Metal Ores | 84196 | 83233 | 66353 |
| 非金属矿采选业 | Mining and Processing of Nonmetal Ores | 23419 | 22012 | 19636 |
| 农副食品加工业 | Processing of Food from Agricultural Products | 527522 | 519917 | 447974 |
| 食品制造业 | Manufacture of Foods | 402799 | 397558 | 331678 |
| 饮料制造业 | Manufacture of Beverage | 449619 | 439667 | 358643 |
| 烟草制品业 | Manufacture of Tobacco | 128580 | 114941 | 108609 |
| 纺织业 | Manufacture of Textile | 811743 | 807875 | 670798 |
| 纺织服装、鞋、帽制造业 | Manufacture of Textile Wearing Apparel, Footware and Caps | 168772 | 167991 | 144255 |
| 皮革、毛皮、羽毛(绒)及其制品业 | Manufacture of Leather, Fur, Feather and Its Products | 98661 | 98661 | 88090 |
| 木材加工及木、竹、藤、棕、草制品业 | Processing of Timbers,Manufacture of Wood, Bamboo,Rattan,Palm,Straw | 103504 | 102561 | 86945 |
| 家具制造业 | Manufacture of Furniture | 69282 | 68951 | 59746 |
| 造纸及纸制品业 | Manufacture of Paper and Paper Products | 368105 | 367355 | 312405 |
| 印刷业和记录媒介的复制 | Printing,Reproduction of Recording Media | 109723 | 109515 | 86977 |
| 文教体育用品制造业 | Manufacture of Articles for Culture, Education and Sport Activity | 107124 | 107124 | 94176 |
| 石油加工、炼焦及核燃料加工业 | Processing of Petroleum ,Coking,Processing of Nucleus Fuel | 370907 | 365987 | 311987 |
| 化学原料及化学制品制造业 | Manufacture of Chemical Raw Material and Chemical Products | 2663068 | 2631449 | 2335880 |
| 医药制造业 | Manufacture of Medicines | 1345385 | 1334550 | 1143201 |
| 化学纤维制造业 | Manufacture of Chemical Fiber | 357555 | 357137 | 311880 |
| 橡胶制品业 | Manufacture of Rubber | 404649 | 402161 | 347186 |
| 塑料制品业 | Manufacture of Plastic | 451757 | 450304 | 374221 |
| 非金属矿物制品业 | Manufacture of Non-metallic Mineral Products | 815449 | 808919 | 692208 |
| 黑色金属冶炼及压延加工业 | Manufacture and Processing of Ferrous Metals | 3117999 | 3022336 | 2673156 |
| 有色金属冶炼及压延加工业 | Manufacture and Processing of Non-ferrous Metals | 1150618 | 1131823 | 976842 |
| 金属制品业 | Manufacture of Metal Products | 658571 | 655551 | 568322 |
| 通用设备制造业 | Manufacture of General Purpose Machinery | 2720500 | 2704800 | 2360185 |
| 专用设备制造业 | Manufacture of Special Purpose Machinery | 2502059 | 2461693 | 2237296 |
| 交通运输设备制造业 | Manufacture of Transport Equipment | 4902174 | 4850397 | 4372238 |
| 电气机械及器材制造业 | Manufacture of Electrical Machinery and Equipment | 4003274 | 3957846 | 3481429 |
| 通信设备、计算机及其他电子设备制造业 | Manufacture of Communication,Computer, Other Electronic Equipment | 6011283 | 5952390 | 5538250 |
| 仪器仪表及文化、办公用机械制造业 | Manufacture of Measuring Instrument, Machinery for Cultural and Office Work | 745507 | 742010 | 667107 |
| 工艺品及其他制造业 | Manufacture of Artwork, Other Manufacture | 141044 | 140810 | 126511 |
| 电力、热力的生产和供应业 | Production and Supply of Electric Power and Heat Power | 324941 | 317425 | 276684 |
| 燃气生产和供应业 | Production and Distribution of Gas | 2112 | 2067 | 1723 |
| 水的生产和供应业 | Production and Distribution of Water | 14499 | 13285 | 11562 |

# 企业R&D经费内部支出(2009年)

# Designated Size by Industrial Sector(2009)

(10000 yuan)

| #人员劳务费 Labor Cost | 资产性支出 Assets Expenditure | #仪器和设备 Equipment | 政府资金 Government Funds | 企业资金 Self-raised Funds by Enterprises | 境外资金 Foreign Funds | 其他资金 Other Funds |
|---|---|---|---|---|---|---|
| **9529053** | **4671452** | **4413274** | **1600403** | **35382682** | **340929** | **433100** |
| 257462 | 146843 | 130491 | 14570 | 921458 | 599 | 1243 |
| 222238 | 48898 | 47482 | 18470 | 601088 | 160 | 17505 |
| 5606 | 2657 | 2488 | 1560 | 18197 | | 302 |
| 13527 | 17843 | 17408 | 3286 | 80591 | 67 | 253 |
| 7265 | 3783 | 3635 | 865 | 22015 | 494 | 45 |
| 92185 | 79548 | 76625 | 16910 | 491748 | 1193 | 17671 |
| 75592 | 71121 | 68632 | 16676 | 382606 | 2123 | 1394 |
| 106628 | 90976 | 85816 | 12005 | 434123 | 1325 | 2167 |
| 45767 | 19971 | 19774 | 2602 | 119210 | | 6767 |
| 178908 | 140945 | 136316 | 18616 | 776040 | 4558 | 12530 |
| 49309 | 24517 | 23393 | 3979 | 158570 | 1721 | 4502 |
| 27909 | 10570 | 10013 | 1927 | 93296 | 91 | 3347 |
| 23242 | 16559 | 15996 | 6634 | 95684 | 593 | 593 |
| 25522 | 9536 | 9238 | 298 | 67625 | 688 | 671 |
| 57498 | 55700 | 53267 | 14003 | 349056 | 98 | 4948 |
| 28445 | 22746 | 22001 | 2111 | 104990 | 373 | 2249 |
| 31050 | 12948 | 12565 | 3402 | 100431 | 2112 | 1178 |
| 71795 | 58920 | 57108 | 14043 | 348444 | 64 | 8355 |
| 586815 | 327188 | 310670 | 91880 | 2490839 | 57567 | 22782 |
| 344993 | 202185 | 192562 | 83101 | 1231439 | 16667 | 14178 |
| 54979 | 45674 | 43535 | 8130 | 348646 | 147 | 633 |
| 73368 | 57463 | 55580 | 6315 | 392845 | 1433 | 4056 |
| 99553 | 77536 | 75169 | 8414 | 429249 | 7805 | 6290 |
| 172068 | 123240 | 116748 | 32346 | 764226 | 10908 | 7969 |
| 449623 | 444843 | 415008 | 31532 | 3054280 | 2313 | 29874 |
| 182473 | 173776 | 158971 | 48689 | 1085003 | 7494 | 9432 |
| 159651 | 90249 | 86788 | 20102 | 629650 | 866 | 7953 |
| 660221 | 360315 | 343218 | 115209 | 2564067 | 13653 | 27572 |
| 594712 | 264764 | 250268 | 127736 | 2322634 | 20772 | 30918 |
| 1046858 | 529936 | 505396 | 477948 | 4317904 | 38934 | 67388 |
| 975376 | 521845 | 497859 | 110558 | 3812973 | 27914 | 51830 |
| 2450457 | 473033 | 431434 | 231603 | 5627904 | 110206 | 41571 |
| 233939 | 78400 | 73792 | 42439 | 676245 | 7520 | 19303 |
| 38863 | 14534 | 13009 | 5516 | 131346 | 157 | 4026 |
| 78488 | 48257 | 47142 | 5680 | 317662 | 213 | 1387 |
| 687 | 389 | 374 | 22 | 2089 | | |
| 4566 | 2937 | 2847 | 956 | 13439 | 104 | |

# 2-18 按行业分大中型工业

## Intramural Expenditure on R&D in Large and Medium-sized

单位：万元

| 行 业 | Industry | R&D经费内部支出 Intramural Expenditure on R&D | #试验发展支出 Experimental Development | 日常性支出 Routine Expenses |
|---|---|---|---|---|
| **总 计** | **Total** | **32102300** | **31613005** | **28218113** |
| 煤炭开采和洗选业 | Mining and Washing of Coal | 930410 | 910663 | 786052 |
| 石油和天然气开采业 | Extraction of Petroleum and Natural Gas | 623983 | 547831 | 575641 |
| 黑色金属矿采选业 | Mining of Ferrous Metal Ores | 17885 | 17548 | 15444 |
| 有色金属矿采选业 | Mining of Non-ferrous Metal Ores | 76887 | 75945 | 60025 |
| 非金属矿采选业 | Mining and Processing of Nonmetal Ores | 19865 | 18458 | 16735 |
| 农副食品加工业 | Processing of Food from Agricultural Products | 368001 | 361432 | 309186 |
| 食品制造业 | Manufacture of Foods | 314094 | 309628 | 258673 |
| 饮料制造业 | Manufacture of Beverage | 393206 | 384331 | 310334 |
| 烟草制品业 | Manufacture of Tobacco | 125802 | 112163 | 106228 |
| 纺织业 | Manufacture of Textile | 691790 | 688320 | 572368 |
| 纺织服装、鞋、帽制造业 | Manufacture of Textile Wearing Apparel, Footware and Caps | 149512 | 148756 | 127933 |
| 皮革、毛皮、羽毛(绒)及其制品业 | Manufacture of Leather, Fur, Feather and Its Products | 81635 | 81635 | 72305 |
| 木材加工及木、竹、藤、棕、草制品业 | Processing of Timbers,Manufacture of Wood, Bamboo,Rattan,Palm,Straw | 52031 | 51391 | 45198 |
| 家具制造业 | Manufacture of Furniture | 55908 | 55908 | 48684 |
| 造纸及纸制品业 | Manufacture of Paper and Paper Products | 319798 | 319252 | 272268 |
| 印刷业和记录媒介的复制 | Printing,Reproduction of Recording Media | 77071 | 77071 | 62601 |
| 文教体育用品制造业 | Manufacture of Articles for Culture, Education and Sport Activity | 84309 | 84309 | 74768 |
| 石油加工、炼焦及核燃料加工业 | Processing of Petroleum ,Coking,Processing of Nucleus Fuel | 338368 | 333448 | 287241 |
| 化学原料及化学制品制造业 | Manufacture of Chemical Raw Material and Chemical Products | 1968434 | 1958741 | 1729217 |
| 医药制造业 | Manufacture of Medicines | 996221 | 988196 | 853452 |
| 化学纤维制造业 | Manufacture of Chemical Fiber | 323849 | 323431 | 284353 |
| 橡胶制品业 | Manufacture of Rubber | 367792 | 365333 | 317287 |
| 塑料制品业 | Manufacture of Plastic | 299203 | 297888 | 250844 |
| 非金属矿物制品业 | Manufacture of Non-metallic Mineral Products | 589794 | 584481 | 498669 |
| 黑色金属冶炼及压延加工业 | Manufacture and Processing of Ferrous Metals | 3054462 | 2958949 | 2621997 |
| 有色金属冶炼及压延加工业 | Manufacture and Processing of Non-ferrous Metals | 973899 | 958593 | 824836 |
| 金属制品业 | Manufacture of Metal Products | 461071 | 459085 | 404678 |
| 通用设备制造业 | Manufacture of General Purpose Machinery | 2099680 | 2086005 | 1828551 |
| 专用设备制造业 | Manufacture of Special Purpose Machinery | 1972507 | 1934656 | 1762971 |
| 交通运输设备制造业 | Manufacture of Transport Equipment | 4599870 | 4550350 | 4120983 |
| 电气机械及器材制造业 | Manufacture of Electrical Machinery and Equipment | 3293173 | 3250210 | 2868833 |
| 通信设备、计算机及其他电子设备制造业 | Manufacture of Communication,Computer, Other Electronic Equipment | 5496059 | 5442230 | 5077215 |
| 仪器仪表及文化、办公用机械制造业 | Manufacture of Measuring Instrument, Machinery for Cultural and Office Work | 485201 | 483943 | 430219 |
| 工艺品及其他制造业 | Manufacture of Artwork, Other Manufacture | 96222 | 96109 | 85222 |
| 电力、热力的生产和供应业 | Production and Supply of Electric Power and Heat Power | 293924 | 286789 | 248482 |
| 燃气生产和供应业 | Production and Distribution of Gas | 1457 | 1413 | 1298 |
| 水的生产和供应业 | Production and Distribution of Water | 8456 | 8042 | 7127 |

# 企业R&D经费内部支出(2009年)

# Industrial Enterprises by Industrial Sector(2009)

| #人员劳务费 Labor Cost | 资产性支出 Assets Expenditure | #仪器和设备 Equipment | 政府资金 Government Funds | 企业资金 Self-raised Funds by Enterprises | 境外资金 Foreign Funds | 其他资金 Other Funds |
|---|---|---|---|---|---|---|
| **8089252** | **3884187** | **3664469** | **1367748** | **30099860** | **285352** | **349340** |
| 254872 | 144359 | 128016 | 14551 | 914053 | 599 | 1207 |
| 216729 | 48342 | 46926 | 17684 | 588635 | 160 | 17505 |
| 5068 | 2441 | 2291 | 1490 | 16111 |  | 284 |
| 12089 | 16862 | 16455 | 2945 | 73622 | 67 | 253 |
| 6293 | 3130 | 2993 | 727 | 18644 | 494 |  |
| 59949 | 58815 | 57209 | 8605 | 344606 | 1039 | 13751 |
| 53880 | 55422 | 53519 | 13452 | 299141 | 788 | 713 |
| 96168 | 82872 | 78119 | 9256 | 381833 | 1318 | 799 |
| 44905 | 19574 | 19386 | 2599 | 116550 |  | 6653 |
| 150864 | 119422 | 115797 | 15790 | 661635 | 4379 | 9986 |
| 42459 | 21579 | 20510 | 3591 | 140164 | 1707 | 4050 |
| 23023 | 9330 | 8830 | 1557 | 76971 |  | 3107 |
| 14314 | 6833 | 6616 | 4993 | 46565 | 43 | 429 |
| 21110 | 7224 | 6944 | 112 | 54659 | 688 | 449 |
| 49174 | 47530 | 45332 | 11965 | 303481 | 84 | 4268 |
| 21926 | 14470 | 13845 | 1518 | 74777 | 65 | 710 |
| 24230 | 9541 | 9297 | 2803 | 78733 | 2096 | 677 |
| 67412 | 51127 | 49621 | 13306 | 317791 | 64 | 7207 |
| 424070 | 239217 | 227292 | 63651 | 1849202 | 42117 | 13464 |
| 262069 | 142769 | 137739 | 61167 | 912636 | 13250 | 9169 |
| 49111 | 39496 | 37497 | 6273 | 316944 |  | 633 |
| 63550 | 50505 | 49040 | 4502 | 358361 | 1392 | 3538 |
| 64456 | 48359 | 47184 | 5091 | 284116 | 5944 | 4052 |
| 122528 | 91125 | 86173 | 21998 | 558633 | 4200 | 4964 |
| 438244 | 432465 | 403237 | 30374 | 2993628 | 1307 | 29154 |
| 153871 | 149062 | 135682 | 41332 | 916859 | 7328 | 8379 |
| 117262 | 56393 | 54540 | 15443 | 440303 | 492 | 4834 |
| 505591 | 271129 | 257646 | 91916 | 1980505 | 8985 | 18274 |
| 444154 | 209537 | 197947 | 103454 | 1826878 | 17613 | 24561 |
| 968445 | 478887 | 456727 | 468237 | 4033970 | 36265 | 61397 |
| 791326 | 424340 | 405717 | 89356 | 3140322 | 23081 | 40414 |
| 2267081 | 418844 | 379309 | 200448 | 5156112 | 104536 | 34963 |
| 146462 | 54982 | 51453 | 27834 | 438039 | 4972 | 14356 |
| 29732 | 11000 | 9687 | 4385 | 87968 | 72 | 3797 |
| 73081 | 45442 | 44352 | 4726 | 287938 | 134 | 1126 |
| 476 | 158 | 144 | 22 | 1435 |  |  |
| 3134 | 1329 | 1270 | 592 | 7791 | 73 |  |

# 2-19 各地区规模以上工业

## Intramural Expenditure on R&D in Industrial Enterprises

单位: 万元

| 地 区 | Region | R&D经费内部支出 Intramural Expenditure on R&D | #试验发展支出 Experimental Development | 日常性支出 Routine Expenses | #人员劳务费 Labor Cost |
|---|---|---|---|---|---|
| **全 国** | **National Total** | **37757113** | **37203607** | **33085661** | **9529053** |
| 东部地区 | Eastern Region | 27593878 | 27336414 | 24360999 | 7367391 |
| 中部地区 | Middle Region | 6687801 | 6558316 | 5771334 | 1369857 |
| 西部地区 | Western Region | 3474815 | 3308256 | 2952816 | 791664 |
| 北 京 | Beijing | 1137030 | 1119419 | 1054791 | 343579 |
| 天 津 | Tianjin | 1238392 | 1130514 | 1048434 | 205525 |
| 河 北 | Hebei | 933016 | 896086 | 750864 | 206383 |
| 山 西 | Shanxi | 603934 | 576490 | 499753 | 117472 |
| 内蒙古 | Inner Mongolia | 390612 | 367167 | 325721 | 68901 |
| 辽 宁 | Liaoning | 1654323 | 1646231 | 1476787 | 262713 |
| 吉 林 | Jilin | 329615 | 324674 | 316248 | 59093 |
| 黑龙江 | Heilongjiang | 627240 | 627240 | 569598 | 135188 |
| 上 海 | Shanghai | 2365150 | 2324153 | 2088419 | 741532 |
| 江 苏 | Jiangsu | 5707105 | 5703345 | 5277892 | 1417544 |
| 浙 江 | Zhejiang | 3301031 | 3299951 | 2852525 | 918942 |
| 安 徽 | Anhui | 907544 | 898214 | 748438 | 169355 |
| 福 建 | Fujian | 1144347 | 1123370 | 939240 | 286019 |
| 江 西 | Jiangxi | 582649 | 554992 | 506190 | 94011 |
| 山 东 | Shandong | 4567136 | 4562073 | 3888323 | 843486 |
| 河 南 | Henan | 1334943 | 1330654 | 1110159 | 275007 |
| 湖 北 | Hubei | 1205733 | 1201265 | 1056319 | 265221 |
| 湖 南 | Hunan | 1096144 | 1044786 | 964629 | 254511 |
| 广 东 | Guangdong | 5523733 | 5510786 | 4963807 | 2134361 |
| 广 西 | Guangxi | 324191 | 318185 | 278331 | 68719 |
| 海 南 | Hainan | 22616 | 20488 | 19918 | 7309 |
| 重 庆 | Chongqing | 564856 | 562509 | 458212 | 126539 |
| 四 川 | Sichuan | 817664 | 807454 | 699039 | 232417 |
| 贵 州 | Guizhou | 187695 | 182080 | 171050 | 34053 |
| 云 南 | Yunnan | 151147 | 125558 | 123947 | 29805 |
| 西 藏 | Tibet | 6376 | 5624 | 5828 | 1333 |
| 陕 西 | Shaanxi | 582497 | 564128 | 500290 | 111215 |
| 甘 肃 | Gansu | 189931 | 162481 | 170263 | 48260 |
| 青 海 | Qinghai | 41322 | 40169 | 36456 | 12914 |
| 宁 夏 | Ningxia | 77591 | 74671 | 64440 | 15228 |
| 新 疆 | Xinjiang | 140932 | 98230 | 119237 | 42280 |

# 企业R&D经费内部支出(2009年)

## above Designated Size by Region(2009)

| 资产性支出 Assets Expenditure | #仪器和设备 Equipment | 政府资金 Government Funds | 企业资金 Self-raised Funds by Enterprises | 境外资金 Foreign Funds | 其他资金 Other Funds |
|---|---|---|---|---|---|
| **4671452** | **4413274** | **1600403** | **35382682** | **340929** | **433100** |
| 3232878 | 3071525 | 961232 | 26027056 | 303673 | 301917 |
| 916466 | 857059 | 375386 | 6225955 | 21538 | 64922 |
| 521999 | 484581 | 263749 | 3129086 | 15718 | 66262 |
| 82240 | 80538 | 134428 | 964254 | 8546 | 29802 |
| 189958 | 184761 | 23756 | 1173806 | 32190 | 8640 |
| 182152 | 175387 | 16496 | 895239 | 265 | 21016 |
| 104180 | 99815 | 22770 | 577811 | 286 | 3066 |
| 64892 | 52696 | 8652 | 367599 | 4608 | 9754 |
| 177536 | 169823 | 113544 | 1530148 | 2657 | 7973 |
| 13367 | 12691 | 14153 | 307580 | 2203 | 5679 |
| 57643 | 53690 | 75844 | 546518 | 706 | 4173 |
| 276731 | 270989 | 74118 | 2256899 | 24271 | 9862 |
| 429213 | 395003 | 160722 | 5297733 | 150116 | 98534 |
| 448506 | 433175 | 93273 | 3171989 | 10653 | 25116 |
| 159106 | 152213 | 76553 | 816320 | 2706 | 11966 |
| 205107 | 197482 | 39132 | 1080100 | 8033 | 17082 |
| 76459 | 71869 | 44590 | 519538 | 3851 | 14670 |
| 678814 | 652201 | 128655 | 4370637 | 16419 | 51425 |
| 224784 | 212148 | 48854 | 1275479 | 5774 | 4837 |
| 149414 | 134967 | 53576 | 1134924 | 4020 | 13213 |
| 131514 | 119667 | 39047 | 1047786 | 1992 | 7319 |
| 559926 | 509518 | 176579 | 5265568 | 50524 | 31063 |
| 45860 | 43648 | 17376 | 306281 | 252 | 283 |
| 2697 | 2647 | 530 | 20683 | | 1402 |
| 106644 | 97409 | 30852 | 526845 | 2536 | 4623 |
| 118625 | 112639 | 52988 | 754344 | 422 | 9911 |
| 16645 | 16037 | 16824 | 166394 | 217 | 4260 |
| 27201 | 26070 | 9706 | 122142 | 4341 | 14958 |
| 548 | 508 | 630 | 5746 | | |
| 82207 | 79116 | 105231 | 458203 | 3342 | 15721 |
| 19667 | 17757 | 9422 | 180008 | | 502 |
| 4865 | 4559 | 1409 | 39895 | | 18 |
| 13151 | 12719 | 6975 | 70547 | | 70 |
| 21695 | 21424 | 3685 | 131085 | | 6162 |

# 2-20 各地区大中型工业

# Intramural Expenditure on R&D in Large and Medium-sized

单位：万元

| 地　区 | Region | R&D经费内部支出 Intramural Expenditure on R&D | #试验发展支出 Experimental Development | 日常性支出 Routine Expenses | #人员劳务费 Labor Cost |
|---|---|---|---|---|---|
| **全　国** | **National Total** | **32102300** | **31613005** | **28218113** | **8089252** |
| 东部地区 | Eastern Region | 23064933 | 22855348 | 20427801 | 6180055 |
| 中部地区 | Middle Region | 5868186 | 5749648 | 5086619 | 1188646 |
| 西部地区 | Western Region | 3169181 | 3008009 | 2703692 | 720551 |
| 北　京 | Beijing | 857475 | 842151 | 789167 | 252299 |
| 天　津 | Tianjin | 1077340 | 990278 | 911235 | 170634 |
| 河　北 | Hebei | 876779 | 840108 | 704933 | 193548 |
| 山　西 | Shanxi | 572980 | 545788 | 471789 | 111966 |
| 内蒙古 | Inner Mongolia | 357371 | 334414 | 297760 | 61648 |
| 辽　宁 | Liaoning | 1524988 | 1517481 | 1367695 | 238433 |
| 吉　林 | Jilin | 306229 | 301367 | 295094 | 54268 |
| 黑龙江 | Heilongjiang | 586423 | 586423 | 537205 | 127338 |
| 上　海 | Shanghai | 2070546 | 2036857 | 1822315 | 636141 |
| 江　苏 | Jiangsu | 4515133 | 4511373 | 4214862 | 1110318 |
| 浙　江 | Zhejiang | 2158526 | 2158004 | 1876159 | 622642 |
| 安　徽 | Anhui | 781883 | 772910 | 643840 | 139843 |
| 福　建 | Fujian | 861242 | 844214 | 719269 | 223652 |
| 江　西 | Jiangxi | 516110 | 490668 | 450791 | 80976 |
| 山　东 | Shandong | 4111740 | 4107060 | 3515176 | 760802 |
| 河　南 | Henan | 1221761 | 1217472 | 1022455 | 248572 |
| 湖　北 | Hubei | 1057682 | 1053425 | 927331 | 228241 |
| 湖　南 | Hunan | 825117 | 781595 | 738114 | 197443 |
| 广　东 | Guangdong | 4996797 | 4994648 | 4493012 | 1965910 |
| 广　西 | Guangxi | 265124 | 260080 | 231842 | 59545 |
| 海　南 | Hainan | 14366 | 13174 | 13978 | 5675 |
| 重　庆 | Chongqing | 521899 | 519552 | 423385 | 115143 |
| 四　川 | Sichuan | 732963 | 723712 | 630622 | 207719 |
| 贵　州 | Guizhou | 177654 | 172459 | 162576 | 31909 |
| 云　南 | Yunnan | 131235 | 106046 | 109471 | 26858 |
| 西　藏 | Tibet | 1937 | 1185 | 1709 | 462 |
| 陕　西 | Shaanxi | 556643 | 539521 | 476873 | 104222 |
| 甘　肃 | Gansu | 184849 | 157469 | 166065 | 47079 |
| 青　海 | Qinghai | 39821 | 38956 | 35061 | 12574 |
| 宁　夏 | Ningxia | 69912 | 67099 | 58038 | 13200 |
| 新　疆 | Xinjiang | 129772 | 87516 | 110291 | 40193 |

# 企业R&D经费内部支出(2009年)

## Industrial Enterprises by Region(2009)

| 资产性支出 Assets Expenditure | #仪器和设备 Equipment | 政府资金 Government Funds | 企业资金 Self-raised Funds by Enterprises | 境外资金 Foreign Funds | 其他资金 Other Funds |
|---|---|---|---|---|---|
| **3884187** | **3664469** | **1367748** | **30099860** | **285352** | **349340** |
| 2637132 | 2504251 | 787532 | 21788506 | 252063 | 236832 |
| 781566 | 729897 | 336303 | 5460419 | 18554 | 52910 |
| 465488 | 430321 | 243913 | 2850935 | 14735 | 59598 |
| 68307 | 66968 | 117645 | 710064 | 5332 | 24434 |
| 166105 | 161786 | 17086 | 1033020 | 20270 | 6963 |
| 171847 | 165824 | 13793 | 843222 | 167 | 19597 |
| 101191 | 97157 | 20570 | 549235 | 269 | 2906 |
| 59611 | 47657 | 7410 | 339721 | 4499 | 5741 |
| 157294 | 150337 | 105112 | 1414885 | 650 | 4342 |
| 11135 | 10664 | 13141 | 287495 | 2202 | 3391 |
| 49218 | 46629 | 73205 | 509270 | 706 | 3242 |
| 248231 | 243261 | 62255 | 1985018 | 15392 | 7881 |
| 300271 | 277401 | 123617 | 4175784 | 136246 | 79486 |
| 282368 | 272744 | 56350 | 2081384 | 7489 | 13303 |
| 138043 | 132891 | 70381 | 699730 | 2173 | 9599 |
| 141973 | 136708 | 26728 | 816651 | 7177 | 10686 |
| 65319 | 61235 | 41585 | 457585 | 3851 | 13090 |
| 596564 | 573577 | 114435 | 3937085 | 14083 | 46137 |
| 199306 | 187792 | 42989 | 1169107 | 5309 | 4356 |
| 130351 | 116672 | 43753 | 999437 | 3281 | 11212 |
| 87003 | 76857 | 30680 | 788560 | 763 | 5115 |
| 503785 | 455264 | 150271 | 4778449 | 45257 | 22820 |
| 33282 | 31479 | 13258 | 251620 | 244 | 2 |
| 388 | 383 | 240 | 12945 | | 1181 |
| 98514 | 90084 | 28485 | 486945 | 2092 | 4377 |
| 102341 | 96691 | 48661 | 675463 | | 8839 |
| 15078 | 14629 | 15270 | 157964 | 217 | 4203 |
| 21764 | 20730 | 8608 | 103610 | 4341 | 14676 |
| 228 | 190 | 478 | 1459 | | |
| 79770 | 76728 | 102854 | 435237 | 3342 | 15210 |
| 18785 | 16882 | 8936 | 175416 | | 496 |
| 4761 | 4455 | 1213 | 38609 | | |
| 11874 | 11511 | 6113 | 63736 | | 63 |
| 19481 | 19285 | 2626 | 121155 | | 5991 |

# 2-21 按登记注册类型分规模以上工业企业R&D经费外部支出(2009年)

# External Expenditure on R&D in Industrial Enterprises above Designated Size by Registration Status(2009)

单位：万元 (10000 yuan)

| 注册类型 | Type of Registration | R&D经费外部支出 External Expenditure on R&D | #对研究机构支出 to Research Institutions | #对高校支出 to Higher Education |
|---|---|---|---|---|
| **总　计** | **Total** | **2762873** | **1076473** | **604370** |
| **内资企业** | **Domestic Funded** | **1986088** | **834000** | **508211** |
| 国有企业 | State-owned Enterprises | 305621 | 130816 | 89244 |
| #大型企业 | Large-sized Enterprises | 242000 | 97591 | 77958 |
| 集体企业 | Collective-owned Enterprises | 43568 | 4015 | 3550 |
| 股份合作企业 | Cooperative Enterprises | 13096 | 6532 | 6426 |
| 联营企业 | Joint Ownership Enterprises | 6802 | 2363 | 3109 |
| 国有联营企业 | State Joint Ownership Enterprises | 6517 | 2100 | 3088 |
| 集体联营企业 | Collective Joint Ownership Enterprises | 11 | | 11 |
| 国有与集体联营企业 | Joint State-collective Enterprises | 260 | 248 | 10 |
| 其他联营企业 | Other Joint Ownership Enterprises | 15 | 15 | |
| 有限责任公司 | Limited Liability Corporations | 870462 | 419993 | 197456 |
| 国有独资公司 | State Sole Funded Corporations | 241548 | 98935 | 70556 |
| 其他有限责任公司 | Other Limited Liability Corporations | 628914 | 321058 | 126901 |
| 股份有限公司 | Share-holding Corporations Ltd. | 463154 | 171832 | 112943 |
| 私营企业 | Private Enterprises | 280027 | 96419 | 94633 |
| 私营独资企业 | Private-funded Enterprises | 10761 | 5406 | 4049 |
| 私营合伙企业 | Private Partnership Enterprises | 2122 | 909 | 809 |
| 私营有限责任公司 | Private Limited Liability Corporations | 194421 | 78448 | 77973 |
| 私营股份有限公司 | Private Share-holding Corporations Ltd. | 72723 | 11656 | 11802 |
| 其他企业 | Other Enterprises | 3358 | 2030 | 849 |
| **港澳台商投资企业** | **Enterprises with Funds from Hong Kong, Macau and Taiwan** | **234851** | **90264** | **62822** |
| 与港澳台商合资经营企业 | Joint-venture Enterprises (with Funds from Hong Kong, Macau and Taiwan) | 103037 | 30370 | 48977 |
| 与港澳台商合作经营企业 | Cooperative Enterprises (with Funds from Hong Kong, Macau and Taiwan) | 1381 | 554 | 408 |
| 港澳台商独资经营企业 | Enterprises with Sole Funds from Hong Kong, Macau and Taiwan | 115189 | 54648 | 11708 |
| 港澳台商投资股份有限公司 | Share-holding Corporations Ltd. With from Hong Kong, Macau and Taiwan | 15245 | 4692 | 1729 |
| **外商投资企业** | **Foreign Funded Enterprises** | **541934** | **152209** | **33337** |
| 中外合资经营企业 | Joint-venture Enterprises | 386764 | 101946 | 19960 |
| 中外合作经营 | Cooperation Enterprises | 6536 | 586 | 668 |
| 外资企业 | Enterprises with Sole Foreign Funds | 132831 | 43866 | 9625 |
| 外商投资股份有限公司 | Share-holding Corporations Ltd.with Foreign Fur | 15803 | 5811 | 3085 |

# 2-22 按登记注册类型分大中型工业企业R&D经费外部支出（2009年）

# External Expenditure on R&D in Large and Medium-sized Industrial Enterprises by Registration Status(2009)

单位：万元 (10000 yuan)

| 注册类型 | Type of Registration | R&D经费外部支出 External Expenditure on R&D | #对研究机构支出 to Research Institutions | #对高校支出 to Higher Education |
|---|---|---|---|---|
| **总　计** | **Total** | **2497940** | **959239** | **510709** |
| **内资企业** | **Domestic Funded** | **1788950** | **747816** | **430440** |
| 国有企业 | State-owned Enterprises | 301279 | 129091 | 87172 |
| #大型企业 | Large-sized Enterprises | 242000 | 97591 | 77958 |
| 集体企业 | Collective-owned Enterprises | 42432 | 3418 | 3074 |
| 股份合作企业 | Cooperative Enterprises | 5014 | 2956 | 2010 |
| 联营企业 | Joint Ownership Enterprises | 6306 | 2042 | 3046 |
| 国有联营企业 | State Joint Ownership Enterprises | 6306 | 2042 | 3046 |
| 有限责任公司 | Limited Liability Corporations | 812173 | 389778 | 178418 |
| 国有独资公司 | State Sole Funded Corporations | 240342 | 98056 | 70277 |
| 其他有限责任公司 | Other Limited Liability Corporations | 571831 | 291722 | 108141 |
| 股份有限公司 | Share-holding Corporations Ltd. | 448402 | 165380 | 107263 |
| 私营企业 | Private Enterprises | 170821 | 53704 | 48832 |
| 私营独资企业 | Private-funded Enterprises | 4002 | 2248 | 1277 |
| 私营合伙企业 | Private Partnership Enterprises | 493 | 252 | 164 |
| 私营有限责任公司 | Private Limited Liability Corporations | 98736 | 42312 | 37161 |
| 私营股份有限公司 | Private Share-holding Corporations Ltd. | 67589 | 8891 | 10230 |
| 其他企业 | Other Enterprises | 2525 | 1448 | 626 |
| **港澳台商投资企业** | **Enterprises with Funds from Hong Kong, Macau and Taiwan** | **210851** | **80552** | **55199** |
| 与港澳台商合资经营企业 | Joint-venture Enterprises (with Funds from Hong Kong, Macau and Taiwan) | 88855 | 25113 | 44784 |
| 与港澳台商合作经营企业 | Cooperative Enterprises (with Funds from Hong Kong, Macau and Taiwan) | 1000 | 281 | 356 |
| 港澳台商独资经营企业 | Enterprises with Sole Funds from Hong Kong, Macau and Taiwan | 106005 | 50501 | 8380 |
| 港澳台商投资股份有限公司 | Share-holding Corporations Ltd. With from Hong Kong, Macau and Taiwan | 14991 | 4656 | 1679 |
| **外商投资企业** | **Foreign Funded Enterprises** | **498139** | **130871** | **25071** |
| 中外合资经营企业 | Joint-venture Enterprises | 362273 | 89519 | 15130 |
| 中外合作经营 | Cooperation Enterprises | 5752 | 200 | 317 |
| 外资企业 | Enterprises with Sole Foreign Funds | 114852 | 35399 | 6659 |
| 外商投资股份有限公司 | Share-holding Corporations Ltd.with Foreign Funds | 15262 | 5754 | 2965 |

# 2-23 按行业分规模以上企业R&D经费外部支出(2009年)

# External Expenditure on R&D in Industrial Enterprises above Designated Size by Industrial Sector(2009)

单位：万元 (10000 yuan)

| 行业 | Industry | R&D经费外部支出 External Expenditure on R&D | #对研究机构支出 to Research Institutions | #对高校支出 to Higher Education |
|---|---|---|---|---|
| **总　计** | **Total** | **2762873** | **1076473** | **604370** |
| 煤炭开采和洗选业 | Mining and Washing of Coal | 79074 | 32440 | 39182 |
| 石油和天然气开采业 | Extraction of Petroleum and Natural Gas | 118083 | 57761 | 43966 |
| 黑色金属矿采选业 | Mining of Ferrous Metal Ores | 3557 | 2000 | 1106 |
| 有色金属矿采选业 | Mining of Non-ferrous Metal Ores | 6271 | 2754 | 1721 |
| 非金属矿采选业 | Mining and Processing of Nonmetal Ores | 983 | 620 | 146 |
| 农副食品加工业 | Processing of Food from Agricultural Products | 26092 | 9447 | 15128 |
| 食品制造业 | Manufacture of Foods | 13513 | 5745 | 6163 |
| 饮料制造业 | Manufacture of Beverage | 25434 | 9190 | 11787 |
| 烟草制品业 | Manufacture of Tobacco | 54757 | 8764 | 16800 |
| 纺织业 | Manufacture of Textile | 24446 | 7367 | 11986 |
| 纺织服装、鞋、帽制造业 | Manufacture of Textile Wearing Apparel, Footware and Caps | 9865 | 1184 | 2684 |
| 皮革、毛皮、羽毛(绒)及其制品业 | Manufacture of Leather, Fur, Feather and Its Products | 3313 | 1722 | 1201 |
| 木材加工及木、竹、藤、棕、草制品业 | Processing of Timbers,Manufacture of Wood, Bamboo,Rattan,Palm,Straw | 2854 | 916 | 1851 |
| 家具制造业 | Manufacture of Furniture | 2398 | 595 | 113 |
| 造纸及纸制品业 | Manufacture of Paper and Paper Products | 7086 | 3145 | 2433 |
| 印刷业和记录媒介的复制 | Printing,Reproduction of Recording Media | 2534 | 522 | 791 |
| 文教体育用品制造业 | Manufacture of Articles for Culture, Education and Sport Activity | 2762 | 614 | 1444 |
| 石油加工、炼焦及核燃料加工业 | Processing of Petroleum ,Coking,Processing of Nucleus Fuel | 37483 | 16178 | 10113 |
| 化学原料及化学制品制造业 | Manufacture of Chemical Raw Material and Chemical Products | 224591 | 100303 | 49065 |
| 医药制造业 | Manufacture of Medicines | 199599 | 123141 | 50982 |
| 化学纤维制造业 | Manufacture of Chemical Fiber | 7751 | 2701 | 4655 |
| 橡胶制品业 | Manufacture of Rubber | 10287 | 4441 | 2713 |
| 塑料制品业 | Manufacture of Plastic | 8380 | 4022 | 2944 |
| 非金属矿物制品业 | Manufacture of Non-metallic Mineral Products | 28299 | 8528 | 11998 |
| 黑色金属冶炼及压延加工业 | Manufacture and Processing of Ferrous Metals | 114966 | 38808 | 39078 |
| 有色金属冶炼及压延加工业 | Manufacture and Processing of Non-ferrous Metals | 82489 | 43606 | 30282 |
| 金属制品业 | Manufacture of Metal Products | 19505 | 4819 | 4815 |
| 通用设备制造业 | Manufacture of General Purpose Machinery | 146832 | 44500 | 31968 |
| 专用设备制造业 | Manufacture of Special Purpose Machinery | 86153 | 30885 | 33357 |
| 交通运输设备制造业 | Manufacture of Transport Equipment | 643526 | 289795 | 40171 |
| 电气机械及器材制造业 | Manufacture of Electrical Machinery and Equipment | 221907 | 77772 | 36223 |
| 通信设备、计算机及其他电子设备制造业 | Manufacture of Communication,Computer, Other Electronic Equipment | 354228 | 55212 | 50889 |
| 仪器仪表及文化、办公用机械制造业 | Manufacture of Measuring Instrument, Machinery for Cultural and Office Work | 37908 | 12855 | 13114 |
| 工艺品及其他制造业 | Manufacture of Artwork, Other Manufacture | 5338 | 2426 | 2530 |
| 电力、热力的生产和供应业 | Production and Supply of Electric Power and Heat Power | 143151 | 65041 | 30248 |
| 燃气生产和供应业 | Production and Distribution of Gas | 5350 | 5256 | 69 |
| 水的生产和供应业 | Production and Distribution of Water | 1968 | 1345 | 569 |

# 2-24 按行业分大中型企业R&D经费外部支出(2009年)

# External Expenditure on R&D in Large and Medium-sized Industrial Enterprises by Industrial Sector(2009)

单位：万元　　(10000 yuan)

| 行业 | Industry | R&D经费外部支出 External Expenditure on R&D | #对研究机构支出 to Research Institutions | #对高校支出 to Higher Education |
|---|---|---|---|---|
| **总　计** | **Total** | **2497940** | **959239** | **510709** |
| 煤炭开采和洗选业 | Mining and Washing of Coal | 77518 | 32002 | 38416 |
| 石油和天然气开采业 | Extraction of Petroleum and Natural Gas | 116436 | 57511 | 43141 |
| 黑色金属矿采选业 | Mining of Ferrous Metal Ores | 3196 | 1652 | 1093 |
| 有色金属矿采选业 | Mining of Non-ferrous Metal Ores | 5636 | 2530 | 1607 |
| 非金属矿采选业 | Mining and Processing of Nonmetal Ores | 864 | 611 | 99 |
| 农副食品加工业 | Processing of Food from Agricultural Products | 18376 | 6061 | 11334 |
| 食品制造业 | Manufacture of Foods | 7784 | 2761 | 4050 |
| 饮料制造业 | Manufacture of Beverage | 22845 | 8109 | 10778 |
| 烟草制品业 | Manufacture of Tobacco | 54594 | 8684 | 16797 |
| 纺织业 | Manufacture of Textile | 19455 | 6255 | 10210 |
| 纺织服装、鞋、帽制造业 | Manufacture of Textile Wearing Apparel, Footware and Caps | 9404 | 1151 | 2524 |
| 皮革、毛皮、羽毛(绒)及其制品业 | Manufacture of Leather, Fur, Feather and Its Products | 2937 | 1598 | 1060 |
| 木材加工及木、竹、藤、棕、草制品业 | Processing of Timbers,Manufacture of Wood, Bamboo,Rattan,Palm,Straw | 1466 | 516 | 925 |
| 家具制造业 | Manufacture of Furniture | 1242 | 148 | 54 |
| 造纸及纸制品业 | Manufacture of Paper and Paper Products | 5844 | 2593 | 1803 |
| 印刷业和记录媒介的复制 | Printing,Reproduction of Recording Media | 2098 | 439 | 492 |
| 文教体育用品制造业 | Manufacture of Articles for Culture, Education and Sport Activity | 2199 | 307 | 1231 |
| 石油加工、炼焦及核燃料加工业 | Processing of Petroleum ,Coking,Processing of Nucleus Fuel | 33950 | 14518 | 8346 |
| 化学原料及化学制品制造业 | Manufacture of Chemical Raw Material and Chemical Products | 190965 | 87465 | 37213 |
| 医药制造业 | Manufacture of Medicines | 146906 | 91451 | 36441 |
| 化学纤维制造业 | Manufacture of Chemical Fiber | 6562 | 2263 | 4034 |
| 橡胶制品业 | Manufacture of Rubber | 9569 | 4128 | 2351 |
| 塑料制品业 | Manufacture of Plastic | 5871 | 3154 | 1679 |
| 非金属矿物制品业 | Manufacture of Non-metallic Mineral Products | 20768 | 6270 | 7671 |
| 黑色金属冶炼及压延加工业 | Manufacture and Processing of Ferrous Metals | 113124 | 37501 | 38696 |
| 有色金属冶炼及压延加工业 | Manufacture and Processing of Non-ferrous Metals | 77126 | 41484 | 27727 |
| 金属制品业 | Manufacture of Metal Products | 14353 | 2999 | 2526 |
| 通用设备制造业 | Manufacture of General Purpose Machinery | 125552 | 36098 | 22602 |
| 专用设备制造业 | Manufacture of Special Purpose Machinery | 60648 | 23834 | 22839 |
| 交通运输设备制造业 | Manufacture of Transport Equipment | 625130 | 281144 | 37318 |
| 电气机械及器材制造业 | Manufacture of Electrical Machinery and Equipment | 196997 | 65753 | 28415 |
| 通信设备、计算机及其他电子设备制造业 | Manufacture of Communication,Computer, Other Electronic Equipment | 338493 | 48403 | 45753 |
| 仪器仪表及文化、办公用机械制造业 | Manufacture of Measuring Instrument, Machinery for Cultural and Office Work | 27654 | 7634 | 9520 |
| 工艺品及其他制造业 | Manufacture of Artwork, Other Manufacture | 4350 | 2018 | 1949 |
| 电力、热力的生产和供应业 | Production and Supply of Electric Power and Heat Power | 141243 | 63974 | 29524 |
| 燃气生产和供应业 | Production and Distribution of Gas | 5286 | 5244 | 17 |
| 水的生产和供应业 | Production and Distribution of Water | 1504 | 977 | 474 |

# 2-25 各地区规模以上工业企业R&D经费外部支出(2009年)
# External Expenditure on R&D in Industrial Enterprises above Designated Size by Region(2009)

单位：万元 (10000 yuan)

| 地 区 | Region | R&D经费外部支出 External Expenditure on R&D | #对研究机构支出 to Research Institutions | #对高校支出 to Higher Education |
|---|---|---|---|---|
| **全 国** | **National Total** | **2762873** | **1076473** | **604370** |
| 东部地区 | Eastern Region | 1959945 | 720532 | 365081 |
| 中部地区 | Middle Region | 449518 | 201769 | 147014 |
| 西部地区 | Western Region | 353320 | 154162 | 92194 |
| 北 京 | Beijing | 152015 | 117083 | 13599 |
| 天 津 | Tianjin | 206522 | 32656 | 14587 |
| 河 北 | Hebei | 43073 | 18171 | 13010 |
| 山 西 | Shanxi | 44606 | 20614 | 16769 |
| 内 蒙 古 | Inner Mongolia | 10041 | 3016 | 4636 |
| 辽 宁 | Liaoning | 99119 | 26232 | 17482 |
| 吉 林 | Jilin | 18045 | 10074 | 5692 |
| 黑 龙 江 | Heilongjiang | 63863 | 35633 | 20548 |
| 上 海 | Shanghai | 239003 | 66507 | 28059 |
| 江 苏 | Jiangsu | 353494 | 142553 | 78000 |
| 浙 江 | Zhejiang | 210485 | 70075 | 53349 |
| 安 徽 | Anhui | 84070 | 22831 | 18628 |
| 福 建 | Fujian | 59548 | 21952 | 11523 |
| 江 西 | Jiangxi | 49722 | 21610 | 20762 |
| 山 东 | Shandong | 300528 | 124855 | 82936 |
| 河 南 | Henan | 82192 | 48859 | 24882 |
| 湖 北 | Hubei | 49912 | 24749 | 15060 |
| 湖 南 | Hunan | 57107 | 17399 | 24673 |
| 广 东 | Guangdong | 289936 | 96313 | 52122 |
| 广 西 | Guangxi | 24094 | 16192 | 4766 |
| 海 南 | Hainan | 6222 | 4135 | 415 |
| 重 庆 | Chongqing | 49926 | 15289 | 11462 |
| 四 川 | Sichuan | 70929 | 37451 | 24673 |
| 贵 州 | Guizhou | 14255 | 8488 | 4673 |
| 云 南 | Yunnan | 36431 | 8201 | 3575 |
| 西 藏 | Tibet | 632 | 398 | 234 |
| 陕 西 | Shaanxi | 54971 | 15851 | 15128 |
| 甘 肃 | Gansu | 36120 | 21834 | 7246 |
| 青 海 | Qinghai | 11383 | 5664 | 4541 |
| 宁 夏 | Ningxia | 2042 | 899 | 652 |
| 新 疆 | Xinjiang | 42497 | 20880 | 10610 |

# 2-26 各地区大中型工业企业R&D经费外部支出(2009年)

# External Expenditure on R&D in Large and Medium-sized Industrial Enterprises by Region(2009)

单位：万元 (10000 yuan)

| 地　区 | Region | R&D经费外部支出 External Expenditure on R&D | #对研究机构支出 to Research Institutions | #对高校支出 to Higher Education |
|---|---|---|---|---|
| **全　国** | **National Total** | **2497940** | **959239** | **510709** |
| 东部地区 | Eastern Region | 1764266 | 633303 | 295081 |
| 中部地区 | Middle Region | 404039 | 184980 | 131628 |
| 西部地区 | Western Region | 329635 | 140957 | 84000 |
| 北　京 | Beijing | 141031 | 112201 | 10411 |
| 天　津 | Tianjin | 203020 | 30669 | 13723 |
| 河　北 | Hebei | 38873 | 16828 | 10469 |
| 山　西 | Shanxi | 43665 | 20351 | 16594 |
| 内蒙古 | Inner Mongolia | 8739 | 2601 | 3932 |
| 辽　宁 | Liaoning | 95031 | 24159 | 16104 |
| 吉　林 | Jilin | 16515 | 9204 | 5251 |
| 黑龙江 | Heilongjiang | 61940 | 34599 | 19895 |
| 上　海 | Shanghai | 223482 | 62405 | 26791 |
| 江　苏 | Jiangsu | 296346 | 118712 | 52613 |
| 浙　江 | Zhejiang | 161143 | 48047 | 34095 |
| 安　徽 | Anhui | 77420 | 19536 | 15898 |
| 福　建 | Fujian | 49564 | 17745 | 7355 |
| 江　西 | Jiangxi | 44499 | 20568 | 19030 |
| 山　东 | Shandong | 280787 | 113479 | 77012 |
| 河　南 | Henan | 77341 | 46532 | 22854 |
| 湖　北 | Hubei | 38914 | 19296 | 10146 |
| 湖　南 | Hunan | 43746 | 14895 | 21961 |
| 广　东 | Guangdong | 271202 | 87299 | 46152 |
| 广　西 | Guangxi | 20806 | 14151 | 4030 |
| 海　南 | Hainan | 3786 | 1759 | 356 |
| 重　庆 | Chongqing | 41294 | 10841 | 7368 |
| 四　川 | Sichuan | 65227 | 33951 | 23497 |
| 贵　州 | Guizhou | 13537 | 8265 | 4242 |
| 云　南 | Yunnan | 35610 | 7605 | 3370 |
| 西　藏 | Tibet | 622 | 392 | 230 |
| 陕　西 | Shaanxi | 54224 | 15657 | 14805 |
| 甘　肃 | Gansu | 35610 | 21526 | 7096 |
| 青　海 | Qinghai | 11121 | 5506 | 4438 |
| 宁　夏 | Ningxia | 1662 | 751 | 510 |
| 新　疆 | Xinjiang | 41186 | 19710 | 10482 |

# 2-27 按登记注册类型分规模以上工业企业R&D项目情况(2009年)

# R&D Projects in Industrial Enterprises above Designated Size by Registration Status(2009)

| 注册类型 | Type of Registration | R&D项目数(项) R&D Projects (item) | R&D项目人员数(人) R&D Personnel (person) | R&D项目经费支出(万元) Expenditure on R&D Project (10000 yuan) |
|---|---|---|---|---|
| **总　计** | **Total** | **194400** | **1524374** | **31858656** |
| **内资企业** | **Domestic Funded** | **149817** | **1135270** | **23059762** |
| 国有企业 | State-owned Enterprises | 17865 | 131304 | 2476726 |
| #大型企业 | Large-sized Enterprises | 10023 | 90137 | 1865681 |
| 集体企业 | Collective-owned Enterprises | 2220 | 12035 | 419430 |
| 股份合作企业 | Cooperative Enterprises | 1315 | 7669 | 124698 |
| 联营企业 | Joint Ownership Enterprises | 217 | 2718 | 52239 |
| 国有联营企业 | State Joint Ownership Enterprises | 147 | 2276 | 45202 |
| 集体联营企业 | Collective Joint Ownership Enterprises | 16 | 102 | 1057 |
| 国有与集体联营企业 | Joint State-collective Enterprises | 44 | 243 | 3716 |
| 其他联营企业 | Other Joint Ownership Enterprises | 10 | 97 | 2264 |
| 有限责任公司 | Limited Liability Corporations | 60029 | 459855 | 9890728 |
| 国有独资公司 | State Sole Funded Corporations | 12130 | 107919 | 2642889 |
| 其他有限责任公司 | Other Limited Liability Corporations | 47899 | 351936 | 7247839 |
| 股份有限公司 | Share-holding Corporations Ltd. | 25186 | 227154 | 4951892 |
| 私营企业 | Private Enterprises | 42378 | 289185 | 5055954 |
| 私营独资企业 | Private-funded Enterprises | 2821 | 19852 | 317561 |
| 私营合伙企业 | Private Partnership Enterprises | 480 | 3185 | 40565 |
| 私营有限责任公司 | Private Limited Liability Corporations | 35721 | 240312 | 4166255 |
| 私营股份有限公司 | Private Share-holding Corporations Ltd. | 3356 | 25836 | 531573 |
| 其他企业 | Other Enterprises | 607 | 5350 | 88095 |
| **港澳台商投资企业** | **Enterprises with Funds from Hong Kong, Macau and Taiwan** | **18199** | **161926** | **3170111** |
| 与港澳台商合资经营企业 | Joint-venture Enterprises (with Funds from Hong Kong, Macau and Taiwan) | 8277 | 70656 | 1459581 |
| 与港澳台商合作经营企业 | Cooperative Enterprises (with Funds from Hong Kong, Macau and Taiwan) | 305 | 2441 | 46613 |
| 港澳台商独资经营企业 | Enterprises with Sole Funds from Hong Kong, Macau and Taiwan | 8556 | 77901 | 1451682 |
| 港澳台商投资股份有限公司 | Share-holding Corporations Ltd. with Funds from Hong Kong,Macau and Taiwan | 1061 | 10928 | 212235 |
| **外商投资企业** | **Foreign Funded Enterprises** | **26384** | **227178** | **5628783** |
| 中外合资经营企业 | Joint-venture Enterprises | 14640 | 106837 | 2974893 |
| 中外合作经营 | Cooperation Enterprises | 383 | 2828 | 73038 |
| 外资企业 | Enterprises with Sole Foreign Funds | 9517 | 98855 | 2080148 |
| 外商投资股份有限公司 | Share-holding Corporations Ltd. with Foreign Funds | 1844 | 18658 | 500706 |

# 2-28 按登记注册类型分大中型工业企业R&D项目情况(2009年)
# R&D Projects in Large and Medium-sized Industrial Enterprises by Registration Status(2009)

| 注册类型 | Type of Registration | R&D项目数(项) R&D Projects (item) | R&D项目人员数(人) R&D Personnel (person) | R&D项目经费支出(万元) Expenditure on R&D Project (10000 yuan) |
|---|---|---|---|---|
| **总　计** | **Total** | **133852** | **1205700** | **26964029** |
| **内资企业** | **Domestic Funded** | **103285** | **883918** | **19307585** |
| 国有企业 | State-owned Enterprises | 16455 | 124987 | 2399826 |
| #大型企业 | Large-sized Enterprises | 10023 | 90137 | 1865681 |
| 集体企业 | Collective-owned Enterprises | 1821 | 9767 | 386713 |
| 股份合作企业 | Cooperative Enterprises | 739 | 4748 | 82677 |
| 联营企业 | Joint Ownership Enterprises | 127 | 2213 | 46422 |
| 国有联营企业 | State Joint Ownership Enterprises | 99 | 2006 | 42404 |
| 国有与集体联营企业 | Joint State-collective Enterprises | 24 | 147 | 2062 |
| 其他联营企业 | Other Joint Ownership Enterprises | 4 | 60 | 1956 |
| 有限责任公司 | Limited Liability Corporations | 46232 | 387843 | 8827078 |
| 国有独资公司 | State Sole Funded Corporations | 11852 | 106474 | 2623976 |
| 其他有限责任公司 | Other Limited Liability Corporations | 34380 | 281369 | 6203102 |
| 股份有限公司 | Share-holding Corporations Ltd. | 22671 | 212911 | 4704414 |
| 私营企业 | Private Enterprises | 14796 | 137189 | 2788600 |
| 私营独资企业 | Private-funded Enterprises | 640 | 7321 | 121669 |
| 私营合伙企业 | Private Partnership Enterprises | 59 | 1139 | 13175 |
| 私营有限责任公司 | Private Limited Liability Corporations | 11945 | 109989 | 2237488 |
| 私营股份有限公司 | Private Share-holding Corporations Ltd. | 2152 | 18740 | 416268 |
| 其他企业 | Other Enterprises | 444 | 4260 | 71855 |
| **港澳台商投资企业** | **Enterprises with Funds from Hong Kong, Macau and Taiwan** | **12850** | **132737** | **2714569** |
| 与港澳台商合资经营企业 | Joint-venture Enterprises (with Funds from Hong Kong, Macau and Taiwan) | 5553 | 55409 | 1220512 |
| 与港澳台商合作经营企业 | Cooperative Enterprises (with Funds from Hong Kong, Macau and Taiwan) | 122 | 1571 | 34250 |
| 港澳台商独资经营企业 | Enterprises with Sole Funds from Hong Kong, Macau and Taiwan | 6220 | 65337 | 1257696 |
| 港澳台商投资股份有限公司 | Share-holding Corporations Ltd. With from Hong Kong, Macau and Taiwan | 955 | 10420 | 202112 |
| **外商投资企业** | **Foreign Funded Enterprises** | **17717** | **189045** | **4941874** |
| 中外合资经营企业 | Joint-venture Enterprises | 9406 | 86027 | 2590042 |
| 中外合作经营 | Cooperation Enterprises | 174 | 1593 | 54106 |
| 外资企业 | Enterprises with Sole Foreign Funds | 6434 | 83563 | 1816382 |
| 外商投资股份有限公司 | Share-holding Corporations Ltd.with Foreign Funds | 1703 | 17862 | 481344 |

# 2-29 按行业分规模以上工业企业R&D项目情况(2009年)

# R&D Projects in Industrial Enterprises above Designated Size by Industrial Sector (2009)

| 行　业 | Industry | R&D项目数 (项) R&D Projects (item) | R&D项目人员数 (人) R&D Personnel (person) | R&D项目经费支出 (万元) Expenditure on R&D Project (10000 yuan) |
|---|---|---|---|---|
| **总　计** | **Total** | **194400** | **1524374** | **31858656** |
| 煤炭开采和洗选业 | Mining and Washing of Coal | 3477 | 59295 | 781008 |
| 石油和天然气开采业 | Extraction of Petroleum and Natural Gas | 2963 | 24948 | 388562 |
| 黑色金属矿采选业 | Mining of Ferrous Metal Ores | 181 | 1652 | 17638 |
| 有色金属矿采选业 | Mining of Non-ferrous Metal Ores | 342 | 3607 | 71799 |
| 非金属矿采选业 | Mining and Processing of Nonmetal Ores | 228 | 2150 | 17783 |
| 农副食品加工业 | Processing of Food from Agricultural Products | 2686 | 19869 | 456122 |
| 食品制造业 | Manufacture of Foods | 2584 | 16299 | 336895 |
| 饮料制造业 | Manufacture of Beverage | 2893 | 18023 | 358639 |
| 烟草制品业 | Manufacture of Tobacco | 1237 | 4302 | 66651 |
| 纺织业 | Manufacture of Textile | 5645 | 44651 | 697697 |
| 纺织服装、鞋、帽制造业 | Manufacture of Textile Wearing Apparel, Footware and Caps | 944 | 9610 | 150138 |
| 皮革、毛皮、羽毛(绒)及其制品业 | Manufacture of Leather, Fur, Feather and Its Products | 1130 | 5884 | 86426 |
| 木材加工及木、竹、藤、棕、草制品业 | Processing of Timbers,Manufacture of Wood, Bamboo,Rattan,Palm,Straw | 923 | 4785 | 90350 |
| 家具制造业 | Manufacture of Furniture | 447 | 3893 | 58360 |
| 造纸及纸制品业 | Manufacture of Paper and Paper Products | 1036 | 13335 | 313478 |
| 印刷业和记录媒介的复制 | Printing,Reproduction of Recording Media | 735 | 6151 | 87149 |
| 文教体育用品制造业 | Manufacture of Articles for Culture, Education and Sport Activity | 904 | 6971 | 92965 |
| 石油加工、炼焦及核燃料加工业 | Processing of Petroleum ,Coking,Processing of Nucleus Fuel | 1342 | 10794 | 274014 |
| 化学原料及化学制品制造业 | Manufacture of Chemical Raw Material and Chemical Products | 14079 | 108208 | 2298793 |
| 医药制造业 | Manufacture of Medicines | 12698 | 70586 | 1120750 |
| 化学纤维制造业 | Manufacture of Chemical Fiber | 910 | 11083 | 310348 |
| 橡胶制品业 | Manufacture of Rubber | 2106 | 13973 | 349591 |
| 塑料制品业 | Manufacture of Plastic | 2671 | 21289 | 393392 |
| 非金属矿物制品业 | Manufacture of Non-metallic Mineral Products | 4721 | 43395 | 694621 |
| 黑色金属冶炼及压延加工业 | Manufacture and Processing of Ferrous Metals | 5640 | 68157 | 2609186 |
| 有色金属冶炼及压延加工业 | Manufacture and Processing of Non-ferrous Metals | 3606 | 38199 | 976152 |
| 金属制品业 | Manufacture of Metal Products | 4092 | 35372 | 568510 |
| 通用设备制造业 | Manufacture of General Purpose Machinery | 19764 | 127578 | 2310486 |
| 专用设备制造业 | Manufacture of Special Purpose Machinery | 16098 | 107946 | 2052925 |
| 交通运输设备制造业 | Manufacture of Transport Equipment | 19036 | 153688 | 4004199 |
| 电气机械及器材制造业 | Manufacture of Electrical Machinery and Equipment | 24443 | 153566 | 3434423 |
| 通信设备、计算机及其他电子设备制造业 | Manufacture of Communication,Computer, Other Electronic Equipment | 23611 | 240418 | 5413544 |
| 仪器仪表及文化、办公用机械制造业 | Manufacture of Measuring Instrument, Machinery for Cultural and Office Work | 7248 | 43562 | 621523 |
| 工艺品及其他制造业 | Manufacture of Artwork, Other Manufacture | 1350 | 10248 | 123172 |
| 电力、热力的生产和供应业 | Production and Supply of Electric Power and Heat Power | 2374 | 19167 | 213313 |
| 燃气生产和供应业 | Production and Distribution of Gas | 32 | 207 | 1699 |
| 水的生产和供应业 | Production and Distribution of Water | 172 | 1233 | 11792 |

# 2-30 按行业分大中型工业企业R&D项目情况(2009年)
# R&D Projects in Large and Medium-sized Industrial Enterprises by Industrial Sector(2009)

| 行业 | Industry | R&D项目数(项) R&D Projects (item) | R&D项目人员数(人) R&D Personnel (person) | R&D项目经费支出(万元) Expenditure on R&D Project (10000 yuan) |
|---|---|---|---|---|
| **总计** | **Total** | **133852** | **1205700** | **26964029** |
| 煤炭开采和洗选业 | Mining and Washing of Coal | 3424 | 58894 | 773731 |
| 石油和天然气开采业 | Extraction of Petroleum and Natural Gas | 2914 | 24566 | 383512 |
| 黑色金属矿采选业 | Mining of Ferrous Metal Ores | 157 | 1462 | 15695 |
| 有色金属矿采选业 | Mining of Non-ferrous Metal Ores | 308 | 3304 | 65214 |
| 非金属矿采选业 | Mining and Processing of Nonmetal Ores | 180 | 1837 | 14750 |
| 农副食品加工业 | Processing of Food from Agricultural Products | 1405 | 12199 | 316406 |
| 食品制造业 | Manufacture of Foods | 1616 | 10601 | 262463 |
| 饮料制造业 | Manufacture of Beverage | 2452 | 15318 | 308716 |
| 烟草制品业 | Manufacture of Tobacco | 1206 | 4106 | 64155 |
| 纺织业 | Manufacture of Textile | 4373 | 37326 | 592929 |
| 纺织服装、鞋、帽制造业 | Manufacture of Textile Wearing Apparel, Footware and Caps | 641 | 7646 | 132709 |
| 皮革、毛皮、羽毛(绒)及其制品业 | Manufacture of Leather, Fur, Feather and Its Products | 607 | 4751 | 70486 |
| 木材加工及木、竹、藤、棕、草制品业 | Processing of Timbers,Manufacture of Wood, Bamboo,Rattan,Palm,Straw | 401 | 2002 | 46759 |
| 家具制造业 | Manufacture of Furniture | 221 | 2748 | 46576 |
| 造纸及纸制品业 | Manufacture of Paper and Paper Products | 764 | 11607 | 269318 |
| 印刷业和记录媒介的复制 | Printing,Reproduction of Recording Media | 483 | 4474 | 59660 |
| 文教体育用品制造业 | Manufacture of Articles for Culture, Education and Sport Activity | 578 | 5099 | 72824 |
| 石油加工、炼焦及核燃料加工业 | Processing of Petroleum ,Coking,Processing of Nucleus Fuel | 1203 | 10068 | 247294 |
| 化学原料及化学制品制造业 | Manufacture of Chemical Raw Material and Chemical Products | 7727 | 75958 | 1696630 |
| 医药制造业 | Manufacture of Medicines | 8272 | 50254 | 831642 |
| 化学纤维制造业 | Manufacture of Chemical Fiber | 753 | 9949 | 280196 |
| 橡胶制品业 | Manufacture of Rubber | 1674 | 11568 | 317997 |
| 塑料制品业 | Manufacture of Plastic | 1282 | 13315 | 259541 |
| 非金属矿物制品业 | Manufacture of Non-metallic Mineral Products | 2580 | 30839 | 498350 |
| 黑色金属冶炼及压延加工业 | Manufacture and Processing of Ferrous Metals | 5287 | 66044 | 2556092 |
| 有色金属冶炼及压延加工业 | Manufacture and Processing of Non-ferrous Metals | 2556 | 31868 | 823324 |
| 金属制品业 | Manufacture of Metal Products | 2182 | 24456 | 395094 |
| 通用设备制造业 | Manufacture of General Purpose Machinery | 12647 | 89729 | 1768432 |
| 专用设备制造业 | Manufacture of Special Purpose Machinery | 10030 | 73668 | 1589820 |
| 交通运输设备制造业 | Manufacture of Transport Equipment | 15031 | 135559 | 3747912 |
| 电气机械及器材制造业 | Manufacture of Electrical Machinery and Equipment | 16168 | 114415 | 2817632 |
| 通信设备、计算机及其他电子设备制造业 | Manufacture of Communication,Computer, Other Electronic Equipment | 18037 | 207498 | 4965774 |
| 仪器仪表及文化、办公用机械制造业 | Manufacture of Measuring Instrument, Machinery for Cultural and Office Work | 3449 | 25517 | 393918 |
| 工艺品及其他制造业 | Manufacture of Artwork, Other Manufacture | 882 | 7791 | 83046 |
| 电力、热力的生产和供应业 | Production and Supply of Electric Power and Heat Power | 2226 | 18147 | 186831 |
| 燃气生产和供应业 | Production and Distribution of Gas | 23 | 150 | 1175 |
| 水的生产和供应业 | Production and Distribution of Water | 111 | 905 | 7103 |

# 2-31 各地区规模以上工业企业R&D项目情况(2009年)
# R&D Projects in Industrial Enterprises above Designated Size by Region (2009)

| 地区 | Region | R&D项目数 (项) R&D Projects (item) | R&D项目人员数 (人) R&D Personnel (person) | R&D项目经费支出 (万元) Expenditure on R&D Project (10000 yuan) |
|---|---|---|---|---|
| **全国** | **National Total** | **194400** | **1524374** | **31858656** |
| 东部地区 | Eastern Region | 136619 | 1056457 | 23745963 |
| 中部地区 | Middle Region | 34395 | 304741 | 5498291 |
| 西部地区 | Western Region | 23384 | 163147 | 2613785 |
| 北京 | Beijing | 7494 | 41523 | 831767 |
| 天津 | Tianjin | 7609 | 30969 | 1035671 |
| 河北 | Hebei | 4445 | 39005 | 742588 |
| 山西 | Shanxi | 2044 | 33487 | 500082 |
| 内蒙古 | Inner Mongolia | 898 | 13591 | 312969 |
| 辽宁 | Liaoning | 7472 | 52868 | 1185440 |
| 吉林 | Jilin | 1597 | 11570 | 285663 |
| 黑龙江 | Heilongjiang | 3968 | 25320 | 495233 |
| 上海 | Shanghai | 9667 | 63686 | 1961319 |
| 江苏 | Jiangsu | 27454 | 233086 | 5125128 |
| 浙江 | Zhejiang | 22986 | 161701 | 3082179 |
| 安徽 | Anhui | 5233 | 43139 | 744445 |
| 福建 | Fujian | 5435 | 47510 | 926586 |
| 江西 | Jiangxi | 2799 | 21104 | 499800 |
| 山东 | Shandong | 18858 | 146333 | 3818300 |
| 河南 | Henan | 6981 | 73387 | 1179514 |
| 湖北 | Hubei | 6104 | 55250 | 913304 |
| 湖南 | Hunan | 5669 | 41484 | 880251 |
| 广东 | Guangdong | 24888 | 238699 | 5016490 |
| 广西 | Guangxi | 2920 | 13386 | 283298 |
| 海南 | Hainan | 311 | 1077 | 20497 |
| 重庆 | Chongqing | 3726 | 24725 | 455834 |
| 四川 | Sichuan | 6974 | 45179 | 557021 |
| 贵州 | Guizhou | 1278 | 7135 | 155140 |
| 云南 | Yunnan | 991 | 9486 | 104554 |
| 西藏 | Tibet | 19 | 277 | 5970 |
| 陕西 | Shaanxi | 3921 | 27002 | 393502 |
| 甘肃 | Gansu | 926 | 10630 | 143053 |
| 青海 | Qinghai | 147 | 1883 | 29774 |
| 宁夏 | Ningxia | 766 | 4131 | 66215 |
| 新疆 | Xinjiang | 818 | 5722 | 106454 |

# 2-32 各地区大中型工业企业R&D项目情况(2009年)

# R&D Projects in Large and Medium-sized Industrial Enterprises by Region (2009)

| 地区 | Region | R&D项目数(项) R&D Projects (item) | R&D项目人员数(人) R&D Personnel (person) | R&D项目经费支出(万元) Expenditure on R&D Project (10000 yuan) |
|---|---|---|---|---|
| **全国** | **National Total** | **133852** | **1205700** | **26964029** |
| 东部地区 | Eastern Region | 89158 | 810680 | 19784154 |
| 中部地区 | Middle Region | 25643 | 252370 | 4816703 |
| 西部地区 | Western Region | 19051 | 142650 | 2363172 |
| 北京 | Beijing | 4393 | 26540 | 587234 |
| 天津 | Tianjin | 5412 | 23948 | 900877 |
| 河北 | Hebei | 3743 | 34976 | 697085 |
| 山西 | Shanxi | 1808 | 31690 | 474280 |
| 内蒙古 | Inner Mongolia | 688 | 12444 | 288009 |
| 辽宁 | Liaoning | 5867 | 45617 | 1079291 |
| 吉林 | Jilin | 1026 | 9671 | 265100 |
| 黑龙江 | Heilongjiang | 3496 | 22643 | 461369 |
| 上海 | Shanghai | 6439 | 50367 | 1719566 |
| 江苏 | Jiangsu | 15250 | 167606 | 4078675 |
| 浙江 | Zhejiang | 9690 | 94722 | 2026795 |
| 安徽 | Anhui | 3533 | 34190 | 639266 |
| 福建 | Fujian | 3445 | 33976 | 689949 |
| 江西 | Jiangxi | 2169 | 17242 | 446303 |
| 山东 | Shandong | 15724 | 126384 | 3436728 |
| 河南 | Henan | 5665 | 62702 | 1080282 |
| 湖北 | Hubei | 4256 | 44438 | 791268 |
| 湖南 | Hunan | 3690 | 29794 | 658835 |
| 广东 | Guangdong | 19031 | 205942 | 4554433 |
| 广西 | Guangxi | 2183 | 10563 | 230714 |
| 海南 | Hainan | 164 | 602 | 13520 |
| 重庆 | Chongqing | 3120 | 21665 | 419263 |
| 四川 | Sichuan | 5503 | 37678 | 490940 |
| 贵州 | Guizhou | 1120 | 6559 | 147000 |
| 云南 | Yunnan | 720 | 8348 | 87771 |
| 西藏 | Tibet | 9 | 240 | 1789 |
| 陕西 | Shaanxi | 3498 | 24799 | 372539 |
| 甘肃 | Gansu | 824 | 10030 | 138816 |
| 青海 | Qinghai | 123 | 1696 | 28588 |
| 宁夏 | Ningxia | 577 | 3440 | 59567 |
| 新疆 | Xinjiang | 686 | 5188 | 98177 |

# 2-33 按登记注册类型分规模以上工业企业办研发机构情况(2009年)

# R&D Institutions in Industrial Enterprises above Designated Size by Registration Status(2009)

| 注册类型 | Type of Registration | 机构数(个) Institutions (unit) | 机构人员(人) Personnel (person) | #博士和硕士 Doctor and Master | 机构经费支出(万元) Expenditures on S&T Institutions (10000 yuan) | 仪器和设备原价(万元) Equipment (10000 yuan) |
|---|---|---|---|---|---|---|
| **总　计** | **Total** | **29879** | **1549790** | **182434** | **29836233** | **24914711** |
| **内资企业** | **Domestic Funded** | **23008** | **1141352** | **142251** | **21080016** | **17860444** |
| 国有企业 | State-owned Enterprises | 1311 | 117884 | 13431 | 2132986 | 1754593 |
| #大型企业 | Large-sized Enterprises | 448 | 76878 | 1619581 | 1222652 | |
| 集体企业 | Collective-owned Enterprises | 208 | 10230 | 872 | 270876 | 120589 |
| 股份合作企业 | Cooperative Enterprises | 229 | 6686 | 610 | 134771 | 91939 |
| 联营企业 | Joint Ownership Enterprises | 35 | 3466 | 447 | 17356 | 45969 |
| 国有联营企业 | State Joint Ownership Enterprises | 12 | 2766 | 393 | 10158 | 19731 |
| 集体联营企业 | Collective Joint Ownership Enterprises | 5 | 55 | 3 | 287 | 409 |
| 国有与集体联营企业 | Joint State-collective Enterprises | 14 | 432 | 41 | 3042 | 23769 |
| 其他联营企业 | Other Joint Ownership Enterprises | 4 | 213 | 10 | 3870 | 2061 |
| 有限责任公司 | Limited Liability Corporations | 7080 | 453617 | 57470 | 9075152 | 7914193 |
| 国有独资公司 | State Sole Funded Corporations | 693 | 90130 | 8212 | 1838723 | 2442612 |
| 其他有限责任公司 | Other Limited Liability Corporations | 6387 | 363487 | 49258 | 7236429 | 5471581 |
| 股份有限公司 | Share-holding Corporations Ltd. | 2759 | 261186 | 44072 | 5436836 | 4482748 |
| 私营企业 | Private Enterprises | 11279 | 283713 | 25041 | 3957350 | 3392859 |
| 私营独资企业 | Private-funded Enterprises | 873 | 15988 | 1464 | 205483 | 138229 |
| 私营合伙企业 | Private Partnership Enterprises | 141 | 2713 | 226 | 26445 | 28189 |
| 私营有限责任公司 | Private Limited Liability Corporations | 9547 | 234080 | 20110 | 3253809 | 2856793 |
| 私营股份有限公司 | Private Share-holding Corporations Ltd. | 718 | 30932 | 3241 | 471613 | 369649 |
| 其他企业 | Other Enterprises | 107 | 4570 | 308 | 54689 | 57554 |
| **港澳台商投资企业** | **Enterprises with Funds from Hong Kong, Macau and Taiwan** | **2992** | **172637** | **14445** | **2913163** | **2315172** |
| 与港澳台商合资经营企业 | Joint-venture Enterprises (with Funds from Hong Kong, Macau and Taiwan) | 1450 | 65916 | 5242 | 1218186 | 1009315 |
| 与港澳台商合作经营企业 | Cooperative Enterprises (with Funds from Hong Kong, Macau and Taiwan) | 86 | 3204 | 130 | 40102 | 37469 |
| 港澳台商独资经营企业 | Enterprises with Sole Funds from Hong Kong, Macau and Taiwan | 1336 | 92720 | 7785 | 1441057 | 1096182 |
| 港澳台商投资股份有限公司 | Share-holding Corporations Ltd. with Funds from Hong Kong, Macau and Taiwan | 120 | 10797 | 1288 | 213818 | 172207 |
| **外商投资企业** | **Foreign Funded Enterprises** | **3879** | **235801** | **25738** | **5843054** | **4739095** |
| 中外合资经营企业 | Joint-venture Enterprises | 2033 | 118436 | 14697 | 3354370 | 2913360 |
| 中外合作经营 | Cooperation Enterprises | 93 | 3721 | 267 | 76692 | 38147 |
| 外资企业 | Enterprises with Sole Foreign Funds | 1561 | 97378 | 8988 | 2001585 | 1488970 |
| 外商投资股份有限公司 | Share-holding Corporations Ltd. With Foreign Funds | 192 | 16266 | 1786 | 410407 | 298618 |

# 2-34 按登记注册类型分大中型工业企业办研发机构情况(2009年)
# R&D Institutions in Large and Medium-sized Industrial Enterprises by Registration Status(2009)

| 注册类型 | Type of Registration | 机构数(个) Institutions (unit) | 机构人员(人) Personnel (person) | #博士和硕士 Doctor and Master | 机构经费支出(万元) Expenditures on S&T Institutions (10000 yuan) | 仪器和设备原价(万元) Equipment (10000 yuan) |
|---|---|---|---|---|---|---|
| **总　计** | **Total** | **15217** | **1279651** | **151101** | **26250606** | **21902198** |
| **内资企业** | **Domestic Funded** | **11160** | **929009** | **117784** | **18435535** | **15648257** |
| 国有企业 | State-owned Enterprises | 1115 | 113485 | 12869 | 2076356 | 1712767 |
| #大型企业 | Large-sized Enterprises | 448 | 76878 | 9727 | 1609854 | 1222652 |
| 集体企业 | Collective-owned Enterprises | 106 | 8745 | 739 | 250749 | 105947 |
| 股份合作企业 | Cooperative Enterprises | 95 | 4170 | 341 | 102043 | 55022 |
| 联营企业 | Joint Ownership Enterprises | 19 | 2905 | 407 | 12953 | 42574 |
| 国有联营企业 | State Joint Ownership Enterprises | 8 | 2608 | 374 | 8843 | 18899 |
| 集体联营企业 | Collective Joint Ownership Enterprises | | | | | |
| 国有与集体联营企业 | Joint State-collective Enterprises | 9 | 216 | 30 | 1986 | 23271 |
| 其他联营企业 | Other Joint Ownership Enterprises | 2 | 81 | 3 | 2124 | 403 |
| 有限责任公司 | Limited Liability Corporations | 4087 | 392486 | 49481 | 8254007 | 7230834 |
| 国有独资公司 | State Sole Funded Corporations | 640 | 88701 | 8079 | 1821022 | 2424772 |
| 其他有限责任公司 | Other Limited Liability Corporations | 3447 | 303785 | 41402 | 6432985 | 4806062 |
| 股份有限公司 | Share-holding Corporations Ltd. | 2258 | 248148 | 41977 | 5257678 | 4313774 |
| 私营企业 | Private Enterprises | 3427 | 155537 | 11780 | 2439425 | 2139550 |
| 私营独资企业 | Private-funded Enterprises | 173 | 6419 | 411 | 78097 | 51391 |
| 私营合伙企业 | Private Partnership Enterprises | 29 | 1094 | 126 | 12158 | 13820 |
| 私营有限责任公司 | Private Limited Liability Corporations | 2865 | 123598 | 8914 | 1955708 | 1769965 |
| 私营股份有限公司 | Private Share-holding Corporations Ltd. | 360 | 24426 | 2329 | 393462 | 304374 |
| 其他企业 | Other Enterprises | 53 | 3533 | 190 | 42326 | 47790 |
| **港澳台商投资企业** | **Enterprises with Funds from Hong Kong, Macau and Taiwan** | **1766** | **147426** | **11941** | **2553666** | **2018891** |
| 与港澳台商合资经营企业 | Joint-venture Enterprises (with Funds from Hong Kong, Macau and Taiwan) | 814 | 52930 | 3954 | 1025258 | 852469 |
| 与港澳台商合作经营企业 | Cooperative Enterprises (with Funds from Hong Kong, Macau and Taiwan) | 39 | 2199 | 63 | 29369 | 30618 |
| 港澳台商独资经营企业 | Enterprises with Sole Funds from Hong Kong, Macau and Taiwan | 814 | 82029 | 6674 | 1290138 | 969295 |
| 港澳台商投资股份有限公司 | Share-holding Corporations Ltd. with Funds from Hong Kong, Macau and Taiwan | 99 | 10268 | 1250 | 208902 | 166509 |
| **外商投资企业** | **Foreign Funded Enterprises** | **2291** | **203216** | **21376** | **5261404** | **4235050** |
| 中外合资经营企业 | Joint-venture Enterprises | 1179 | 101489 | 12610 | 3063932 | 2641003 |
| 中外合作经营 | Cooperation Enterprises | 44 | 2839 | 157 | 56960 | 30916 |
| 外资企业 | Enterprises with Sole Foreign Funds | 908 | 83310 | 6941 | 1744414 | 1276130 |
| 外商投资股份有限公司 | Share-holding Corporations Ltd. With Foreign Funds | 160 | 15578 | 1668 | 396099 | 287001 |

# 2-35 按行业分规模以上工业企业办研发机构情况(2009年)

# R&D Institutions in Industrial Enterprises above Designated Size by Industrial Sector(2009)

| 行 业 | Industry | 机构数(个) Institutions (unit) | 机构人员(人) Personnel (person) | #博士和硕士 Doctor and Master | 机构经费支出(万元) Expenditures on S&T Institutions (10000 yuan) | 仪器和设备原价(万元) Equipment (10000 yuan) |
|---|---|---|---|---|---|---|
| **总 计** | **Total** | **29879** | **1549790** | **182434** | **29836233** | **24914711** |
| 煤炭开采和洗选业 | Mining and Washing of Coal | 236 | 20988 | 1646 | 474100 | 256544 |
| 石油和天然气开采业 | Extraction of Petroleum and Natural Gas | 148 | 35870 | 5742 | 529547 | 386720 |
| 黑色金属矿采选业 | Mining of Ferrous Metal Ores | 35 | 1370 | 78 | 24770 | 18701 |
| 有色金属矿采选业 | Mining of Non-ferrous Metal Ores | 72 | 1878 | 161 | 72395 | 29803 |
| 非金属矿采选业 | Mining and Processing of Nonmetal Ores | 53 | 2198 | 200 | 34072 | 20639 |
| 农副食品加工业 | Processing of Food from Agricultural Products | 1033 | 27300 | 3453 | 448261 | 545124 |
| 食品制造业 | Manufacture of Foods | 624 | 17797 | 2460 | 355679 | 251546 |
| 饮料制造业 | Manufacture of Beverage | 498 | 21491 | 1603 | 534070 | 476909 |
| 烟草制品业 | Manufacture of Tobacco | 44 | 2762 | 607 | 164364 | 127700 |
| 纺织业 | Manufacture of Textile | 1085 | 45515 | 2468 | 648621 | 681257 |
| 纺织服装、鞋、帽制造业 | Manufacture of Textile Wearing Apparel, Footware and Caps | 292 | 14175 | 738 | 214014 | 151529 |
| 皮革、毛皮、羽毛(绒)及其制品业 | Manufacture of Leather, Fur, Feather and Its Products | 215 | 8210 | 319 | 114719 | 88489 |
| 木材加工及木、竹、藤、棕、草制品业 | Processing of Timbers,Manufacture of Wood, Bamboo,Rattan,Palm,Straw | 257 | 4170 | 430 | 59538 | 49521 |
| 家具制造业 | Manufacture of Furniture | 172 | 4345 | 200 | 51279 | 44513 |
| 造纸及纸制品业 | Manufacture of Paper and Paper Products | 293 | 14017 | 977 | 307506 | 189573 |
| 印刷业和记录媒介的复制 | Printing,Reproduction of Recording Media | 181 | 6277 | 407 | 88752 | 129174 |
| 文教体育用品制造业 | Manufacture of Articles for Culture, Education and Sport Activity | 235 | 8556 | 432 | 98412 | 91387 |
| 石油加工、炼焦及核燃料加工业 | Processing of Petroleum ,Coking,Processing of Nucleus Fuel | 175 | 9678 | 1388 | 254944 | 267078 |
| 化学原料及化学制品制造业 | Manufacture of Chemical Raw Material and Chemical Products | 2960 | 109058 | 12230 | 2144015 | 1779759 |
| 医药制造业 | Manufacture of Medicines | 1839 | 68211 | 11776 | 1073194 | 1078964 |
| 化学纤维制造业 | Manufacture of Chemical Fiber | 170 | 12101 | 779 | 321422 | 430989 |
| 橡胶制品业 | Manufacture of Rubber | 319 | 17221 | 833 | 389438 | 519289 |
| 塑料制品业 | Manufacture of Plastic | 723 | 25196 | 1705 | 361141 | 520122 |
| 非金属矿物制品业 | Manufacture of Non-metallic Mineral Products | 1233 | 41382 | 3859 | 581306 | 681166 |
| 黑色金属冶炼及压延加工业 | Manufacture and Processing of Ferrous Metals | 436 | 51166 | 6196 | 1452091 | 963377 |
| 有色金属冶炼及压延加工业 | Manufacture and Processing of Non-ferrous Metals | 675 | 36305 | 2981 | 939315 | 758996 |
| 金属制品业 | Manufacture of Metal Products | 988 | 34518 | 2473 | 461887 | 487537 |
| 通用设备制造业 | Manufacture of General Purpose Machinery | 3059 | 125606 | 9695 | 2102308 | 1670652 |
| 专用设备制造业 | Manufacture of Special Purpose Machinery | 2366 | 110328 | 12309 | 1889280 | 1222955 |
| 交通运输设备制造业 | Manufacture of Transport Equipment | 2110 | 167586 | 14607 | 3804248 | 3838611 |
| 电气机械及器材制造业 | Manufacture of Electrical Machinery and Equipment | 3223 | 165147 | 13150 | 3330336 | 2521463 |
| 通信设备、计算机及其他电子设备制造业 | Manufacture of Communication,Computer, Other Electronic Equipment | 2554 | 269441 | 56925 | 5684818 | 3771078 |
| 仪器仪表及文化、办公用机械制造业 | Manufacture of Measuring Instrument, Machinery for Cultural and Office Work | 1098 | 43734 | 6208 | 590605 | 487872 |
| 工艺品及其他制造业 | Manufacture of Artwork, Other Manufacture | 225 | 9999 | 701 | 109810 | 144074 |
| 电力、热力的生产和供应业 | Production and Supply of Electric Power and Heat Power | 187 | 14565 | 2418 | 114321 | 215104 |
| 燃气生产和供应业 | Production and Distribution of Gas | 10 | 416 | 9 | 1811 | 1634 |
| 水的生产和供应业 | Production and Distribution of Water | 44 | 1025 | 229 | 9059 | 12963 |

# 2-36 按行业分大中型工业企业办研发机构情况(2009年)
# R&D Institutions in Large and Medium-sized Industrial Enterprises by Industrial Sector(2009)

| 行业 | Industry | 机构数(个) Institutions (unit) | 机构人员(人) Personnel (person) | #博士和硕士 Doctor and Master | 机构经费支出(万元) Expenditures on S&T Institutions (10000 yuan) | 仪器和设备原价(万元) Equipment (10000 yuan) |
|---|---|---|---|---|---|---|
| **总 计** | **Total** | **15217** | **1279651** | **151101** | **26250606** | **21902198** |
| 煤炭开采和洗选业 | Mining and Washing of Coal | 223 | 20760 | 1635 | 471730 | 255722 |
| 石油和天然气开采业 | Extraction of Petroleum and Natural Gas | 141 | 35514 | 5597 | 518916 | 379711 |
| 黑色金属矿采选业 | Mining of Ferrous Metal Ores | 31 | 1307 | 77 | 23084 | 17963 |
| 有色金属矿采选业 | Mining of Non-ferrous Metal Ores | 61 | 1621 | 139 | 70244 | 25433 |
| 非金属矿采选业 | Mining and Processing of Nonmetal Ores | 36 | 1991 | 173 | 31666 | 17866 |
| 农副食品加工业 | Processing of Food from Agricultural Products | 407 | 18365 | 1896 | 320063 | 449270 |
| 食品制造业 | Manufacture of Foods | 272 | 12520 | 1647 | 294035 | 194277 |
| 饮料制造业 | Manufacture of Beverage | 299 | 18291 | 1143 | 461710 | 433647 |
| 烟草制品业 | Manufacture of Tobacco | 35 | 2499 | 570 | 156645 | 124897 |
| 纺织业 | Manufacture of Textile | 729 | 40024 | 2107 | 582851 | 607494 |
| 纺织服装、鞋、帽制造业 | Manufacture of Textile Wearing Apparel, Footware and Caps | 217 | 12926 | 635 | 199065 | 142076 |
| 皮革、毛皮、羽毛(绒)及其制品业 | Manufacture of Leather, Fur, Feather and Its Products | 150 | 7155 | 253 | 98536 | 79938 |
| 木材加工及木、竹、藤、棕、草制品业 | Processing of Timbers,Manufacture of Wood, Bamboo,Rattan,Palm,Straw | 90 | 2306 | 245 | 36350 | 35838 |
| 家具制造业 | Manufacture of Furniture | 97 | 3154 | 112 | 36832 | 24614 |
| 造纸及纸制品业 | Manufacture of Paper and Paper Products | 192 | 12401 | 857 | 280170 | 165869 |
| 印刷业和记录媒介的复制 | Printing,Reproduction of Recording Media | 103 | 4873 | 277 | 72490 | 107381 |
| 文教体育用品制造业 | Manufacture of Articles for Culture, Education and Sport Activity | 115 | 6640 | 350 | 78502 | 78928 |
| 石油加工、炼焦及核燃料加工业 | Processing of Petroleum ,Coking,Processing of Nucleus Fuel | 128 | 8998 | 1291 | 234661 | 256129 |
| 化学原料及化学制品制造业 | Manufacture of Chemical Raw Material and Chemical Products | 1238 | 79513 | 7571 | 1690804 | 1411078 |
| 医药制造业 | Manufacture of Medicines | 849 | 49474 | 8281 | 831378 | 825540 |
| 化学纤维制造业 | Manufacture of Chemical Fiber | 115 | 11151 | 685 | 296270 | 406776 |
| 橡胶制品业 | Manufacture of Rubber | 162 | 14761 | 616 | 351965 | 491787 |
| 塑料制品业 | Manufacture of Plastic | 282 | 18334 | 1096 | 264559 | 417697 |
| 非金属矿物制品业 | Manufacture of Non-metallic Mineral Products | 611 | 31800 | 2693 | 456142 | 588128 |
| 黑色金属冶炼及压延加工业 | Manufacture and Processing of Ferrous Metals | 348 | 49628 | 6052 | 1422757 | 933557 |
| 有色金属冶炼及压延加工业 | Manufacture and Processing of Non-ferrous Metals | 383 | 31490 | 2446 | 843348 | 676249 |
| 金属制品业 | Manufacture of Metal Products | 444 | 25482 | 1782 | 349586 | 376712 |
| 通用设备制造业 | Manufacture of General Purpose Machinery | 1363 | 94095 | 7114 | 1704201 | 1343011 |
| 专用设备制造业 | Manufacture of Special Purpose Machinery | 949 | 82408 | 9273 | 1582065 | 963568 |
| 交通运输设备制造业 | Manufacture of Transport Equipment | 1341 | 152894 | 13330 | 3605585 | 3639297 |
| 电气机械及器材制造业 | Manufacture of Electrical Machinery and Equipment | 1617 | 132205 | 10223 | 2901383 | 2179663 |
| 通信设备、计算机及其他电子设备制造业 | Manufacture of Communication,Computer, Other Electronic Equipment | 1450 | 242406 | 53571 | 5357195 | 3520239 |
| 仪器仪表及文化、办公用机械制造业 | Manufacture of Measuring Instrument, Machinery for Cultural and Office Work | 411 | 29018 | 4223 | 424160 | 375671 |
| 工艺品及其他制造业 | Manufacture of Artwork, Other Manufacture | 136 | 8445 | 561 | 93870 | 133679 |
| 电力、热力的生产和供应业 | Production and Supply of Electric Power and Heat Power | 157 | 13919 | 2373 | 98909 | 209142 |
| 燃气生产和供应业 | Production and Distribution of Gas | 6 | 397 | 9 | 1642 | 1008 |
| 水的生产和供应业 | Production and Distribution of Water | 26 | 790 | 194 | 6750 | 10726 |

# 2-37 各地区规模以上工业企业办研发机构情况(2009年)

# R&D Institutions in Industrial Enterprises above Designated Size by Region(2009)

| 地区 | Region | 机构数(个) Institutions (unit) | 机构人员(人) Personnel (person) | #博士和硕士 Doctor and Master | 机构经费支出(万元) Expenditures on S&T Institutions (10000 yuan) | 仪器和设备原价(万元) Equipment (10000 yuan) |
|---|---|---|---|---|---|---|
| **全国** | **National Total** | **29879** | **1549790** | **182434** | **29836233** | **24914711** |
| 东部地区 | Eastern Region | 21252 | 1089961 | 135993 | 22107869 | 17578862 |
| 中部地区 | Middle Region | 5556 | 271021 | 28871 | 4337993 | 3759411 |
| 西部地区 | Western Region | 3069 | 188776 | 17558 | 3389748 | 3575950 |
| 北京 | Beijing | 670 | 34985 | 7990 | 643828 | 365862 |
| 天津 | Tianjin | 560 | 28886 | 2991 | 640375 | 836409 |
| 河北 | Hebei | 573 | 40586 | 4020 | 644149 | 669504 |
| 山西 | Shanxi | 261 | 19297 | 1951 | 295849 | 301652 |
| 内蒙古 | Inner Mongolia | 183 | 13414 | 1546 | 278382 | 154407 |
| 辽宁 | Liaoning | 782 | 48104 | 5688 | 889049 | 923039 |
| 吉林 | Jilin | 196 | 13841 | 1803 | 338535 | 336057 |
| 黑龙江 | Heilongjiang | 211 | 20942 | 2587 | 309080 | 243761 |
| 上海 | Shanghai | 1322 | 79164 | 13559 | 2254292 | 2248649 |
| 江苏 | Jiangsu | 5094 | 187533 | 17977 | 3797592 | 2868582 |
| 浙江 | Zhejiang | 5692 | 187381 | 13078 | 3171508 | 2728436 |
| 安徽 | Anhui | 1567 | 53872 | 4968 | 883485 | 692131 |
| 福建 | Fujian | 1028 | 49299 | 3868 | 957004 | 690168 |
| 江西 | Jiangxi | 331 | 16392 | 1464 | 285123 | 261862 |
| 山东 | Shandong | 2233 | 161223 | 16928 | 3982566 | 2840813 |
| 河南 | Henan | 1369 | 70120 | 6309 | 919561 | 785031 |
| 湖北 | Hubei | 789 | 42746 | 5308 | 752483 | 707142 |
| 湖南 | Hunan | 832 | 33811 | 4481 | 553878 | 431777 |
| 广东 | Guangdong | 3242 | 271645 | 49789 | 5113862 | 3395278 |
| 广西 | Guangxi | 374 | 12870 | 1089 | 235475 | 156090 |
| 海南 | Hainan | 56 | 1155 | 105 | 13645 | 12123 |
| 重庆 | Chongqing | 436 | 23618 | 2080 | 490020 | 939728 |
| 四川 | Sichuan | 827 | 60951 | 5350 | 1053459 | 1053183 |
| 贵州 | Guizhou | 175 | 11053 | 693 | 202625 | 216199 |
| 云南 | Yunnan | 225 | 9860 | 731 | 173819 | 139473 |
| 西藏 | Tibet | 7 | 447 | 30 | 3942 | 6100 |
| 陕西 | Shaanxi | 419 | 29410 | 3430 | 580369 | 468307 |
| 甘肃 | Gansu | 148 | 10414 | 972 | 104032 | 150971 |
| 青海 | Qinghai | 35 | 1755 | 110 | 58626 | 36964 |
| 宁夏 | Ningxia | 107 | 5635 | 492 | 80062 | 114507 |
| 新疆 | Xinjiang | 133 | 9349 | 1035 | 128936 | 140022 |

# 2-38 各地区大中型工业企业办研发机构情况(2009年)

# R&D Institutions in Large and Medium-sized Industrial Enterprises by Region(2009)

| 地 区 | Region | 机构数(个) Institutions (unit) | 机构人员(人) Personnel (person) | #博士和硕士 Doctor and Master | 机构经费支出(万元) Expenditures on S&T Institutions (10000 yuan) | 仪器和设备原价(万元) Equipment (10000 yuan) |
|---|---|---|---|---|---|---|
| **全 国** | **National Total** | **15217** | **1279651** | **151101** | **26250606** | **21902198** |
| 东部地区 | Eastern Region | 10354 | 882094 | 112825 | 19161902 | 15231024 |
| 中部地区 | Middle Region | 2900 | 227610 | 23043 | 3896285 | 3324856 |
| 西部地区 | Western Region | 1963 | 169947 | 15233 | 3192418 | 3346318 |
| 北 京 | Beijing | 284 | 25899 | 5639 | 509868 | 334182 |
| 天 津 | Tianjin | 290 | 23441 | 2357 | 558147 | 764428 |
| 河 北 | Hebei | 380 | 36814 | 3497 | 606249 | 628762 |
| 山 西 | Shanxi | 174 | 17805 | 1821 | 280290 | 274234 |
| 内蒙古 | Inner Mongolia | 139 | 12614 | 1437 | 266421 | 142195 |
| 辽 宁 | Liaoning | 399 | 41207 | 4755 | 787201 | 845688 |
| 吉 林 | Jilin | 121 | 12058 | 1556 | 316081 | 314437 |
| 黑龙江 | Heilongjiang | 149 | 19583 | 2378 | 296571 | 231756 |
| 上 海 | Shanghai | 640 | 63739 | 11215 | 1981594 | 2023180 |
| 江 苏 | Jiangsu | 2248 | 140355 | 12585 | 3130182 | 2238959 |
| 浙 江 | Zhejiang | 2247 | 125580 | 8777 | 2286558 | 2031960 |
| 安 徽 | Anhui | 607 | 40324 | 3380 | 762725 | 578760 |
| 福 建 | Fujian | 558 | 39248 | 2859 | 785319 | 572487 |
| 江 西 | Jiangxi | 183 | 14223 | 1098 | 268247 | 249239 |
| 山 东 | Shandong | 1380 | 142811 | 14445 | 3721221 | 2621711 |
| 河 南 | Henan | 828 | 59393 | 5085 | 833740 | 688819 |
| 湖 北 | Hubei | 418 | 35735 | 4130 | 683809 | 637274 |
| 湖 南 | Hunan | 420 | 28489 | 3595 | 454822 | 350337 |
| 广 东 | Guangdong | 1906 | 242279 | 46624 | 4786254 | 3161844 |
| 广 西 | Guangxi | 192 | 10669 | 821 | 211531 | 136168 |
| 海 南 | Hainan | 22 | 721 | 72 | 9309 | 7825 |
| 重 庆 | Chongqing | 267 | 21090 | 1760 | 458419 | 895241 |
| 四 川 | Sichuan | 481 | 54451 | 4509 | 993848 | 980716 |
| 贵 州 | Guizhou | 131 | 10115 | 611 | 193007 | 205939 |
| 云 南 | Yunnan | 129 | 8121 | 566 | 147860 | 117255 |
| 西 藏 | Tibet | 4 | 436 | 26 | 3796 | 5992 |
| 陕 西 | Shaanxi | 329 | 27650 | 3154 | 560488 | 453228 |
| 甘 肃 | Gansu | 110 | 9536 | 913 | 101890 | 143673 |
| 青 海 | Qinghai | 31 | 1661 | 103 | 58245 | 36859 |
| 宁 夏 | Ningxia | 70 | 5017 | 400 | 75956 | 108437 |
| 新 疆 | Xinjiang | 80 | 8587 | 933 | 120957 | 120616 |

# 2-39 按登记注册类型分规模以上工业企业新产品开发和生产(2009年)

# New Products Development and Production of Industrial Enterprises above Designated Size by Registration Status (2009)

单位：万元 (10000 yuan)

| 注册类型 | Type of Registration | 新产品开发项目数(项) New Products (unit) | 新产品开发经费支出 Expenditure on New Products Development | 新产品产值 Output Value of New Products | 新产品销售收入 Sales Revenue of New Products | #出口 Exports |
|---|---|---|---|---|---|---|
| **总　计** | **Total** | **237754** | **44819855** | **681988049** | **658382082** | **115725306** |
| **内资企业** | **Domestic Funded** | **181305** | **32354329** | **446459845** | **424544508** | **50420262** |
| 国有企业 | State-owned Enterprises | 18682 | 3679200 | 67587605 | 68218798 | 2952079 |
| #大型企业 | Large-sized Enterprises | 9766 | 2719429 | 58875014 | 59828587 | 2287647 |
| 集体企业 | Collective-owned Enterprises | 1878 | 392690 | 8974420 | 8634218 | 1428190 |
| 股份合作企业 | Cooperative Enterprises | 1576 | 187256 | 1795532 | 1668132 | 216378 |
| 联营企业 | Joint Ownership Enterprises | 253 | 74906 | 1469441 | 1455443 | 57797 |
| 国有联营企业 | State Joint Ownership Enterprises | 149 | 60708 | 1326347 | 1328953 | 54419 |
| 集体联营企业 | Collective Joint Ownership Enterprises | 16 | 1679 | 41324 | 40731 | |
| 国有与集体联营企业 | Joint State-collective Enterprises | 73 | 9493 | 71611 | 57050 | 3153 |
| 其他联营企业 | Other Joint Ownership Enterprises | 15 | 3025 | 30160 | 28710 | 225 |
| 有限责任公司 | Limited Liability Corporations | 70812 | 13468323 | 158821320 | 159597112 | 21375157 |
| 国有独资公司 | State Sole Funded Corporations | 13232 | 3323662 | 38332295 | 40013108 | 4343078 |
| 其他有限责任公司 | Other Limited Liability Corporations | 57580 | 10144661 | 120489025 | 119584005 | 17032079 |
| 股份有限公司 | Share-holding Corporations Ltd. | 29998 | 6949051 | 96425121 | 92897884 | 11221802 |
| 私营企业 | Private Enterprises | 57464 | 7475123 | 109824893 | 90470431 | 13034134 |
| 私营独资企业 | Private-funded Enterprises | 4288 | 482089 | 5974544 | 5511912 | 549915 |
| 私营合伙企业 | Private Partnership Enterprises | 738 | 68016 | 741180 | 613167 | 72233 |
| 私营有限责任公司 | Private Limited Liability Corporations | 47762 | 6143722 | 86683469 | 69396135 | 10437672 |
| 私营股份有限公司 | Private Share-holding Corporations Ltd. | 4676 | 781296 | 16425700 | 14949217 | 1974314 |
| 其他企业 | Other Enterprises | 642 | 127779 | 1561514 | 1602490 | 134727 |
| **港澳台商投资企业** | **Enterprises with Funds from Hong Kong, Macau and Taiwan** | **22261** | **4451524** | **67676551** | **64270926** | **24009861** |
| 与港澳台商合资经营企业 | Joint-venture Enterprises (with Funds from Hong Kong, Macau and Taiwan) | 10025 | 1949202 | 31203657 | 29540368 | 9251274 |
| 与港澳台商合作经营企业 | Cooperative Enterprises (with Funds from Hong Kong, Macau and Taiwan) | 432 | 63717 | 568987 | 569525 | 170032 |
| 港澳台商独资经营企业 | Enterprises with Sole Funds from Hong Kong, Macau and Taiwan | 10692 | 2110922 | 30487105 | 30202550 | 13196823 |
| 港澳台商投资股份有限公司 | Share-holding Corporations Ltd. with Funds from Hong Kong, Macau and Taiwan | 1112 | 327683 | 5416803 | 3958484 | 1391732 |
| **外商投资企业** | **Foreign Funded Enterprises** | **34188** | **8014002** | **167851652** | **169566648** | **41295184** |
| 中外合资经营企业 | Joint-venture Enterprises | 19147 | 4349602 | 116555008 | 120509172 | 22423279 |
| 中外合作经营 | Cooperation Enterprises | 549 | 118349 | 1154918 | 1090466 | 407048 |
| 外资企业 | Enterprises with Sole Foreign Funds | 12413 | 3021030 | 40170810 | 40336965 | 16821550 |
| 外商投资股份有限公司 | Share-holding Corporations Ltd. With Foreign Funds | 2079 | 525022 | 9970916 | 7630047 | 1643307 |

# 2-40 按登记注册类型分大中型工业企业新产品开发和生产(2009年)

# New Products Development and Production of Large and Medium-sized Industrial Enterprises by Registration Status (2009)

单位：万元 (10000 yuan)

| 注册类型 | Type of Registration | 新产品开发项目数(项) New Products (unit) | 新产品开发经费支出 Expenditure on New Products Development | 新产品产值 Output Value of New Products | 新产品销售收入 Sales Revenue of New Products | #出口 Exports |
|---|---|---|---|---|---|---|
| **总　计** | **Total** | **152770** | **36546131** | **587144049** | **579780546** | **106787198** |
| **内资企业** | **Domestic Funded** | **115524** | **26067197** | **370990059** | **364212557** | **44959539** |
| 国有企业 | State-owned Enterprises | 16750 | 3531958 | 66382428 | 67025008 | 2905309 |
| #大型企业 | Large-sized Enterprises | 9766 | 2719429 | 58875014 | 59828587 | 2287647 |
| 集体企业 | Collective-owned Enterprises | 1360 | 346179 | 8392142 | 8066924 | 1410220 |
| 股份合作企业 | Cooperative Enterprises | 702 | 113995 | 1242671 | 1132883 | 182439 |
| 联营企业 | Joint Ownership Enterprises | 140 | 65691 | 1332957 | 1319257 | 46686 |
| 国有联营企业 | State Joint Ownership Enterprises | 90 | 56587 | 1288908 | 1288098 | 43465 |
| 国有与集体联营企业 | Joint State-collective Enterprises | 46 | 6908 | 43549 | 30709 | 2996 |
| 其他联营企业 | Other Joint Ownership Enterprises | 4 | 2195 | 500 | 450 | 225 |
| 有限责任公司 | Limited Liability Corporations | 52032 | 11627343 | 140966288 | 140076360 | 19891661 |
| 国有独资公司 | State Sole Funded Corporations | 12907 | 3288438 | 37967906 | 39562243 | 4304977 |
| 其他有限责任公司 | Other Limited Liability Corporations | 39125 | 8338905 | 102998381 | 100514118 | 15586684 |
| 股份有限公司 | Share-holding Corporations Ltd. | 26444 | 6562518 | 92780093 | 89478516 | 10921644 |
| 私营企业 | Private Enterprises | 17698 | 3717471 | 58637201 | 55787072 | 9473074 |
| 私营独资企业 | Private-funded Enterprises | 764 | 146920 | 2239116 | 2065550 | 291898 |
| 私营合伙企业 | Private Partnership Enterprises | 74 | 18493 | 205430 | 174909 | 44139 |
| 私营有限责任公司 | Private Limited Liability Corporations | 14206 | 2976786 | 42064909 | 40762716 | 7284956 |
| 私营股份有限公司 | Private Share-holding Corporations Ltd. | 2654 | 575272 | 14127746 | 12783897 | 1852082 |
| 其他企业 | Other Enterprises | 398 | 102043 | 1256280 | 1326537 | 128505 |
| **港澳台商投资企业** | **Enterprises with Funds from Hong Kong, Macau and Taiwan** | **14921** | **3703541** | **61028133** | **57868082** | **22786616** |
| 与港澳台商合资经营企业 | Joint-venture Enterprises (with Funds from Hong Kong, Macau and Taiwan) | 6311 | 1559168 | 27137176 | 25652870 | 8594856 |
| 与港澳台商合作经营企业 | Cooperative Enterprises (with Funds from Hong Kong, Macau and Taiwan) | 185 | 41752 | 410070 | 420082 | 120935 |
| 港澳台商独资经营企业 | Enterprises with Sole Funds from Hong Kong, Macau and Taiwan | 7448 | 1792949 | 28196173 | 27977311 | 12708008 |
| 港澳台商投资股份有限公司 | Share-holding Corporations Ltd. with Funds from Hong Kong, Macau and Taiwan | 977 | 309672 | 5284715 | 3817819 | 1362818 |
| **外商投资企业** | **Foreign Funded Enterprises** | **22325** | **6775394** | **155125857** | **157699907** | **39041043** |
| 中外合资经营企业 | Joint-venture Enterprises | 12259 | 3726029 | 109175054 | 113748691 | 21376278 |
| 中外合作经营 | Cooperation Enterprises | 264 | 77225 | 806698 | 789863 | 366839 |
| 外资企业 | Enterprises with Sole Foreign Funds | 7907 | 2478302 | 35510155 | 35833774 | 15830394 |
| 外商投资股份有限公司 | Share-holding Corporations Ltd. With Foreign Funds | 1895 | 493837 | 9633950 | 7327579 | 1467532 |

# 2-41 按行业分规模以上工业企业新产品开发和生产(2009年)

# New Products Development and Production of Industrial Enterprises above Designated Size by Industrial Sector(2009)

单位：万元 (10000 yuan)

| 行业 | Industry | 新产品开发项目数(项) New Products (unit) | 新产品开发经费支出 Expenditure on New Productst Developmen | 新产品产值 Output Value of New Products | 新产品销售收入 Sales Revenue of New Products | #出口 Exports |
|---|---|---|---|---|---|---|
| **总　计** | **Total** | **237754** | **44819855** | **681988049** | **658382082** | **115725306** |
| 煤炭开采和洗选业 | Mining and Washing of Coal | 1721 | 454823 | 7853257 | 9949776 | 776894 |
| 石油和天然气开采业 | Extraction of Petroleum and Natural Gas | 998 | 239326 | 177876 | 179734 | 12556 |
| 黑色金属矿采选业 | Mining of Ferrous Metal Ores | 110 | 19875 | 128813 | 127545 | 12000 |
| 有色金属矿采选业 | Mining of Non-ferrous Metal Ores | 112 | 47482 | 716191 | 714045 | 2822 |
| 非金属矿采选业 | Mining and Processing of Nonmetal Ores | 202 | 17297 | 381037 | 365130 | 5004 |
| 农副食品加工业 | Processing of Food from Agricultural Products | 3917 | 769113 | 10463547 | 9726604 | 761011 |
| 食品制造业 | Manufacture of Foods | 3240 | 506479 | 6067838 | 5760295 | 641920 |
| 饮料制造业 | Manufacture of Beverage | 3512 | 585494 | 5463721 | 5407713 | 124007 |
| 烟草制品业 | Manufacture of Tobacco | 790 | 139429 | 6923361 | 7607132 | 38444 |
| 纺织业 | Manufacture of Textile | 7547 | 1087500 | 21003383 | 17889720 | 4079588 |
| 纺织服装、鞋、帽制造业 | Manufacture of Textile Wearing Apparel, Footware and Caps | 1414 | 258839 | 5361285 | 5072699 | 1323754 |
| 皮革、毛皮、羽毛(绒)及其制品业 | Manufacture of Leather, Fur, Feather and Its Products | 1954 | 163494 | 3349529 | 3203870 | 984816 |
| 木材加工及木、竹、藤、棕、草制品业 | Processing of Timbers,Manufacture of Wood, Bamboo,Rattan,Palm,Straw | 1435 | 134196 | 2489067 | 2334952 | 324868 |
| 家具制造业 | Manufacture of Furniture | 664 | 101103 | 1405329 | 1488788 | 696305 |
| 造纸及纸制品业 | Manufacture of Paper and Paper Products | 1141 | 373235 | 6621466 | 6320544 | 499316 |
| 印刷业和记录媒介的复制 | Printing,Reproduction of Recording Media | 906 | 153319 | 1762026 | 1706396 | 175460 |
| 文教体育用品制造业 | Manufacture of Articles for Culture, Education and Sport Activity | 1492 | 168320 | 1549595 | 1504718 | 756302 |
| 石油加工、炼焦及核燃料加工业 | Processing of Petroleum ,Coking,Processing of Nucleus Fuel | 1144 | 309601 | 6235369 | 6501033 | 66478 |
| 化学原料及化学制品制造业 | Manufacture of Chemical Raw Material and Chemical Products | 14718 | 2813021 | 38204250 | 36789229 | 4107027 |
| 医药制造业 | Manufacture of Medicines | 14360 | 1550581 | 17230624 | 15924583 | 1702401 |
| 化学纤维制造业 | Manufacture of Chemical Fiber | 1040 | 465784 | 6353108 | 7749054 | 554800 |
| 橡胶制品业 | Manufacture of Rubber | 3219 | 547957 | 6775888 | 6552184 | 1800694 |
| 塑料制品业 | Manufacture of Plastic | 3647 | 618564 | 7133377 | 6909031 | 1250195 |
| 非金属矿物制品业 | Manufacture of Non-metallic Mineral Products | 5682 | 936820 | 12109812 | 11511430 | 1804826 |
| 黑色金属冶炼及压延加工业 | Manufacture and Processing of Ferrous Metals | 6087 | 3467141 | 48387930 | 48959029 | 2800093 |
| 有色金属冶炼及压延加工业 | Manufacture and Processing of Non-ferrous Metals | 3922 | 1163349 | 16018266 | 16466471 | 2798507 |
| 金属制品业 | Manufacture of Metal Products | 5712 | 918384 | 10440891 | 10095898 | 2149517 |
| 通用设备制造业 | Manufacture of General Purpose Machinery | 25505 | 3496364 | 41312464 | 39998344 | 4522104 |
| 专用设备制造业 | Manufacture of Special Purpose Machinery | 20774 | 3275247 | 31963133 | 30665895 | 3096524 |
| 交通运输设备制造业 | Manufacture of Transport Equipment | 24955 | 6315052 | 164063821 | 150064104 | 14702045 |
| 电气机械及器材制造业 | Manufacture of Electrical Machinery and Equipment | 29680 | 4723470 | 74603315 | 69228923 | 14173994 |
| 通信设备、计算机及其他电子设备制造业 | Manufacture of Communication,Computer, Other Electronic Equipment | 32306 | 7461815 | 107385020 | 109456919 | 45831046 |
| 仪器仪表及文化、办公用机械制造业 | Manufacture of Measuring Instrument, Machinery for Cultural and Office Work | 9674 | 1029939 | 9075060 | 9376391 | 2322614 |
| 工艺品及其他制造业 | Manufacture of Artwork, Other Manufacture | 1836 | 180922 | 2264363 | 2020166 | 749312 |
| 电力、热力的生产和供应业 | Production and Supply of Electric Power and Heat Power | 2076 | 289367 | 558846 | 522975 | 78019 |
| 燃气生产和供应业 | Production and Distribution of Gas | 37 | 16552 | 13935 | 104881 | |
| 水的生产和供应业 | Production and Distribution of Water | 152 | 12614 | 58103 | 44577 | |

# 2-42 按行业分大中型工业企业新产品开发和生产(2009年)

# New Products Development and Production of Large and Medium-sized Industrial Enterprises by Industrial Sector (2009)

单位：万元 (10000 yuan)

| 行 业 | Industry | 新产品开发项目数(项) New Products (unit) | 新产品开发经费支出 Expenditure on New Products Development | 新产品产值 Output Value of New Products | 新产品销售收入 Sales Revenue of New Products | #出口 Exports |
|---|---|---|---|---|---|---|
| **总 计** | **Total** | **152770** | **36546131** | **587144049** | **579780546** | **106787198** |
| 煤炭开采和洗选业 | Mining and Washing of Coal | 1695 | 449429 | 7014747 | 6524027 | 776894 |
| 石油和天然气开采业 | Extraction of Petroleum and Natural Gas | 970 | 237455 | 144778 | 153388 | 12556 |
| 黑色金属矿采选业 | Mining of Ferrous Metal Ores | 95 | 17536 | 79342 | 78741 | 12000 |
| 有色金属矿采选业 | Mining of Non-ferrous Metal Ores | 84 | 43889 | 619313 | 617941 | 1842 |
| 非金属矿采选业 | Mining and Processing of Nonmetal Ores | 139 | 10802 | 238915 | 234863 | 2937 |
| 农副食品加工业 | Processing of Food from Agricultural Products | 1698 | 465888 | 6912026 | 6336931 | 620401 |
| 食品制造业 | Manufacture of Foods | 1825 | 363670 | 4898535 | 4670113 | 506284 |
| 饮料制造业 | Manufacture of Beverage | 2707 | 469905 | 4360427 | 4367562 | 86703 |
| 烟草制品业 | Manufacture of Tobacco | 734 | 132856 | 6859209 | 7547039 | 35016 |
| 纺织业 | Manufacture of Textile | 5220 | 877975 | 18165831 | 15330843 | 3592105 |
| 纺织服装、鞋、帽制造业 | Manufacture of Textile Wearing Apparel, Footware and Caps | 846 | 213657 | 4552441 | 4278844 | 1077345 |
| 皮革、毛皮、羽毛(绒)及其制品业 | Manufacture of Leather, Fur, Feather and Its Products | 1017 | 125290 | 2719907 | 2608667 | 741499 |
| 木材加工及木、竹、藤、棕、草制品业 | Processing of Timbers,Manufacture of Wood, Bamboo,Rattan,Palm,Straw | 843 | 71650 | 1554049 | 1510201 | 196121 |
| 家具制造业 | Manufacture of Furniture | 340 | 71063 | 1040644 | 1151529 | 584004 |
| 造纸及纸制品业 | Manufacture of Paper and Paper Products | 711 | 305051 | 5729127 | 5502603 | 470550 |
| 印刷业和记录媒介的复制 | Printing,Reproduction of Recording Media | 542 | 106192 | 1260114 | 1241597 | 73083 |
| 文教体育用品制造业 | Manufacture of Articles for Culture, Education and Sport Activity | 798 | 123274 | 1128780 | 1113193 | 524389 |
| 石油加工、炼焦及核燃料加工业 | Processing of Petroleum ,Coking,Processing of Nucleus Fuel | 955 | 272776 | 5900798 | 6170503 | 66253 |
| 化学原料及化学制品制造业 | Manufacture of Chemical Raw Material and Chemical Products | 7064 | 1904545 | 28352879 | 27273660 | 3164428 |
| 医药制造业 | Manufacture of Medicines | 8837 | 1073412 | 13440843 | 12483159 | 1450118 |
| 化学纤维制造业 | Manufacture of Chemical Fiber | 805 | 400648 | 5638440 | 7114423 | 515260 |
| 橡胶制品业 | Manufacture of Rubber | 2529 | 491879 | 6300020 | 6096850 | 1750594 |
| 塑料制品业 | Manufacture of Plastic | 1522 | 373834 | 4757224 | 4574561 | 900093 |
| 非金属矿物制品业 | Manufacture of Non-metallic Mineral Products | 2911 | 629830 | 8786610 | 8369690 | 1517343 |
| 黑色金属冶炼及压延加工业 | Manufacture and Processing of Ferrous Metals | 5700 | 3371715 | 46658913 | 47337141 | 2740252 |
| 有色金属冶炼及压延加工业 | Manufacture and Processing of Non-ferrous Metals | 2397 | 933703 | 13205905 | 13852482 | 2624881 |
| 金属制品业 | Manufacture of Metal Products | 2813 | 609579 | 6997185 | 6789418 | 1716962 |
| 通用设备制造业 | Manufacture of General Purpose Machinery | 15364 | 2629492 | 33717044 | 32737014 | 3722341 |
| 专用设备制造业 | Manufacture of Special Purpose Machinery | 12376 | 2490083 | 25849579 | 24840531 | 2599707 |
| 交通运输设备制造业 | Manufacture of Transport Equipment | 19390 | 5823650 | 144815747 | 145705929 | 14058958 |
| 电气机械及器材制造业 | Manufacture of Electrical Machinery and Equipment | 18412 | 3734953 | 64694733 | 59980864 | 13113008 |
| 通信设备、计算机及其他电子设备制造业 | Manufacture of Communication,Computer, Other Electronic Equipment | 23908 | 6665809 | 102177761 | 104362336 | 44805398 |
| 仪器仪表及文化、办公用机械制造业 | Manufacture of Measuring Instrument, Machinery for Cultural and Office Work | 4360 | 645652 | 6572843 | 6968492 | 2126571 |
| 工艺品及其他制造业 | Manufacture of Artwork, Other Manufacture | 1100 | 117225 | 1634354 | 1437988 | 590414 |
| 电力、热力的生产和供应业 | Production and Supply of Electric Power and Heat Power | 1940 | 268235 | 358024 | 315057 | 10889 |
| 燃气生产和供应业 | Production and Distribution of Gas | 29 | 15399 | | 95462 | |
| 水的生产和供应业 | Production and Distribution of Water | 94 | 8130 | 2820 | 2813 | |

# 2-43 各地区规模以上工业企业新产品开发和生产(2009年)
# New Products Development and Production of Industrial Enterprises above Designated Size by Region (2009)

单位：万元 (10000 yuan)

| 地区 | Region | 新产品开发项目数(项) New Products (unit) | 新产品开发经费支出 Expenditure on New Products Development | 新产品产值 Output Value of New Products | 新产品销售收入 Sales Revenue of New Products | #出口 Exports |
|---|---|---|---|---|---|---|
| **全国** | **National Total** | **237754** | **44819855** | **681988049** | **658382082** | **115725306** |
| 东部地区 | Eastern Region | 167505 | 32449043 | 486339057 | 470039572 | 104849145 |
| 中部地区 | Middle Region | 41102 | 8114189 | 121965347 | 119763171 | 6712622 |
| 西部地区 | Western Region | 29145 | 4256002 | 73680100 | 68576088 | 4163539 |
| 北京 | Beijing | 9100 | 1417379 | 26676100 | 28314951 | 6729746 |
| 天津 | Tianjin | 8537 | 1356563 | 29071117 | 28262709 | 7731218 |
| 河北 | Hebei | 4943 | 870897 | 11673258 | 11634045 | 1997051 |
| 山西 | Shanxi | 2019 | 668441 | 7568977 | 6296160 | 1222522 |
| 内蒙古 | Inner Mongolia | 1027 | 267573 | 5642368 | 3340301 | 448314 |
| 辽宁 | Liaoning | 8760 | 2248810 | 25999724 | 25868782 | 1949080 |
| 吉林 | Jilin | 2128 | 374768 | 29342229 | 28925805 | 132032 |
| 黑龙江 | Heilongjiang | 3628 | 708150 | 5158317 | 5097624 | 229095 |
| 上海 | Shanghai | 13559 | 2991877 | 49212317 | 54440825 | 8497006 |
| 江苏 | Jiangsu | 31985 | 6919176 | 100156458 | 85236348 | 21284823 |
| 浙江 | Zhejiang | 32537 | 4182500 | 68011970 | 63482974 | 16119960 |
| 安徽 | Anhui | 8612 | 1442068 | 17088079 | 15333831 | 946978 |
| 福建 | Fujian | 5839 | 1382920 | 18081068 | 17674924 | 6646201 |
| 江西 | Jiangxi | 2511 | 466584 | 5313568 | 5094716 | 690208 |
| 山东 | Shandong | 20838 | 4757571 | 72364464 | 71919279 | 9396412 |
| 河南 | Henan | 7961 | 1508452 | 15844515 | 17710388 | 1062642 |
| 湖北 | Hubei | 8109 | 1612357 | 18394689 | 18116899 | 1400684 |
| 湖南 | Hunan | 6134 | 1333370 | 23254975 | 23187749 | 1028461 |
| 广东 | Guangdong | 31126 | 6294129 | 84834806 | 82955488 | 24486893 |
| 广西 | Guangxi | 3176 | 443277 | 7817586 | 8223781 | 249477 |
| 海南 | Hainan | 281 | 27222 | 257775 | 249246 | 10756 |
| 重庆 | Chongqing | 4380 | 766572 | 19651262 | 19029836 | 1029630 |
| 四川 | Sichuan | 8762 | 1142995 | 23919946 | 21846719 | 1300131 |
| 贵州 | Guizhou | 1962 | 258805 | 1990596 | 1891156 | 123877 |
| 云南 | Yunnan | 1244 | 261718 | 2735626 | 2739668 | 190839 |
| 西藏 | Tibet | 12 | 2102 | 54674 | 48166 | 408 |
| 陕西 | Shaanxi | 5972 | 701121 | 6859434 | 6566624 | 335369 |
| 甘肃 | Gansu | 1139 | 163449 | 1693113 | 2348957 | 189931 |
| 青海 | Qinghai | 94 | 31629 | 544145 | 542937 | 112 |
| 宁夏 | Ningxia | 819 | 98097 | 1126328 | 963234 | 112434 |
| 新疆 | Xinjiang | 558 | 118664 | 1645022 | 1034710 | 183017 |

# 2-44 各地区大中型工业企业新产品开发和生产(2009年)

# New Products Development and Production of Large and Medium-sized Industrial Enterprise by Region (2009)

单位：万元 (10000 yuan)

| 地区 | Region | 新产品开发项目数(项) New Products (unit) | 新产品开发经费支出 Expenditure on New Products Development | 新产品产值 Output Value of New Products | 新产品销售收入 Sales Revenue of New Products | #出口 Exports |
|---|---|---|---|---|---|---|
| **全国** | **National Total** | **152770** | **36546131** | **587144049** | **579780546** | **106787198** |
| 东部地区 | Eastern Region | 102518 | 26090031 | 413866550 | 412012639 | 96879266 |
| 中部地区 | Middle Region | 27715 | 6714382 | 108168750 | 107019282 | 6093488 |
| 西部地区 | Western Region | 22537 | 3741718 | 65108749 | 60748626 | 3814444 |
| 北京 | Beijing | 4905 | 1025189 | 20996833 | 19829168 | 6399381 |
| 天津 | Tianjin | 5647 | 1177199 | 27085102 | 26215887 | 7515933 |
| 河北 | Hebei | 3975 | 777020 | 11018765 | 10952204 | 1960547 |
| 山西 | Shanxi | 1681 | 630539 | 7189338 | 6081847 | 1216137 |
| 内蒙古 | Inner Mongolia | 797 | 235761 | 5494910 | 3188152 | 445682 |
| 辽宁 | Liaoning | 6454 | 1991859 | 23603211 | 23723459 | 1921892 |
| 吉林 | Jilin | 1377 | 331990 | 28153274 | 28070578 | 123155 |
| 黑龙江 | Heilongjiang | 3044 | 654933 | 4947915 | 4911381 | 220125 |
| 上海 | Shanghai | 8844 | 2528770 | 45684640 | 50784738 | 8126536 |
| 江苏 | Jiangsu | 17112 | 5189886 | 72754081 | 72939425 | 20081031 |
| 浙江 | Zhejiang | 12006 | 2613497 | 48262194 | 45261993 | 11825740 |
| 安徽 | Anhui | 4965 | 1125168 | 14208985 | 12689635 | 757199 |
| 福建 | Fujian | 3360 | 1014664 | 15594329 | 15279620 | 6356036 |
| 江西 | Jiangxi | 1810 | 384119 | 4913423 | 4715900 | 654839 |
| 山东 | Shandong | 16951 | 4223025 | 68490916 | 68376264 | 9126329 |
| 河南 | Henan | 5445 | 1267888 | 14331092 | 16312978 | 981820 |
| 湖北 | Hubei | 5470 | 1355946 | 16668050 | 16505431 | 1277995 |
| 湖南 | Hunan | 3923 | 963799 | 17756675 | 17731532 | 862219 |
| 广东 | Guangdong | 23132 | 5534037 | 80276649 | 78547987 | 23555185 |
| 广西 | Guangxi | 2241 | 368884 | 7342792 | 7818720 | 219521 |
| 海南 | Hainan | 132 | 14884 | 99829 | 101895 | 10657 |
| 重庆 | Chongqing | 3342 | 673318 | 17440933 | 16889747 | 994832 |
| 四川 | Sichuan | 6514 | 998351 | 19342516 | 17785186 | 1133061 |
| 贵州 | Guizhou | 1698 | 236011 | 1872691 | 1774830 | 90127 |
| 云南 | Yunnan | 808 | 220795 | 2269845 | 2307527 | 132554 |
| 西藏 | Tibet | 1 | 516 | 51029 | 44445 | 408 |
| 陕西 | Shaanxi | 5088 | 635944 | 6550195 | 6281446 | 324137 |
| 甘肃 | Gansu | 988 | 154907 | 1594080 | 2268508 | 186406 |
| 青海 | Qinghai | 72 | 30193 | 539098 | 541425 | 112 |
| 宁夏 | Ningxia | 600 | 87403 | 1050319 | 898957 | 109675 |
| 新疆 | Xinjiang | 388 | 99635 | 1560342 | 949684 | 177928 |

# 2-45 按登记注册类型分规模以上

## Statistics on Patent of Industrial Enterprises above

| 注册类型 | Type of Registration | 专利申请数 (件) Patent Application (piece) | #发明专利 Invention Patents |
|---|---|---|---|
| **总 计** | **Total** | **265808** | **92450** |
| **内资企业** | **Domestic Funded** | **197803** | **69235** |
| 国有企业 | State-owned Enterprises | 13086 | 4747 |
| #大型企业 | Large-sized Enterprises | 8960 | 3126 |
| 集体企业 | Collective-owned Enterprises | 1815 | 811 |
| 股份合作企业 | Cooperative Enterprises | 1140 | 341 |
| 联营企业 | Joint Ownership Enterprises | 173 | 35 |
| 国有联营企业 | State Joint Ownership Enterprises | 114 | 15 |
| 集体联营企业 | Collective Joint Ownership Enterprises | 6 | 1 |
| 国有与集体联营企业 | Joint State-collective Enterprises | 34 | 11 |
| 其他联营企业 | Other Joint Ownership Enterprises | 19 | 8 |
| 有限责任公司 | Limited Liability Corporations | 58072 | 22608 |
| 国有独资公司 | State Sole Funded Corporations | 6961 | 2227 |
| 其他有限责任公司 | Other Limited Liability Corporations | 51111 | 20381 |
| 股份有限公司 | Share-holding Corporations Ltd. | 39402 | 18961 |
| 私营企业 | Private Enterprises | 83153 | 21493 |
| 私营独资企业 | Private-funded Enterprises | 5063 | 1522 |
| 私营合伙企业 | Private Partnership Enterprises | 828 | 296 |
| 私营有限责任公司 | Private Limited Liability Corporations | 70689 | 17854 |
| 私营股份有限公司 | Private Share-holding Corporations Ltd. | 6573 | 1821 |
| 其他企业 | Other Enterprises | 962 | 239 |
| **港澳台商投资企业** | **Enterprises with Funds from Hong Kong, Macau and Taiwan** | **29741** | **8318** |
| 与港澳台商合资经营企业 | Joint-venture Enterprises (with Funds from Hong Kong, Macau and Taiwan) | 14521 | 3621 |
| 与港澳台商合作经营企业 | Cooperative Enterprises (with Funds from Hong Kong, Macau and Taiwan) | 572 | 101 |
| 港澳台商独资经营企业 | Enterprises with Sole Funds from Hong Kong, Macau and Taiwan | 12941 | 4113 |
| 港澳台商投资股份有限公司 | Share-holding Corporations Ltd. with Funds from Hong Kong, Macau and Taiwan | 1707 | 483 |
| **外商投资企业** | **Foreign Funded Enterprises** | **38264** | **14897** |
| 中外合资经营企业 | Joint-venture Enterprises | 18314 | 6346 |
| 中外合作经营 | Cooperation Enterprises | 492 | 162 |
| 外资企业 | Enterprises with Sole Foreign Funds | 17540 | 7837 |
| 外商投资股份有限公司 | Share-holding Corporations Ltd. With Foreign Funds | 1918 | 552 |

# 工业企业专利情况(2009年)

# Designated size by Registration Status (2009)

| 有效发明专利数(件) Number of Patents In Force (piece) | 专利所有权转让及许可数(件) Number of Transfer and Licensing of Patent Ownership (piece) | 专利所有权转让及许可收入(万元) Revenue from Transfer and Licensing of Patent Ownership (10000 yuan) | 形成国家和行业标准数(项) Number of National and Industrial Standard (item) |
|---|---|---|---|
| **118245** | **304567** | **672835** | **21143** |
| **89101** | **234331** | **270380** | **17930** |
| 6478 | 257 | 22224 | 1497 |
| 3913 | 92 | 19302 | 575 |
| 700 | 178 | 4870 | 813 |
| 415 | 146 | 38 | 197 |
| 51 | 2 | | 9 |
| 23 | 1 | | 2 |
| 3 | | | |
| 24 | 1 | | 6 |
| 1 | | | 1 |
| 33612 | 44048 | 111977 | 6334 |
| 2981 | 217 | 65227 | 1197 |
| 30631 | 43831 | 46749 | 5137 |
| 20985 | 968 | 13054 | 3519 |
| 26528 | 188673 | 115217 | 5414 |
| 1796 | 189 | 5087 | 392 |
| 237 | 22 | 352 | 58 |
| 22228 | 188008 | 94051 | 4448 |
| 2267 | 454 | 15728 | 516 |
| 332 | 59 | 3000 | 147 |
| **11179** | **68650** | **10554** | **1403** |
| 4070 | 1376 | 6572 | 845 |
| 155 | 5 | | 11 |
| 6051 | 67238 | 3892 | 464 |
| 903 | 31 | 90 | 83 |
| **17965** | **1586** | **391902** | **1810** |
| 8038 | 1099 | 206226 | 1199 |
| 203 | 31 | 4 | 22 |
| 7918 | 396 | 11552 | 424 |
| 1806 | 60 | 174121 | 165 |

# 2-46 按登记注册类型分大中型

## Statistics on Patent of Large and Medium-sized Industrial

| 注册类型 | Type of Registration | 专利申请数（件） Patent Application (piece) | #发明专利 Invention Patents |
|---|---|---|---|
| **总 计** | **Total** | **166762** | **63011** |
| **内资企业** | **Domestic Funded** | **119642** | **45593** |
| 国有企业 | State-owned Enterprises | 12108 | 4263 |
| #大型企业 | Large-sized Enterprises | 8960 | 3126 |
| 集体企业 | Collective-owned Enterprises | 1411 | 669 |
| 股份合作企业 | Cooperative Enterprises | 573 | 153 |
| 联营企业 | Joint Ownership Enterprises | 99 | 17 |
| 国有联营企业 | State Joint Ownership Enterprises | 72 | 10 |
| 国有与集体联营企业 | Joint State-collective Enterprises | 25 | 6 |
| 其他联营企业 | Other Joint Ownership Enterprises | 2 | 1 |
| 有限责任公司 | Limited Liability Corporations | 39544 | 16468 |
| 国有独资公司 | State Sole Funded Corporations | 6754 | 2163 |
| 其他有限责任公司 | Other Limited Liability Corporations | 32790 | 14305 |
| 股份有限公司 | Share-holding Corporations Ltd. | 36202 | 17548 |
| 私营企业 | Private Enterprises | 29057 | 6323 |
| 私营独资企业 | Private-funded Enterprises | 885 | 211 |
| 私营合伙企业 | Private Partnership Enterprises | 189 | 37 |
| 私营有限责任公司 | Private Limited Liability Corporations | 23760 | 5075 |
| 私营股份有限公司 | Private Share-holding Corporations Ltd. | 4223 | 1000 |
| 其他企业 | Other Enterprises | 648 | 152 |
| **港澳台商投资企业** | **Enterprises with Funds from Hong Kong, Macau and Taiwan** | **19781** | **6056** |
| 与港澳台商合资经营企业 | Joint-venture Enterprises (with Funds from Hong Kong, Macau and Taiwan) | 9480 | 2480 |
| 与港澳台商合作经营企业 | Cooperative Enterprises (with Funds from Hong Kong, Macau and Taiwan) | 232 | 57 |
| 港澳台商独资经营企业 | Enterprises with Sole Funds from Hong Kong, Macau and Taiwan | 8719 | 3097 |
| 港澳台商投资股份有限公司 | Share-holding Corporations Ltd. with Funds from Hong Kong, Macau and Taiwan | 1350 | 422 |
| **外商投资企业** | **Foreign Funded Enterprises** | **27339** | **11362** |
| 中外合资经营企业 | Joint-venture Enterprises | 11895 | 4227 |
| 中外合作经营 | Cooperation Enterprises | 218 | 70 |
| 外资企业 | Enterprises with Sole Foreign Funds | 13464 | 6564 |
| 外商投资股份有限公司 | Share-holding Corporations Ltd. With Foreign Funds | 1762 | 501 |

# 工业企业专利(2009年)
# Enterprises by Registration Status (2009)

| 有效发明专利数(件) Number of Patents in Force (piece) | 专利所有权转让及许可数(件) Number of Transfer and Licensing of Patent Ownership (piece) | 专利所有权转让及许可收入(万元) Revenue from Transfer and Licensing of Patent Ownership (10000 yuan) | 形成国家和行业标准数(项) Number of National and Industrial Standard (item) |
|---|---|---|---|
| **81592** | **73522** | **508243** | **13854** |
| **59516** | **4174** | **163946** | **11665** |
| 5732 | 218 | 21666 | 1339 |
| 3913 | 92 | 19302 | 575 |
| 495 | 153 | 3380 | 764 |
| 178 | 101 | 18 | 101 |
| 43 | 1 | | 4 |
| 21 | | | 1 |
| 21 | 1 | | 3 |
| 1 | | | |
| 25204 | 1702 | 84776 | 4568 |
| 2853 | 217 | 65227 | 1146 |
| 22351 | 1485 | 19548 | 3422 |
| 18588 | 774 | 12066 | 2988 |
| 9049 | 1186 | 42040 | 1838 |
| 464 | 17 | 151 | 78 |
| 98 | 5 | 300 | 14 |
| 7285 | 876 | 30167 | 1389 |
| 1202 | 288 | 11422 | 357 |
| 227 | 39 | | 63 |
| **8553** | **68178** | **4297** | **927** |
| 2754 | 1187 | 1748 | 567 |
| 87 | 2 | | 8 |
| 4875 | 66960 | 2460 | 276 |
| 837 | 29 | 90 | 76 |
| **13523** | **1170** | **340000** | **1262** |
| 5569 | 854 | 167792 | 792 |
| 87 | 1 | | 14 |
| 6141 | 271 | 1109 | 305 |
| 1726 | 44 | 171099 | 151 |

# 2-47 按行业分规模以上

## Statistics on Patent of Industrial Enterprises above

| 行　业 | Industry | 专利申请数 (件) Patent Application (piece) |
|---|---|---|
| **总　计** | **Total** | **265808** |
| 煤炭开采和洗选业 | Mining and Washing of Coal | 1034 |
| 石油和天然气开采业 | Extraction of Petroleum and Natural Gas | 1472 |
| 黑色金属矿采选业 | Mining of Ferrous Metal Ores | 64 |
| 有色金属矿采选业 | Mining of Non-ferrous Metal Ores | 133 |
| 非金属矿采选业 | Mining and Processing of Nonmetal Ores | 89 |
| 农副食品加工业 | Processing of Food from Agricultural Products | 3068 |
| 食品制造业 | Manufacture of Foods | 3220 |
| 饮料制造业 | Manufacture of Beverage | 2397 |
| 烟草制品业 | Manufacture of Tobacco | 666 |
| 纺织业 | Manufacture of Textile | 8826 |
| 纺织服装、鞋、帽制造业 | Manufacture of Textile Wearing Apparel, Footware and Caps | 2351 |
| 皮革、毛皮、羽毛(绒)及其制品业 | Manufacture of Leather, Fur, Feather and Its Products | 1533 |
| 木材加工及木、竹、藤、棕、草制品业 | Processing of Timbers,Manufacture of Wood, Bamboo,Rattan,Palm,Straw | 1758 |
| 家具制造业 | Manufacture of Furniture | 2557 |
| 造纸及纸制品业 | Manufacture of Paper and Paper Products | 1255 |
| 印刷业和记录媒介的复制 | Printing,Reproduction of Recording Media | 1486 |
| 文教体育用品制造业 | Manufacture of Articles for Culture, Education and Sport Activity | 4175 |
| 石油加工、炼焦及核燃料加工业 | Processing of Petroleum ,Coking,Processing of Nucleus Fuel | 595 |
| 化学原料及化学制品制造业 | Manufacture of Chemical Raw Material and Chemical Products | 12081 |
| 医药制造业 | Manufacture of Medicines | 8601 |
| 化学纤维制造业 | Manufacture of Chemical Fiber | 904 |
| 橡胶制品业 | Manufacture of Rubber | 1703 |
| 塑料制品业 | Manufacture of Plastic | 6355 |
| 非金属矿物制品业 | Manufacture of Non-metallic Mineral Products | 8789 |
| 黑色金属冶炼及压延加工业 | Manufacture and Processing of Ferrous Metals | 5295 |
| 有色金属冶炼及压延加工业 | Manufacture and Processing of Non-ferrous Metals | 4457 |
| 金属制品业 | Manufacture of Metal Products | 8849 |
| 通用设备制造业 | Manufacture of General Purpose Machinery | 23070 |
| 专用设备制造业 | Manufacture of Special Purpose Machinery | 21629 |
| 交通运输设备制造业 | Manufacture of Transport Equipment | 23969 |
| 电气机械及器材制造业 | Manufacture of Electrical Machinery and Equipment | 36576 |
| 通信设备、计算机及其他电子设备制造业 | Manufacture of Communication,Computer, Other Electronic Equipment | 49225 |
| 仪器仪表及文化、办公用机械制造业 | Manufacture of Measuring Instrument, Machinery for Cultural and Office Work | 10925 |
| 工艺品及其他制造业 | Manufacture of Artwork, Other Manufacture | 3449 |
| 电力、热力的生产和供应业 | Production and Supply of Electric Power and Heat Power | 3058 |
| 燃气生产和供应业 | Production and Distribution of Gas | 11 |
| 水的生产和供应业 | Production and Distribution of Water | 121 |

# 工业企业专利(2009年)

# Designated size by Industrial Sector(2009)

| #发明专利 Invention Patents | 有效发明专利数(件) Number of Patents in Force (piece) | 专利所有权转让及许可数(件) Number of Transfer and Licensing of Patent Ownership (piece) | 专利所有权转让及许可收入(万元) Revenue from Transfer and Licensing of Patent Ownership (10000 yuan) | 形成国家和行业标准数(项) Number of National and Industrial Standard (item) |
|---|---|---|---|---|
| **92450** | **118245** | **304567** | **672835** | **21143** |
| 418 | 459 | 24 | 1667 | 73 |
| 413 | 1216 | 15 | 226 | 454 |
| 28 | 49 | | | 4 |
| 48 | 107 | 1 | 10 | 9 |
| 40 | 56 | 3 | 1 | 41 |
| 1073 | 1384 | 113 | 6163 | 539 |
| 1292 | 1341 | 94 | 1101 | 323 |
| 547 | 697 | 1714 | 6933 | 261 |
| 245 | 173 | 7 | | 39 |
| 1289 | 1282 | 759 | 1610 | 444 |
| 215 | 373 | 468 | 1019 | 115 |
| 142 | 109 | 7 | 20 | 58 |
| 464 | 523 | 50 | 1980 | 87 |
| 303 | 654 | 24 | 522 | 71 |
| 416 | 434 | 63 | 1760 | 100 |
| 357 | 531 | 25 | 38 | 86 |
| 450 | 1085 | 136 | 896 | 169 |
| 401 | 949 | 6 | 330 | 64 |
| 6925 | 7141 | 482 | 32994 | 1922 |
| 5166 | 6017 | 183466 | 70459 | 3480 |
| 268 | 421 | 85 | 214 | 76 |
| 419 | 670 | 63 | 3500 | 220 |
| 1695 | 2046 | 278 | 1364 | 303 |
| 3792 | 8633 | 230 | 5412 | 769 |
| 2005 | 2280 | 143 | 4855 | 292 |
| 1644 | 2696 | 236 | 3670 | 732 |
| 1899 | 2873 | 347 | 12626 | 811 |
| 5771 | 8504 | 1400 | 18455 | 1775 |
| 6294 | 9004 | 1189 | 99066 | 1697 |
| 5185 | 6440 | 827 | 127083 | 934 |
| 9549 | 14432 | 68914 | 18466 | 2898 |
| 29385 | 29498 | 42879 | 230267 | 1225 |
| 2871 | 4448 | 445 | 11214 | 855 |
| 460 | 744 | 52 | 8640 | 129 |
| 881 | 861 | 7 | 165 | 79 |
| 6 | 19 | | | |
| 56 | 70 | 15 | 113 | 3 |

# 2-48 按行业分大中型

# Statistics on Patent of Large and Medium-sized

| 行　业 | Industry | 专利申请数（件） Patent Application (piece) |
|---|---|---|
| **总　计** | **Total** | **166762** |
| 煤炭开采和洗选业 | Mining and Washing of Coal | 984 |
| 石油和天然气开采业 | Extraction of Petroleum and Natural Gas | 1429 |
| 黑色金属矿采选业 | Mining of Ferrous Metal Ores | 63 |
| 有色金属矿采选业 | Mining of Non-ferrous Metal Ores | 125 |
| 非金属矿采选业 | Mining and Processing of Nonmetal Ores | 73 |
| 农副食品加工业 | Processing of Food from Agricultural Products | 1224 |
| 食品制造业 | Manufacture of Foods | 1815 |
| 饮料制造业 | Manufacture of Beverage | 1496 |
| 烟草制品业 | Manufacture of Tobacco | 644 |
| 纺织业 | Manufacture of Textile | 5382 |
| 纺织服装、鞋、帽制造业 | Manufacture of Textile Wearing Apparel, Footware and Caps | 1530 |
| 皮革、毛皮、羽毛(绒)及其制品业 | Manufacture of Leather, Fur, Feather and Its Products | 857 |
| 木材加工及木、竹、藤、棕、草制品业 | Processing of Timbers,Manufacture of Wood, Bamboo,Rattan,Palm,Straw | 973 |
| 家具制造业 | Manufacture of Furniture | 1171 |
| 造纸及纸制品业 | Manufacture of Paper and Paper Products | 635 |
| 印刷业和记录媒介的复制 | Printing,Reproduction of Recording Media | 547 |
| 文教体育用品制造业 | Manufacture of Articles for Culture, Education and Sport Activity | 2431 |
| 石油加工、炼焦及核燃料加工业 | Processing of Petroleum ,Coking,Processing of Nucleus Fuel | 395 |
| 化学原料及化学制品制造业 | Manufacture of Chemical Raw Material and Chemical Products | 5917 |
| 医药制造业 | Manufacture of Medicines | 4785 |
| 化学纤维制造业 | Manufacture of Chemical Fiber | 710 |
| 橡胶制品业 | Manufacture of Rubber | 1085 |
| 塑料制品业 | Manufacture of Plastic | 2577 |
| 非金属矿物制品业 | Manufacture of Non-metallic Mineral Products | 5283 |
| 黑色金属冶炼及压延加工业 | Manufacture and Processing of Ferrous Metals | 4824 |
| 有色金属冶炼及压延加工业 | Manufacture and Processing of Non-ferrous Metals | 3178 |
| 金属制品业 | Manufacture of Metal Products | 4286 |
| 通用设备制造业 | Manufacture of General Purpose Machinery | 10618 |
| 专用设备制造业 | Manufacture of Special Purpose Machinery | 9627 |
| 交通运输设备制造业 | Manufacture of Transport Equipment | 19131 |
| 电气机械及器材制造业 | Manufacture of Electrical Machinery and Equipment | 22541 |
| 通信设备、计算机及其他电子设备制造业 | Manufacture of Communication,Computer, Other Electronic Equipment | 40263 |
| 仪器仪表及文化、办公用机械制造业 | Manufacture of Measuring Instrument, Machinery for Cultural and Office Work | 5381 |
| 工艺品及其他制造业 | Manufacture of Artwork, Other Manufacture | 1742 |
| 电力、热力的生产和供应业 | Production and Supply of Electric Power and Heat Power | 2974 |
| 燃气生产和供应业 | Production and Distribution of Gas | 6 |
| 水的生产和供应业 | Production and Distribution of Water | 43 |

# 工业企业专利(2009年)

# Industrial Enterprises by Industrial Sector (2009)

| #发明专利 Invention Patents | 有效发明专利数（件） Patents In Force (piece) | 专利所有权转让及许可数（件） Number of Transfer and Licensing of Patent Ownership (piece) | 专利所有权转让及许可收入（万元） Revenue from Transfer and Licensing of Patent Ownership (10000 yuan) | 形成国家和行业标准数（项） Number of National and Industrial Standard (item) |
|---|---|---|---|---|
| **63011** | **81592** | **73522** | **508243** | **13854** |
| 391 | 451 | 24 | 757 | 69 |
| 399 | 1168 | 15 | 226 | 453 |
| 27 | 48 | | | 4 |
| 42 | 106 | 1 | 10 | 7 |
| 29 | 43 | 2 | 1 | 39 |
| 424 | 380 | 44 | 2251 | 202 |
| 705 | 672 | 26 | 121 | 126 |
| 266 | 425 | 47 | 6933 | 156 |
| 230 | 162 | 7 | | 36 |
| 878 | 998 | 267 | 1609 | 349 |
| 169 | 284 | 462 | 994 | 94 |
| 66 | 65 | 5 | 20 | 47 |
| 190 | 185 | 13 | 1701 | 40 |
| 67 | 224 | 13 | 18 | 13 |
| 248 | 268 | 30 | 711 | 80 |
| 137 | 312 | 16 | | 80 |
| 256 | 618 | 16 | | 110 |
| 252 | 848 | 3 | 200 | 41 |
| 3079 | 3910 | 258 | 21664 | 1005 |
| 2938 | 3911 | 135 | 9097 | 2115 |
| 188 | 325 | 74 | 211 | 59 |
| 221 | 487 | 40 | 3500 | 146 |
| 626 | 887 | 120 | 171 | 124 |
| 2665 | 6848 | 125 | 2132 | 505 |
| 1836 | 2065 | 137 | 4855 | 268 |
| 1165 | 2219 | 202 | 1560 | 611 |
| 754 | 1415 | 209 | 9528 | 474 |
| 2676 | 4482 | 622 | 2838 | 1113 |
| 2991 | 3933 | 560 | 73894 | 1031 |
| 3911 | 4828 | 526 | 125898 | 746 |
| 6173 | 10126 | 68141 | 14013 | 2213 |
| 26560 | 25448 | 1168 | 217228 | 800 |
| 1333 | 2179 | 202 | 5841 | 516 |
| 247 | 368 | 5 | 40 | 105 |
| 848 | 831 | 5 | 165 | 74 |
| 2 | 16 | | | |
| 20 | 45 | 2 | 60 | 3 |

# 2-49　各地区规模以上工业企业专利(2009年)

# Statistics on Patent of Industrial Enterprises above Designated size by Region (2009)

| 地区 | Region | 专利申请数(件) Patent Application (piece) | #发明专利 Invention Patents | 有效发明专利数(件) Patents in Force (piece) | 专利所有权转让及许可数(件) Number of Transfer and Licensing of Patent Ownership (piece) | 专利所有权转让及许可收入(万元) Revenue from Transfer and Licensing of Patent Ownership (10000 yuan) | 形成国家和行业标准数(项) Number of National and Industrial Standard (item) |
|---|---|---|---|---|---|---|---|
| **全　国** | **National Total** | **265808** | **92450** | **118245** | **304567** | **672835** | **21143** |
| 东部地区 | Eastern Region | 207414 | 72469 | 85638 | 76261 | 490448 | 14686 |
| 中部地区 | Middle Region | 38170 | 13478 | 22560 | 3094 | 149542 | 3417 |
| 西部地区 | Western Region | 20206 | 6497 | 10045 | 225210 | 32845 | 3040 |
| 北　京 | Beijing | 7016 | 3573 | 5168 | 187 | 15313 | 325 |
| 天　津 | Tianjin | 7162 | 2782 | 3663 | 271 | 72296 | 374 |
| 河　北 | Hebei | 3190 | 1009 | 1539 | 73 | 1980 | 406 |
| 山　西 | Shanxi | 1798 | 694 | 856 | 74 | 2142 | 406 |
| 内蒙古 | Inner Mongolia | 1050 | 495 | 422 | 11 | 95 | 135 |
| 辽　宁 | Liaoning | 6402 | 2649 | 3061 | 128 | 14938 | 568 |
| 吉　林 | Jilin | 1433 | 560 | 993 | 43 | 2191 | 445 |
| 黑龙江 | Heilongjiang | 1797 | 622 | 1618 | 35 | 464 | 283 |
| 上　海 | Shanghai | 15472 | 6246 | 9668 | 506 | 20516 | 1031 |
| 江　苏 | Jiangsu | 40043 | 11920 | 14156 | 2488 | 287306 | 3371 |
| 浙　江 | Zhejiang | 46402 | 8692 | 11787 | 1817 | 21165 | 3097 |
| 安　徽 | Anhui | 8504 | 2407 | 3496 | 376 | 5831 | 761 |
| 福　建 | Fujian | 8075 | 2251 | 2482 | 289 | 1315 | 622 |
| 江　西 | Jiangxi | 1398 | 500 | 511 | 70 | 3826 | 174 |
| 山　东 | Shandong | 18441 | 5430 | 6507 | 1106 | 33551 | 2823 |
| 河　南 | Henan | 7551 | 2096 | 3388 | 347 | 4796 | 407 |
| 湖　北 | Hubei | 7899 | 2813 | 3834 | 2112 | 125482 | 614 |
| 湖　南 | Hunan | 7790 | 3786 | 7864 | 37 | 4811 | 327 |
| 广　东 | Guangdong | 54922 | 27768 | 27476 | 69380 | 21971 | 1989 |
| 广　西 | Guangxi | 1322 | 501 | 761 | 28 | 20 | 274 |
| 海　南 | Hainan | 289 | 149 | 131 | 16 | 96 | 80 |
| 重　庆 | Chongqing | 5567 | 1217 | 1584 | 112 | 1312 | 318 |
| 四　川 | Sichuan | 4979 | 1650 | 2456 | 224723 | 29665 | 844 |
| 贵　州 | Guizhou | 1481 | 653 | 781 | 173 | 31 | 223 |
| 云　南 | Yunnan | 1049 | 421 | 807 | 37 | 722 | 188 |
| 西　藏 | Tibet | 24 | 12 | 40 | | | 11 |
| 陕　西 | Shaanxi | 2642 | 907 | 1636 | 70 | 870 | 531 |
| 甘　肃 | Gansu | 693 | 255 | 790 | 13 | | 186 |
| 青　海 | Qinghai | 114 | 39 | 150 | | | 36 |
| 宁　夏 | Ningxia | 357 | 127 | 171 | 1 | 26 | 125 |
| 新　疆 | Xinjiang | 928 | 220 | 447 | 42 | 105 | 169 |

# 2-50 各地区大中型工业企业专利(2009年)

# Statistics on Patent of Large and Medium-sized Industrial Enterprises by Region (2009)

| 地区 | Region | 专利申请数(件) Patent Application (piece) | #发明专利 Invention Patents | 有效发明专利数(件) Patents in Force (piece) | 专利所有权转让及许可数(件) Number of Transfer and Licensing of Patent Ownership (piece) | 专利所有权转让及许可收入(万元) Revenue from Transfer and Licensing of Patent Ownership (10000 yuan) | 形成国家和行业标准数(项) Number of National and Industrial Standard (item) |
|---|---|---|---|---|---|---|---|
| **全国** | **National Total** | **166762** | **63011** | **81592** | **73522** | **508243** | **13854** |
| 东部地区 | Eastern Region | 127039 | 49422 | 58248 | 72259 | 365542 | 9578 |
| 中部地区 | Middle Region | 24777 | 8933 | 16409 | 760 | 130265 | 2166 |
| 西部地区 | Western Region | 14946 | 4656 | 6935 | 503 | 12437 | 2110 |
| 北京 | Beijing | 4379 | 2340 | 2742 | 89 | 2195 | 196 |
| 天津 | Tianjin | 4719 | 1854 | 2541 | 152 | 68134 | 213 |
| 河北 | Hebei | 2421 | 693 | 1153 | 52 | 1960 | 303 |
| 山西 | Shanxi | 1425 | 514 | 681 | 67 | 242 | 296 |
| 内蒙古 | Inner Mongolia | 822 | 419 | 347 | 5 | 95 | 84 |
| 辽宁 | Liaoning | 3822 | 1409 | 1634 | 62 | 1064 | 341 |
| 吉林 | Jilin | 846 | 289 | 630 | 31 | 2055 | 138 |
| 黑龙江 | Heilongjiang | 1204 | 346 | 1246 | 22 | 352 | 266 |
| 上海 | Shanghai | 9946 | 4155 | 7166 | 237 | 13545 | 716 |
| 江苏 | Jiangsu | 19495 | 5839 | 8369 | 1140 | 235021 | 1827 |
| 浙江 | Zhejiang | 19964 | 3837 | 5189 | 838 | 10690 | 1816 |
| 安徽 | Anhui | 4535 | 1391 | 1486 | 171 | 340 | 407 |
| 福建 | Fujian | 4935 | 1329 | 1416 | 154 | 138 | 402 |
| 江西 | Jiangxi | 988 | 319 | 304 | 19 | 825 | 128 |
| 山东 | Shandong | 13661 | 3842 | 4791 | 979 | 28753 | 2446 |
| 河南 | Henan | 5476 | 1427 | 2512 | 277 | 1512 | 315 |
| 湖北 | Hubei | 4693 | 1669 | 2483 | 147 | 122764 | 392 |
| 湖南 | Hunan | 5610 | 2978 | 7067 | 26 | 2175 | 224 |
| 广东 | Guangdong | 43565 | 24068 | 23231 | 68556 | 4043 | 1314 |
| 广西 | Guangxi | 903 | 257 | 503 | 11 | 20 | 149 |
| 海南 | Hainan | 132 | 56 | 16 | | | 4 |
| 重庆 | Chongqing | 4780 | 983 | 1206 | 84 | 754 | 227 |
| 四川 | Sichuan | 3357 | 1147 | 1747 | 112 | 10102 | 624 |
| 贵州 | Guizhou | 1222 | 567 | 629 | 168 | 31 | 203 |
| 云南 | Yunnan | 585 | 234 | 530 | 31 | 492 | 104 |
| 西藏 | Tibet | 14 | 11 | 9 | | | |
| 陕西 | Shaanxi | 1882 | 626 | 1096 | 51 | 869 | 393 |
| 甘肃 | Gansu | 415 | 161 | 254 | 13 | | 155 |
| 青海 | Qinghai | 79 | 23 | 126 | | | 32 |
| 宁夏 | Ningxia | 234 | 88 | 146 | | | 101 |
| 新疆 | Xinjiang | 653 | 140 | 342 | 28 | 75 | 38 |

# 2-51 按登记注册类型分规模以上工业企业技术获取和技术改造(2009年)

# Technology Acquisition and Renovation of Industrial Enterprises above Designated size by Registration Status (2009)

单位：万元 (10000 yuan)

| 注册类型 | Type of Registration | 引进国外技术经费支出 Expenditure for Acquisition of Foreign Technology | 引进技术消化吸收经费支出 Expenditure for Assimilation of Technology | 购买国内技术经费支出 Expenditure for Purchase of Domestic Technology | 技术改造经费支出 Expenditure for Technical Renovation |
|---|---|---|---|---|---|
| **总　计** | **Total** | **4221705** | **1819883** | **2033590** | **43446823** |
| **内资企业** | **Domestic Funded** | **2233966** | **1360486** | **1748076** | **38638926** |
| 国有企业 | State-owned Enterprises | 304685 | 137355 | 281845 | 8423122 |
| #大型企业 | Large-sized Enterprises | 257655 | 117499 | 245954 | 7030463 |
| 集体企业 | Collective-owned Enterprises | 5720 | 6144 | 16169 | 208152 |
| 股份合作企业 | Cooperative Enterprises | 4812 | 9495 | 17265 | 208028 |
| 联营企业 | Joint Ownership Enterprises | 2000 | 7844 | 11274 | 172635 |
| 国有联营企业 | State Joint Ownership Enterprises | 1800 | 7814 | 11231 | 167104 |
| 集体联营企业 | Collective Joint Ownership Enterprises | | 30 | 10 | 3449 |
| 国有与集体联营企业 | Joint State-collective Enterprises | 200 | | 34 | 571 |
| 其他联营企业 | Other Joint Ownership Enterprises | | | | 1511 |
| 有限责任公司 | Limited Liability Corporations | 927738 | 780699 | 586859 | 15551415 |
| 国有独资公司 | State Sole Funded Corporations | 307948 | 289012 | 244001 | 5868991 |
| 其他有限责任公司 | Other Limited Liability Corporations | 619790 | 491687 | 342858 | 9682425 |
| 股份有限公司 | Share-holding Corporations Ltd. | 767201 | 245089 | 525233 | 7160017 |
| 私营企业 | Private Enterprises | 216642 | 168468 | 301661 | 6848990 |
| 私营独资企业 | Private-funded Enterprises | 11535 | 12263 | 25555 | 910582 |
| 私营合伙企业 | Private Partnership Enterprises | 589 | 1854 | 6439 | 224943 |
| 私营有限责任公司 | Private Limited Liability Corporations | 187586 | 131146 | 251044 | 5091751 |
| 私营股份有限公司 | Private Share-holding Corporations Ltd. | 16932 | 23205 | 18623 | 621715 |
| 其他企业 | Other Enterprises | 5168 | 5393 | 7770 | 66567 |
| **港澳台商投资企业** | **Enterprises with Funds from Hong Kong, Macau and Taiwan** | **298595** | **97717** | **118275** | **1803698** |
| 与港澳台商合资经营企业 | Joint-venture Enterprises (with Funds from Hong Kong, Macau and Taiwan) | 65006 | 55624 | 56370 | 947716 |
| 与港澳台商合作经营企业 | Cooperative Enterprises (with Funds from Hong Kong, Macau and Taiwan) | 6426 | 827 | 2074 | 66343 |
| 港澳台商独资经营企业 | Enterprises with Sole Funds from Hong Kong, Macau and Taiwan | 211916 | 36346 | 51855 | 682684 |
| 港澳台商投资股份有限公司 | Share-holding Corporations Ltd. with Funds from Hong Kong, Macau and Taiwan | 15247 | 4921 | 7977 | 106954 |
| **外商投资企业** | **Foreign Funded Enterprises** | **1689144** | **361679** | **167239** | **3004199** |
| 中外合资经营企业 | Joint-venture Enterprises | 1139255 | 302470 | 82305 | 1988507 |
| 中外合作经营 | Cooperation Enterprises | 12451 | 545 | 821 | 37241 |
| 外资企业 | Enterprises with Sole Foreign Funds | 478214 | 30643 | 58623 | 627358 |
| 外商投资股份有限公司 | Share-holding Corporations Ltd. With Foreign Funds | 59225 | 28022 | 25489 | 351093 |

# 2-52 按登记注册类型分大中型工业企业技术获取和技术改造(2009年)

# Technology Acquisition and Renovation of Large and Medium-sized Industrial Enterprises by Registration Status (2009)

单位：万元 (10000 yuan)

| 注册类型 | Type of Registration | 引进国外技术经费支出 Expenditure for Acquisition of Foreign Technology | 引进技术消化吸收经费支出 Expenditure for Assimilation of Technology | 购买国内技术经费支出 Expenditure for Purchase of Domestic Technology | 技术改造经费支出 Expenditure for Technical Renovation |
|---|---|---|---|---|---|
| **总 计** | **Total** | **3946130** | **1638464** | **1747221** | **36713512** |
| **内资企业** | **Domestic Funded** | **2116284** | **1243912** | **1507456** | **32735249** |
| 国有企业 | State-owned Enterprises | 303451 | 131880 | 279748 | 8188938 |
| #大型企业 | Large-sized Enterprises | 257655 | 117499 | 245954 | 7030463 |
| 集体企业 | Collective-owned Enterprises | 5638 | 4868 | 4012 | 127413 |
| 股份合作企业 | Cooperative Enterprises | 4136 | 4086 | 7872 | 160531 |
| 联营企业 | Joint Ownership Enterprises | 2000 | 7784 | 11060 | 160493 |
| 国有联营企业 | State Joint Ownership Enterprises | 1800 | 7784 | 11060 | 159991 |
| 国有与集体联营企业 | Joint State-collective Enterprises | 200 | | | 102 |
| 其他联营企业 | Other Joint Ownership Enterprises | | | | 400 |
| 有限责任公司 | Limited Liability Corporations | 894068 | 753429 | 520158 | 14104278 |
| 国有独资公司 | State Sole Funded Corporations | 307481 | 288623 | 242944 | 5830720 |
| 其他有限责任公司 | Other Limited Liability Corporations | 586587 | 464806 | 277213 | 8273558 |
| 股份有限公司 | Share-holding Corporations Ltd. | 762828 | 235934 | 510914 | 6947223 |
| 私营企业 | Private Enterprises | 139164 | 100684 | 170374 | 3008338 |
| 私营独资企业 | Private-funded Enterprises | 1998 | 2699 | 6020 | 148372 |
| 私营合伙企业 | Private Partnership Enterprises | 291 | 91 | 354 | 15683 |
| 私营有限责任公司 | Private Limited Liability Corporations | 123840 | 80737 | 154270 | 2412322 |
| 私营股份有限公司 | Private Share-holding Corporations Ltd. | 13036 | 17157 | 9731 | 431962 |
| 其他企业 | Other Enterprises | 4999 | 5248 | 3320 | 38035 |
| **港澳台商投资企业** | **Enterprises with Funds from Hong Kong, Macau and Taiwan** | **274295** | **54274** | **103611** | **1428955** |
| 与港澳台商合资经营企业 | Joint-venture Enterprises (with Funds from Hong Kong, Macau and Taiwan) | 54365 | 24318 | 48243 | 764683 |
| 与港澳台商合作经营企业 | Cooperative Enterprises (with Funds from Hong Kong, Macau and Taiwan) | 5905 | | 1887 | 55451 |
| 港澳台商独资经营企业 | Enterprises with Sole Funds from Hong Kong, Macau and Taiwan | 198882 | 25312 | 45978 | 508620 |
| 港澳台商投资股份有限公司 | Share-holding Corporations Ltd. with Funds from Hong Kong, Macau and Taiwan | 15144 | 4645 | 7503 | 100201 |
| **外商投资企业** | **Foreign Funded Enterprises** | **1555551** | **340279** | **136155** | **2549309** |
| 中外合资经营企业 | Joint-venture Enterprises | 1075307 | 288532 | 69467 | 1737877 |
| 中外合作经营 | Cooperation Enterprises | 11221 | 255 | 601 | 12949 |
| 外资企业 | Enterprises with Sole Foreign Funds | 410978 | 23470 | 40597 | 454256 |
| 外商投资股份有限公司 | Share-holding Corporations Ltd. With Foreign Funds | 58046 | 28022 | 25489 | 344226 |

# 2-53 按行业分规模以上工业企业技术获取和技术改造(2009年)

# Technology Acquisition and Renovation of Industrial Enterprises above Designated size by Industrial Sector(2009)

单位：万元 (10000 yuan)

| 行业 | Industry | 引进国外技术经费支出 Expenditure for Acquisition of Foreign Technology | 引进技术消化吸收经费支出 Expenditure for Assimilation of Technology | 购买国内技术经费支出 Expenditure for Purchase of Domestic Technology | 技术改造经费支出 Expenditure for Technical Renovation |
|---|---|---|---|---|---|
| **总计** | **Total** | **4221705** | **1819883** | **2033590** | **43446823** |
| 煤炭开采和洗选业 | Mining and Washing of Coal | 94830 | 139053 | 51106 | 2531034 |
| 石油和天然气开采业 | Extraction of Petroleum and Natural Gas | 8047 | 2665 | 4060 | 37583 |
| 黑色金属矿采选业 | Mining of Ferrous Metal Ores | | 355 | 696 | 107676 |
| 有色金属矿采选业 | Mining of Non-ferrous Metal Ores | 1165 | 1287 | 2720 | 147780 |
| 非金属矿采选业 | Mining and Processing of Nonmetal Ores | 2618 | 4338 | 7783 | 133681 |
| 农副食品加工业 | Processing of Food from Agricultural Products | 20241 | 17572 | 21932 | 710423 |
| 食品制造业 | Manufacture of Foods | 38939 | 9020 | 13767 | 321590 |
| 饮料制造业 | Manufacture of Beverage | 36372 | 8145 | 20502 | 712693 |
| 烟草制品业 | Manufacture of Tobacco | 6633 | 28758 | 37589 | 648610 |
| 纺织业 | Manufacture of Textile | 73072 | 73681 | 47811 | 861800 |
| 纺织服装、鞋、帽制造业 | Manufacture of Textile Wearing Apparel, Footware and Caps | 6429 | 2903 | 8310 | 119726 |
| 皮革、毛皮、羽毛(绒)及其制品业 | Manufacture of Leather, Fur, Feather and Its Products | 4803 | 2207 | 4476 | 59420 |
| 木材加工及木、竹、藤、棕、草制品业 | Processing of Timbers,Manufacture of Wood, Bamboo,Rattan,Palm,Straw | 8695 | 6201 | 7959 | 206025 |
| 家具制造业 | Manufacture of Furniture | 1958 | 1574 | 1153 | 40767 |
| 造纸及纸制品业 | Manufacture of Paper and Paper Products | 230570 | 21318 | 13047 | 687058 |
| 印刷业和记录媒介的复制 | Printing,Reproduction of Recording Media | 27163 | 4721 | 10703 | 195007 |
| 文教体育用品制造业 | Manufacture of Articles for Culture, Education and Sport Activity | 4501 | 2190 | 3532 | 63765 |
| 石油加工、炼焦及核燃料加工业 | Processing of Petroleum ,Coking,Processing of Nucleus Fuel | 71692 | 22397 | 33052 | 2029026 |
| 化学原料及化学制品制造业 | Manufacture of Chemical Raw Material and Chemical Products | 483457 | 139447 | 182701 | 3745340 |
| 医药制造业 | Manufacture of Medicines | 56446 | 52051 | 99667 | 830973 |
| 化学纤维制造业 | Manufacture of Chemical Fiber | 22443 | 9533 | 13007 | 345362 |
| 橡胶制品业 | Manufacture of Rubber | 34341 | 8725 | 20291 | 282246 |
| 塑料制品业 | Manufacture of Plastic | 8566 | 6651 | 36987 | 271745 |
| 非金属矿物制品业 | Manufacture of Non-metallic Mineral Products | 37833 | 33395 | 67599 | 1441826 |
| 黑色金属冶炼及压延加工业 | Manufacture and Processing of Ferrous Metals | 546593 | 311336 | 670967 | 10424841 |
| 有色金属冶炼及压延加工业 | Manufacture and Processing of Non-ferrous Metals | 214503 | 140980 | 87777 | 2126908 |
| 金属制品业 | Manufacture of Metal Products | 34493 | 25150 | 16698 | 521071 |
| 通用设备制造业 | Manufacture of General Purpose Machinery | 213122 | 108323 | 90367 | 1941520 |
| 专用设备制造业 | Manufacture of Special Purpose Machinery | 95641 | 42240 | 63370 | 1753593 |
| 交通运输设备制造业 | Manufacture of Transport Equipment | 969812 | 431424 | 201204 | 4096792 |
| 电气机械及器材制造业 | Manufacture of Electrical Machinery and Equipment | 257759 | 87508 | 76500 | 2204072 |
| 通信设备、计算机及其他电子设备制造业 | Manufacture of Communication,Computer, Other Electronic Equipment | 545668 | 31993 | 65801 | 961189 |
| 仪器仪表及文化、办公用机械制造业 | Manufacture of Measuring Instrument, Machinery for Cultural and Office Work | 56407 | 12304 | 13158 | 292865 |
| 工艺品及其他制造业 | Manufacture of Artwork, Other Manufacture | 3009 | 1895 | 4011 | 74308 |
| 电力、热力的生产和供应业 | Production and Supply of Electric Power and Heat Power | 3712 | 28379 | 30363 | 2291810 |
| 燃气生产和供应业 | Production and Distribution of Gas | | 39 | 1874 | 108743 |
| 水的生产和供应业 | Production and Distribution of Water | 172 | 95 | 901 | 103728 |

# 2-54 按行业分大中型工业企业技术获取和技术改造(2009年)
# Technology Acquisition and Renovation of Large and Medium-sized Industrial Enterprises by Industrial Sector (2009)

单位：万元 (10000 yuan)

| 行业 | Industry | 引进国外技术经费支出 Expenditure for Acquisition of Foreign Technology | 引进技术消化吸收经费支出 Expenditure for Assimilation of Technology | 购买国内技术经费支出 Expenditure for Purchase of Domestic Technology | 技术改造经费支出 Expenditure for Technical Renovation |
|---|---|---|---|---|---|
| **总　计** | **Total** | **3946130** | **1638464** | **1747221** | **36713512** |
| 煤炭开采和洗选业 | Mining and Washing of Coal | 94457 | 122319 | 35750 | 1892720 |
| 石油和天然气开采业 | Extraction of Petroleum and Natural Gas | 8047 | 2665 | 3920 | 20124 |
| 黑色金属矿采选业 | Mining of Ferrous Metal Ores | | 355 | 659 | 85504 |
| 有色金属矿采选业 | Mining of Non-ferrous Metal Ores | 1165 | 1050 | 2348 | 90580 |
| 非金属矿采选业 | Mining and Processing of Nonmetal Ores | 2497 | 2964 | 5815 | 80171 |
| 农副食品加工业 | Processing of Food from Agricultural Products | 15889 | 9366 | 8593 | 362556 |
| 食品制造业 | Manufacture of Foods | 35572 | 7274 | 8333 | 215992 |
| 饮料制造业 | Manufacture of Beverage | 31385 | 5660 | 17876 | 427567 |
| 烟草制品业 | Manufacture of Tobacco | 6633 | 28709 | 37589 | 645726 |
| 纺织业 | Manufacture of Textile | 56227 | 41779 | 37127 | 617826 |
| 纺织服装、鞋、帽制造业 | Manufacture of Textile Wearing Apparel, Footware and Caps | 3458 | 1724 | 5129 | 87917 |
| 皮革、毛皮、羽毛(绒)及其制品业 | Manufacture of Leather, Fur, Feather and Its Products | 3508 | 970 | 2631 | 34224 |
| 木材加工及木、竹、藤、棕、草制品业 | Processing of Timbers,Manufacture of Wood, Bamboo,Rattan,Palm,Straw | 8075 | 5026 | 5791 | 81259 |
| 家具制造业 | Manufacture of Furniture | 1377 | 1050 | 399 | 19760 |
| 造纸及纸制品业 | Manufacture of Paper and Paper Products | 228859 | 19788 | 6967 | 534864 |
| 印刷业和记录媒介的复制 | Printing,Reproduction of Recording Media | 21011 | 4261 | 8497 | 117190 |
| 文教体育用品制造业 | Manufacture of Articles for Culture, Education and Sport Activity | 2602 | 1776 | 1449 | 41160 |
| 石油加工、炼焦及核燃料加工业 | Processing of Petroleum ,Coking,Processing of Nucleus Fuel | 63372 | 19653 | 32253 | 1984151 |
| 化学原料及化学制品制造业 | Manufacture of Chemical Raw Material and Chemical Products | 436111 | 121107 | 152083 | 3132922 |
| 医药制造业 | Manufacture of Medicines | 42329 | 42094 | 65555 | 627433 |
| 化学纤维制造业 | Manufacture of Chemical Fiber | 21338 | 8991 | 11551 | 306997 |
| 橡胶制品业 | Manufacture of Rubber | 33662 | 7775 | 19585 | 230093 |
| 塑料制品业 | Manufacture of Plastic | 5233 | 4813 | 33220 | 117531 |
| 非金属矿物制品业 | Manufacture of Non-metallic Mineral Products | 24217 | 18422 | 48328 | 864026 |
| 黑色金属冶炼及压延加工业 | Manufacture and Processing of Ferrous Metals | 545817 | 311161 | 663799 | 10228133 |
| 有色金属冶炼及压延加工业 | Manufacture and Processing of Non-ferrous Metals | 205387 | 137980 | 78834 | 1966266 |
| 金属制品业 | Manufacture of Metal Products | 26515 | 20673 | 10613 | 315338 |
| 通用设备制造业 | Manufacture of General Purpose Machinery | 190612 | 98792 | 67943 | 1322433 |
| 专用设备制造业 | Manufacture of Special Purpose Machinery | 76762 | 29350 | 46764 | 1449935 |
| 交通运输设备制造业 | Manufacture of Transport Equipment | 943365 | 424660 | 180826 | 3805286 |
| 电气机械及器材制造业 | Manufacture of Electrical Machinery and Equipment | 228451 | 71652 | 57040 | 1788183 |
| 通信设备、计算机及其他电子设备制造业 | Manufacture of Communication,Computer, Other Electronic Equipment | 525808 | 26318 | 50039 | 777220 |
| 仪器仪表及文化、办公用机械制造业 | Manufacture of Measuring Instrument, Machinery for Cultural and Office Work | 50679 | 10223 | 10468 | 208262 |
| 工艺品及其他制造业 | Manufacture of Artwork, Other Manufacture | 2621 | 1516 | 2898 | 42070 |
| 电力、热力的生产和供应业 | Production and Supply of Electric Power and Heat Power | 3030 | 26464 | 24587 | 2025485 |
| 燃气生产和供应业 | Production and Distribution of Gas | | 34 | 1860 | 94720 |
| 水的生产和供应业 | Production and Distribution of Water | 60 | 50 | 67 | 71880 |

# 2-55 各地区规模以上工业企业技术获取和技术改造(2009年)
# Technology Acquisition and Renovation of Industrial Enterprises above Designated size by Region (2009)

单位：万元 (10000 yuan)

| 地区 | Region | 引进国外技术经费支出 Expenditure for Acquisition of Foreign Technology | 引进技术消化吸收经费支出 Expenditure for Assimilation of Technology | 购买国内技术经费支出 Expenditure for Purchase of Domestic Technology | 技术改造经费支出 Expenditure for Technical Renovation |
|---|---|---|---|---|---|
| **全　国** | **National Total** | **4221705** | **1819883** | **2033590** | **43446823** |
| 东部地区 | Eastern Region | 3253632 | 1150787 | 1356069 | 22073628 |
| 中部地区 | Middle Region | 523238 | 418654 | 350383 | 11362461 |
| 西部地区 | Western Region | 444835 | 250442 | 327139 | 10010735 |
| 北　京 | Beijing | 130545 | 13239 | 18023 | 1001329 |
| 天　津 | Tianjin | 206527 | 58028 | 51724 | 1112896 |
| 河　北 | Hebei | 94558 | 207123 | 49538 | 1859674 |
| 山　西 | Shanxi | 56557 | 116530 | 29508 | 1217882 |
| 内蒙古 | Inner Mongolia | 25464 | 36689 | 58569 | 1097138 |
| 辽　宁 | Liaoning | 280215 | 49353 | 195942 | 2393828 |
| 吉　林 | Jilin | 44723 | 6778 | 6159 | 639538 |
| 黑龙江 | Heilongjiang | 69961 | 32530 | 21036 | 606354 |
| 上　海 | Shanghai | 609478 | 294505 | 328769 | 1385137 |
| 江　苏 | Jiangsu | 325619 | 153930 | 191094 | 5346210 |
| 浙　江 | Zhejiang | 213677 | 99058 | 160832 | 3293638 |
| 安　徽 | Anhui | 70280 | 97791 | 74021 | 1336033 |
| 福　建 | Fujian | 181828 | 30325 | 107901 | 907003 |
| 江　西 | Jiangxi | 59153 | 38387 | 23121 | 497568 |
| 山　东 | Shandong | 487362 | 152535 | 143384 | 2889379 |
| 河　南 | Henan | 48131 | 57820 | 116768 | 1906792 |
| 湖　北 | Hubei | 115314 | 20189 | 23616 | 2761209 |
| 湖　南 | Hunan | 59119 | 48627 | 56153 | 2397084 |
| 广　东 | Guangdong | 721965 | 88637 | 107437 | 1876455 |
| 广　西 | Guangxi | 3099 | 4135 | 13977 | 1799239 |
| 海　南 | Hainan | 1858 | 4054 | 1425 | 8078 |
| 重　庆 | Chongqing | 148674 | 22272 | 63311 | 745102 |
| 四　川 | Sichuan | 77535 | 44488 | 51465 | 3132660 |
| 贵　州 | Guizhou | 2441 | 2341 | 10868 | 921595 |
| 云　南 | Yunnan | 43812 | 5973 | 40646 | 267195 |
| 西　藏 | Tibet | | | | 1822 |
| 陕　西 | Shaanxi | 44740 | 8924 | 20754 | 1030372 |
| 甘　肃 | Gansu | 57429 | 108052 | 38190 | 528772 |
| 青　海 | Qinghai | 302 | 348 | 1707 | 47592 |
| 宁　夏 | Ningxia | 26676 | 8492 | 12998 | 301277 |
| 新　疆 | Xinjiang | 14663 | 8730 | 14655 | 137973 |

# 2-56 各地区大中型工业企业技术获取和技术改造(2009年)

# Technology Acquisition and Renovation of Large and Medium-sized Industrial Enterprises by Region(2009)

单位：万元 (10000 yuan)

| 地区 | Region | 引进国外技术经费支出 Expenditure for Acquisition of Foreign Technology | 引进技术消化吸收经费支出 Expenditure for Assimilation of Technology | 购买国内技术经费支出 Expenditure for Purchase of Domestic Technology | 技术改造经费支出 Expenditure for Technical Renovation |
|---|---|---|---|---|---|
| **全国** | **National Total** | **3946130** | **1638464** | **1747221** | **36713512** |
| 东部地区 | Eastern Region | 3024356 | 1033133 | 1197717 | 18893064 |
| 中部地区 | Middle Region | 496277 | 378808 | 293505 | 10175195 |
| 西部地区 | Western Region | 425497 | 226523 | 255999 | 7645253 |
| 北京 | Beijing | 122254 | 11873 | 14229 | 987928 |
| 天津 | Tianjin | 204314 | 56450 | 45008 | 1060259 |
| 河北 | Hebei | 92789 | 206652 | 44261 | 1810961 |
| 山西 | Shanxi | 55300 | 113064 | 28195 | 1171228 |
| 内蒙古 | Inner Mongolia | 24220 | 24368 | 39252 | 929537 |
| 辽宁 | Liaoning | 274163 | 46810 | 189247 | 2303016 |
| 吉林 | Jilin | 42816 | 6318 | 3541 | 593886 |
| 黑龙江 | Heilongjiang | 67388 | 32159 | 19460 | 576845 |
| 上海 | Shanghai | 570849 | 284888 | 324561 | 1325462 |
| 江苏 | Jiangsu | 271520 | 131945 | 151609 | 4046570 |
| 浙江 | Zhejiang | 161357 | 71235 | 115814 | 2402404 |
| 安徽 | Anhui | 64894 | 89559 | 65419 | 1164168 |
| 福建 | Fujian | 165276 | 25336 | 87460 | 647704 |
| 江西 | Jiangxi | 59089 | 37914 | 22150 | 448981 |
| 山东 | Shandong | 483912 | 120687 | 131752 | 2663543 |
| 河南 | Henan | 41948 | 49570 | 109317 | 1587321 |
| 湖北 | Hubei | 109364 | 16591 | 19086 | 2655716 |
| 湖南 | Hunan | 55478 | 33634 | 26337 | 1977051 |
| 广东 | Guangdong | 676216 | 73403 | 92571 | 1641997 |
| 广西 | Guangxi | 2758 | 3762 | 13455 | 1043545 |
| 海南 | Hainan | 1708 | 3853 | 1207 | 3221 |
| 重庆 | Chongqing | 146722 | 18598 | 46852 | 577274 |
| 四川 | Sichuan | 74881 | 39869 | 33814 | 2132381 |
| 贵州 | Guizhou | 2421 | 2002 | 10307 | 783959 |
| 云南 | Yunnan | 42945 | 5552 | 38730 | 224466 |
| 西藏 | Tibet | | | | 1300 |
| 陕西 | Shaanxi | 42250 | 7840 | 19174 | 1004757 |
| 甘肃 | Gansu | 57359 | 107998 | 37813 | 503343 |
| 青海 | Qinghai | 302 | 348 | 1699 | 47129 |
| 宁夏 | Ningxia | 26351 | 8343 | 12420 | 292005 |
| 新疆 | Xinjiang | 5287 | 7842 | 2484 | 105558 |

# 三、研究与开发机构

# R&D Institutions

# 3-1 研究与开发机构基本情况

## Basic Statistics on Scientific Research and Development Institutions

| 指 标 | Item | 2005 | 2006 | 2007 | 2008 | 2009 |
|---|---|---|---|---|---|---|
| **机构基本情况** | **Basic Statistics on Institutions** | | | | | |
| 机构数（个） | Number of R&D Institutions(unit) | 3901 | 3803 | 3775 | 3727 | 3682 |
| 中央属 | Subordinated to Central Level | 679 | 673 | 674 | 678 | 666 |
| 地方属 | Subordinated to Local Level | 3222 | 3130 | 3101 | 3049 | 3016 |
| **研究与试验发展(R&D)投入情况** | **Statistics on R&D Input** | | | | | |
| R&D人员（万人） | R&D Personnel(10000 persons) | 24.1 | 25.7 | 29.0 | 30.4 | 32.3 |
| R&D人员全时当量（万人年） | Full-time Equivalent of R&D Personnel(10000 man-year) | 21.5 | 23.1 | 25.5 | 26.0 | 27.7 |
| 基础研究 | Basic Research | 2.8 | 3.2 | 3.6 | 3.8 | 4.1 |
| 应用研究 | Applied Research | 8.3 | 8.9 | 9.3 | 9.7 | 10.3 |
| 试验发展 | Experimental Development | 10.4 | 11.0 | 12.6 | 12.5 | 13.4 |
| R&D经费内部支出（亿元） | Intramural Expenditure on R&D(100 million yuan) | 513.1 | 567.3 | 687.9 | 811.3 | 996.0 |
| #基础研究 | Basic Research | 58.0 | 67.9 | 74.7 | 92.7 | 110.6 |
| 应用研究 | Applied Research | 176.3 | 196.2 | 227.1 | 271.3 | 350.9 |
| 试验发展 | Experimental Development | 278.7 | 303.2 | 386.1 | 447.2 | 534.4 |
| #政府资金 | Government Funds | 424.7 | 481.2 | 592.9 | 699.7 | 849.6 |
| 企业资金 | Self-raised Funds by Enterprises | 17.6 | 17.3 | 26.2 | 28.2 | 29.8 |
| 国外资金 | Forein Funds | 1.8 | 2.6 | 3.4 | 4.0 | 4.2 |
| 其他资金 | Other Funds | 68.1 | 66.1 | 65.3 | 79.3 | 112.4 |
| **研究与试验发展(R&D)项目(课题)情况** | **Statistics on R&D Projects** | | | | | |
| R&D项目(课题)数（项） | R&D Projects(item) | 39072 | 42262 | 49453 | 54900 | 61135 |
| R&D项目(课题)人员全时当量（万人年） | Participants(10000 man-year) | 17.6 | 20.2 | 22.2 | 22.9 | 23.7 |
| R&D项目(课题)经费内部支出（亿元） | Intramural Expenditure(100 million yuan) | 353.5 | 365.4 | 451.7 | 537.7 | 579.8 |
| **科技产出及成果情况** | **Statistics on S&T Outputs and Results** | | | | | |
| 发表科技论文(篇) | Scientific Papers Issued(piece) | 109995 | 118211 | 126527 | 132072 | 138119 |
| #国外发表 | Published in Foreign Periodicals | 15638 | 17597 | 19596 | 21498 | 25882 |
| 出版科技著作（种） | Publication on Science and Technology(kind) | 3578 | 3791 | 4134 | 4691 | 4788 |
| 专利申请受理数（件） | Number of Patents Applications Accepted (piece) | 6814 | 8026 | 9802 | 12536 | 15773 |
| #发明专利 | Inventions | 5064 | 6200 | 7782 | 9864 | 12361 |
| 专利申请授权数（件） | Number of Patents Applications Granted (piece) | 3234 | 3499 | 4036 | 5048 | 6391 |
| #发明专利 | Inventions | 2088 | 2191 | 2467 | 3102 | 4077 |

# 3-2 按隶属关系和学科分研究与开发机构R&D人员(2009年)

## R&D Personnel in R&D Institutions by Subordination and Subject (2009)

| 项 目 | Item | 机构数(个) R&D Institutions (unit) | 从业人员(人) Employed Persons (person) | R&D人员合计(人) R&D Personnel (person) | #女性 Female | #博士毕业 Doctor | #硕士毕业 Master | #本科毕业 Under-graduate |
|---|---|---|---|---|---|---|---|---|
| **总 计** | | **3682** | **634013** | **323034** | **102903** | **35393** | **80511** | **136015** |
| **按隶属关系分组** | **by Subordination** | | | | | | | |
| 中央部门属 | Subordinated to Central Level | 666 | 419572 | 253368 | 77195 | 30455 | 65177 | 102817 |
| #中国科学院 | Chinese Academy of Sciences | 316 | 71045 | 32690 | 12058 | 6903 | 9291 | 11748 |
| 地方部门属 | Subordi-nated to Local Level | 3016 | 214441 | 69666 | 25708 | 4938 | 15334 | 33198 |
| 省级部门属 | Provincial Level | 1440 | 143290 | 56113 | 21380 | 4605 | 13504 | 26322 |
| 计划单列市部门属 | Separate Planning Cities Level | 180 | 12409 | 2238 | 810 | 126 | 562 | 1149 |
| 地市级部门属 | Miniciple Level | 1396 | 58742 | 11315 | 3518 | 207 | 1268 | 5727 |
| **按门类学科分组** | **by Subject** | | | | | | | |
| 自然科学 | Natural sciences | 283 | 53873 | 59491 | 20072 | 16015 | 17488 | 18321 |
| 农业科学 | Agricultural Sciences | 1293 | 103056 | 42843 | 14164 | 3698 | 8973 | 19055 |
| 医药科学 | Medical Science | 314 | 49226 | 21683 | 11035 | 2692 | 4821 | 9719 |
| 工程与技术科学 | Engineering and Technological Sciences | 1147 | 393083 | 186455 | 52651 | 10507 | 45742 | 84031 |
| 人文与社会科学 | Humanities and Social Sciences | 645 | 34775 | 12562 | 4981 | 2481 | 3487 | 4889 |

| 项 目 | Item | #全时人员 Full-time Personnel | R&D人员全时当量(人年) Full-time Equivalent of R&D Personnel (man-year) | #研究人员 Researchers | 基础研究 Basic Research | 应用研究 Applied Research | 试验发展 Experi-mental Develop-ment |
|---|---|---|---|---|---|---|---|
| **总 计** | | **250027** | **277183** | **172525** | **40754** | **102900** | **133529** |
| **按隶属关系分组** | **by Subordination** | | | | | | |
| 中央部门属 | Subordinated to Central Level | 203127 | 219826 | 138991 | 36122 | 86423 | 97281 |
| #中国科学院 | Chinese Academy of Sciences | 25742 | 29439 | 17416 | 5953 | 8839 | 14647 |
| 地方部门属 | Subordi-nated to Local Level | 46900 | 57357 | 33534 | 4632 | 16477 | 36248 |
| 省级部门属 | Provincial Level | 37676 | 46043 | 27542 | 4480 | 14824 | 26739 |
| 计划单列市部门属 | Separate Planning Cities Level | 1628 | 1921 | 1013 | 44 | 641 | 1236 |
| 地市级部门属 | Miniciple Level | 7596 | 9393 | 4979 | 108 | 1012 | 8273 |
| **按门类学科分组** | **by Subject** | | | | | | |
| 自然科学 | Natural sciences | 37224 | 44693 | 28076 | 19474 | 19287 | 5932 |
| 农业科学 | Agricultural Sciences | 30735 | 36459 | 20357 | 1976 | 7562 | 26921 |
| 医药科学 | Medical Science | 13952 | 17757 | 9111 | 2997 | 7743 | 7017 |
| 工程与技术科学 | Engineering and Technological Sciences | 158214 | 167252 | 106505 | 12559 | 63424 | 91269 |
| 人文与社会科学 | Humanities and Social Sciences | 9902 | 11022 | 8476 | 3748 | 4884 | 2390 |

# 3-3 各地区研究与开发

## R&D Personnel in R&D

| 地 区 | Region | 机构数（个） R&D Institutions (unit) | 从业人员（人） Employed Persons (person) | R&D人员合计（人） R&D Personnel (person) | #女性 Female | #博士毕业 Doctor |
|---|---|---|---|---|---|---|
| **全 国** | **National Total** | **3682** | **634013** | **323034** | **102903** | **35393** |
| 东部地区 | Eastern Region | 1596 | 324690 | 180358 | 60553 | 26507 |
| 中部地区 | Middle Region | 1115 | 132117 | 64006 | 18268 | 4505 |
| 西部地区 | Western Region | 971 | 177206 | 78670 | 24082 | 4381 |
| 北 京 | Beijing | 353 | 130687 | 83251 | 30712 | 16092 |
| 天 津 | Tianjin | 69 | 12603 | 6635 | 2476 | 277 |
| 河 北 | Hebei | 74 | 15423 | 6127 | 1436 | 179 |
| 山 西 | Shanxi | 171 | 16186 | 6023 | 1943 | 238 |
| 内 蒙 古 | Inner Mongolia | 97 | 8296 | 3923 | 1443 | 113 |
| 辽 宁 | Liaoning | 169 | 20534 | 12671 | 3710 | 1446 |
| 吉 林 | Jilin | 119 | 13307 | 7898 | 2584 | 1442 |
| 黑 龙 江 | Heilongjiang | 188 | 14435 | 7543 | 2481 | 268 |
| 上 海 | Shanghai | 134 | 39136 | 24912 | 8134 | 3184 |
| 江 苏 | Jiangsu | 149 | 38517 | 18813 | 4943 | 1736 |
| 浙 江 | Zhejiang | 101 | 14872 | 4935 | 1493 | 606 |
| 安 徽 | Anhui | 111 | 15289 | 6572 | 1231 | 519 |
| 福 建 | Fujian | 104 | 6287 | 3266 | 941 | 407 |
| 江 西 | Jiangxi | 112 | 11791 | 4405 | 1216 | 83 |
| 山 东 | Shandong | 230 | 21503 | 9822 | 3526 | 1176 |
| 河 南 | Henan | 125 | 22855 | 11479 | 3381 | 315 |
| 湖 北 | Hubei | 157 | 25096 | 13469 | 3530 | 1414 |
| 湖 南 | Hunan | 132 | 13158 | 6617 | 1902 | 226 |
| 广 东 | Guangdong | 183 | 20426 | 8936 | 2951 | 1261 |
| 广 西 | Guangxi | 119 | 10283 | 3392 | 1196 | 167 |
| 海 南 | Hainan | 30 | 4702 | 990 | 231 | 143 |
| 重 庆 | Chongqing | 29 | 9289 | 3114 | 1021 | 88 |
| 四 川 | Sichuan | 161 | 63162 | 22142 | 5105 | 1341 |
| 贵 州 | Guizhou | 75 | 5742 | 2525 | 806 | 332 |
| 云 南 | Yunnan | 97 | 10567 | 6157 | 2702 | 575 |
| 西 藏 | Tibet | 19 | 1231 | 486 | 159 | 14 |
| 陕 西 | Shaanxi | 116 | 48817 | 26763 | 8501 | 587 |
| 甘 肃 | Gansu | 104 | 11390 | 5849 | 1588 | 772 |
| 青 海 | Qinghai | 22 | 933 | 770 | 247 | 106 |
| 宁 夏 | Ningxia | 22 | 809 | 386 | 141 | 12 |
| 新 疆 | Xinjiang | 110 | 6687 | 3163 | 1173 | 274 |

# 机构R&D人员(2009年)

# Institutions by Region(2009)

| #硕士毕业 Master | #本科毕业 Undergraduate | #全时人员 Full-time Personnel | R&D人员全时当量(人年) Full-time Equivalent of R&D Personnel (man-year) | #研究人员 Researchers | 基础研究 Basic Research | 应用研究 Applied Research | 试验发展 Experimental Development |
|---|---|---|---|---|---|---|---|
| **80511** | **136015** | **250027** | **277183** | **172525** | **40754** | **102900** | **133529** |
| 50431 | 69530 | 138591 | 154372 | 97989 | 26394 | 59141 | 68837 |
| 13578 | 29271 | 50027 | 55514 | 33600 | 5721 | 19779 | 30014 |
| 16502 | 37214 | 61409 | 67297 | 40936 | 8639 | 23980 | 34678 |
| 25592 | 28500 | 65157 | 71729 | 45111 | 16001 | 25915 | 29813 |
| 1357 | 2996 | 5651 | 6138 | 3865 | 492 | 2905 | 2741 |
| 1552 | 3492 | 5635 | 5763 | 4974 | 487 | 3714 | 1562 |
| 903 | 3406 | 4444 | 4888 | 2872 | 330 | 1950 | 2608 |
| 622 | 1988 | 2425 | 3045 | 2040 | 225 | 1113 | 1707 |
| 2719 | 5440 | 9991 | 11049 | 6472 | 1015 | 3641 | 6393 |
| 1733 | 3283 | 5311 | 6065 | 3156 | 760 | 2526 | 2779 |
| 1556 | 4088 | 6706 | 7148 | 4267 | 628 | 2150 | 4370 |
| 6609 | 9203 | 19855 | 21980 | 12460 | 3700 | 9127 | 9153 |
| 4667 | 8030 | 14251 | 15605 | 11104 | 990 | 5779 | 8836 |
| 1455 | 2129 | 3383 | 4048 | 2643 | 198 | 1036 | 2814 |
| 1647 | 3070 | 5143 | 5793 | 3451 | 1308 | 2521 | 1964 |
| 825 | 1354 | 1901 | 2496 | 1116 | 580 | 936 | 980 |
| 735 | 2431 | 3421 | 3881 | 2464 | 145 | 1921 | 1815 |
| 2613 | 4483 | 6608 | 8133 | 5438 | 1413 | 2913 | 3807 |
| 2435 | 4715 | 7972 | 9102 | 5325 | 98 | 2391 | 6613 |
| 3487 | 5273 | 11265 | 12349 | 8208 | 1795 | 4693 | 5861 |
| 1082 | 3005 | 5765 | 6288 | 3857 | 657 | 1627 | 4004 |
| 2627 | 3567 | 5662 | 6735 | 4440 | 1341 | 3023 | 2371 |
| 730 | 1568 | 2104 | 2789 | 1446 | 133 | 1161 | 1495 |
| 415 | 336 | 497 | 696 | 366 | 177 | 152 | 367 |
| 691 | 1613 | 2186 | 2470 | 1571 | 601 | 1297 | 572 |
| 5246 | 10967 | 16847 | 18287 | 11501 | 2907 | 7649 | 7731 |
| 371 | 1263 | 1877 | 2164 | 1186 | 374 | 250 | 1540 |
| 1363 | 2775 | 4026 | 4624 | 2648 | 1042 | 1172 | 2410 |
| 63 | 209 | 380 | 403 | 197 | 84 | 121 | 198 |
| 5075 | 12024 | 23927 | 24748 | 15042 | 1201 | 8165 | 15382 |
| 1197 | 2702 | 4798 | 5313 | 3111 | 1439 | 1581 | 2293 |
| 182 | 364 | 442 | 550 | 340 | 205 | 188 | 157 |
| 120 | 185 | 303 | 357 | 237 | 60 | 199 | 98 |
| 842 | 1556 | 2094 | 2547 | 1617 | 368 | 1084 | 1095 |

# 3-4 各地区地方部门属研究与

## R&D Personnel in R&D Institutions on

| 地区 | Region | 机构数（个） R&D Institutions (unit) | 从业人员（人） Employed Persons (person) | R&D人员合计（人） R&D Personnel (person) | #女性 Female | #博士毕业 Doctor |
|---|---|---|---|---|---|---|
| **全国** | **National Total** | **3016** | **214441** | **69666** | **25708** | **4938** |
| 东部地区 | Eastern Region | 1112 | 85729 | 30216 | 11604 | 3355 |
| 中部地区 | Middle Region | 1039 | 67590 | 20464 | 7180 | 822 |
| 西部地区 | Western Region | 865 | 61122 | 18986 | 6924 | 761 |
| 北京 | Beijing | 47 | 6980 | 2667 | 1335 | 470 |
| 天津 | Tianjin | 52 | 4020 | 1551 | 711 | 130 |
| 河北 | Hebei | 66 | 3777 | 1400 | 498 | 67 |
| 山西 | Shanxi | 164 | 10015 | 1945 | 667 | 72 |
| 内蒙古 | Inner Mongolia | 91 | 6033 | 2187 | 813 | 73 |
| 辽宁 | Liaoning | 154 | 9295 | 2154 | 798 | 89 |
| 吉林 | Jilin | 113 | 9598 | 3461 | 1454 | 99 |
| 黑龙江 | Heilongjiang | 181 | 10899 | 5166 | 2023 | 147 |
| 上海 | Shanghai | 85 | 8104 | 3495 | 1544 | 721 |
| 江苏 | Jiangsu | 121 | 11026 | 4331 | 1543 | 445 |
| 浙江 | Zhejiang | 88 | 6640 | 2145 | 693 | 331 |
| 安徽 | Anhui | 103 | 4518 | 973 | 303 | 52 |
| 福建 | Fujian | 101 | 5317 | 2196 | 641 | 142 |
| 江西 | Jiangxi | 110 | 9227 | 2420 | 652 | 77 |
| 山东 | Shandong | 219 | 17168 | 5802 | 2388 | 557 |
| 河南 | Henan | 113 | 6467 | 1243 | 428 | 114 |
| 湖北 | Hubei | 130 | 7426 | 1543 | 498 | 118 |
| 湖南 | Hunan | 125 | 9440 | 3713 | 1155 | 143 |
| 广东 | Guangdong | 160 | 11869 | 4336 | 1426 | 396 |
| 广西 | Guangxi | 116 | 8963 | 2976 | 1101 | 155 |
| 海南 | Hainan | 19 | 1533 | 139 | 27 | 7 |
| 重庆 | Chongqing | 24 | 4948 | 1161 | 380 | 70 |
| 四川 | Sichuan | 133 | 10419 | 2224 | 618 | 148 |
| 贵州 | Guizhou | 70 | 4089 | 1076 | 349 | 43 |
| 云南 | Yunnan | 87 | 6283 | 3048 | 1455 | 88 |
| 西藏 | Tibet | 19 | 1231 | 486 | 159 | 14 |
| 陕西 | Shaanxi | 82 | 5412 | 885 | 381 | 16 |
| 甘肃 | Gansu | 94 | 6365 | 2271 | 674 | 80 |
| 青海 | Qinghai | 20 | 570 | 183 | 79 | 2 |
| 宁夏 | Ningxia | 22 | 809 | 386 | 141 | 12 |
| 新疆 | Xinjiang | 107 | 6000 | 2103 | 774 | 60 |

# 开发机构R&D人员(2009年)

# Local Governments by Region (2009)

| #硕士毕业 Master | #本科毕业 Undergraduate | #全时人员 Full-time Personnel | R&D人员 全时当量(人年) Full-time Equivalent of R&D Personnel (man-year) | #研究人员 Researchers | 基础研究 Basic Research | 应用研究 Applied Research | 试验发展 Experimental Development |
|---|---|---|---|---|---|---|---|
| **15334** | **33198** | **46900** | **57357** | **33534** | **4632** | **16477** | **36248** |
| 7866 | 13007 | 19697 | 24290 | 14829 | 2101 | 8464 | 13725 |
| 3747 | 10649 | 15170 | 17891 | 10187 | 1258 | 3763 | 12870 |
| 3721 | 9542 | 12033 | 15176 | 8518 | 1273 | 4250 | 9653 |
| 715 | 933 | 2230 | 2432 | 1283 | 170 | 845 | 1417 |
| 437 | 714 | 902 | 1132 | 679 | 156 | 234 | 742 |
| 329 | 703 | 1014 | 1086 | 706 | 50 | 204 | 832 |
| 374 | 1104 | 1190 | 1435 | 754 | 66 | 455 | 914 |
| 305 | 1231 | 1113 | 1696 | 881 | 144 | 495 | 1057 |
| 495 | 1216 | 1471 | 1794 | 970 | 11 | 224 | 1559 |
| 498 | 1824 | 2086 | 2726 | 1175 | 212 | 753 | 1761 |
| 1076 | 2985 | 4426 | 4841 | 2855 | 354 | 862 | 3625 |
| 917 | 1178 | 2372 | 2882 | 1866 | 258 | 1422 | 1202 |
| 1146 | 1618 | 2575 | 3289 | 2142 | 128 | 1396 | 1765 |
| 627 | 887 | 1169 | 1550 | 1053 | 89 | 208 | 1253 |
| 221 | 396 | 688 | 871 | 493 | 60 | 427 | 384 |
| 531 | 1073 | 1326 | 1690 | 716 | 217 | 568 | 905 |
| 442 | 1202 | 1664 | 2080 | 1171 | 109 | 249 | 1722 |
| 1497 | 2799 | 3700 | 4803 | 3269 | 680 | 1680 | 2443 |
| 302 | 660 | 1052 | 1146 | 824 | 80 | 174 | 892 |
| 337 | 639 | 963 | 1310 | 792 |  | 43 | 1267 |
| 497 | 1839 | 3101 | 3482 | 2123 | 377 | 800 | 2305 |
| 1135 | 1815 | 2822 | 3505 | 2071 | 340 | 1665 | 1500 |
| 647 | 1329 | 1797 | 2431 | 1182 | 106 | 937 | 1388 |
| 37 | 71 | 116 | 127 | 74 | 2 | 18 | 107 |
| 343 | 519 | 739 | 923 | 523 | 99 | 399 | 425 |
| 377 | 1004 | 1257 | 1687 | 935 | 8 | 168 | 1511 |
| 197 | 572 | 653 | 891 | 570 | 31 | 196 | 664 |
| 587 | 1457 | 1874 | 2128 | 1166 | 84 | 547 | 1497 |
| 63 | 209 | 380 | 403 | 197 | 84 | 121 | 198 |
| 200 | 486 | 494 | 700 | 444 | 119 | 211 | 370 |
| 353 | 1294 | 1896 | 2072 | 1193 | 274 | 359 | 1439 |
| 20 | 105 | 106 | 131 | 57 | 60 | 49 | 22 |
| 120 | 185 | 303 | 357 | 237 | 60 | 199 | 98 |
| 509 | 1151 | 1421 | 1757 | 1133 | 204 | 569 | 984 |

# 3-5 按服务的国民经济行业分研究与

# R&D Personnel in R&D Institutions by Industrial Sector

| 行 业 | Industry | 机构数（个）R&D Institutions (unit) | 从业人员（人）Employed Persons (person) | R&D人员合计（人）R&D Personnel (person) |
|---|---|---|---|---|
| **总 计** | **Total** | **3682** | **634013** | **323034** |
| **农、林、牧、渔服务业** | **Farming, Forestry, Animal Husbandry and Fishery** | **1249** | **98259** | **41847** |
| 农 业 | Farming | 595 | 57478 | 25623 |
| 林 业 | Forestry | 201 | 11714 | 4487 |
| 畜牧业 | Animal Husbandry | 60 | 6154 | 2911 |
| 渔 业 | Fishery | 66 | 4432 | 1921 |
| 农、林、牧、渔服务业 | Service Activities for Agriculture, Forestry, Farming of Animals and Fishing | 327 | 18481 | 6905 |
| **采矿业小计** | **Mining** | **10** | **1722** | **402** |
| 煤炭开采和洗选业 | Mining and Washing of Coal | 6 | 540 | 82 |
| 石油和天然气开采业 | Petroleum and Natural Gas Extraction | 1 | 345 | |
| 有色金属矿采选业 | Nonferrous Metals Mining and Dressing | 2 | 828 | 311 |
| 其他采矿业 | Other Minerals Mining and Dressing | 1 | 9 | 9 |
| **制造业小计** | **Manufacturing** | **415** | **28190** | **10182** |
| 农副食品加工业 | Processing of Food from Agricultural Products | 41 | 1828 | 678 |
| 食品制造业 | Food Production | 15 | 541 | 142 |
| 饮料制造业 | Beverage Production | 2 | 148 | 15 |
| 烟草制品业 | Manufacture of Tobacco | 1 | 26 | |
| 纺织业 | Textile Industry | 17 | 617 | 59 |
| 纺织服装、鞋、帽制造业 | Manufacture of Textile Wearing Apparel, Footware and Caps | 5 | 145 | 22 |
| 皮革、毛皮、羽毛(绒)及其制品业 | Manufacture of Leather, Fur, Feather and its Products | 3 | 45 | 7 |
| 木材加工及木、竹、藤、棕、草制品业 | Processing of Timbers, Manufacture of Wood, Bamboo, Rattan, Palm and Straw Products | 2 | 233 | 200 |
| 家具制造业 | Furniture Manufacturing | 1 | 21 | 12 |
| 造纸及纸制品业 | Papermaking and Paper Products | 2 | 107 | 34 |
| 印刷业和记录媒介的复制 | Printing and Record Medium Reproduction | 6 | 107 | 8 |
| 石油加工、炼焦及核燃料加工业 | Processing of Petroleum ,Coking, Processing of Nucleus Fuel | 2 | 45 | 7 |
| 化学原料及化学制品制造业 | Raw Chemical Materials and Chemical Products | 43 | 3198 | 1463 |
| 医药制造业 | Medical and Pharmaceutical Products | 56 | 6557 | 4062 |
| 化学纤维制造业 | Chemical Fiber | 4 | 172 | 74 |
| 橡胶制品业 | Rubber Products | 1 | 103 | |
| 塑料制品业 | Plastic Products | 6 | 224 | 67 |
| 非金属矿物制品业 | Nonmetal Mineral Products | 22 | 1299 | 46 |
| 黑色金属冶炼及压延加工业 | Smelting and Pressing of Ferrous Metals | 5 | 216 | 30 |

# 开发机构R&D人员(2009年)

# in which the R&D Institutions Served (2009)

| #女性 Female | #博士毕业 Doctor | #硕士毕业 Master | #本科毕业 Under-graduate | #全时人员 Full-time Personnel | R&D人员全时当量(人年) Full-time Equivalent of R&D Personnel (man-year) | #研究人员 Researchers | 基础研究 Basic Research | 应用研究 Applied Research | 试验发展 Experimental Development |
|---|---|---|---|---|---|---|---|---|---|
| 102903 | 35393 | 80511 | 136015 | 250027 | 277183 | 172525 | 40754 | 102900 | 133529 |
| 13894 | 35393 | 8952 | 18444 | 30113 | 35676 | 19887 | 2132 | 7502 | 26042 |
| 8778 | 1878 | 5535 | 11435 | 18343 | 21782 | 11924 | 1227 | 4458 | 16097 |
| 1476 | 424 | 812 | 2035 | 3090 | 3757 | 2072 | 132 | 507 | 3118 |
| 916 | 281 | 607 | 1200 | 2126 | 2539 | 1428 | 139 | 642 | 1758 |
| 473 | 209 | 411 | 904 | 1288 | 1604 | 1060 | 202 | 603 | 799 |
| 2251 | 814 | 1587 | 2870 | 5266 | 5994 | 3403 | 432 | 1292 | 4270 |
| 136 | 25 | 87 | 255 | 362 | 385 | 295 |  | 12 | 373 |
| 10 |  | 9 | 51 | 48 | 65 | 44 |  | 3 | 62 |
| 123 | 25 | 78 | 201 | 308 | 311 | 247 |  | 4 | 307 |
| 3 |  |  | 3 | 6 | 9 | 4 |  | 5 | 4 |
| 3863 | 1008 | 2492 | 4878 | 6173 | 7778 | 3926 | 1026 | 2152 | 4600 |
| 220 | 45 | 129 | 355 | 540 | 601 | 300 | 14 | 105 | 482 |
| 66 | 17 | 41 | 62 | 99 | 131 | 94 | 40 | 50 | 41 |
| 5 | 2 | 8 | 4 | 1 | 6 | 3 |  | 1 | 5 |
| 32 |  | 9 | 30 | 45 | 53 | 30 |  |  | 53 |
|  |  | 1 | 15 | 19 | 19 | 10 |  |  | 19 |
| 3 |  | 1 | 6 | 6 | 6 | 6 |  |  | 6 |
| 81 | 22 | 29 | 94 | 170 | 199 | 105 | 3 | 22 | 174 |
| 3 |  |  | 9 | 9 | 12 | 8 |  |  | 12 |
| 11 |  | 2 | 25 | 27 | 32 | 11 |  |  | 32 |
| 2 |  |  | 6 | 7 | 7 | 4 |  | 5 | 2 |
| 3 |  |  | 3 | 7 | 7 | 4 |  | 7 |  |
| 549 | 169 | 431 | 652 | 936 | 1059 | 739 | 440 | 371 | 248 |
| 2049 | 474 | 1044 | 1765 | 2128 | 2885 | 1226 | 424 | 1008 | 1453 |
| 33 |  | 4 | 31 | 71 | 72 | 38 |  |  | 72 |
| 8 | 4 | 8 | 43 | 61 | 65 | 30 | 12 | 4 | 49 |
| 15 | 1 | 7 | 37 | 28 | 40 | 27 |  | 2 | 38 |
| 6 |  |  | 17 | 30 | 30 | 12 |  |  | 30 |

3-5 续表 1

| 行业 | Industry | 机构数（个）R&D Institutions (unit) | 从业人员（人）Employed Persons (person) | R&D人员合计（人）R&D Personnel (person) |
|---|---|---|---|---|
| 有色金属冶炼及压延加工业 | Smelting and Pressing of Nonferrous | 3 | 292 | 143 |
| 金属制品业 | Metal Products | 3 | 90 | 34 |
| 通用设备制造业 | Manufacture of General Purpose Machinery | 31 | 2716 | 168 |
| 专用设备制造业 | Equipment for Special Purposes | 81 | 5676 | 1844 |
| 交通运输设备制造业 | Transport Equipment | 5 | 343 | 100 |
| 电气机械及器材制造业 | Electric Equipment and Machinery | 6 | 354 | 55 |
| 通信设备、计算机及其他电子设备制造业 | Manufacture of Communication Equipment, Computer and Other Electronic Equipment | 23 | 1631 | 539 |
| 仪器仪表及文化、办公用机械制造业 | Instruments, Meters, Cultural and Office Machinery | 16 | 1197 | 354 |
| 工艺品及其他制造业 | Manufacture of Artwork, Other Manufacture | 13 | 259 | 19 |
| **电力、燃气及水的生产和供应业小计** | **Production and Distribution of Electricity, Gas and Water** | **13** | **2125** | **986** |
| 电力、热力的生产和供应业 | Production and Supply of Electric Power and Heat Power | 10 | 1913 | 948 |
| 燃气生产和供应业 | Production and Distribution of Gas | 1 | 153 | 20 |
| 水的生产和供应业 | Production and Distribution of Water | 2 | 59 | 18 |
| **建筑业小计** | **Construction** | **51** | **5977** | **1095** |
| 房屋和土木工程建筑业 | Construction of Building and Civil Engineering | 44 | 5784 | 1046 |
| 建筑安装业 | Architectural Installation | 1 | 20 | 5 |
| 建筑装饰业 | Architectural Decoration | 3 | 36 | 14 |
| 其他建筑业 | Other Construction | 3 | 137 | 30 |
| **交通运输、仓储和邮政业小计** | **Traffic,Transport, Storage and Post** | **23** | **3247** | **1185** |
| 铁路运输业 | Railway Transportation | 4 | 402 | 84 |
| 道路运输业 | Transport Via Road | 8 | 1617 | 669 |
| 城市公共交通业 | Urban Public Traffic | 6 | 435 | 224 |
| 水上运输业 | Water Transport | 3 | 429 | 88 |
| 航空运输业 | Air Transport | 1 | 195 | 120 |
| 装卸运输和其他运输服务业 | Loading, Unloading, Portage and Other Transport Services | 1 | 169 | |
| **信息传输、计算机服务和软件业小计** | **Information Transfer, Computer Services and Software** | **43** | **3557** | **2604** |
| 电信和其他信息传输服务业 | Telecom and Other Information Transfer Services | 21 | 1737 | 644 |
| 计算机服务业 | Computer Services | 8 | 1020 | 1725 |
| 软件业 | Software Industry | 14 | 800 | 235 |
| **批发和零售业小计** | **Wholesale and Retail Trade** | **2** | **50** | |
| 批发业 | Wholesale | 2 | 50 | |

continued

| #女性 Female | #博士毕业 Doctor | #硕士毕业 Master | #本科毕业 Under-graduate | #全时人员 Full-time Personnel | R&D人员全时当量(人年) Full-time Equivalent of R&D Personnel (man-year) | #研究人员 Researchers | 基础研究 Basic Research | 应用研究 Applied Research | 试验发展 Experimental Development |
|---|---|---|---|---|---|---|---|---|---|
| 43 | 4 | 32 | 93 | 121 | 132 | 69 | | | 132 |
| 8 | 3 | 8 | 20 | 32 | 34 | 25 | | | 34 |
| 14 | 27 | 63 | 70 | 54 | 72 | 43 | | | 72 |
| 433 | 83 | 348 | 1182 | 1038 | 1350 | 648 | | 96 | 1254 |
| 32 | 1 | 4 | 67 | 60 | 79 | 48 | | 4 | 75 |
| 11 | 13 | 27 | 11 | 48 | 51 | 42 | 10 | 24 | 17 |
| 165 | 112 | 163 | 130 | 338 | 485 | 222 | 81 | 356 | 48 |
| 62 | 31 | 132 | 147 | 284 | 334 | 175 | 2 | 97 | 235 |
| 9 | | 1 | 4 | 14 | 17 | 7 | | | 17 |
| **352** | **265** | **338** | **285** | **559** | **743** | **457** | **100** | **246** | **397** |
| 336 | 264 | 330 | 268 | 531 | 710 | 439 | 100 | 242 | 368 |
| 9 | 1 | 5 | 7 | 11 | 15 | 10 | | 4 | 11 |
| 7 | | 3 | 10 | 17 | 18 | 8 | | | 18 |
| **269** | **97** | **360** | **557** | **622** | **770** | **452** | **6** | **185** | **579** |
| 257 | 93 | 350 | 533 | 586 | 729 | 420 | 6 | 185 | 538 |
| | | | 4 | 5 | 5 | 1 | | | 5 |
| 2 | | | 5 | 7 | 9 | 5 | | | 9 |
| 10 | 4 | 10 | 15 | 24 | 27 | 26 | | | 27 |
| **341** | **145** | **461** | **474** | **870** | **1022** | **749** | **1** | **76** | **945** |
| 11 | 1 | 13 | 56 | 78 | 79 | 63 | | | 79 |
| 206 | 86 | 248 | 271 | 527 | 600 | 497 | 1 | 51 | 548 |
| 45 | 18 | 113 | 81 | 90 | 152 | 83 | | | 152 |
| 26 | 10 | 38 | 33 | 65 | 76 | 63 | | 5 | 71 |
| 53 | 30 | 49 | 33 | 110 | 115 | 43 | | 20 | 95 |
| **831** | **301** | **913** | **1164** | **1591** | **1773** | **1193** | **285** | **728** | **760** |
| 233 | 47 | 200 | 318 | 482 | 562 | 290 | | 34 | 528 |
| 538 | 243 | 629 | 732 | 939 | 1003 | 794 | 284 | 621 | 98 |
| 60 | 11 | 84 | 114 | 170 | 208 | 109 | 1 | 73 | 134 |

3-5 续表 2

| 行 业 | Industry | 机构数（个） R&D Institutions (unit) | 从业人员（人） Employed Persons (person) | R&D人员合计（人） R&D Personnel (person) |
|---|---|---|---|---|
| **金融业小计** | **Finance** | **2** | **42** | **38** |
| 其他金融业 | Other Financial Activities | 2 | 42 | 38 |
| **房地产业小计** | **Real Estate** | **2** | **60** | |
| 房地产业 | Real Estate | 2 | 60 | |
| **租赁和商务服务业小计** | **Tenancy and Business Services** | **10** | **317** | **23** |
| 商务服务业 | Business Service | 10 | 317 | 23 |
| **科学研究、技术服务和地质勘查业小计** | **Scientific Research, Technical Service and Geologic Perambulation** | **1192** | **417589** | **239976** |
| 研究和试验发展 | Research and Experimental Development | 662 | 370004 | 225668 |
| 专业技术服务业 | Professional Technique Services | 306 | 30406 | 9954 |
| 科技交流和推广服务业 | Services of Science and Technique Intercommunion and Generalization | 172 | 6347 | 2192 |
| 地质勘查业 | Geologic Perambulation | 52 | 10832 | 2162 |
| **水利、环境和公共设施管理业小计** | **Management of Water Conservancy, Environment and public Establishment** | **222** | **19287** | **6276** |
| 水利管理业 | Management of Water Conservancy | 82 | 8494 | 2296 |
| 环境管理业 | Environmental Management | 131 | 10311 | 3914 |
| 公共设施管理业 | Management of Public Establishment | 9 | 482 | 66 |
| **居民服务和其他服务业小计** | **Resident Services and Other Services** | **3** | **90** | **12** |
| 居民服务业 | Resident Services | 2 | 44 | 12 |
| 其他服务业 | Other Services | 1 | 46 | |
| **教育小计** | **Education** | **36** | **2350** | **458** |
| 教 育 | Education | 36 | 2350 | 458 |
| **卫生、社会保障和社会福利业小计** | **Sanitation, Social Security and Welfare** | **249** | **40140** | **14807** |
| 卫 生 | Sanitation | 249 | 40140 | 14807 |
| **文化、体育和娱乐业小计** | **Culture, Sports and Entertainment** | **84** | **4556** | **1264** |
| 新闻出版业 | Journalism and Publishing Activities | 2 | 285 | 64 |
| 广播、电视、电影和音像业 | Broadcasting,Movies,Television and Audiovisual Activities | 1 | 44 | 18 |
| 文化艺术业 | Culture and Art | 50 | 3109 | 853 |
| 体 育 | Sports Activities | 30 | 1004 | 241 |
| 娱乐业 | Entertainment | 1 | 114 | 88 |
| **公共管理和社会组织小计** | **Public Management and Social Organization** | **76** | **6455** | **1879** |
| 中国共产党机关 | Chinese Communist Party Organs | 2 | 26 | 12 |
| 国家机构 | Organ of State | 74 | 6429 | 1867 |

continued

| #女性 Female | #博士毕业 Doctor | #硕士毕业 Master | #本科毕业 Under-graduate | #全时人员 Full-time Personnel | R&D人员全时当量(人年) Full-time Equivalent of R&D Personnel (man-year) | #研究人员 Researchers | 基础研究 Basic Research | 应用研究 Applied Research | 试验发展 Experimental Development |
|---|---|---|---|---|---|---|---|---|---|
| **14** | **1** | **14** | **15** | **38** | **38** | **34** | | **38** | |
| 14 | 1 | 14 | 15 | 38 | 38 | 34 | | 38 | |
| | | | | | | | | | |
| **10** | | **3** | **13** | **16** | **21** | **7** | | **15** | **6** |
| 10 | | 3 | 13 | 16 | 21 | 7 | | 15 | 6 |
| **72054** | **26411** | **60857** | **99441** | **193062** | **208440** | **133455** | **34260** | **83459** | **90721** |
| 67646 | 24021 | 56489 | 93888 | 183660 | 197075 | 126454 | 32366 | 79195 | 85514 |
| 3180 | 1575 | 3145 | 3953 | 6003 | 7567 | 4705 | 1432 | 2288 | 3847 |
| 559 | 504 | 690 | 694 | 1570 | 1831 | 922 | 324 | 1079 | 428 |
| 669 | 311 | 533 | 906 | 1829 | 1967 | 1374 | 138 | 897 | 932 |
| **2101** | **1318** | **1899** | **2179** | **4504** | **5270** | **3287** | **549** | **1890** | **2831** |
| 531 | 203 | 634 | 976 | 1514 | 1837 | 1276 | 100 | 643 | 1094 |
| 1550 | 1105 | 1261 | 1179 | 2938 | 3374 | 1989 | 449 | 1241 | 1684 |
| 20 | 10 | 4 | 24 | 52 | 59 | 22 | | 6 | 53 |
| **4** | **3** | **4** | **3** | **5** | **6** | **2** | | | **6** |
| 4 | 3 | 4 | 3 | 5 | 6 | 2 | | | 6 |
| | | | | | | | | | |
| **223** | **54** | **131** | **212** | **376** | **416** | **275** | **2** | **216** | **198** |
| 223 | 54 | 131 | 212 | 376 | 416 | 275 | 2 | 216 | 198 |
| **7674** | **1713** | **3104** | **6716** | **9525** | **12288** | **6780** | **1897** | **5610** | **4781** |
| 7674 | 1713 | 3104 | 6716 | 9525 | 12288 | 6780 | 1897 | 5610 | 4781 |
| **469** | **102** | **289** | **590** | **871** | **1039** | **678** | **408** | **309** | **322** |
| 30 | 9 | 36 | 17 | 46 | 52 | 27 | 12 | | 40 |
| 5 | 4 | 9 | 4 | 15 | 16 | 12 | | | 16 |
| 296 | 45 | 136 | 424 | 540 | 678 | 428 | 396 | 182 | 100 |
| 104 | 32 | 83 | 103 | 186 | 207 | 130 | | 67 | 140 |
| 34 | 12 | 25 | 42 | 84 | 86 | 81 | | 60 | 26 |
| **668** | **344** | **607** | **789** | **1340** | **1518** | **1048** | **88** | **462** | **968** |
| 3 | 2 | 2 | 5 | 12 | 12 | 12 | | 12 | |
| 665 | 342 | 605 | 784 | 1328 | 1506 | 1036 | 88 | 450 | 968 |

# 3-6 按隶属关系和学科分研究与开发

## Intramural Expenditure on R&D of R&D Institutions

单位：万元

| 项　目 | Item | R&D经费内部支出 Intramural Expenditure on R&D | 基础研究 Basic Research | 应用研究 Applied Research | 试验发展 Experimental Development |
|---|---|---|---|---|---|
| **总　计** | **Total** | **9959481** | **1106276** | **3509107** | **5344098** |
| **按隶属关系分组** | **by Subordination** | | | | |
| 中央部门属 | Subordinated to Central Level | 9074184 | 1048295 | 3253391 | 4772498 |
| #中国科学院 | Chinese Academy of Sciences | 1932876 | 673232 | 1064487 | 195156 |
| 地方部门属 | Subordi-nated to Local Level | 885297 | 57981 | 255716 | 571600 |
| 省级部门属 | Provincial Level | 766420 | 55933 | 236709 | 473779 |
| 计划单列市部门属 | Separate Planning Cities Level | 21122 | 583 | 7616 | 12923 |
| 地市级部门属 | Miniciple Level | 97754 | 1465 | 11391 | 84898 |
| **按门类学科分组** | **by Subject** | | | | |
| 自然科学 | Natural sciences | 1618532 | 634374 | 731714 | 252444 |
| 农业科学 | Agricultural Sciences | 714762 | 37133 | 172415 | 505214 |
| 医药科学 | Medical Science | 377183 | 57777 | 153823 | 165583 |
| 工程与技术科学 | Engineering and Technological Sciences | 7056756 | 311143 | 2367219 | 4378394 |
| 人文与社会科学 | Humanities and Social Sciences | 192249 | 65848 | 83936 | 42464 |

# 机构R&D经费内部支出(2009年)

# by Subordination and Subject (2009)

(10000 yuan)

| 日常性支出 Routine Expenses | #人员劳务费 Labor Cost | 资产性支出 Assets Expenditure | #仪器和设备支出 Equipment | 政府资金 Government Funds | 企业资金 Self-raised Funds by Enterprises | 国外资金 Foreign Funds | 其他资金 Other Funds |
|---|---|---|---|---|---|---|---|
| **6979483** | **1805816** | **2979998** | **1697888** | **8495281** | **298323** | **41624** | **1124253** |
| 6268790 | 1457666 | 2805394 | 1570938 | 7803711 | 265963 | 36396 | 968115 |
| 1291638 | 407583 | 641238 | 484763 | 1599163 | 103592 | 26958 | 203164 |
| 710693 | 348150 | 174603 | 126949 | 691569 | 32361 | 5229 | 156138 |
| 613670 | 285744 | 152750 | 111137 | 597477 | 26981 | 5193 | 136769 |
| 17188 | 11087 | 3935 | 3227 | 15101 | 1226 | 21 | 4774 |
| 79836 | 51319 | 17919 | 12585 | 78991 | 4154 | 15 | 14595 |
| 1107007 | 357216 | 511525 | 423863 | 1364537 | 65657 | 18748 | 169590 |
| 553231 | 220926 | 161531 | 107092 | 607205 | 17138 | 4200 | 86219 |
| 266886 | 124313 | 110297 | 79310 | 274788 | 12336 | 4622 | 85437 |
| 4884743 | 1027094 | 2172014 | 1065188 | 6080470 | 201307 | 12746 | 762234 |
| 167618 | 76268 | 24632 | 22435 | 168281 | 1886 | 1308 | 20774 |

# 3-7 各地区研究与开发机构R&D

# Intramural Expenditure on R&D of R&D

单位：万元

| 地区 | Region | R&D经费内部支出 Intramural Expenditure on R&D | 基础研究 Basic Research | 应用研究 Applied Research | 试验发展 Experimental Development |
|---|---|---|---|---|---|
| **全国** | **National Total** | **9959481** | **1106276** | **3509107** | **5344098** |
| 东部地区 | Eastern Region | 6065837 | 788936 | 2067534 | 3209368 |
| 中部地区 | Middle Region | 1465108 | 106687 | 610621 | 747799 |
| 西部地区 | Western Region | 2428536 | 210653 | 830952 | 1386931 |
| 北京 | Beijing | 3216954 | 455376 | 940428 | 1821151 |
| 天津 | Tianjin | 181372 | 11005 | 45603 | 124764 |
| 河北 | Hebei | 232431 | 17832 | 187057 | 27542 |
| 山西 | Shanxi | 94114 | 2151 | 58316 | 33646 |
| 内蒙古 | Inner Mongolia | 53106 | 4688 | 22748 | 25669 |
| 辽宁 | Liaoning | 311939 | 25848 | 123299 | 162792 |
| 吉林 | Jilin | 165533 | 9928 | 69763 | 85842 |
| 黑龙江 | Heilongjiang | 205980 | 11122 | 130773 | 64085 |
| 上海 | Shanghai | 869512 | 132676 | 348190 | 388647 |
| 江苏 | Jiangsu | 642306 | 30553 | 198447 | 413306 |
| 浙江 | Zhejiang | 128517 | 6362 | 37638 | 84518 |
| 安徽 | Anhui | 207382 | 43867 | 82908 | 80607 |
| 福建 | Fujian | 61060 | 17342 | 29841 | 13877 |
| 江西 | Jiangxi | 74580 | 1350 | 57188 | 16042 |
| 山东 | Shandong | 221383 | 43648 | 76395 | 101340 |
| 河南 | Henan | 202798 | 1495 | 37276 | 164027 |
| 湖北 | Hubei | 399892 | 29165 | 146707 | 224021 |
| 湖南 | Hunan | 114830 | 7609 | 27691 | 79530 |
| 广东 | Guangdong | 175980 | 40811 | 74369 | 60800 |
| 广西 | Guangxi | 53183 | 2587 | 20900 | 29696 |
| 海南 | Hainan | 24384 | 7485 | 6267 | 10631 |
| 重庆 | Chongqing | 67547 | 13224 | 43927 | 10396 |
| 四川 | Sichuan | 909969 | 61949 | 440375 | 407646 |
| 贵州 | Guizhou | 36906 | 18158 | 3524 | 15224 |
| 云南 | Yunnan | 128819 | 28313 | 35419 | 65088 |
| 西藏 | Tibet | 5442 | 1119 | 1253 | 3070 |
| 陕西 | Shaanxi | 998988 | 28590 | 208303 | 762095 |
| 甘肃 | Gansu | 120788 | 43304 | 29812 | 47672 |
| 青海 | Qinghai | 10442 | 3108 | 3160 | 4175 |
| 宁夏 | Ningxia | 4854 | 662 | 2665 | 1527 |
| 新疆 | Xinjiang | 38491 | 4953 | 18865 | 14673 |

# 经费内部支出(2009年)

# Institutions by Region (2009)

(10000 yuan)

| 日常性支出 Routine Expenses | | 资产性支出 Assets Expenditure | | 政府资金 Government Funds | 企业资金 Self-raised Funds by Enterprises | 国外资金 Foreign Funds | 其他资金 Other Funds |
|---|---|---|---|---|---|---|---|
| | #人员劳务费 Labor Cost | | #仪器和设备支出 Equipment | | | | |
| **6979483** | **1805816** | **2979998** | **1697888** | **8495281** | **298323** | **41624** | **1124253** |
| 4277639 | 1123990 | 1788198 | 1137740 | 5065856 | 244644 | 34678 | 720659 |
| 951659 | 272649 | 513449 | 259697 | 1221891 | 28756 | 2522 | 211940 |
| 1750186 | 409178 | 678350 | 300451 | 2207533 | 24923 | 4425 | 191655 |
| 2322403 | 525402 | 894551 | 606458 | 2719862 | 71442 | 19759 | 405890 |
| 120294 | 26044 | 61078 | 36394 | 151345 | 338 | 105 | 29584 |
| 200223 | 34180 | 32208 | 10624 | 222755 | 76 | | 9600 |
| 52937 | 17847 | 41177 | 26221 | 76150 | 5685 | 319 | 11959 |
| 32114 | 11247 | 20992 | 16080 | 45572 | 759 | 44 | 6731 |
| 236923 | 67492 | 75016 | 52515 | 265904 | 27400 | 3129 | 15506 |
| 127988 | 35714 | 37545 | 28639 | 148037 | 2367 | 998 | 14132 |
| 90389 | 33550 | 115591 | 52121 | 189884 | 2726 | | 13370 |
| 612161 | 175876 | 257351 | 169092 | 728677 | 28650 | 6707 | 105478 |
| 392788 | 128124 | 249518 | 106941 | 475493 | 93539 | 3534 | 69741 |
| 90574 | 26699 | 37944 | 25388 | 109843 | 5690 | 212 | 12773 |
| 169813 | 30507 | 37569 | 16404 | 131213 | 3779 | 80 | 72310 |
| 39293 | 22049 | 21767 | 21139 | 50468 | 1260 | 45 | 9287 |
| 44314 | 17590 | 30265 | 2073 | 71161 | 339 | 53 | 3027 |
| 126542 | 55789 | 94841 | 67704 | 181645 | 7839 | 155 | 31744 |
| 120700 | 42708 | 82098 | 48101 | 180295 | 1786 | | 20718 |
| 255368 | 66869 | 144524 | 74371 | 347465 | 9148 | 1029 | 42250 |
| 90151 | 27864 | 24679 | 11768 | 77687 | 2926 | 43 | 34175 |
| 118782 | 54339 | 57198 | 35466 | 137629 | 8406 | 725 | 29219 |
| 44979 | 15503 | 8204 | 5930 | 40874 | 2298 | 468 | 9543 |
| 17656 | 7996 | 6728 | 6020 | 22237 | 4 | 307 | 1836 |
| 36340 | 10781 | 31207 | 23259 | 56918 | 583 | 46 | 10000 |
| 689917 | 150991 | 220052 | 54691 | 872673 | 9219 | 692 | 27386 |
| 23569 | 10067 | 13337 | 13283 | 17748 | 2068 | 144 | 16946 |
| 82551 | 30009 | 46269 | 29736 | 112961 | 4077 | 2082 | 9700 |
| 4288 | 2512 | 1155 | 953 | 5297 | | | 145 |
| 719765 | 132427 | 279223 | 116686 | 909137 | 1474 | | 88378 |
| 77507 | 26398 | 43281 | 29565 | 98804 | 3310 | 540 | 18133 |
| 7583 | 3666 | 2859 | 2314 | 8939 | 723 | 1 | 779 |
| 4147 | 1302 | 707 | 686 | 4823 | | | 31 |
| 27427 | 14275 | 11064 | 7268 | 33786 | 414 | 408 | 3884 |

# 3-8 各地区地方部门属研究与开发

## Intramural Expenditure on R&D in Local

单位：万元

| 地 区 | Region | R&D经费内部支出 Intramural Expenditure on R&D | 基础研究 Basic Research | 应用研究 Applied Research | 试验发展 Experimental Development |
|---|---|---|---|---|---|
| **全 国** | **National Total** | **885297** | **57981** | **255716** | **571600** |
| 东部地区 | Eastern Region | 499499 | 31053 | 164763 | 303683 |
| 中部地区 | Middle Region | 187052 | 10960 | 39599 | 136494 |
| 西部地区 | Western Region | 198746 | 15968 | 51354 | 131424 |
| 北 京 | Beijing | 63366 | 2469 | 13485 | 47412 |
| 天 津 | Tianjin | 30360 | 3464 | 4842 | 22054 |
| 河 北 | Hebei | 14902 | 390 | 3016 | 11496 |
| 山 西 | Shanxi | 9310 | 313 | 2429 | 6568 |
| 内 蒙 古 | Inner Mongolia | 22406 | 3234 | 5286 | 13886 |
| 辽 宁 | Liaoning | 23339 | 81 | 1990 | 21268 |
| 吉 林 | Jilin | 33841 | 1677 | 10853 | 21311 |
| 黑 龙 江 | Heilongjiang | 53587 | 3290 | 10586 | 39711 |
| 上 海 | Shanghai | 82609 | 5355 | 32679 | 44575 |
| 江 苏 | Jiangsu | 72044 | 1253 | 35220 | 35570 |
| 浙 江 | Zhejiang | 47020 | 3127 | 6333 | 37561 |
| 安 徽 | Anhui | 10349 | 1322 | 4659 | 4369 |
| 福 建 | Fujian | 20816 | 2958 | 7553 | 10305 |
| 江 西 | Jiangxi | 17539 | 763 | 2141 | 14635 |
| 山 东 | Shandong | 75092 | 6430 | 29277 | 39386 |
| 河 南 | Henan | 12688 | 1199 | 1789 | 9700 |
| 湖 北 | Hubei | 19976 |  | 798 | 19178 |
| 湖 南 | Hunan | 29763 | 2397 | 6344 | 21022 |
| 广 东 | Guangdong | 68215 | 5505 | 30090 | 32620 |
| 广 西 | Guangxi | 43359 | 1558 | 14975 | 26827 |
| 海 南 | Hainan | 1737 | 22 | 278 | 1437 |
| 重 庆 | Chongqing | 11080 | 1580 | 4727 | 4773 |
| 四 川 | Sichuan | 25487 | 55 | 2396 | 23036 |
| 贵 州 | Guizhou | 7217 | 132 | 1682 | 5403 |
| 云 南 | Yunnan | 30030 | 904 | 5800 | 23326 |
| 西 藏 | Tibet | 5442 | 1119 | 1253 | 3070 |
| 陕 西 | Shaanxi | 4678 | 703 | 1145 | 2830 |
| 甘 肃 | Gansu | 21969 | 3748 | 4974 | 13247 |
| 青 海 | Qinghai | 1423 | 590 | 622 | 211 |
| 宁 夏 | Ningxia | 4854 | 662 | 2665 | 1527 |
| 新 疆 | Xinjiang | 20799 | 1682 | 5829 | 13288 |

# 机构R&D经费内部支出(2009年)

## R&D Institutions by Region (2009)

(10000 yuan)

| 日常性支出 Routine Expenses | #人员劳务费 Labor Cost | 资产性支出 Assets Expenditure | #仪器和设备支出 Equipment | 政府资金 Government Funds | 企业资金 Self-raised Funds by Enterprises | 国外资金 Foreign Funds | 其他资金 Other Funds |
|---|---|---|---|---|---|---|---|
| **710693** | **348150** | **174603** | **126949** | **691569** | **32361** | **5229** | **156138** |
| 390639 | 178581 | 108860 | 85191 | 372675 | 19329 | 4159 | 103336 |
| 155218 | 88985 | 31835 | 20105 | 150441 | 6572 | 249 | 29790 |
| 164837 | 80584 | 33909 | 21653 | 168453 | 6461 | 820 | 23012 |
| 47903 | 15623 | 15463 | 13469 | 54912 | 2000 | 155 | 6298 |
| 22633 | 9716 | 7727 | 7388 | 20520 | 338 | 105 | 9397 |
| 13432 | 5655 | 1470 | 1388 | 13208 | 76 | | 1618 |
| 7987 | 6039 | 1323 | 1176 | 8109 | 350 | | 851 |
| 18915 | 7699 | 3492 | 2493 | 20696 | 757 | 44 | 909 |
| 19562 | 9676 | 3777 | 3227 | 22330 | 11 | | 999 |
| 27984 | 14629 | 5857 | 3612 | 30150 | 1146 | | 2545 |
| 46593 | 25974 | 6994 | 5470 | 42841 | 954 | | 9792 |
| 69626 | 29690 | 12983 | 12915 | 62953 | 5517 | 1405 | 12733 |
| 56372 | 23262 | 15672 | 7705 | 46726 | 2018 | 1733 | 21567 |
| 38016 | 14315 | 9004 | 6835 | 37303 | 2393 | 87 | 7238 |
| 9538 | 4248 | 811 | 671 | 8705 | 549 | 20 | 1075 |
| 16782 | 9522 | 4034 | 3520 | 16941 | 732 | 9 | 3134 |
| 13896 | 7648 | 3642 | 1389 | 14921 | 339 | 53 | 2226 |
| 56207 | 32806 | 18885 | 13078 | 49859 | 2138 | 121 | 22974 |
| 10380 | 6831 | 2308 | 1993 | 10806 | 255 | | 1627 |
| 13658 | 6952 | 6318 | 2736 | 13216 | 964 | 144 | 5653 |
| 25182 | 16663 | 4582 | 3058 | 21695 | 2014 | 33 | 6022 |
| 48671 | 27685 | 19544 | 15377 | 46193 | 4105 | 546 | 17371 |
| 35796 | 14106 | 7563 | 5350 | 34144 | 2101 | 468 | 6647 |
| 1435 | 632 | 301 | 290 | 1729 | | | 8 |
| 9075 | 6433 | 2005 | 1425 | 8468 | 397 | 46 | 2169 |
| 21614 | 10114 | 3873 | 1909 | 22203 | 383 | 28 | 2874 |
| 6288 | 3944 | 929 | 874 | 6394 | 216 | 60 | 547 |
| 26828 | 9784 | 3203 | 2529 | 26084 | 2038 | 106 | 1802 |
| 4288 | 2512 | 1155 | 953 | 5297 | | | 145 |
| 4421 | 3252 | 258 | 236 | 4135 | | | 543 |
| 15691 | 10778 | 6278 | 2669 | 16668 | 456 | 70 | 4775 |
| 1314 | 893 | 109 | 109 | 1423 | | | |
| 4147 | 1302 | 707 | 686 | 4823 | | | 31 |
| 16462 | 9768 | 4338 | 2421 | 18117 | 114 | | 2569 |

# 3-9 按服务的国民经济行业分研究与

## Intramural Expenditure on R&D of R&D Institutions by

| 行 业 | Industry | R&D经费内部支出 Intramural Expenditure on R&D | 基础研究 Basic Research | 应用研究 Applied Research |
|---|---|---|---|---|
| **总 计** | **Total** | **9959481** | **1106276** | **3509107** |
| **农、林、牧、渔服务业** | **Farming, Forestry, Animal Husbandry and Fishery** | **701503** | **40144** | **169057** |
| 农业 | Farming | 434345 | 23729 | 110061 |
| 林业 | Forestry | 54164 | 1978 | 6322 |
| 畜牧业 | Animal Husbandry | 51733 | 2475 | 10841 |
| 渔业 | Fishery | 40733 | 5229 | 17684 |
| 农、林、牧、渔服务业 | Service Activities for Agriculture, Forestry, Farming of Animals and Fishing | 120529 | 6734 | 24149 |
| **采矿业小计** | **Mining** | **7344** | | **98** |
| 煤炭开采和洗选业 | Mining and Washing of Coal | 1853 | | 42 |
| 有色金属矿采选业 | Nonferrous Metals Mining and Dressing | 5435 | | 36 |
| 其他采矿业 | Other Minerals Mining and Dressing | 57 | | 20 |
| **制造业小计** | **Manufacturing** | **189824** | **36257** | **56219** |
| 农副食品加工业 | Processing of Food from Agricultural Products | 11144 | 129 | 1196 |
| 食品制造业 | Food Production | 2570 | 689 | 1492 |
| 饮料制造业 | Beverage Production | 144 | | 4 |
| 纺织业 | Textile Industry | 188 | | |
| 纺织服装、鞋、帽制造业 | Manufacture of Textile Wearing Apparel, Footware and Caps | 79 | | |
| 皮革、毛皮、羽毛(绒)及其制品业 | Manufacture of Leather, Fur, Feather and its Products | 40 | | |
| 木材加工及木、竹、藤、棕、草制品业 | Processing of Timbers, Manufacture of Wood, Bamboo, Rattan, Palm and Straw Products | 5143 | 50 | 695 |
| 家具制造业 | Furniture Manufacturing | 78 | | |
| 造纸及纸制品业 | Papermaking and Paper Products | 336 | | |
| 印刷业和记录媒介的复制 | Printing and Record Medium Reproduction | 67 | | 60 |
| 石油加工、炼焦及核燃料加工业 | Processing of Petroleum ,Coking, Processing of Nucleus Fuel | 83 | | 83 |
| 化学原料及化学制品制造业 | Raw Chemical Materials and Chemical Products | 28833 | 14452 | 11725 |
| 医药制造业 | Medical and Pharmaceutical Products | 85712 | 16792 | 24926 |
| 化学纤维制造业 | Chemical Fiber | 478 | | |
| 塑料制品业 | Plastic Products | 427 | 15 | 18 |
| 非金属矿物制品业 | Nonmetal Mineral Products | 677 | | 144 |
| 黑色金属冶炼及压延加工业 | Smelting and Pressing of Ferrous Metals | 307 | | |
| 有色金属冶炼及压延加工业 | Smelting and Pressing of Nonferrous | 1855 | | |
| 金属制品业 | Metal Products | 159 | | |
| 通用设备制造业 | Manufacture of General Purpose Machinery | 897 | | |
| 专用设备制造业 | Equipment for Special Purposes | 29396 | | 4295 |
| 交通运输设备制造业 | Transport Equipment | 777 | | 36 |
| 电气机械及器材制造业 | Electric Equipment and Machinery | 1177 | 149 | 747 |
| 通信设备、计算机及其他电子设备制造业 | Manufacture of Communication Equipment, Computer and Other Electronic Equipment | 12257 | 3960 | 8073 |
| 仪器仪表及文化、办公用机械制造业 | Instruments, Meters, Cultural and Office Machinery | 6855 | 20 | 2726 |
| 工艺品及其他制造业 | Manufacture of Artwork, Other Manufacture | 147 | | |
| **电力、燃气及水的生产和供应业小计** | **Production and Distribution of Electricity, Gas and Water** | **31102** | **1821** | **10425** |
| 电力、热力的生产和供应业 | Production and Supply of Electric Power and Heat Power | 30699 | 1821 | 10365 |
| 燃气生产和供应业 | Production and Distribution of Gas | 222 | | 60 |
| 水的生产和供应业 | Production and Distribution of Water | 181 | | |

# 开发机构R&D经费内部支出(2009年)

## Industrial Sector in which the R&D Institutions Served (2009)

(10000 yuan)

| 试验发展 Experimental Development | 日常性支出 Routine Expenses | #人员劳务费 Labor Cost | 资产性支出 Assets Expenditure | #仪器和设备支出 Equipment | 政府资金 Government Funds | 企业资金 Self-raised Funds by Enterprises | 国外资金 Foreign Funds | 其他资金 Other Funds |
|---|---|---|---|---|---|---|---|---|
| **5344098** | **6979483** | **1805816** | **2979998** | **1697888** | **8495281** | **298323** | **41624** | **1124253** |
| **492303** | **540609** | **214905** | **160894** | **106770** | **596999** | **16088** | **3874** | **84543** |
| 300555 | 340115 | 136761 | 94230 | 60506 | 367456 | 7670 | 2027 | 57192 |
| 45864 | 43459 | 18865 | 10705 | 7412 | 46327 | 141 | 778 | 6918 |
| 38417 | 39066 | 11836 | 12667 | 8364 | 46838 | 1661 | 37 | 3197 |
| 17820 | 27382 | 11761 | 13351 | 10641 | 35606 | 2511 | 25 | 2590 |
| 89647 | 90588 | 35683 | 29941 | 19847 | 100771 | 4104 | 1008 | 14646 |
| **7246** | **4786** | **2700** | **2559** | **1627** | **6367** | **978** | | |
| 1811 | 563 | 450 | 1290 | 358 | 1428 | 425 | | |
| 5399 | 4175 | 2239 | 1259 | 1259 | 4882 | 553 | | |
| 36 | 48 | 11 | 9 | 9 | 57 | | | |
| **97348** | **116564** | **52069** | **73260** | **39769** | **148398** | **6355** | **890** | **34181** |
| 9819 | 6345 | 2834 | 4799 | 3303 | 10416 | 129 | | 599 |
| 389 | 1726 | 577 | 844 | 844 | 1777 | 365 | 42 | 386 |
| 140 | 140 | 49 | 4 | 4 | 84 | | | 60 |
| 188 | 165 | 155 | 23 | 23 | 188 | | | |
| 79 | 79 | 69 | | | 63 | | | 16 |
| 40 | 40 | 30 | | | 10 | | | 30 |
| 4399 | 3942 | 797 | 1202 | 927 | 4770 | | 166 | 208 |
| 78 | 15 | 14 | 63 | 63 | | | | 78 |
| 336 | 336 | 165 | | | 93 | 243 | | |
| 7 | 66 | 50 | 1 | 1 | 52 | | | 15 |
| | 82 | 73 | 1 | 1 | 70 | | | 14 |
| 2656 | 18710 | 9897 | 10123 | 4664 | 25618 | 1507 | 41 | 1668 |
| 43993 | 46366 | 17684 | 39346 | 19847 | 66743 | 1876 | 406 | 16687 |
| 478 | 464 | 253 | 14 | 14 | 163 | | | 315 |
| 394 | 306 | 209 | 121 | 121 | 329 | 2 | | 96 |
| 533 | 436 | 370 | 241 | 241 | 424 | 14 | | 239 |
| 307 | 305 | 168 | 2 | 2 | | | | 307 |
| 1855 | 1475 | 634 | 380 | 204 | 1656 | 199 | | |
| 159 | 159 | 87 | | | 159 | | | |
| 897 | 748 | 518 | 149 | 149 | 539 | 166 | | 192 |
| 25102 | 19799 | 11730 | 9597 | 3661 | 18098 | 1649 | 29 | 9621 |
| 741 | 738 | 460 | 39 | 39 | 258 | 125 | | 394 |
| 281 | 629 | 298 | 548 | 462 | 1000 | 20 | | 157 |
| 224 | 8499 | 2953 | 3759 | 3355 | 9406 | 4 | 207 | 2640 |
| 4108 | 4876 | 1959 | 1979 | 1819 | 6379 | 56 | | 420 |
| 147 | 120 | 37 | 27 | 27 | 106 | | | 41 |
| **18856** | **15331** | **11060** | **15771** | **5543** | **21618** | **2090** | **365** | **7030** |
| 18513 | 15048 | 10875 | 15651 | 5429 | 21413 | 2039 | 365 | 6882 |
| 162 | 148 | 80 | 73 | 67 | 80 | | | 142 |
| 181 | 135 | 105 | 47 | 47 | 125 | 51 | | 6 |

3-9 续表

| 行 业 | Industry | R&D经费内部支出 Intramural Expenditure on R&D | 基础研究 Basic Research | 应用研究 Applied Research |
|---|---|---|---|---|
| **建筑业小计** | **Construction** | **16656** | **40** | **3849** |
| 房屋和土木工程建筑业 | Construction of Building and Civil Engineering | 15699 | 40 | 3849 |
| 建筑安装业 | Architectural Installation | 16 | | |
| 建筑装饰业 | Architectural Decoration | 50 | | |
| 其他建筑业 | Other Construction | 891 | | |
| **交通运输、仓储和邮政业小计** | **Traffic,Transport, Storage and Post** | **46051** | **218** | **2182** |
| 铁路运输业 | Railway Transportation | 1106 | | |
| 道路运输业 | Transport Via Road | 38544 | 218 | 1951 |
| 城市公共交通业 | Urban Public Traffic | 1749 | | |
| 水上运输业 | Water Transport | 3484 | | 32 |
| 航空运输业 | Air Transport | 1169 | | 199 |
| **信息传输、计算机服务和软件业小计** | **Information Transfer, Computer Services and Software** | **68875** | **4998** | **27627** |
| 电信和其他信息传输服务业 | Telecom and Other Information Transfer Services | 34365 | | 2262 |
| 计算机服务业 | Computer Services | 33233 | 4993 | 24957 |
| 软件业 | Software Industry | 1277 | 6 | 408 |
| **金融业小计** | **Finance** | **709** | | **709** |
| 其他金融业 | Other Financial Activities | 709 | | 709 |
| **租赁和商务服务业小计** | **Tenancy and Business Services** | **224** | | **200** |
| 商务服务业 | Business Service | 224 | | 200 |
| **科学研究、技术服务和地质勘查业小计** | **Scientific Research, Technical Service and Geologic Perambulation** | **8463971** | **973818** | **3075421** |
| 研究和试验发展 | Research and Experimental Development | 7964284 | 891169 | 2887790 |
| 专业技术服务业 | Professional Technique Services | 333567 | 64553 | 85136 |
| 科技交流和推广服务业 | Services of Science and Technique Intercommunion and Generalization | 98738 | 13741 | 70867 |
| 地质勘查业 | Geologic Perambulation | 67382 | 4355 | 31628 |
| **水利、环境和公共设施管理业小计** | **Management of Water Conservancy, Environment and public Establishment** | **138270** | **9206** | **50273** |
| 水利管理业 | Management of Water Conservancy | 57482 | 2187 | 19774 |
| 环境管理业 | Environmental Management | 79861 | 7020 | 30221 |
| 公共设施管理业 | Management of Public Establishment | 927 | | 279 |
| **居民服务和其他服务业小计** | **Resident Services and Other Services** | **211** | | |
| 居民服务业 | Resident Services | 211 | | |
| **教育小计** | **Education** | **8092** | **21** | **3494** |
| 教育 | Education | 8092 | 21 | 3494 |
| **卫生、社会保障和社会福利业小计** | **Sanitation, Social Security and Welfare** | **219178** | **28135** | **90332** |
| 卫生 | Sanitation | 219178 | 28135 | 90332 |
| **文化、体育和娱乐业小计** | **Culture, Sports and Entertainment** | **22391** | **8470** | **5545** |
| 新闻出版业 | Journalism and Publishing Activities | 832 | 248 | |
| 广播、电视、电影和音像业 | Broadcasting,Movies,Television and Audiovisual Activities | 945 | | |
| 文化艺术业 | Culture and Art | 16267 | 8221 | 4510 |
| 体育 | Sports Activities | 3466 | | 608 |
| 娱乐业 | Entertainment | 882 | | 427 |
| **公共管理和社会组织小计** | **Public Management and Social Organization** | **45080** | **3149** | **13675** |
| 中国共产党机关 | Chinese Communist Party Organs | 270 | | 270 |
| 国家机构 | Organ of State | 44810 | 3149 | 13405 |

continued

(10000 yuan)

| 试验发展<br>Experimental Development | 日常性支出<br>Routine Expenses | #人员劳务费<br>Labor Cost | 资产性支出<br>Assets Expenditure | #仪器和设备支出<br>Equipment | 政府资金<br>Government Funds | 企业资金<br>Self-raised Funds by Enterprises | 国外资金<br>Foreign Funds | 其他资金<br>Other Funds |
|---|---|---|---|---|---|---|---|---|
| **12767** | **15013** | **6716** | **1643** | **1613** | **8403** | **4782** | **13** | **3459** |
| 11810 | 14065 | 6327 | 1634 | 1605 | 7512 | 4762 | 13 | 3413 |
| 16 | 14 | 14 | 2 | 2 | | | | 16 |
| 50 | 43 | 40 | 7 | 7 | | 20 | | 30 |
| 891 | 891 | 336 | | | 891 | | | |
| **43651** | **29945** | **8618** | **16106** | **11729** | **36992** | **1164** | | **7895** |
| 1106 | 949 | 490 | 156 | 153 | 349 | 757 | | |
| 36375 | 24099 | 5948 | 14444 | 10976 | 31177 | 158 | | 7209 |
| 1749 | 640 | 123 | 1109 | 209 | 1316 | 15 | | 418 |
| 3451 | 3087 | 1194 | 396 | 391 | 2981 | 234 | | 268 |
| 971 | 1169 | 864 | | | 1169 | | | |
| **36250** | **50252** | **17553** | **18623** | **17065** | **55815** | **1933** | **28** | **11099** |
| 32103 | 22680 | 6608 | 11684 | 11595 | 26563 | 99 | | 7702 |
| 3284 | 26437 | 10245 | 6796 | 5328 | 28074 | 1826 | 28 | 3306 |
| 864 | 1135 | 701 | 142 | 142 | 1178 | 8 | | 91 |
| | **650** | **303** | **59** | **59** | **709** | | | |
| | 650 | 303 | 59 | 59 | 709 | | | |
| **24** | **216** | **81** | **8** | **8** | **169** | | | **55** |
| 24 | 216 | 81 | 8 | 8 | 169 | | | 55 |
| **4414732** | **5863154** | **1348849** | **2600817** | **1432753** | **7299916** | **248069** | **31422** | **884564** |
| 4185326 | 5564604 | 1251347 | 2399680 | 1286994 | 6857370 | 234491 | 24756 | 847668 |
| 183878 | 201526 | 67565 | 132042 | 115733 | 289349 | 9227 | 2254 | 32738 |
| 14129 | 41605 | 13157 | 57132 | 23005 | 88283 | 3663 | 4407 | 2385 |
| 31399 | 55419 | 16780 | 11963 | 7021 | 64915 | 688 | 5 | 1774 |
| **78791** | **111449** | **32964** | **26822** | **21423** | **108125** | **10966** | **1521** | **17658** |
| 35522 | 49569 | 10897 | 7913 | 6250 | 39854 | 8631 | 292 | 8706 |
| 42621 | 60962 | 21653 | 18899 | 15164 | 67787 | 2106 | 1230 | 8739 |
| 648 | 918 | 413 | 9 | 9 | 484 | 229 | | 213 |
| **211** | **137** | **38** | **74** | **60** | **160** | | | **51** |
| 211 | 137 | 38 | 74 | 60 | 160 | | | 51 |
| **4577** | **7561** | **4116** | **531** | **531** | **7062** | **37** | **180** | **814** |
| 4577 | 7561 | 4116 | 531 | 531 | 7062 | 37 | 180 | 814 |
| **100711** | **176672** | **86716** | **42506** | **40318** | **151752** | **5164** | **2766** | **59496** |
| 100711 | 176672 | 86716 | 42506 | 40318 | 151752 | 5164 | 2766 | 59496 |
| **8376** | **17451** | **7853** | **4940** | **4913** | **18383** | **270** | **6** | **3732** |
| 583 | 456 | 239 | 376 | 352 | 832 | | | |
| 945 | 334 | 181 | 611 | 608 | 749 | | | 195 |
| 3536 | 13553 | 5222 | 2715 | 2715 | 13456 | 270 | 6 | 2536 |
| 2858 | 2252 | 1502 | 1214 | 1214 | 2968 | | | 498 |
| 454 | 857 | 710 | 24 | 24 | 379 | | | 503 |
| **28257** | **29695** | **11277** | **15386** | **13705** | **34414** | **428** | **562** | **9677** |
| | 261 | 110 | 9 | 9 | 270 | | | |
| 28257 | 29434 | 11167 | 15377 | 13696 | 34144 | 428 | 562 | 9677 |

# 3-10 按隶属关系和学科分研究与开发机构R&D经费外部支出(2009年)
## External Expenditure on R&D of R&D Institutions by Subordination and Subject (2009)

单位：万元 (10000 yuan)

| 项 目 | Item | 研究与试验发展经费外部支出 Total | 对国内研究机构支出 to Domestic Research Institutions | 对国内高等学校支出 to Domestic Higher Education | 对国内企业支出 to Domestic Enterprises | 对境外机构支出 to Foreign Institutions |
|---|---|---|---|---|---|---|
| **总 计** | | **213778** | **89038** | **24562** | **38301** | **2503** |
| **按隶属关系分组** | **by Subordination** | | | | | |
| 中央部门属 | Subordinated to Central Level | 198114 | 76724 | 22831 | 37059 | 2471 |
| #中国科学院 | Chinese Academy of Sciences | 21779 | 17346 | 2936 | 1404 | 83 |
| 地方部门属 | Subordi-nated to Local Level | 15664 | 12314 | 1731 | 1242 | 32 |
| 省级部门属 | Provincial Level | 15064 | 12123 | 1559 | 1003 | 32 |
| 计划单列市部门属 | Separate Planning Cities Level | 22 | | 16 | 6 | |
| 地市级部门属 | Miniciple Level | 578 | 191 | 155 | 233 | |
| **按门类学科分组** | **by Subject** | | | | | |
| 自然科学 | Natural sciences | 41196 | 30773 | 8278 | 1943 | 202 |
| 农业科学 | Agricultural Sciences | 22115 | 13573 | 6592 | 983 | |
| 医药科学 | Medical Science | 16403 | 14039 | 1625 | 449 | |
| 工程与技术科学 | Engineering and Technological Sciences | 133193 | 30163 | 7773 | 34839 | 2301 |
| 人文与社会科学 | Humanities and Social Sciences | 872 | 491 | 294 | 86 | |

# 3-11 各地区研究与开发机构R&D经费外部支出(2009年)
# External Expenditure on R&D of R&D Institutions by Region (2009)

单位：万元 (10000 yuan)

| 地区 | Region | 研究与试验发展经费外部支出 Total | 对国内研究机构支出 to Domestic Research institutions | 对国内高等学校支出 to Domestic Higher Education | 对国内企业支出 to Domestic Enterprises | 对境外机构支出 to Foreign Institutions |
|---|---|---|---|---|---|---|
| **全　国** | **National Total** | **213778** | **89038** | **24562** | **38301** | **2503** |
| 东部地区 | Eastern Region | 151549 | 73458 | 20478 | 23941 | 2327 |
| 中部地区 | Middle Region | 24978 | 2476 | 3516 | 10679 | 176 |
| 西部地区 | Western Region | 37251 | 13104 | 568 | 3680 | |
| 北　京 | Beijing | 101113 | 46966 | 13341 | 16399 | 2142 |
| 天　津 | Tianjin | 1460 | 524 | 106 | 373 | |
| 河　北 | Hebei | 18 | 8 | 7 | 3 | |
| 山　西 | Shanxi | 1933 | 719 | 270 | 479 | |
| 内蒙古 | Inner Mongolia | 315 | 132 | 35 | 148 | |
| 辽　宁 | Liaoning | 7048 | 2004 | 1477 | 1158 | 66 |
| 吉　林 | Jilin | 71 | 3 | 56 | | 12 |
| 黑龙江 | Heilongjiang | 9241 | | | 9223 | |
| 上　海 | Shanghai | 16979 | 11517 | 713 | 2315 | |
| 江　苏 | Jiangsu | 3959 | 955 | 904 | 1462 | |
| 浙　江 | Zhejiang | 7225 | 3258 | 2550 | 924 | 119 |
| 安　徽 | Anhui | 37 | 37 | | | |
| 福　建 | Fujian | 58 | 6 | 10 | 42 | |
| 江　西 | Jiangxi | 2954 | 212 | 2540 | 153 | 20 |
| 山　东 | Shandong | 4138 | 1970 | 903 | 1265 | |
| 河　南 | Henan | 7737 | 212 | 46 | 151 | |
| 湖　北 | Hubei | 1924 | 666 | 410 | 415 | 144 |
| 湖　南 | Hunan | 1081 | 628 | 195 | 258 | |
| 广　东 | Guangdong | 9550 | 6249 | 467 | | |
| 广　西 | Guangxi | 1609 | 1507 | 10 | 70 | |
| 海　南 | Hainan | | | | | |
| 重　庆 | Chongqing | 180 | 70 | 110 | | |
| 四　川 | Sichuan | 10309 | 8261 | 220 | 1091 | |
| 贵　州 | Guizhou | 801 | 461 | 87 | 4 | |
| 云　南 | Yunnan | 260 | | | 260 | |
| 西　藏 | Tibet | 121 | 121 | | | |
| 陕　西 | Shaanxi | 23425 | 2386 | 51 | 2100 | |
| 甘　肃 | Gansu | 20 | 20 | | | |
| 青　海 | Qinghai | 5 | | | 5 | |
| 宁　夏 | Ningxia | 16 | 16 | | | |
| 新　疆 | Xinjiang | 191 | 131 | 55 | 2 | |

# 3-12　按隶属关系和学科分研究与开发机构R&D课题(2009年)
# R&D Projects of R&D Institutions by Subordination and Subject (2009)

| 项　目 | Item | R&D课题数 (项) R&D Projects (item) | 投入人员 (人年) Input of Personnel (man-year) | 投入经费 (万元) Input of Funds (10000 yuan) |
|---|---|---|---|---|
| **总　计** | | **61135** | **236991** | **5798172** |
| **按隶属关系分组** | **by Subordination** | | | |
| 中央部门属 | Subordinated to Central Level | 39963 | 188955 | 5360220 |
| #中国科学院 | Chinese Academy of Sciences | 21818 | 42827 | 1114341 |
| 地方部门属 | Subordi-nated to Local Level | 21172 | 48036 | 437952 |
| 省级部门属 | Provincial Level | 18174 | 38598 | 378699 |
| 计划单列市部门属 | Separate Planning Cities Level | 522 | 1631 | 9475 |
| 地市级部门属 | Miniciple Level | 2476 | 7807 | 49778 |
| **按门类学科分组** | **by Subject** | | | |
| 自然科学 | Natural sciences | 20237 | 38224 | 949592 |
| 农业科学 | Agricultural Sciences | 14905 | 30920 | 365617 |
| 医药科学 | Medical Science | 5577 | 16148 | 171902 |
| 工程与技术科学 | Engineering and Technological Sciences | 15017 | 142362 | 4215721 |
| 人文与社会科学 | Humanities and Social Sciences | 5399 | 9336 | 95340 |

# 3-13 各地区研究与开发机构R&D课题(2009年)
# R&D Projects of R&D Institutions by Region (2009)

| 地 区 | Region | R&D课题数 (项) R&D Projects (item) | 投入人员 (人年) Input of Personnel (man-year) | 投入经费 (万元) Input of Funds (10000 yuan) |
|---|---|---|---|---|
| **全 国** | **National Total** | **61135** | **236991** | **5798172** |
| 东部地区 | Eastern Region | 40766 | 133771 | 3489599 |
| 中部地区 | Middle Region | 9530 | 48401 | 856928 |
| 西部地区 | Western Region | 10839 | 54819 | 1451646 |
| 北 京 | Beijing | 19204 | 61084 | 1821277 |
| 天 津 | Tianjin | 900 | 5791 | 116292 |
| 河 北 | Hebei | 490 | 5460 | 191167 |
| 山 西 | Shanxi | 940 | 4219 | 55414 |
| 内蒙古 | Inner Mongolia | 673 | 2644 | 25909 |
| 辽 宁 | Liaoning | 1406 | 10339 | 202537 |
| 吉 林 | Jilin | 1727 | 5505 | 98352 |
| 黑龙江 | Heilongjiang | 1784 | 6166 | 48068 |
| 上 海 | Shanghai | 5673 | 17760 | 460574 |
| 江 苏 | Jiangsu | 3205 | 14074 | 409427 |
| 浙 江 | Zhejiang | 1543 | 3851 | 76244 |
| 安 徽 | Anhui | 816 | 5158 | 163355 |
| 福 建 | Fujian | 1831 | 2144 | 30932 |
| 江 西 | Jiangxi | 589 | 3642 | 39404 |
| 山 东 | Shandong | 2922 | 6910 | 85072 |
| 河 南 | Henan | 609 | 7081 | 133641 |
| 湖 北 | Hubei | 2013 | 10969 | 239918 |
| 湖 南 | Hunan | 1052 | 5660 | 78776 |
| 广 东 | Guangdong | 3177 | 5705 | 77561 |
| 广 西 | Guangxi | 1305 | 2578 | 23708 |
| 海 南 | Hainan | 415 | 653 | 18517 |
| 重 庆 | Chongqing | 553 | 2322 | 33576 |
| 四 川 | Sichuan | 1544 | 12744 | 562807 |
| 贵 州 | Guizhou | 913 | 1943 | 20687 |
| 云 南 | Yunnan | 1389 | 3897 | 63232 |
| 西 藏 | Tibet | 68 | 278 | 2972 |
| 陕 西 | Shaanxi | 1507 | 21283 | 627281 |
| 甘 肃 | Gansu | 1452 | 4307 | 64623 |
| 青 海 | Qinghai | 219 | 407 | 4259 |
| 宁 夏 | Ningxia | 168 | 248 | 1919 |
| 新 疆 | Xinjiang | 1048 | 2169 | 20674 |

# 3-14 各地区地方部门属研究与开发机构R&D课题(2009年)
# R&D Projects Taken by Local R&D Institutions by Region (2009)

| 地　区 | Region | R&D课题数 (项) R&D Projects (item) | 投入人员 (人年) Input of Personnel (man-year) | 投入经费 (万元) Input of Funds (10000 yuan) |
|---|---|---|---|---|
| **全　国** | **National Total** | **21172** | **48036** | **437952** |
| 东部地区 | Eastern Region | 10230 | 20537 | 255060 |
| 中部地区 | Middle Region | 5420 | 14965 | 90733 |
| 西部地区 | Western Region | 5522 | 12534 | 92159 |
| 北　京 | Beijing | 993 | 2297 | 37410 |
| 天　津 | Tianjin | 538 | 984 | 17830 |
| 河　北 | Hebei | 388 | 918 | 5909 |
| 山　西 | Shanxi | 603 | 1379 | 7791 |
| 内蒙古 | Inner Mongolia | 413 | 1324 | 13362 |
| 辽　宁 | Liaoning | 333 | 1490 | 11550 |
| 吉　林 | Jilin | 824 | 2311 | 16598 |
| 黑龙江 | Heilongjiang | 1492 | 3994 | 19009 |
| 上　海 | Shanghai | 1467 | 2329 | 37767 |
| 江　苏 | Jiangsu | 1149 | 2308 | 50267 |
| 浙　江 | Zhejiang | 985 | 1458 | 20931 |
| 安　徽 | Anhui | 322 | 726 | 7114 |
| 福　建 | Fujian | 1102 | 1530 | 12901 |
| 江　西 | Jiangxi | 571 | 1841 | 8389 |
| 山　东 | Shandong | 1802 | 4197 | 34652 |
| 河　南 | Henan | 339 | 870 | 6022 |
| 湖　北 | Hubei | 413 | 963 | 9481 |
| 湖　南 | Hunan | 856 | 2883 | 16330 |
| 广　东 | Guangdong | 1382 | 2904 | 24634 |
| 广　西 | Guangxi | 1216 | 2233 | 17547 |
| 海　南 | Hainan | 91 | 121 | 1210 |
| 重　庆 | Chongqing | 417 | 805 | 6698 |
| 四　川 | Sichuan | 652 | 1319 | 11006 |
| 贵　州 | Guizhou | 555 | 727 | 4173 |
| 云　南 | Yunnan | 645 | 1723 | 12896 |
| 西　藏 | Tibet | 68 | 278 | 2972 |
| 陕　西 | Shaanxi | 200 | 650 | 2705 |
| 甘　肃 | Gansu | 479 | 1670 | 6598 |
| 青　海 | Qinghai | 29 | 63 | 468 |
| 宁　夏 | Ningxia | 168 | 248 | 1919 |
| 新　疆 | Xinjiang | 680 | 1495 | 11815 |

# 3-15 按服务的国民经济行业分研究与开发机构R&D课题(2009年)
## R&D Projects of R&D Institutions by Industry (2009)

| 行 业 | Industry | R&D课题数(项) R&D Projects (item) | 投入人员(人年) Input of Personnel (man-year) | 投入经费(万元) Input of Funds (10000 yuan) |
|---|---|---|---|---|
| **总 计** | **Total** | **61135** | **236991** | **5798172** |
| **农、林、牧、渔服务业** | **Farming, Forestry, Animal Husbandry and Fishery** | **14123** | **29122** | **352304** |
| 农业 | Farming | 7924 | 16455 | 187440 |
| 林业 | Forestry | 1299 | 2721 | 29958 |
| 畜牧业 | Animal Husbandry | 919 | 2058 | 21734 |
| 渔业 | Fishery | 976 | 1772 | 20696 |
| 农、林、牧、渔服务业 | Service Activities for Agriculture,Forestry,Farming of Animals and Fishing | 3005 | 6116 | 92476 |
| **采矿业小计** | **Mining** | **254** | **696** | **11208** |
| 煤炭开采和洗选业 | Mining and Washing of Coal | 27 | 80 | 1077 |
| 石油和天然气开采业 | Petroleum and Natural Gas Extraction | 111 | 195 | 4721 |
| 黑色金属矿采选业 | Ferrous Metals Mining and Dressing | 9 | 34 | 440 |
| 有色金属矿采选业 | Nonferrous Metals Mining and Dressing | 54 | 138 | 1889 |
| 非金属矿采选业 | Nonmetal Minerals Mining and Dressing | 48 | 239 | 2440 |
| 其他采矿业 | Other Minerals Mining and Dressing | 5 | 12 | 642 |
| **制造业小计** | **Manufacturing** | **5044** | **13613** | **287797** |
| 农副食品加工业 | Processing of Food from Agricultural Products | 290 | 594 | 8121 |
| 食品制造业 | Food Production | 110 | 279 | 2118 |
| 饮料制造业 | Beverage Production | 66 | 130 | 1384 |
| 烟草制品业 | Manufacture of Tobacco | 6 | 12 | 68 |
| 纺织业 | Textile Industry | 18 | 74 | 805 |
| 纺织服装、鞋、帽制造业 | Manufacture of Textile Wearing Apparel, Footware and Caps | 9 | 22 | 89 |
| 皮革、毛皮、羽毛(绒)及其制品业 | Manufacture of Leather, Fur, Feather and its Products | 4 | 7 | 46 |
| 木材加工及木、竹、藤、棕、草制品业 | Processing of Timbers, Manufacture of Wood, Bamboo, Rattan, Palm and Straw Products | 154 | 293 | 2809 |
| 家具制造业 | Furniture Manufacturing | 4 | 21 | 190 |
| 造纸及纸制品业 | Papermaking and Paper Products | 13 | 49 | 607 |
| 印刷业和记录媒介的复制 | Printing and Record Medium Reproduction | 6 | 14 | 337 |
| 文教体育用品制造业 | Culture, Educational and Sports Goods | 3 | 12 | 13 |
| 石油加工、炼焦及核燃料加工业 | Processing of Petroleum ,Coking,Processing of Nucleus Fuel | 58 | 178 | 5046 |
| 化学原料及化学制品制造业 | Raw Chemical Materials and Chemical Products | 678 | 1734 | 29247 |
| 医药制造业 | Medical and Pharmaceutical Products | 1132 | 2619 | 48228 |
| 化学纤维制造业 | Chemical Fiber | 16 | 59 | 968 |
| 橡胶制品业 | Rubber Products | 17 | 59 | 369 |
| 塑料制品业 | Plastic Products | 25 | 60 | 336 |
| 非金属矿物制品业 | Nonmetal Mineral Products | 98 | 233 | 3834 |
| 黑色金属冶炼及压延加工业 | Smelting and Pressing of Ferrous Metals | 24 | 62 | 798 |
| 有色金属冶炼及压延加工业 | Smelting and Pressing of Nonferrous | 46 | 97 | 2532 |
| 金属制品业 | Metal Products | 85 | 207 | 3605 |
| 通用设备制造业 | Manufacture of General Purpose Machinery | 160 | 436 | 8380 |
| 专用设备制造业 | Equipment for Special Purposes | 430 | 1123 | 16963 |
| 交通运输设备制造业 | Transport Equipment | 296 | 1236 | 40688 |
| 电气机械及器材制造业 | Electric Equipment and Machinery | 159 | 439 | 8374 |
| 通信设备、计算机及其他电子设备制造业 | Manufacture of Communication Equipment, Computer and Other Electronic Equipment | 644 | 1467 | 47296 |
| 仪器仪表及文化、办公用机械制造业 | Instruments, Meters, Cultural and Office Machinery | 432 | 1966 | 52149 |
| 工艺品及其他制造业 | Manufacture of Artwork, Other Manufacture | 29 | 80 | 1580 |
| **电力、煤气及水的生产和供应业小计** | **Production and Distribution of Electricity, Gas and Water** | **370** | **817** | **19227** |
| 电力、热力的生产和供应业 | Production and Supply of Electric Power and Heat Power | 288 | 669 | 17033 |
| 燃气生产和供应业 | Production and Distribution of Gas | 31 | 64 | 1126 |
| 水的生产和供应业 | Production and Distribution of Water | 51 | 85 | 1068 |
| **建筑业小计** | **Construction** | **246** | **579** | **6072** |
| 房屋和土木工程建筑业 | Construction of Building and Civil Engineering | 193 | 511 | 4460 |
| 建筑安装业 | Architectural Installation | 7 | 22 | 140 |
| 其他建筑业 | Other Construction | 46 | 47 | 1472 |
| **交通运输、仓储和邮政业小计** | **Traffic,Transport, Storage and Post** | **516** | **1038** | **27666** |

3-15 续表 continued

| 行 业 | Industry | R&D课题数(项) R&D Projects (item) | 投入人员(人年) Input of Personnel (man-year) | 投入经费(万元) Input of Funds (10000 yuan) |
|---|---|---|---|---|
| 铁路运输业 | Railway Transportation | 30 | 77 | 516 |
| 道路运输业 | Transport Via Road | 243 | 482 | 13310 |
| 城市公共交通业 | Urban Public Traffic | 36 | 118 | 2259 |
| 水上运输业 | Water Transport | 161 | 160 | 9763 |
| 航空运输业 | Air Transport | 25 | 123 | 1116 |
| 管道运输业 | Pipeline Transport | 2 | 4 | 32 |
| 装卸运输和其他运输服务业 | Loading, Unloading, Portage and Other Transport Services | 3 | 11 | 96 |
| 仓储业 | Storage | 15 | 61 | 576 |
| 邮政业 | Post | 1 | 1 | 1 |
| **信息传输、计算机服务和软件业小计** | **Information Transfer, Computer Services and Software** | **455** | **1442** | **53425** |
| 电信和其他信息传输服务业 | Telecom and Other Information Transfer Services | 203 | 739 | 30611 |
| 计算机服务业 | Computer Services | 186 | 520 | 20480 |
| 软件业 | Software Industry | 66 | 184 | 2334 |
| **批发和零售业小计** | **Wholesale and Retail Trade** | **16** | **35** | **641** |
| 批发业 | Wholesale | 7 | 16 | 363 |
| 零售业 | Retail trade | 9 | 19 | 278 |
| **住宿和餐饮业小计** | **Accommodation and Restaurants** | **1** | **5** | **136** |
| 住宿业 | Accommodation | 1 | 5 | 136 |
| **金融业小计** | **Finance** | **49** | **99** | **1348** |
| 银行业 | Bank | 35 | 59 | 656 |
| 证券业 | Securities | 5 | 7 | 117 |
| 保险业 | Insurance | 3 | 21 | 435 |
| 其他金融业 | Other Financial Activities | 6 | 12 | 139 |
| **房地产业小计** | **Real Estate** | **6** | **7** | **28** |
| 房地产业 | Real Estate | 6 | 7 | 28 |
| **租赁和商务服务业小计** | **Tenancy and Business Services** | **33** | **50** | **1159** |
| 商务服务业 | Business Service | 33 | 50 | 1159 |
| **科学研究、技术服务和地质勘查业小计** | **Scientific Research, Technical Service and Geologic Perambulation** | **33022** | **171424** | **4809330** |
| 研究和试验发展 | Research and Experimental Development | 29335 | 163709 | 4623850 |
| 专业技术服务业 | Professional Technique Services | 2757 | 5729 | 139308 |
| 科技交流和推广服务业 | Services of Science and Technique Intercommunion and Generalization | 285 | 532 | 8491 |
| 地质勘查业 | Geologic Perambulation | 645 | 1454 | 37682 |
| **水利、环境和公共设施管理业小计** | **Management of Water Conservancy,Environment and public Establishment** | **2495** | **4983** | **94391** |
| 水利管理业 | Management of Water Conservancy | 569 | 1118 | 29729 |
| 环境管理业 | Environmental Management | 1871 | 3646 | 64093 |
| 公共设施管理业 | Management of Public Establishment | 55 | 218 | 570 |
| **居民服务和其他服务业小计** | **Resident Services and Other Services** | **17** | **33** | **423** |
| 居民服务业 | Resident Services | 5 | 12 | 170 |
| 其他服务业 | Other Services | 12 | 22 | 253 |
| **教育小计** | **Education** | **217** | **355** | **6008** |
| 教育 | Education | 217 | 355 | 6008 |
| **卫生、社会保障和社会福利业小计** | **Sanitation, Social Security and Welfare** | **3051** | **9641** | **83165** |
| 卫生 | Sanitation | 3027 | 9613 | 82714 |
| 社会保障业 | Social Security | 22 | 25 | 439 |
| 社会福利业 | Social Welfare | 2 | 3 | 12 |
| **文化、体育和娱乐业小计** | **Culture, Sports and Entertainment** | **384** | **1084** | **10873** |
| 新闻出版业 | Journalism and Publishing Activities | 21 | 73 | 795 |
| 广播、电视、电影和音像业 | Broadcasting,Movies,Television and Audiovisual Activities | 9 | 32 | 420 |
| 文化艺术业 | Culture and Art | 262 | 722 | 6910 |
| 体育 | Sports Activities | 75 | 149 | 985 |
| 娱乐业 | Entertainment | 17 | 108 | 1763 |
| **公共管理和社会组织小计** | **Public Management and Social Organization** | **835** | **1951** | **32760** |
| 中国共产党机关 | Chinese Communist Party Organs | 10 | 8 | 103 |
| 国家机构 | Organ of State | 808 | 1873 | 32472 |
| 人们政协和民主党派 | People's Political Consultative Conference and Democratic Parties | 3 | 4 | 38 |
| 群众团体、社会团体和宗教组织 | Mass Communities, Social Communities and Religion Organizations | 12 | 61 | 132 |
| 基层群众自治组织 | Grass Roots Self-government Organizations | 2 | 5 | 14 |
| **国际组织小计** | **International Organizations** | **1** | **16** | **211** |
| 国际组织 | International Organizations | 1 | 16 | 211 |

# 3-16 按学科分组的R&D课题(2009年)

# R&D Projects Taken by R&D Institutions by Discipline (2009)

| 学 科 | Discipline | R&D课题数 (项) R&D Projects (item) | 投入人员 (人年) Input of Personnel (man-year) | 投入经费 (万元) Input of Funds (10000 yuan) |
|---|---|---|---|---|
| **全 国** | **Total** | **61135** | **236991** | **5798172** |
| 数 学 | Mathematics | 307 | 450 | 6665 |
| 信息科学与系统科学 | Information & System Science | 290 | 2129 | 48743 |
| 力 学 | Mechanics | 301 | 631 | 14212 |
| 物理学 | Physics | 2401 | 6210 | 177275 |
| 化 学 | Chemistry | 2137 | 5055 | 93408 |
| 天文学 | Astronomy | 558 | 874 | 34677 |
| 地球科学 | Earth Science | 6643 | 10200 | 264192 |
| 生物学 | Biology | 5652 | 10448 | 206725 |
| 心理学 | Psychology | 126 | 350 | 3140 |
| 农 学 | Agriculture | 9779 | 19625 | 249531 |
| 林 学 | Forestry | 1989 | 4113 | 43479 |
| 畜牧、兽医科学 | Livestock, Veterinary Medicine | 1892 | 4233 | 47851 |
| 水产学 | Aquatic | 1063 | 2097 | 22896 |
| 基础医学 | Basic Medicine | 735 | 1827 | 20104 |
| 临床医学 | Clinic Medicine | 1573 | 4844 | 42885 |
| 预防医学与卫生学 | Protective Medicine | 842 | 3284 | 33353 |
| 军事医学与特种医学 | Military Medicine & Special Medicine | 20 | 64 | 446 |
| 药 学 | Pharmacy | 813 | 1949 | 37548 |
| 中医学与中药学 | Traditional Chinese Medicine | 1528 | 3402 | 26352 |
| 工程与技术科学基础学科 | Engineering & Basic Technology Science | 1625 | 13748 | 414589 |
| 信息与系统科学相关工程与技术 | Information and System Science,Engineering and Technology Related | 146 | 460 | 7825 |
| 自然科学相关工程与技术 | Science and Technology Related Projects | 288 | 1053 | 18686 |
| 测绘科学技术 | Surveying & Mapping | 458 | 1114 | 35631 |
| 材料科学 | Material Science | 1683 | 6046 | 120634 |
| 矿山工程技术 | Mining | 89 | 197 | 3629 |
| 冶金工程技术 | Metallurgy | 62 | 133 | 2275 |
| 机械工程 | Mechanical Engineering | 368 | 2298 | 30474 |
| 动力与电气工程 | Power & Electrical Engineering | 398 | 4451 | 97737 |
| 能源科学技术 | Energy Technology | 478 | 909 | 22395 |
| 核科学技术 | Nuclear Technology | 430 | 8498 | 411930 |
| 电子、通信与自动控制技术 | Electronics, Communication & Automation | 2762 | 36768 | 1160715 |

3-16 续表 continued

| 学 科 | Discipline | R&D课题数 (项) R&D Projects (item) | 投入人员 (人年) Input of Personnel (man-year) | 投入经费 (万元) Input of Funds (10000 yuan) |
|---|---|---|---|---|
| 计算机科学技术 | Computer Technology | 941 | 4653 | 97707 |
| 化学工程 | Chemical Engineering | 391 | 1074 | 19514 |
| 产品应用相关工程与技术 | Engineering and Technology Related Products Application | 133 | 361 | 14556 |
| 纺织科学技术 | Textile Technology | 17 | 44 | 708 |
| 食品科学技术 | Food Technology | 345 | 717 | 5857 |
| 土木建筑工程 | Civil Construction | 213 | 498 | 6640 |
| 水利工程 | Water Conservancy | 943 | 1369 | 42388 |
| 交通运输工程 | Transportaiton Engineering | 748 | 2552 | 82018 |
| 航空、航天科学技术 | Aviation and Aerospace | 1846 | 52393 | 1634331 |
| 环境科学技术 | Environment | 2010 | 4457 | 75571 |
| 安全科学技术 | Security | 371 | 1382 | 14276 |
| 管理学 | Management | 330 | 506 | 5887 |
| 马克思主义 | Marxism | 170 | 210 | 2824 |
| 哲 学 | Phylosophy | 146 | 222 | 2641 |
| 宗教学 | Religion | 168 | 203 | 2403 |
| 语言学 | Linguistics | 121 | 164 | 1469 |
| 文 学 | Literature | 258 | 346 | 3219 |
| 艺术学 | Arts | 107 | 316 | 2047 |
| 历史学 | Histry | 535 | 799 | 9657 |
| 考古学 | Archaeology | 203 | 539 | 7608 |
| 经济学 | Economics | 1561 | 2956 | 28904 |
| 政治学 | Politics | 421 | 622 | 7055 |
| 法 学 | Law | 344 | 505 | 5212 |
| 军事学 | Military | 7 | 11 | 96 |
| 社会学 | Sociology | 540 | 938 | 8343 |
| 民族学 | Ethnography | 221 | 367 | 3093 |
| 新闻学与传播学 | Journalism | 77 | 114 | 1544 |
| 图书馆、情报与文献学 | Library and Information Literature | 168 | 577 | 6060 |
| 教育学 | Education | 282 | 474 | 5231 |
| 体育科学 | Physical Science | 73 | 140 | 927 |
| 统计学 | Statistics | 9 | 25 | 385 |

# 3-17 按来源和合作形式分研究与开发机构R&D课题(2009年)

# R&D Projects of R&D Institutions by Sources and Cooperation Modality (2009)

| 项 目 | Item | R&D课题数 (项) R&D Projects (item) | 投入人员 (人年) Input of Personnel (man-year) | 投入经费 (万元) Input of Funds (10000 yuan) |
|---|---|---|---|---|
| **总 计** | **Total** | **61135** | **236991** | **5798172** |
| **按课题来源分组** | **By Sources of Topics** | | | |
| 国家科技项目 | National S&T Projects | 32810 | 165582 | 4518231 |
| 地方科技项目 | Local S&T Projects | 16012 | 33775 | 317300 |
| 企业委托科技项目 | S&T Projects Entrusted by Enterprise | 2314 | 7963 | 213529 |
| 自选科技项目 | S&T Projects Chosen by Enterprise | 6216 | 13395 | 217136 |
| 来自国外的科技项目 | Oversease S&T Projects | 898 | 1815 | 68790 |
| 其它科技项目 | Others | 2885 | 14462 | 463187 |
| **按合作形式分组** | **By Cooperation Modality** | | | |
| 与境外机构合作 | Cooperation with Oversease Institutes | 909 | 2365 | 50556 |
| 与国内高校合作 | Cooperation with Higher Education | 3064 | 10083 | 202152 |
| 与国内独立研究机构合作 | Cooperation with Independent Research Institutes | 6196 | 23232 | 631750 |
| 与境内注册的外商独资企业合作 | Cooperation with Sole Foreign Enterprise | 33 | 78 | 1292 |
| 与境内注册的其他企业合作 | Cooperation with Other Enterprise | 1746 | 6345 | 165253 |
| 独立完成 | Independent Implementation | 47386 | 183558 | 4463369 |
| 其 他 | Others | 1801 | 11330 | 283800 |

# 3-18 按隶属关系和学科分研究与

# S&T Output of R&D Institutions by

| 项　目 | Item | 发表科技论文（篇） Scientific Papers Issued (piece) | #国外发表 Published in Foreign Periodicals | 出版科技著作（种） Publication on S&T (kind) |
|---|---|---|---|---|
| **总　计** | **Total** | **138119** | **25882** | **4788** |
| **按隶属关系分组** | **by Subordination** | | | |
| 中央部门属 | Subordinated to Central Level | 82183 | 22913 | 2522 |
| #中国科学院 | Chinese Academy of Sciences | 30862 | 16649 | 344 |
| 地方部门属 | Subordi-nated to Local Level | 55936 | 2969 | 2266 |
| 省级部门属 | Provincial Level | 45737 | 2467 | 1916 |
| 计划单列市部门属 | Separate Planning Cities Level | 2594 | 53 | 151 |
| 地市级部门属 | Miniciple Level | 7605 | 449 | 199 |
| **按门类学科分组** | **by Subject** | | | |
| 自然科学 | Natural sciences | 27663 | 12330 | 382 |
| 农业科学 | Agricultural Sciences | 30576 | 2046 | 888 |
| 医药科学 | Medical Science | 16270 | 3785 | 719 |
| 工程与技术科学 | Engineering and Technological Sciences | 39583 | 6931 | 863 |
| 人文与社会科学 | Humanities and Social Sciences | 24027 | 790 | 1936 |

# 开发机构科技产出(2009年)

# Subordination and Subject(2009)

| 专利申请数 (件) Patents Application (piece) | #发明专利 Invetions | 有效发明专利 (件) Patent in Force (piece) | 专利所有权转让及许可数 (件) Number of Transfer and Licensing of Patent Ownership (piece) | 专利所有权转让及许可收入 (万元) Revenue from Transfer and Licensing of Patent Ownership (10000 yuan) | 形成国家或行业标准数 (项) Number of National and Industrial Standard (item) |
|---|---|---|---|---|---|
| **15773** | **12361** | **17677** | **509** | **120824** | **2458** |
| 13179 | 10750 | 15121 | 341 | 35411 | 1476 |
| 5970 | 5455 | 11205 | 270 | 32079 | 137 |
| 2594 | 1611 | 2556 | 168 | 81822 | 982 |
| 2236 | 1456 | 2280 | 133 | 80900 | 828 |
| 71 | 42 | 50 | | | 25 |
| 287 | 113 | 226 | 35 | 922 | 129 |
| 3727 | 3420 | 7988 | 184 | 19814 | 88 |
| 2198 | 1459 | 1819 | 94 | 1454 | 585 |
| 600 | 493 | 897 | 72 | 83580 | 265 |
| 9214 | 6978 | 6961 | 159 | 12384 | 1489 |
| 34 | 11 | 12 | | | 31 |

# 3-19 各地区研究与开发
## S&T Output of R&D Institutions

| 地区 | Region | 发表科技论文（篇） Scientific Papers Issued (piece) | #国外发表 Published in Foreign Periodicals | 出版科技著作（种） Publication on S&T (kind) |
|---|---|---|---|---|
| **全 国** | **National Total** | **138119** | **25882** | **4788** |
| 东部地区 | Eastern Region | 88444 | 20924 | 3315 |
| 中部地区 | Middle Region | 24742 | 2566 | 750 |
| 西部地区 | Western Region | 24933 | 2392 | 723 |
| 北 京 | Beijing | 43959 | 12295 | 2007 |
| 天 津 | Tianjin | 2505 | 104 | 104 |
| 河 北 | Hebei | 2361 | 74 | 106 |
| 山 西 | Shanxi | 2127 | 172 | 91 |
| 内蒙古 | Inner Mongolia | 652 | 34 | 14 |
| 辽 宁 | Liaoning | 4562 | 1310 | 56 |
| 吉 林 | Jilin | 4186 | 903 | 109 |
| 黑龙江 | Heilongjiang | 3765 | 160 | 111 |
| 上 海 | Shanghai | 7705 | 2765 | 267 |
| 江 苏 | Jiangsu | 8227 | 1067 | 243 |
| 浙 江 | Zhejiang | 3453 | 317 | 104 |
| 安 徽 | Anhui | 2328 | 499 | 30 |
| 福 建 | Fujian | 2821 | 692 | 58 |
| 江 西 | Jiangxi | 1468 | 58 | 53 |
| 山 东 | Shandong | 5929 | 923 | 206 |
| 河 南 | Henan | 3677 | 123 | 117 |
| 湖 北 | Hubei | 5365 | 579 | 137 |
| 湖 南 | Hunan | 1826 | 72 | 102 |
| 广 东 | Guangdong | 5851 | 1276 | 124 |
| 广 西 | Guangxi | 2452 | 87 | 61 |
| 海 南 | Hainan | 1071 | 101 | 40 |
| 重 庆 | Chongqing | 1109 | 39 | 35 |
| 四 川 | Sichuan | 4868 | 583 | 163 |
| 贵 州 | Guizhou | 1358 | 143 | 8 |
| 云 南 | Yunnan | 3147 | 491 | 105 |
| 西 藏 | Tibet | 240 | | 31 |
| 陕 西 | Shaanxi | 4017 | 189 | 79 |
| 甘 肃 | Gansu | 3673 | 652 | 76 |
| 青 海 | Qinghai | 498 | 60 | 15 |
| 宁 夏 | Ningxia | 420 | 1 | 33 |
| 新 疆 | Xinjiang | 2499 | 113 | 103 |

# 机构科技产出(2009年)

## by Region(2009)

| 专利申请数(件) Patents Application (piece) | #发明专利 Invetions | 有效发明专利(件) Patent in Force (piece) | 专利所有权转让及许可数(件) Number of Transfer and Licensing of Patent Ownership (piece) | 专利所有权转让及许可收入(万元) Revenue from Transfer and Licensing of Patent Owncrship (10000 yuan) | 形成国家或行业标准数(项) Number of National and Industrial Standard (item) |
|---|---|---|---|---|---|
| **15773** | **12361** | **17677** | **509** | **120824** | **2458** |
| 11064 | 8972 | 12900 | 380 | 114204 | 1719 |
| 2631 | 1867 | 2817 | 55 | 3289 | 460 |
| 2078 | 1522 | 1960 | 74 | 3331 | 279 |
| 5194 | 4438 | 5130 | 153 | 18764 | 1097 |
| 369 | 214 | 283 | 2 | 22 | 67 |
| 228 | 146 | 170 | 2 | | 44 |
| 238 | 159 | 475 | 6 | 2652 | 10 |
| 55 | 52 | 42 | 1 | 7 | 2 |
| 892 | 733 | 2258 | 38 | 7044 | 42 |
| 574 | 512 | 893 | 12 | 163 | 16 |
| 243 | 147 | 158 | 1 | | 29 |
| 1692 | 1391 | 2457 | 54 | 1359 | 84 |
| 828 | 668 | 422 | 11 | 85 | 113 |
| 368 | 270 | 442 | 9 | 131 | 31 |
| 415 | 260 | 380 | 13 | 279 | 305 |
| 212 | 171 | 131 | 5 | 17 | 83 |
| 67 | 35 | 15 | | 3 | 21 |
| 563 | 403 | 764 | 74 | 80260 | 74 |
| 371 | 288 | 179 | 5 | 15 | 23 |
| 584 | 387 | 551 | 14 | 174 | 35 |
| 139 | 79 | 166 | 4 | 3 | 21 |
| 639 | 492 | 809 | 32 | 6522 | 63 |
| 43 | 14 | 10 | | | 1 |
| 79 | 46 | 34 | | | 21 |
| 84 | 48 | 58 | 1 | 10 | 22 |
| 432 | 317 | 701 | 34 | 1568 | 129 |
| 48 | 31 | 20 | 1 | 144 | 18 |
| 171 | 128 | 273 | 12 | 949 | 7 |
| 713 | 544 | 354 | 5 | 8 | 51 |
| 309 | 238 | 257 | 14 | 620 | 16 |
| 45 | 43 | 33 | | | |
| 19 | 7 | 5 | | | 13 |
| 159 | 100 | 207 | 6 | 26 | 20 |

# 3-20 各地区地方部门属研究与
## S&T Output in R&D Institutions of

| 地区 | Region | 发表科技论文(篇) Scientific Papers Issued (piece) | #国外发表 Published in Foreign Periodicals | 出版科技著作(种) Publication on S&T (kind) |
|---|---|---|---|---|
| **全　国** | **National Total** | **55936** | **2969** | **2266** |
| 东部地区 | Eastern Region | 27225 | 2148 | 1097 |
| 中部地区 | Middle Region | 14539 | 449 | 638 |
| 西部地区 | Western Region | 14172 | 372 | 531 |
| 北　京 | Beijing | 2630 | 441 | 129 |
| 天　津 | Tianjin | 1853 | 31 | 68 |
| 河　北 | Hebei | 1451 | 54 | 78 |
| 山　西 | Shanxi | 1549 | 62 | 90 |
| 内蒙古 | Inner Mongolia | 522 | 31 | 11 |
| 辽　宁 | Liaoning | 1837 | 93 | 43 |
| 吉　林 | Jilin | 2160 | 65 | 102 |
| 黑龙江 | Heilongjiang | 2914 | 81 | 87 |
| 上　海 | Shanghai | 3050 | 369 | 163 |
| 江　苏 | Jiangsu | 4519 | 321 | 189 |
| 浙　江 | Zhejiang | 2480 | 155 | 83 |
| 安　徽 | Anhui | 1015 | 23 | 30 |
| 福　建 | Fujian | 2112 | 208 | 54 |
| 江　西 | Jiangxi | 1328 | 58 | 53 |
| 山　东 | Shandong | 4390 | 368 | 181 |
| 河　南 | Henan | 2061 | 24 | 93 |
| 湖　北 | Hubei | 1980 | 93 | 86 |
| 湖　南 | Hunan | 1532 | 43 | 97 |
| 广　东 | Guangdong | 2730 | 106 | 93 |
| 广　西 | Guangxi | 2331 | 79 | 59 |
| 海　南 | Hainan | 173 | 2 | 16 |
| 重　庆 | Chongqing | 939 | 15 | 32 |
| 四　川 | Sichuan | 1576 | 56 | 62 |
| 贵　州 | Guizhou | 983 | 50 | 7 |
| 云　南 | Yunnan | 2213 | 70 | 91 |
| 西　藏 | Tibet | 240 | | 31 |
| 陕　西 | Shaanxi | 1129 | 28 | 46 |
| 甘　肃 | Gansu | 1617 | 27 | 53 |
| 青　海 | Qinghai | 205 | | 8 |
| 宁　夏 | Ningxia | 420 | 1 | 33 |
| 新　疆 | Xinjiang | 1997 | 15 | 98 |

# 开发机构科技产出(2009年)

# Local Governments by Region(2009)

| 专利申请数<br>(件)<br>Patents Application (piece) | #发明专利<br>Invetions | 有效发明专利<br>(件)<br>Patent in Force (piece) | 专利所有权转让及许可数<br>(件)<br>Number of Transfer and Licensing of Patent Ownership (piece) | 专利所有权转让及许可收入<br>(万元)<br>Revenue from Transfer and Licensing of Patent Ownership (10000 yuan) | 形成国家或行业标准数<br>(项)<br>Number of National and Industrial Standard (item) |
|---|---|---|---|---|---|
| **2594** | **1611** | **2556** | **168** | **81822** | **982** |
| 1608 | 1114 | 1844 | 111 | 80725 | 418 |
| 583 | 300 | 423 | 26 | 247 | 381 |
| 403 | 197 | 289 | 31 | 850 | 183 |
| | | | | | |
| 165 | 111 | 163 | 12 | 246 | 61 |
| 134 | 79 | 125 | 1 | 2 | 11 |
| 59 | 36 | 58 | 2 | | 22 |
| 63 | 32 | 46 | | | 10 |
| | | 2 | | | 2 |
| | | | | | |
| 68 | 34 | 66 | 2 | | 33 |
| 67 | 18 | 40 | | | 15 |
| 145 | 82 | 136 | 1 | | 20 |
| | | | | | |
| 186 | 152 | 162 | 2 | 80 | 41 |
| 241 | 201 | 186 | 5 | 10 | 75 |
| 165 | 128 | 330 | 7 | 114 | 15 |
| 147 | 78 | 51 | 7 | 81 | 279 |
| 88 | 52 | 60 | 2 | 9 | 83 |
| 28 | 14 | 15 | | 3 | 8 |
| 337 | 204 | 427 | 70 | 80260 | 59 |
| | | | | | |
| 37 | 28 | 42 | 5 | 15 | 18 |
| 56 | 22 | 40 | 9 | 145 | 13 |
| 40 | 26 | 53 | 4 | 3 | 18 |
| 162 | 115 | 265 | 8 | 4 | 18 |
| 22 | 12 | 10 | | | 1 |
| 3 | 2 | 2 | | | |
| | | | | | |
| 41 | 19 | 29 | 1 | 10 | 10 |
| 50 | 29 | 108 | 19 | 688 | 122 |
| 26 | 15 | 16 | 1 | 144 | |
| 72 | 39 | 17 | 9 | | 1 |
| | | | | | |
| 20 | 14 | 27 | 1 | 8 | 2 |
| 60 | 24 | 26 | | | 13 |
| 2 | 2 | | | | |
| 19 | 7 | 5 | | | 13 |
| 91 | 36 | 49 | | | 19 |

# 3-21 按服务的国民经济行业分研究与

# S&T Output of R&D Institutions by Industrial Sector

| 行 业 | Industry | 发表科技论文（篇）Scientific Papers Issued (piece) | #国外发表 Published in Foreign Periodicals | 出版科技著作（种）Publication on S&T (kind) |
|---|---|---|---|---|
| **总 计** | **Total** | **138119** | **25882** | **4788** |
| **农、林、牧、渔服务业** | **Farming, Forestry, Animal Husbandry and Fishery** | **30155** | **2073** | **915** |
| 农业 | Farming | 15969 | 981 | 543 |
| 林业 | Forestry | 2932 | 231 | 58 |
| 畜牧业 | Animal Husbandry | 2643 | 188 | 66 |
| 渔业 | Fishery | 1864 | 135 | 35 |
| 农、林、牧、渔服务业 | Service Activities for Agriculture, Forestry, Farming of Animals and Fishing | 6747 | 538 | 213 |
| **采矿业小计** | **Mining** | **260** | **88** | **7** |
| 煤炭开采和洗选业 | Mining and Washing of Coal | 44 | | 2 |
| 石油和天然气开采业 | Petroleum and Natural Gas Extraction | 80 | 80 | 5 |
| 有色金属矿采选业 | Nonferrous Metals Mining and Dressing | 136 | 8 | |
| **制造业小计** | **Manufacturing** | **5008** | **809** | **126** |
| 农副食品加工业 | Processing of Food from Agricultural Products | 394 | 18 | 16 |
| 食品制造业 | Food Production | 149 | 16 | |
| 饮料制造业 | Beverage Production | 31 | | |
| 烟草制品业 | Manufacture of Tobacco | 10 | | |
| 纺织业 | Textile Industry | 63 | | 12 |
| 纺织服装、鞋、帽制造业 | Manufacture of Textile Wearing Apparel, Footware and Caps | 9 | | 1 |
| 皮革、毛皮、羽毛(绒)及其制品业 | Manufacture of Leather, Fur, Feather and its Products | 6 | | |
| 木材加工及木、竹、藤、棕、草制品业 | Processing of Timbers, Manufacture of Wood, Bamboo, Rattan, Palm and Straw Products | 102 | 12 | 4 |
| 家具制造业 | Furniture Manufacturing | | | |
| 造纸及纸制品业 | Papermaking and Paper Products | 15 | | |
| 印刷业和记录媒介的复制 | Printing and Record Medium Reproduction | 6 | 1 | |
| 石油加工、炼焦及核燃料加工业 | Processing of Petroleum ,Coking, Processing of Nucleus Fuel | 1 | | |
| 化学原料及化学制品制造业 | Raw Chemical Materials and Chemical Products | 407 | 255 | 10 |
| 医药制造业 | Medical and Pharmaceutical Products | 2123 | 329 | 69 |
| 化学纤维制造业 | Chemical Fiber | 1 | | |
| 塑料制品业 | Plastic Products | 111 | 59 | |
| 非金属矿物制品业 | Nonmetal Mineral Products | 84 | 4 | 7 |
| 黑色金属冶炼及压延加工业 | Smelting and Pressing of Ferrous Metals | 3 | | |

# 开发机构科技产出(2009年)

# in which the R&D Institutions Served (2009)

| 专利申请数(件) Patents Application (piece) | #发明专利 Invetions | 有效发明专利(件) Patent in Force (piece) | 专利所有权转让及许可数(件) Number of Transfer and Licensing of Patent Ownership (piece) | 专利所有权转让及许可收入(万元) Revenue from Transfer and Licensing of Patent Ownership (10000 yuan) | 形成国家或行业标准数(项) Number of National and Industrial Standard (item) |
|---|---|---|---|---|---|
| **15773** | **12361** | **17677** | **509** | **120824** | **2458** |
| **2124** | **1462** | **1572** | **90** | **1434** | **547** |
| 994 | 668 | 749 | 66 | 1228 | 267 |
| 112 | 82 | 65 | 4 | | 45 |
| 138 | 107 | 99 | 7 | 54 | 44 |
| 311 | 204 | 118 | 3 | 5 | 70 |
| 569 | 401 | 541 | 10 | 148 | 121 |
| **30** | **23** | **41** | **3** | **8** | |
| 3 | 1 | | | | |
| 27 | 22 | 41 | 3 | 8 | |
| **1235** | **935** | **1312** | **87** | **81856** | **438** |
| 51 | 29 | 39 | | | 24 |
| 31 | 30 | 135 | 8 | 4 | 8 |
| 2 | 2 | 5 | | | 2 |
| 1 | 1 | | | | |
| 20 | 14 | 5 | | | 2 |
| | | | | | 1 |
| 33 | 19 | 90 | 2 | 3 | 30 |
| 3 | 3 | 3 | | | |
| 81 | 74 | 337 | 6 | 254 | 22 |
| 218 | 208 | 365 | 60 | 81595 | 250 |
| 11 | 9 | 14 | | | |
| 11 | 6 | 6 | | | 9 |

3-21 续表 1

| 行 业 | Industry | 发表科技论文(篇) Scientific Papers Issued (piece) | #国外发表 Published in Foreign Periodicals | 出版科技著作(种) Publication on S&T (kind) |
|---|---|---|---|---|
| 有色金属冶炼及压延加工业 | Smelting and Pressing of Nonferrous | 60 | 1 | |
| 金属制品业 | Metal Products | 12 | | |
| 通用设备制造业 | Manufacture of General Purpose Machinery | 208 | 4 | 2 |
| 专用设备制造业 | Equipment for Special Purposes | 802 | 18 | 5 |
| 交通运输设备制造业 | Transport Equipment | 14 | | |
| 电气机械及器材制造业 | Electric Equipment and Machinery | 37 | 6 | |
| 通信设备、计算机及其他电子设备制造业 | Manufacture of Communication Equipment, Computer and Other Electronic Equipment | 205 | 75 | |
| 仪器仪表及文化、办公用机械制造业 | Instruments, Meters, Cultural and Office Machinery | 150 | 11 | |
| 工艺品及其他制造业 | Manufacture of Artwork, Other Manufacture | 5 | | |
| **电力、燃气及水的生产和供应业小计** | **Production and Distribution of Electricity, Gas and Water** | **983** | **227** | **32** |
| 电力、热力的生产和供应业 | Production and Supply of Electric Power and Heat Power | 976 | 227 | 32 |
| 燃气生产和供应业 | Production and Distribution of Gas | 6 | | |
| 水的生产和供应业 | Production and Distribution of Water | 1 | | |
| **建筑业小计** | **Construction** | **1075** | **90** | **11** |
| 房屋和土木工程建筑业 | Construction of Building and Civil Engineering | 1021 | 89 | 11 |
| 建筑安装业 | Architectural Installation | 2 | | |
| 建筑装饰业 | Architectural Decoration | 23 | | |
| 其他建筑业 | Other Construction | 29 | 1 | |
| **交通运输、仓储和邮政业小计** | **Traffic,Transport, Storage and Post** | **1150** | **120** | **34** |
| 铁路运输业 | Railway Transportation | 198 | 26 | 4 |
| 道路运输业 | Transport Via Road | 735 | 81 | 24 |
| 城市公共交通业 | Urban Public Traffic | 54 | 5 | 3 |
| 水上运输业 | Water Transport | 115 | 2 | 3 |
| 航空运输业 | Air Transport | 48 | 6 | |
| **信息传输、计算机服务和软件业小计** | **Information Transfer, Computer Services and Software** | **838** | **366** | **4** |
| 电信和其他信息传输服务业 | Telecom and Other Information Transfer Services | 168 | 4 | 3 |
| 计算机服务业 | Computer Services | 498 | 354 | |
| 软件业 | Software Industry | 172 | 8 | 1 |

continued

| 专利申请数（件） Patents Application (piece) | #发明专利 Invetions | 有效发明专利（件） Patent in Force (piece) | 专利所有权转让及许可数（件） Number of Transfer and Licensing of Patent Ownership (piece) | 专利所有权转让及许可收入（万元） Revenue from Transfer and Licensing of Patent Ownership (10000 yuan) | 形成国家或行业标准数（项） Number of National and Industrial Standard (item) |
|---|---|---|---|---|---|
| | | 4 | | | |
| 2 | | | | | 57 |
| 15 | 4 | 23 | | | 5 |
| 184 | 83 | 148 | | | 26 |
| 8 | 2 | 8 | | | 2 |
| 18 | 9 | 11 | | | |
| 427 | 397 | 66 | | | |
| 118 | 45 | 53 | 11 | | |
| 1 | | | | | |
| **119** | **68** | **308** | **8** | **3000** | **3** |
| 116 | 68 | 307 | 8 | 3000 | 3 |
| 3 | | 1 | | | |
| **36** | **14** | **35** | **5** | **6** | **23** |
| 36 | 14 | 35 | 5 | 6 | 20 |
| | | | | | 3 |
| **55** | **28** | **35** | | | **40** |
| | | 1 | | | |
| 46 | 23 | 32 | | | 39 |
| 9 | 5 | 2 | | | |
| | | | | | 1 |
| **214** | **197** | **176** | **29** | **1400** | **27** |
| 58 | 54 | 23 | | | 19 |
| 141 | 140 | 151 | 29 | 1400 | 7 |
| 15 | 3 | 2 | | | 1 |

3-21 续表 2

| 行 业 | Industry | 发表科技论文（篇）Scientific Papers Issued (piece) | #国外发表 Published in Foreign Periodicals | 出版科技著作（种）Publication on S&T (kind) |
|---|---|---|---|---|
| **金融业小计** | **Finance** | **33** | | **1** |
| 其他金融业 | Other Financial Activities | 33 | | 1 |
| **租赁和商务服务业小计** | **Tenancy and Business Services** | **23** | **4** | |
| 商务服务业 | Business Service | 23 | 4 | |
| **科学研究、技术服务和地质勘查业小计** | **Scientific Research, Technical Service and Geologic Perambulation** | **74992** | **18139** | **2458** |
| 研究和试验发展 | Research and Experimental Development | 65776 | 16671 | 2245 |
| 专业技术服务业 | Professional Technique Services | 6604 | 1172 | 134 |
| 科技交流和推广服务业 | Services of Science and Technique Intercommunion and Generalization | 1132 | 158 | 32 |
| 地质勘查业 | Geologic Perambulation | 1480 | 138 | 47 |
| **水利、环境和公共设施管理业小计** | **Management of Water Conservancy, Environment and public Establishment** | **5281** | **766** | **146** |
| 水利管理业 | Management of Water Conservancy | 1872 | 87 | 37 |
| 环境管理业 | Environmental Management | 3244 | 651 | 104 |
| 公共设施管理业 | Management of Public Establishment | 165 | 28 | 5 |
| **居民服务和其他服务业小计** | **Resident Services and Other Services** | **39** | | **4** |
| 居民服务业 | Resident Services | 39 | | 4 |
| **教育小计** | **Education** | **1020** | **22** | **111** |
| 教育 | Education | 1020 | 22 | 111 |
| **卫生、社会保障和社会福利业小计** | **Sanitation, Social Security and Welfare** | **13016** | **2999** | **618** |
| 卫生 | Sanitation | 13016 | 2999 | 618 |
| **文化、体育和娱乐业小计** | **Culture, Sports and Entertainment** | **1164** | **11** | **102** |
| 广播、电视、电影和音像业 | Broadcasting,Movies,Television and Audiovisual Activities | 22 | 1 | |
| 文化艺术业 | Culture and Art | 838 | 10 | 52 |
| 体育 | Sports Activities | 202 | | 7 |
| 娱乐业 | Entertainment | 102 | | 43 |
| **公共管理和社会组织小计** | **Public Management and Social Organization** | **3082** | **168** | **219** |
| 中国共产党机关 | Chinese Communist Party Organs | 126 | | 2 |
| 国家机构 | Organ of State | 2956 | 168 | 217 |

continued

| 专利申请数（件） Patents Application (piece) | #发明专利 Invetions | 有效发明专利（件） Patent in Force (piece) | 专利所有权转让及许可数（件） Number of Transfer and Licensing of Patent Ownership (piece) | 专利所有权转让及许可收入（万元） Revenue from Transfer and Licensing of Patent Ownership (10000 yuan) | 形成国家或行业标准数（项） Number of National and Industrial Standard (item) |
|---|---|---|---|---|---|
| **11245** | **9187** | **13504** | **271** | **32701** | **1243** |
| 10606 | 8722 | 12862 | 263 | 32291 | 741 |
| 484 | 355 | 508 | 8 | 130 | 499 |
| 138 | 100 | 119 | | | |
| 17 | 10 | 15 | | 280 | 3 |
| **379** | **244** | **287** | **5** | **38** | **99** |
| 91 | 34 | 85 | | | 20 |
| 270 | 205 | 191 | 5 | 38 | 77 |
| 18 | 5 | 11 | | | 2 |
| **6** | **3** | **1** | | | **4** |
| 6 | 3 | 1 | | | 4 |
| **6** | **1** | | | | |
| 6 | 1 | | | | |
| **256** | **159** | **365** | **11** | **381** | **8** |
| 256 | 159 | 365 | 11 | 381 | 8 |
| **10** | **5** | **7** | | | **2** |
| 1 | 1 | 5 | | | |
| 4 | 4 | | | | 2 |
| 5 | | 2 | | | |
| **58** | **35** | **34** | | | **24** |
| 58 | 35 | 34 | | | 24 |

# 四、高等学校
Higher Education

# 4-1 高等学校科技活动情况

## Basic Statistics on Higher Education for Science and technology Activities

| 指　标 | Item | 2005 | 2006 | 2007 | 2008 | 2009 |
|---|---|---|---|---|---|---|
| **高等学校基本情况** | **Basic Statistics on Higher Education** | | | | | |
| 学校数（个） | Number of Institutions(unit) | 1792 | 1867 | 1908 | 2263 | 2305 |
| #理工农医 | Natural Sciences & Technology | 786 | 800 | 786 | 827 | 1003 |
| #人文社科 | Social Sciences & Humanities | 815 | 843 | 840 | 869 | 954 |
| R&D机构（个） | R&D Institutions(unit) | 3936 | 4154 | 4502 | 5159 | 5790 |
| **研究与试验发展(R&D)投入情况** | **Statistics on R&D Input** | | | | | |
| R&D人员（万人） | R&D Personnel(10000 persons) | 38.7 | 42.1 | 44.8 | 47.8 | 50.9 |
| R&D人员全时当量（万人年） | Full-time Equivalent of R&D Personnel(10000 man-year) | 22.7 | 24.2 | 25.4 | 26.6 | 27.5 |
| 基础研究 | Basic Research | 7.8 | 9.0 | 9.4 | 10.9 | 11.3 |
| 应用研究 | Applied Research | 11.1 | 11.3 | 12.0 | 13.7 | 14.1 |
| 试验发展 | Experimental Development | 3.9 | 3.9 | 4.0 | 2.0 | 2.1 |
| R&D经费内部支出（亿元） | Intramural Expenditure on R&D(100 million yuan) | 242.3 | 276.8 | 314.7 | 390.2 | 468.2 |
| #基础研究 | Basic Research | 56.7 | 71.4 | 86.8 | 114.8 | 145.5 |
| 应用研究 | Applied Research | 125.0 | 137.3 | 161.8 | 208.9 | 250.0 |
| 试验发展 | Experimental Development | 60.6 | 68.2 | 66.1 | 66.5 | 72.6 |
| #政府资金 | Government Funds | 133.1 | 151.5 | 177.7 | 225.5 | 262.2 |
| 企业资金 | Self-raised Funds by Enterprises | 88.9 | 101.2 | 110.3 | 134.9 | 171.7 |
| **研究与试验发展(R&D)项目(课题)情况** | **Statistics on R&D Projects** | | | | | |
| R&D项目(课题)数（项） | R&D Projects(item) | 280327 | 365294 | 375425 | 429096 | 476708 |
| R&D项目(课题)人员全时当量（万人年） | Participants(10000 man-year) | 22.5 | 26.8 | 25.2 | 26.6 | 27.4 |
| R&D项目(课题)经费内部支出（亿元） | Intramural Expenditure(100 million yuan) | 193.5 | 287.0 | 258.2 | 323.2 | 363.5 |
| **科技产出及成果情况** | **Statistics on S&T Outputs and Results** | | | | | |
| 发表科技论文(篇) | Scientific Papers Issued(piece) | 728082 | 830948 | 905985 | 964877 | 1016354 |
| #国外发表 | Published in Foreign Periodicals | 69857 | 90722 | 108727 | 134058 | 156750 |
| 出版科技著作（种） | Publication on Science and Technology(kind) | 33064 | 34633 | 35733 | 37541 | 40919 |
| 专利申请受理数（件） | Number of Patents Applications Accepted (piece) | 20094 | 24490 | 29860 | 40610 | 56641 |
| #发明专利 | Inventions | 14673 | 18059 | 21864 | 29337 | 36241 |
| 专利申请授权数（件） | Number of Patents Applications Granted (piece) | 8843 | 12043 | 14111 | 19248 | 25570 |
| #发明专利 | Inventions | 4715 | 6650 | 8251 | 10216 | 14408 |

# 4-2 各地区高等

# R&D Personnel in Higher

| 地　区 | Region | 学校数（个）Number of Institutions (unit) | 从业人员（人）Employed Persons (person) | R&D人员合计（人）R&D Personnel (person) | #女性 Female | #博士毕业 Doctor |
|---|---|---|---|---|---|---|
| **全　国** | **National Total** | **2305** | **2111451** | **509366** | **164706** | **114931** |
| 东部地区 | Eastern Region | 1022 | 989987 | 259408 | 87166 | 71600 |
| 中部地区 | Middle Region | 729 | 653790 | 139002 | 44379 | 25097 |
| 西部地区 | Western Region | 554 | 467674 | 110956 | 33161 | 18234 |
| 北　京 | Beijing | 86 | 131184 | 47789 | 17991 | 17786 |
| 天　津 | Tianjin | 55 | 44611 | 14711 | 4930 | 4303 |
| 河　北 | Hebei | 109 | 92104 | 14332 | 5696 | 1988 |
| 山　西 | Shanxi | 71 | 56804 | 11332 | 3831 | 1777 |
| 内蒙古 | Inner Mongolia | 41 | 34932 | 5854 | 1856 | 744 |
| 辽　宁 | Liaoning | 107 | 91974 | 27252 | 10053 | 5953 |
| 吉　林 | Jilin | 55 | 59770 | 22742 | 8342 | 4718 |
| 黑龙江 | Heilongjiang | 78 | 75062 | 20893 | 7504 | 3688 |
| 上　海 | Shanghai | 66 | 74540 | 33166 | 9538 | 11552 |
| 江　苏 | Jiangsu | 148 | 157000 | 30822 | 9482 | 8250 |
| 浙　江 | Zhejiang | 99 | 77852 | 24999 | 8508 | 6150 |
| 安　徽 | Anhui | 106 | 68293 | 16479 | 4122 | 1892 |
| 福　建 | Fujian | 84 | 56334 | 10144 | 2994 | 2181 |
| 江　西 | Jiangxi | 85 | 72123 | 9957 | 2883 | 1081 |
| 山　东 | Shandong | 126 | 136753 | 24949 | 7817 | 5132 |
| 河　南 | Henan | 99 | 103617 | 13230 | 4461 | 1655 |
| 湖　北 | Hubei | 120 | 123693 | 23611 | 6360 | 6780 |
| 湖　南 | Hunan | 115 | 94428 | 20758 | 6876 | 3506 |
| 广　东 | Guangdong | 125 | 115969 | 29938 | 9667 | 8117 |
| 广　西 | Guangxi | 68 | 48304 | 17535 | 5074 | 2427 |
| 海　南 | Hainan | 17 | 11666 | 1306 | 490 | 188 |
| 重　庆 | Chongqing | 50 | 47173 | 12471 | 4066 | 2467 |
| 四　川 | Sichuan | 92 | 97568 | 25952 | 6750 | 4238 |
| 贵　州 | Guizhou | 47 | 29006 | 5622 | 2231 | 598 |
| 云　南 | Yunnan | 61 | 37896 | 10828 | 3876 | 1619 |
| 西　藏 | Tibet | 6 | 3082 | 808 | 225 | 76 |
| 陕　西 | Shaanxi | 89 | 96485 | 18464 | 5278 | 4275 |
| 甘　肃 | Gansu | 39 | 31576 | 4832 | 1353 | 1082 |
| 青　海 | Qinghai | 9 | 6418 | 1498 | 587 | 136 |
| 宁　夏 | Ningxia | 15 | 8599 | 2409 | 834 | 200 |
| 新　疆 | Xinjiang | 37 | 26635 | 4683 | 1031 | 372 |

# 学校R&D人员(2009年)

## Education by Region (2009)

| #硕士毕业 Master | #本科毕业 Undergraduate | #全时人员 Full-time Personnel | R&D人员全时当量(人年) Full-time Equivalent of R&D Personnel (man-year) | #研究人员 Researchers | 基础研究 Basic Research | 应用研究 Applied Research | 试验发展 Experimental Development |
|---|---|---|---|---|---|---|---|
| **178550** | **154667** | **259072** | **275191** | **225057** | **112725** | **141221** | **21245** |
| | | | | | | | |
| 86283 | 70884 | 135870 | 144200 | 117857 | 57902 | 75884 | 10414 |
| 52572 | 46502 | 67556 | 73350 | 59000 | 30889 | 36536 | 5925 |
| 39695 | 37281 | 55646 | 57641 | 48200 | 23934 | 28801 | 4906 |
| | | | | | | | |
| 13758 | 10155 | 25869 | 27721 | 22871 | 10017 | 16192 | 1512 |
| 4300 | 3600 | 8033 | 8706 | 7454 | 3348 | 4610 | 748 |
| 5512 | 5228 | 5917 | 6744 | 5704 | 2606 | 3856 | 282 |
| 4785 | 3959 | 5967 | 6367 | 5031 | 2636 | 3567 | 164 |
| 2163 | 2110 | 2982 | 3065 | 2420 | 1256 | 1353 | 456 |
| | | | | | | | |
| 10449 | 8547 | 15092 | 15528 | 12736 | 6020 | 8277 | 1232 |
| 8423 | 8045 | 12110 | 12482 | 9897 | 5203 | 6447 | 832 |
| 7056 | 7299 | 12769 | 12572 | 10019 | 6318 | 5530 | 724 |
| | | | | | | | |
| 9169 | 7832 | 21401 | 20942 | 16715 | 8560 | 10969 | 1414 |
| 11832 | 8756 | 16100 | 17016 | 14011 | 7388 | 8280 | 1349 |
| 9426 | 7290 | 10203 | 12038 | 10131 | 5212 | 5870 | 955 |
| 6995 | 5786 | 7883 | 8398 | 6991 | 3767 | 3933 | 698 |
| 3085 | 2917 | 4736 | 5241 | 4198 | 1507 | 3231 | 502 |
| 3623 | 3733 | 4835 | 4967 | 3990 | 2055 | 2492 | 419 |
| 9047 | 7776 | 13796 | 14044 | 11751 | 6717 | 6464 | 864 |
| | | | | | | | |
| 5400 | 3997 | 4014 | 5286 | 4177 | 2179 | 2271 | 836 |
| 8212 | 6500 | 12306 | 13252 | 11168 | 4369 | 7059 | 1824 |
| 8078 | 7183 | 7672 | 10027 | 7726 | 4361 | 5238 | 428 |
| 9162 | 8301 | 14422 | 15749 | 11907 | 6298 | 7938 | 1513 |
| 6575 | 5723 | 8947 | 9524 | 7712 | 4202 | 4659 | 663 |
| 543 | 482 | 301 | 472 | 379 | 231 | 199 | 43 |
| | | | | | | | |
| 5239 | 3064 | 5572 | 6489 | 5432 | 2717 | 2751 | 1021 |
| 9387 | 9007 | 13969 | 13803 | 11558 | 5726 | 6874 | 1203 |
| 1828 | 2785 | 2478 | 2510 | 2320 | 1090 | 1349 | 71 |
| 4031 | 4308 | 5148 | 5483 | 4477 | 2467 | 2741 | 276 |
| 274 | 432 | 396 | 397 | 313 | 131 | 263 | 2 |
| | | | | | | | |
| 6463 | 5145 | 10168 | 9886 | 8593 | 3920 | 4944 | 1022 |
| 1393 | 1288 | 2066 | 2383 | 1957 | 760 | 1584 | 39 |
| 329 | 783 | 681 | 757 | 620 | 173 | 562 | 22 |
| 703 | 1106 | 1190 | 1156 | 920 | 562 | 573 | 21 |
| 1310 | 1530 | 2049 | 2190 | 1879 | 930 | 1148 | 112 |

# 4-3 各地区理工农医类高等

## R&D Personnel in Higher Education in Natural

| 地区 | Region | 学校数 (个) Number of Institutions (unit) | 从业人员 (人) Employed Persons (person) | R&D人员合计 (人) R&D Personnel (person) | #女性 Female | #博士毕业 Doctor |
|---|---|---|---|---|---|---|
| **全国** | **National Total** | **1003** | **2111451** | **315794** | **84124** | **69994** |
| 东部地区 | Eastern Region | 348 | 989987 | 164814 | 47374 | 43058 |
| 中部地区 | Middle Region | 367 | 653790 | 82354 | 20432 | 15068 |
| 西部地区 | Western Region | 288 | 467674 | 68626 | 16318 | 11868 |
| 北京 | Beijing | 40 | 131184 | 31311 | 10925 | 11284 |
| 天津 | Tianjin | 14 | 44611 | 9769 | 2836 | 2465 |
| 河北 | Hebei | 37 | 92104 | 7193 | 2097 | 1013 |
| 山西 | Shanxi | 19 | 56804 | 7256 | 1803 | 1154 |
| 内蒙古 | Inner Mongolia | 14 | 34932 | 3637 | 855 | 479 |
| 辽宁 | Liaoning | 44 | 91974 | 18653 | 5553 | 3900 |
| 吉林 | Jilin | 30 | 59770 | 14873 | 4173 | 3128 |
| 黑龙江 | Heilongjiang | 38 | 75062 | 15837 | 4879 | 2884 |
| 上海 | Shanghai | 17 | 74540 | 25576 | 6729 | 7241 |
| 江苏 | Jiangsu | 56 | 157000 | 20019 | 5169 | 5210 |
| 浙江 | Zhejiang | 26 | 77852 | 12498 | 3291 | 3667 |
| 安徽 | Anhui | 74 | 68293 | 9777 | 1846 | 1250 |
| 福建 | Fujian | 21 | 56334 | 5601 | 1453 | 1014 |
| 江西 | Jiangxi | 21 | 72123 | 5881 | 1503 | 618 |
| 山东 | Shandong | 43 | 136753 | 16426 | 4290 | 3197 |
| 河南 | Henan | 68 | 103617 | 4934 | 1026 | 797 |
| 湖北 | Hubei | 51 | 123693 | 14781 | 3092 | 3553 |
| 湖南 | Hunan | 66 | 94428 | 9015 | 2110 | 1684 |
| 广东 | Guangdong | 37 | 115969 | 17412 | 4927 | 4023 |
| 广西 | Guangxi | 27 | 48304 | 11140 | 2664 | 1524 |
| 海南 | Hainan | 13 | 11666 | 356 | 104 | 44 |
| 重庆 | Chongqing | 26 | 47173 | 6638 | 1964 | 1376 |
| 四川 | Sichuan | 38 | 97568 | 17211 | 2985 | 3024 |
| 贵州 | Guizhou | 33 | 29006 | 3096 | 1087 | 312 |
| 云南 | Yunnan | 45 | 37896 | 6389 | 1827 | 1002 |
| 西藏 | Tibet | 4 | 3082 | 492 | 105 | 53 |
| 陕西 | Shaanxi | 34 | 96485 | 12615 | 2909 | 2973 |
| 甘肃 | Gansu | 25 | 31576 | 2537 | 634 | 636 |
| 青海 | Qinghai | 8 | 6418 | 847 | 295 | 85 |
| 宁夏 | Ningxia | 11 | 8599 | 1484 | 448 | 150 |
| 新疆 | Xinjiang | 23 | 26635 | 2540 | 545 | 254 |

# 学校R&D人员(2009年)

# Sciences & Technology by Region (2009)

| #硕士毕业 Master | #本科毕业 Undergraduate | #全时人员 Full-time Personnel | R&D人员全时当量 (人年) Full-time Equivalent of R&D Personnel (man-year) | #研究人员 Researchers | 基础研究 Basic Research | 应用研究 Applied Research | 试验发展 Experimental Development |
|---|---|---|---|---|---|---|---|
| **93566** | **108920** | **252541** | **210434** | **173517** | **78690** | **111838** | **19906** |
| 46370 | 51701 | 131821 | 109841 | 90142 | 41032 | 58936 | 9874 |
| 25836 | 31879 | 65841 | 54867 | 44793 | 20176 | 29249 | 5442 |
| 21360 | 25340 | 54879 | 45726 | 38582 | 17483 | 23653 | 4590 |
| 6856 | 7696 | 25045 | 20869 | 17491 | 7554 | 11998 | 1317 |
| 2538 | 2884 | 7813 | 6511 | 5541 | 2174 | 3621 | 716 |
| 2094 | 3068 | 5752 | 4792 | 4095 | 1609 | 2921 | 261 |
| 2527 | 2780 | 5800 | 4834 | 3895 | 1877 | 2827 | 130 |
| 1226 | 1463 | 2908 | 2423 | 1860 | 855 | 1121 | 447 |
| 6395 | 6480 | 14915 | 12430 | 10606 | 4524 | 6726 | 1181 |
| 4130 | 6195 | 11896 | 9914 | 7820 | 3717 | 5430 | 767 |
| 4785 | 5895 | 12665 | 10554 | 8409 | 4748 | 5114 | 692 |
| 6839 | 7195 | 20460 | 17048 | 13367 | 6763 | 8912 | 1373 |
| 6520 | 6456 | 16015 | 13342 | 11314 | 5478 | 6522 | 1343 |
| 3396 | 3934 | 9998 | 8330 | 6970 | 3106 | 4330 | 895 |
| 3792 | 3894 | 7806 | 6508 | 5451 | 2784 | 3089 | 636 |
| 1775 | 2064 | 4478 | 3732 | 2910 | 601 | 2645 | 486 |
| 1913 | 2470 | 4703 | 3919 | 3216 | 1443 | 2113 | 363 |
| 5217 | 5980 | 13135 | 10945 | 9124 | 4678 | 5421 | 846 |
| 1520 | 2018 | 3948 | 3286 | 2644 | 942 | 1533 | 812 |
| 4413 | 5035 | 11823 | 9849 | 8330 | 2629 | 5506 | 1714 |
| 2756 | 3592 | 7200 | 6003 | 5030 | 2036 | 3638 | 328 |
| 4646 | 5782 | 13925 | 11604 | 8528 | 4440 | 5726 | 1438 |
| 3411 | 4012 | 8907 | 7423 | 6282 | 2897 | 3976 | 550 |
| 94 | 162 | 285 | 237 | 195 | 105 | 114 | 18 |
| 2317 | 2097 | 5309 | 4423 | 3649 | 1800 | 1670 | 953 |
| 5400 | 5934 | 13766 | 11469 | 9704 | 4515 | 5754 | 1200 |
| 811 | 1578 | 2476 | 2064 | 1928 | 849 | 1148 | 67 |
| 2039 | 2823 | 5108 | 4257 | 3480 | 1866 | 2193 | 198 |
| 113 | 317 | 394 | 328 | 246 | 91 | 235 | 2 |
| 3962 | 3838 | 10089 | 8405 | 7346 | 2999 | 4400 | 1005 |
| 783 | 939 | 2030 | 1690 | 1432 | 454 | 1199 | 37 |
| 115 | 397 | 678 | 565 | 454 | 36 | 509 | 20 |
| 413 | 725 | 1188 | 990 | 770 | 469 | 509 | 11 |
| 770 | 1217 | 2026 | 1689 | 1431 | 652 | 938 | 99 |

# 4-4 各地区人文社科类高等

## R&D Personnel in Higher Education in Social

| 地区 | Region | 学校数 (个) Number of Institutions (unit) | 从业人员 (人) Employed Persons (person) | R&D人员合计 (人) R&D Personnel (person) | #女性 Female | #博士毕业 Doctor |
|---|---|---|---|---|---|---|
| **全国** | **National Total** | **954** | **425939** | **193572** | **80582** | **44937** |
| 东部地区 | Eastern Region | 375 | 195989 | 94594 | 39792 | 28542 |
| 中部地区 | Middle Region | 328 | 129940 | 56648 | 23947 | 10029 |
| 西部地区 | Western Region | 251 | 100010 | 42330 | 16843 | 6366 |
| 北京 | Beijing | 59 | 29739 | 16478 | 7066 | 6502 |
| 天津 | Tianjin | 19 | 8731 | 4942 | 2094 | 1838 |
| 河北 | Hebei | 31 | 14768 | 7139 | 3599 | 975 |
| 山西 | Shanxi | 18 | 8557 | 4076 | 2028 | 623 |
| 内蒙古 | Inner Mongolia | 12 | 6704 | 2217 | 1001 | 265 |
| 辽宁 | Liaoning | 43 | 18844 | 8599 | 4500 | 2053 |
| 吉林 | Jilin | 31 | 14019 | 7869 | 4169 | 1590 |
| 黑龙江 | Heilongjiang | 34 | 13453 | 5056 | 2625 | 804 |
| 上海 | Shanghai | 30 | 17449 | 7590 | 2809 | 4311 |
| 江苏 | Jiangsu | 48 | 24103 | 10803 | 4313 | 3040 |
| 浙江 | Zhejiang | 28 | 18565 | 12501 | 5217 | 2483 |
| 安徽 | Anhui | 86 | 18337 | 6702 | 2276 | 642 |
| 福建 | Fujian | 20 | 11567 | 4543 | 1541 | 1167 |
| 江西 | Jiangxi | 22 | 11569 | 4076 | 1380 | 463 |
| 山东 | Shandong | 43 | 25006 | 8523 | 3527 | 1935 |
| 河南 | Henan | 44 | 21518 | 8296 | 3435 | 858 |
| 湖北 | Hubei | 41 | 20879 | 8830 | 3268 | 3227 |
| 湖南 | Hunan | 52 | 21608 | 11743 | 4766 | 1822 |
| 广东 | Guangdong | 42 | 23289 | 12526 | 4740 | 4094 |
| 广西 | Guangxi | 32 | 11227 | 6395 | 2410 | 903 |
| 海南 | Hainan | 12 | 3928 | 950 | 386 | 144 |
| 重庆 | Chongqing | 22 | 10500 | 5833 | 2102 | 1091 |
| 四川 | Sichuan | 35 | 17751 | 8741 | 3765 | 1214 |
| 贵州 | Guizhou | 19 | 7305 | 2526 | 1144 | 286 |
| 云南 | Yunnan | 47 | 12355 | 4439 | 2049 | 617 |
| 西藏 | Tibet | 2 | 803 | 316 | 120 | 23 |
| 陕西 | Shaanxi | 31 | 15652 | 5849 | 2369 | 1302 |
| 甘肃 | Gansu | 19 | 7064 | 2295 | 719 | 446 |
| 青海 | Qinghai | 4 | 1618 | 651 | 292 | 51 |
| 宁夏 | Ningxia | 11 | 2269 | 925 | 386 | 50 |
| 新疆 | Xinjiang | 17 | 6762 | 2143 | 486 | 118 |

# 学校R&D人员(2009年)

## Sciences & Humanities by Region (2009)

| #硕士毕业 Master | #本科毕业 Undergraduate | #全时人员 Full-time Personnel | R&D人员全时当量 (人年) Full-time Equivalent of R&D Personnel (man-year) | #研究人员 Researchers | 基础研究 Basic Research | 应用研究 Applied Research | 试验发展 Experimental Development |
|---|---|---|---|---|---|---|---|
| **84984** | **45747** | **6531** | **64757** | **51541** | **34034** | **29383** | **1339** |
| 39913 | 19183 | 4049 | 34359 | 27715 | 16871 | 16949 | 540 |
| 26736 | 14623 | 1715 | 18483 | 14207 | 10713 | 7287 | 483 |
| 18335 | 11941 | 767 | 11915 | 9618 | 6451 | 5147 | 317 |
| 6902 | 2459 | 824 | 6851 | 5380 | 2463 | 4193 | 195 |
| 1762 | 716 | 220 | 2194 | 1913 | 1174 | 989 | 31 |
| 3418 | 2160 | 165 | 1952 | 1609 | 997 | 934 | 21 |
| 2258 | 1179 | 167 | 1533 | 1137 | 758 | 740 | 34 |
| 937 | 647 | 74 | 642 | 560 | 401 | 232 | 9 |
| 4054 | 2067 | 177 | 3098 | 2130 | 1496 | 1551 | 51 |
| 4293 | 1850 | 214 | 2569 | 2077 | 1486 | 1017 | 65 |
| 2271 | 1404 | 104 | 2018 | 1610 | 1570 | 416 | 32 |
| 2330 | 637 | 941 | 3894 | 3348 | 1797 | 2057 | 40 |
| 5312 | 2300 | 85 | 3674 | 2696 | 1910 | 1758 | 6 |
| 6030 | 3356 | 205 | 3707 | 3161 | 2106 | 1540 | 61 |
| 3203 | 1892 | 77 | 1890 | 1540 | 984 | 844 | 62 |
| 1310 | 853 | 258 | 1509 | 1288 | 906 | 586 | 17 |
| 1710 | 1263 | 132 | 1047 | 775 | 612 | 379 | 56 |
| 3830 | 1796 | 661 | 3099 | 2627 | 2039 | 1043 | 18 |
| 3880 | 1979 | 66 | 2000 | 1534 | 1237 | 738 | 24 |
| 3799 | 1465 | 483 | 3403 | 2839 | 1740 | 1553 | 110 |
| 5322 | 3591 | 472 | 4024 | 2696 | 2325 | 1599 | 100 |
| 4516 | 2519 | 497 | 4145 | 3379 | 1858 | 2212 | 75 |
| 3164 | 1711 | 40 | 2101 | 1430 | 1305 | 683 | 113 |
| 449 | 320 | 16 | 235 | 184 | 125 | 85 | 25 |
| 2922 | 967 | 263 | 2066 | 1782 | 917 | 1081 | 68 |
| 3987 | 3073 | 203 | 2334 | 1855 | 1211 | 1120 | 3 |
| 1017 | 1207 | 2 | 446 | 392 | 241 | 201 | 3 |
| 1992 | 1485 | 40 | 1227 | 998 | 601 | 548 | 78 |
| 161 | 115 | 2 | 69 | 67 | 40 | 28 | |
| 2501 | 1307 | 79 | 1481 | 1246 | 921 | 544 | 17 |
| 610 | 349 | 36 | 693 | 524 | 306 | 385 | 2 |
| 214 | 386 | 3 | 192 | 167 | 137 | 54 | 2 |
| 290 | 381 | 2 | 166 | 150 | 92 | 63 | 10 |
| 540 | 313 | 23 | 500 | 449 | 279 | 209 | 12 |

# 4-5 各地区高等学校R&D

# Intramural Expenditures on R&D in

单位：万元

| 地 区 | Region | R&D经费内部支出 Intramural Expenditures on R&D | 基础研究 Basic Research | 应用研究 Applied Research | 试验发展 Experimental Development |
|---|---|---|---|---|---|
| **全 国** | **National Total** | **4681749** | **1455112** | **2500292** | **726344** |
| 东部地区 | Eastern Region | 2773593 | 818317 | 1557908 | 397368 |
| 中部地区 | Middle Region | 1102991 | 409900 | 522981 | 170109 |
| 西部地区 | Western Region | 805160 | 226892 | 419401 | 158867 |
| 北 京 | Beijing | 700453 | 210088 | 431848 | 58517 |
| 天 津 | Tianjin | 215730 | 57912 | 115033 | 42785 |
| 河 北 | Hebei | 67861 | 21535 | 44013 | 2313 |
| 山 西 | Shanxi | 59483 | 20631 | 36375 | 2477 |
| 内蒙古 | Inner Mongolia | 20006 | 4476 | 8740 | 6791 |
| 辽 宁 | Liaoning | 238643 | 36498 | 118897 | 83248 |
| 吉 林 | Jilin | 122404 | 67487 | 42985 | 11932 |
| 黑龙江 | Heilongjiang | 196233 | 102999 | 74755 | 18479 |
| 上 海 | Shanghai | 402285 | 135974 | 226336 | 39975 |
| 江 苏 | Jiangsu | 441989 | 145382 | 231197 | 65410 |
| 浙 江 | Zhejiang | 239064 | 60678 | 136356 | 42030 |
| 安 徽 | Anhui | 135025 | 54694 | 54456 | 25876 |
| 福 建 | Fujian | 59438 | 11952 | 40677 | 6810 |
| 江 西 | Jiangxi | 62871 | 18664 | 37508 | 6699 |
| 山 东 | Shandong | 161085 | 57213 | 85369 | 18504 |
| 河 南 | Henan | 75353 | 21088 | 39845 | 14419 |
| 湖 北 | Hubei | 251706 | 58533 | 117562 | 75611 |
| 湖 南 | Hunan | 199917 | 65805 | 119495 | 14617 |
| 广 东 | Guangdong | 239879 | 78267 | 125385 | 36228 |
| 广 西 | Guangxi | 54773 | 20006 | 30624 | 4143 |
| 海 南 | Hainan | 7166 | 2821 | 2797 | 1547 |
| 重 庆 | Chongqing | 107880 | 29850 | 45397 | 32633 |
| 四 川 | Sichuan | 274254 | 62135 | 147962 | 64157 |
| 贵 州 | Guizhou | 23413 | 6454 | 15979 | 980 |
| 云 南 | Yunnan | 48661 | 14762 | 31163 | 2736 |
| 西 藏 | Tibet | 1637 | 483 | 1147 | 8 |
| 陕 西 | Shaanxi | 208520 | 64716 | 99169 | 44635 |
| 甘 肃 | Gansu | 44537 | 16128 | 28017 | 392 |
| 青 海 | Qinghai | 5517 | 1640 | 2812 | 1065 |
| 宁 夏 | Ningxia | 4695 | 2378 | 2042 | 275 |
| 新 疆 | Xinjiang | 11266 | 3864 | 6351 | 1051 |

# 经费内部支出(2009年)

## Higher Education by Region (2009)

(10000 yuan)

| 日常性支出 Routine Expenses | #人员劳务费 Labor Cost | 资产性支出 Assets Expenditure | #仪器和设备支出 Equipment | 政府资金 Government Funds | 企业资金 Self-raised Funds by Enterprises | 国外资金 Foreign Funds | 其他资金 Other Funds |
|---|---|---|---|---|---|---|---|
| **3806673** | **809030** | **875077** | **704555** | **2622019** | **1716703** | **47635** | **295370** |
| 2209504 | 455673 | 564089 | 461074 | 1577747 | 997643 | 37167 | 161015 |
| 913317 | 168749 | 189674 | 155346 | 646773 | 372087 | 4791 | 79339 |
| 683849 | 184604 | 121311 | 88132 | 397496 | 346973 | 5677 | 55014 |
| 592935 | 101862 | 107518 | 90742 | 441209 | 211295 | 22395 | 25554 |
| 167097 | 41558 | 48633 | 25000 | 117131 | 80093 | 1191 | 17316 |
| 53013 | 9960 | 14848 | 11464 | 33237 | 27918 | 62 | 6645 |
| 45379 | 10557 | 14104 | 12514 | 33599 | 22872 | 17 | 2995 |
| 16652 | 3011 | 3355 | 3355 | 14504 | 4175 | 100 | 1227 |
| 215887 | 31270 | 22756 | 21818 | 93609 | 129066 | 849 | 15118 |
| 106933 | 18466 | 15470 | 14194 | 77827 | 40656 | 781 | 3140 |
| 177699 | 32088 | 18533 | 16242 | 135000 | 53258 | 292 | 7682 |
| 314181 | 77120 | 88104 | 69885 | 238569 | 136841 | 5130 | 21745 |
| 300773 | 64165 | 141217 | 118134 | 219629 | 193574 | 1386 | 27400 |
| 194132 | 45278 | 44932 | 44420 | 125620 | 94852 | 3480 | 15112 |
| 106012 | 22884 | 29013 | 22854 | 87346 | 34837 | 342 | 12500 |
| 45168 | 10418 | 14270 | 12916 | 38566 | 16749 | 272 | 3852 |
| 37848 | 9781 | 25022 | 16319 | 31898 | 25770 | 351 | 4852 |
| 136266 | 27202 | 24819 | 22106 | 102303 | 47990 | 935 | 9857 |
| 60413 | 10332 | 14940 | 11163 | 30971 | 31878 | 151 | 12353 |
| 214726 | 34429 | 36979 | 33486 | 136045 | 104823 | 1501 | 9337 |
| 164306 | 30213 | 35611 | 28574 | 114086 | 57994 | 1356 | 26481 |
| 183699 | 45981 | 56181 | 43782 | 162113 | 58527 | 1446 | 17773 |
| 46805 | 15277 | 7969 | 6854 | 32889 | 15748 | 40 | 6096 |
| 6354 | 858 | 812 | 807 | 5762 | 738 | 22 | 643 |
| 74494 | 22445 | 33386 | 15270 | 54175 | 44823 | 937 | 7946 |
| 239403 | 85618 | 34851 | 29557 | 89575 | 161352 | 2196 | 21130 |
| 18768 | 5337 | 4646 | 2632 | 15358 | 6016 | 150 | 1889 |
| 44304 | 7448 | 4357 | 3311 | 27366 | 16248 | 476 | 4572 |
| 1564 | 220 | 73 | 55 | 1522 | | | 115 |
| 183027 | 32330 | 25493 | 20158 | 117734 | 79821 | 1619 | 9346 |
| 41000 | 7436 | 3536 | 3472 | 25676 | 17545 | 159 | 1157 |
| 4752 | 1352 | 765 | 621 | 4933 | 59 | | 525 |
| 3654 | 1300 | 1041 | 1009 | 4054 | 329 | | 312 |
| 9427 | 2831 | 1839 | 1839 | 9709 | 857 | | 700 |

# 4-6 各地区理工农商类高等学校R&D

## Intramural Expenditures on R&D in Higher Education

单位：万元

| 地区 | Region | R&D经费内部支出 Intramural Expenditures on R&D | 基础研究 Basic Research | 应用研究 Applied Research | 试验发展 Experimental Development |
|---|---|---|---|---|---|
| **全　国** | **National Total** | **4142605** | **1255221** | **2173237** | **714147** |
| 东部地区 | Eastern Region | 2424826 | 702493 | 1330116 | 392217 |
| 中部地区 | Middle Region | 994512 | 359326 | 470476 | 164710 |
| 西部地区 | Western Region | 723268 | 193402 | 372646 | 157220 |
| 北　京 | Beijing | 580330 | 175951 | 347693 | 56686 |
| 天　津 | Tianjin | 201449 | 52322 | 106663 | 42463 |
| 河　北 | Hebei | 61496 | 18237 | 41048 | 2211 |
| 山　西 | Shanxi | 51787 | 17215 | 32210 | 2363 |
| 内蒙古 | Inner Mongolia | 17774 | 3549 | 7539 | 6686 |
| 辽　宁 | Liaoning | 226377 | 31299 | 111961 | 83117 |
| 吉　林 | Jilin | 109511 | 60802 | 37330 | 11380 |
| 黑龙江 | Heilongjiang | 190728 | 98929 | 73389 | 18410 |
| 上　海 | Shanghai | 353258 | 117330 | 196865 | 39063 |
| 江　苏 | Jiangsu | 413983 | 135626 | 213126 | 65231 |
| 浙　江 | Zhejiang | 186004 | 46603 | 98337 | 41064 |
| 安　徽 | Anhui | 123881 | 49555 | 48801 | 25526 |
| 福　建 | Fujian | 45580 | 7414 | 31677 | 6489 |
| 江　西 | Jiangxi | 57236 | 15865 | 35161 | 6210 |
| 山　东 | Shandong | 143813 | 48592 | 76789 | 18431 |
| 河　南 | Henan | 65698 | 15792 | 35557 | 14349 |
| 湖　北 | Hubei | 217115 | 46014 | 98831 | 72271 |
| 湖　南 | Hunan | 178555 | 55155 | 109197 | 14203 |
| 广　东 | Guangdong | 206174 | 66616 | 103559 | 35999 |
| 广　西 | Guangxi | 46544 | 16200 | 26553 | 3791 |
| 海　南 | Hainan | 6362 | 2502 | 2398 | 1463 |
| 重　庆 | Chongqing | 90275 | 24914 | 33144 | 32217 |
| 四　川 | Sichuan | 252337 | 54785 | 133404 | 64148 |
| 贵　州 | Guizhou | 20215 | 4514 | 14762 | 939 |
| 云　南 | Yunnan | 42023 | 12150 | 27624 | 2248 |
| 西　藏 | Tibet | 1209 | 221 | 980 | 8 |
| 陕　西 | Shaanxi | 195867 | 57744 | 93552 | 44571 |
| 甘　肃 | Gansu | 39249 | 13715 | 25152 | 383 |
| 青　海 | Qinghai | 4531 | 812 | 2670 | 1050 |
| 宁　夏 | Ningxia | 3915 | 1940 | 1776 | 200 |
| 新　疆 | Xinjiang | 9330 | 2859 | 5492 | 979 |

# 经费内部支出(2009年)

## in Natural Sciences &Technology by Region (2009)

(10000 yuan)

| # 日常性支出 Routine Expenses | # 人员劳务费 Labor Cost | 资产性支出 Assets Expenditure | # 仪器和设备支出 Equipment | 政府资金 Government Funds | 企业资金 Self-raised Funds by Enterprises | 国外资金 Foreign Funds | 其他资金 Other Funds |
|---|---|---|---|---|---|---|---|
| **3321444** | **671234** | **821161** | **658223** | **2363976** | **1509160** | **30470** | **239000** |
| 1892266 | 379822 | 532560 | 434865 | 1420508 | 851742 | 23094 | 129481 |
| 820109 | 134477 | 174403 | 141839 | 585429 | 341049 | 3482 | 64552 |
| 609069 | 156934 | 114199 | 81520 | 358039 | 316368 | 3894 | 44967 |
| 485344 | 86415 | 94986 | 82854 | 381454 | 168307 | 13047 | 17523 |
| 154061 | 36896 | 47388 | 23755 | 110689 | 73385 | 877 | 16498 |
| 46942 | 7016 | 14555 | 11170 | 29890 | 26495 | 22 | 5089 |
| 39149 | 8465 | 12638 | 11323 | 29350 | 20289 | | 2148 |
| 14468 | 2057 | 3306 | 3306 | 13470 | 3518 | 32 | 755 |
| 204383 | 25763 | 21994 | 21055 | 85969 | 126601 | 552 | 13255 |
| 96004 | 13952 | 13508 | 12330 | 69267 | 38068 | 490 | 1687 |
| 172372 | 28740 | 18356 | 16065 | 132047 | 52669 | 280 | 5732 |
| 268982 | 68644 | 84276 | 66057 | 217306 | 115908 | 4191 | 15854 |
| 276112 | 58324 | 137871 | 114917 | 205620 | 183199 | 1033 | 24131 |
| 145020 | 31375 | 40984 | 40855 | 111075 | 60847 | 2024 | 12058 |
| 96121 | 18673 | 27760 | 21639 | 79550 | 33165 | 322 | 10844 |
| 31531 | 7614 | 14048 | 12694 | 33207 | 9313 | 4 | 3055 |
| 33332 | 8308 | 23905 | 15498 | 28460 | 24275 | 314 | 4187 |
| 121106 | 19792 | 22707 | 20045 | 92234 | 43928 | 465 | 7186 |
| 52343 | 6571 | 13354 | 9727 | 24954 | 30442 | 41 | 10261 |
| 185608 | 28048 | 31507 | 28816 | 121467 | 87942 | 878 | 6828 |
| 145181 | 21720 | 33375 | 26441 | 100334 | 54200 | 1157 | 22865 |
| 153190 | 37540 | 52984 | 40700 | 147764 | 43121 | 879 | 14410 |
| 39422 | 12240 | 7122 | 6007 | 28360 | 13197 | 1 | 4985 |
| 5595 | 445 | 768 | 763 | 5301 | 639 | 0 | 422 |
| 57967 | 17340 | 32307 | 14213 | 46380 | 36518 | 765 | 6611 |
| 220871 | 78731 | 31466 | 26315 | 81906 | 149729 | 2128 | 18574 |
| 15721 | 4192 | 4494 | 2510 | 12770 | 5865 | 13 | 1566 |
| 38037 | 5372 | 3986 | 3195 | 23545 | 14752 | 286 | 3440 |
| 1201 | 92 | 8 | 8 | 1168 | | | 41 |
| 171178 | 28094 | 24689 | 19354 | 111977 | 76062 | 521 | 7307 |
| 35904 | 4983 | 3346 | 3282 | 22607 | 15805 | 148 | 689 |
| 3778 | 884 | 753 | 609 | 4011 | 55 | | 465 |
| 2930 | 1044 | 985 | 985 | 3583 | 147 | | 186 |
| 7594 | 1906 | 1736 | 1736 | 8262 | 720 | | 348 |

# 4-7 各地区人文社科类高等学校R&D

## Intramural Expenditures on S&T Activities in

单位：万元

| 地区 | Region | R&D经费内部支出 Intramural Expenditures on R&D | 基础研究 Basic Research | 应用研究 Applied Research | 试验发展 Experimental Development | 日常性支出 Routine Expenses |
|---|---|---|---|---|---|---|
| **全　国** | **National Total** | **539139** | **199889** | **327054** | **12197** | **485226** |
| 东部地区 | Eastern Region | 348768 | 115825 | 227793 | 5151 | 317238 |
| 中部地区 | Middle Region | 108479 | 50574 | 52506 | 5399 | 93208 |
| 西部地区 | Western Region | 81892 | 33490 | 46756 | 1647 | 74780 |
| 北　京 | Beijing | 120123 | 34136 | 84154 | 1832 | 107590 |
| 天　津 | Tianjin | 14281 | 5589 | 8370 | 322 | 13036 |
| 河　北 | Hebei | 6365 | 3298 | 2966 | 102 | 6071 |
| 山　西 | Shanxi | 7696 | 3416 | 4165 | 114 | 6230 |
| 内蒙古 | Inner Mongolia | 2233 | 927 | 1201 | 105 | 2184 |
| 辽　宁 | Liaoning | 12266 | 5199 | 6936 | 131 | 11504 |
| 吉　林 | Jilin | 12892 | 6685 | 5656 | 552 | 10930 |
| 黑龙江 | Heilongjiang | 5505 | 4069 | 1366 | 70 | 5328 |
| 上　海 | Shanghai | 49027 | 18644 | 29472 | 912 | 45199 |
| 江　苏 | Jiangsu | 28006 | 9756 | 18072 | 178 | 24661 |
| 浙　江 | Zhejiang | 53060 | 14074 | 38019 | 966 | 49112 |
| 安　徽 | Anhui | 11144 | 5139 | 5655 | 350 | 9891 |
| 福　建 | Fujian | 13858 | 4538 | 9000 | 321 | 13636 |
| 江　西 | Jiangxi | 5634 | 2799 | 2347 | 489 | 4517 |
| 山　东 | Shandong | 17273 | 8620 | 8580 | 72 | 15160 |
| 河　南 | Henan | 9655 | 5297 | 4288 | 70 | 8069 |
| 湖　北 | Hubei | 34591 | 12519 | 18732 | 3340 | 29119 |
| 湖　南 | Hunan | 21361 | 10650 | 10297 | 414 | 19125 |
| 广　东 | Guangdong | 33705 | 11651 | 21825 | 229 | 30509 |
| 广　西 | Guangxi | 8230 | 3807 | 4070 | 353 | 7383 |
| 海　南 | Hainan | 803 | 319 | 400 | 85 | 759 |
| 重　庆 | Chongqing | 17606 | 4937 | 12253 | 416 | 16527 |
| 四　川 | Sichuan | 21917 | 7350 | 14558 | 9 | 18532 |
| 贵　州 | Guizhou | 3199 | 1940 | 1217 | 41 | 3047 |
| 云　南 | Yunnan | 6638 | 2612 | 3539 | 488 | 6267 |
| 西　藏 | Tibet | 428 | 261 | 167 | | 363 |
| 陕　西 | Shaanxi | 12653 | 6972 | 5617 | 65 | 11849 |
| 甘　肃 | Gansu | 5287 | 2414 | 2865 | 9 | 5097 |
| 青　海 | Qinghai | 985 | 828 | 142 | 15 | 974 |
| 宁　夏 | Ningxia | 780 | 438 | 267 | 75 | 724 |
| 新　疆 | Xinjiang | 1936 | 1005 | 859 | 72 | 1833 |

# 经费内部支出(2009年)

# Higher Education by Region (2009)

(10000 yuan)

| #人员劳务费 Labor Cost | 资产性支出 Assets Expenditure | #仪器和设备支出 Equipment | 政府资金 Government Funds | 企业资金 Self-raised Funds by Enterprises | 国外资金 Foreign Funds | 其他资金 Other Funds |
|---|---|---|---|---|---|---|
| **137792** | **53913** | **46328** | **258040** | **207544** | **17165** | **56370** |
| | | | | | | |
| 75851 | 31530 | 26209 | 157239 | 145901 | 14073 | 31535 |
| 34272 | 15271 | 13507 | 61344 | 31037 | 1310 | 14788 |
| 27669 | 7112 | 6612 | 39457 | 30605 | 1783 | 10047 |
| | | | | | | |
| 15447 | 12532 | 7889 | 59756 | 42988 | 9348 | 8031 |
| 4662 | 1245 | 1245 | 6442 | 6708 | 314 | 818 |
| 2944 | 294 | 294 | 3347 | 1423 | 39 | 1556 |
| 2092 | | 1190 | 4250 | 2583 | 17 | 847 |
| 953 | 49 | 49 | 1034 | 657 | 69 | 473 |
| | | | | | | |
| 5507 | 762 | 762 | 7640 | 2466 | 297 | 1863 |
| 4514 | 1963 | 1865 | 8560 | 2588 | 291 | 1453 |
| 3348 | 177 | 177 | 2953 | 589 | 13 | 1950 |
| | | | | | | |
| 8477 | 3828 | 3828 | 21263 | 20934 | 939 | 5891 |
| 5841 | 3346 | 3217 | 14009 | 10375 | 353 | 3269 |
| 13904 | 3948 | 3565 | 14545 | 34005 | 1456 | 3054 |
| 4211 | 1253 | 1215 | 7796 | 1672 | 20 | 1656 |
| 2804 | 222 | 222 | 5358 | 7435 | 268 | 797 |
| 1473 | 1118 | 821 | 3438 | 1495 | 37 | 665 |
| 7410 | 2112 | 2061 | 10069 | 4062 | 470 | 2671 |
| | | | | | | |
| 3761 | 1586 | 1436 | 6017 | 1437 | 109 | 2092 |
| 6380 | 5472 | 4670 | 14578 | 16881 | 623 | 2509 |
| 8492 | 2236 | 2134 | 13752 | 3794 | 199 | 3616 |
| 8441 | 3197 | 3082 | 14349 | 15406 | 567 | 3363 |
| 3037 | 847 | 847 | 4529 | 2550 | 40 | 1110 |
| 414 | 44 | 44 | 461 | 99 | 22 | 221 |
| | | | | | | |
| 5106 | 1079 | 1057 | 7794 | 8305 | 171 | 1335 |
| 6887 | 3384 | 3242 | 7670 | 11623 | 67 | 2556 |
| 1145 | 152 | 121 | 2588 | 151 | 137 | 323 |
| 2075 | 371 | 117 | 3821 | 1496 | 190 | 1131 |
| 128 | 65 | 47 | 354 | | | 75 |
| | | | | | | |
| 4236 | 804 | 804 | 5757 | 3759 | 1098 | 2039 |
| 2453 | 191 | 190 | 3069 | 1740 | 11 | 468 |
| 469 | 12 | 12 | 922 | 4 | | 59 |
| 256 | 56 | 24 | 471 | 183 | | 126 |
| 925 | 103 | 103 | 1447 | 137 | | 352 |

# 4-8 各地区高等学校R&D经费外部支出(2009年)

## External Expenditure on R&D in Higher Education by Region (2009)

单位：万元 (10000 yuan)

| 地区 | Region | R&D经费外部支出 Total | 对国内研究机构支出 to Domestic Research institutions | 对国内高等学校支出 to Domestic Higher Education | 对国内企业支出 to Domestic Enterprises | 对境外机构支出 to Foreign Institutions |
|---|---|---|---|---|---|---|
| **全　国** | **National Total** | **375029** | **115912** | **112851** | **122111** | **20887** |
| 东部地区 | Eastern Region | 261938 | 75191 | 72200 | 95121 | 17927 |
| 中部地区 | Middle Region | 52867 | 15850 | 18584 | 17265 | 151 |
| 西部地区 | Western Region | 60224 | 24870 | 22067 | 9725 | 2808 |
| 北　京 | Beijing | 129761 | 35609 | 30856 | 61648 | 1127 |
| 天　津 | Tianjin | 3028 | 73 | 2320 | 607 | |
| 河　北 | Hebei | 2356 | 817 | 750 | 788 | |
| 山　西 | Shanxi | 1396 | 542 | 383 | 471 | |
| 内蒙古 | Inner Mongolia | 1688 | 584 | 865 | 186 | |
| 辽　宁 | Liaoning | 7561 | 1259 | 2012 | 3843 | 20 |
| 吉　林 | Jilin | 3236 | 621 | 785 | 1280 | 23 |
| 黑龙江 | Heilongjiang | 4011 | 1171 | 1727 | 1021 | |
| 上　海 | Shanghai | 27197 | 4744 | 4653 | 7790 | 9977 |
| 江　苏 | Jiangsu | 25048 | 9834 | 9748 | 5276 | 14 |
| 浙　江 | Zhejiang | 16928 | 5965 | 5260 | 3566 | 2096 |
| 安　徽 | Anhui | 8528 | 2112 | 1765 | 4632 | 13 |
| 福　建 | Fujian | 6647 | 2496 | 1740 | 2285 | 127 |
| 江　西 | Jiangxi | 3302 | 1376 | 1333 | 530 | |
| 山　东 | Shandong | 17388 | 6301 | 3822 | 2518 | 4558 |
| 河　南 | Henan | 4318 | 3204 | 715 | 393 | |
| 湖　北 | Hubei | 15064 | 2817 | 5746 | 6221 | 23 |
| 湖　南 | Hunan | 13012 | 4006 | 6131 | 2718 | 91 |
| 广　东 | Guangdong | 25897 | 8082 | 10921 | 6799 | 9 |
| 广　西 | Guangxi | 4908 | 1503 | 1781 | 1621 | |
| 海　南 | Hainan | 129 | 12 | 117 | | |
| 重　庆 | Chongqing | 2454 | 872 | 476 | 950 | 135 |
| 四　川 | Sichuan | 27390 | 8001 | 15218 | 3670 | 470 |
| 贵　州 | Guizhou | 1282 | 214 | 404 | 82 | 581 |
| 云　南 | Yunnan | 1964 | 1291 | 401 | 246 | 27 |
| 西　藏 | Tibet | 187 | 96 | 91 | | |
| 陕　西 | Shaanxi | 16476 | 11321 | 1784 | 2592 | 164 |
| 甘　肃 | Gansu | 1889 | 707 | 822 | 360 | |
| 青　海 | Qinghai | 34 | 17 | 8 | 8 | 1 |
| 宁　夏 | Ningxia | 1439 | 10 | | | 1429 |
| 新　疆 | Xinjiang | 513 | 254 | 216 | 10 | 2 |

# 4-9 各地区理工农医类高等学校R&D经费外部支出(2009年)

## External Expenditure on R&D in Higher Education in Natural Sciences & Technology by Region (2009)

单位：万元 (10000 yuan)

| 地区 | Region | R&D经费外部支出 Total | 对国内研究机构支出 to Domestic Research institutions | 对国内高等学校支出 to Domestic Higher Education | 对国内企业支出 to Domestic Enterprises | 对境外机构支出 to Foreign Institutions |
|---|---|---|---|---|---|---|
| **全　国** | **National Total** | **367898** | **114424** | **111808** | **120889** | **20777** |
| 东部地区 | Eastern Region | 257599 | 74013 | 71526 | 94177 | 17884 |
| 中部地区 | Middle Region | 51030 | 15618 | 18270 | 17022 | 120 |
| 西部地区 | Western Region | 59269 | 24794 | 22012 | 9690 | 2773 |
| 北　京 | Beijing | 128154 | 35330 | 30642 | 61059 | 1122 |
| 天　津 | Tianjin | 2999 | 73 | 2319 | 607 | |
| 河　北 | Hebei | 2339 | 816 | 735 | 788 | |
| 山　西 | Shanxi | 1362 | 541 | 366 | 455 | |
| 内蒙古 | Inner Mongolia | 1635 | 584 | 865 | 186 | |
| 辽　宁 | Liaoning | 7057 | 1244 | 1960 | 3840 | 13 |
| 吉　林 | Jilin | 2470 | 548 | 698 | 1224 | |
| 黑龙江 | Heilongjiang | 3909 | 1163 | 1726 | 1021 | |
| 上　海 | Shanghai | 26850 | 4676 | 4574 | 7633 | 9967 |
| 江　苏 | Jiangsu | 24661 | 9790 | 9647 | 5210 | 13 |
| 浙　江 | Zhejiang | 16743 | 5908 | 5194 | 3555 | 2086 |
| 安　徽 | Anhui | 8399 | 2104 | 1717 | 4565 | 13 |
| 福　建 | Fujian | 6637 | 2486 | 1740 | 2285 | 127 |
| 江　西 | Jiangxi | 3173 | 1354 | 1304 | 515 | |
| 山　东 | Shandong | 16960 | 6251 | 3714 | 2448 | 4547 |
| 河　南 | Henan | 4309 | 3204 | 713 | 393 | |
| 湖　北 | Hubei | 14471 | 2700 | 5622 | 6133 | 15 |
| 湖　南 | Hunan | 12938 | 4005 | 6124 | 2718 | 91 |
| 广　东 | Guangdong | 25072 | 7426 | 10884 | 6753 | 9 |
| 广　西 | Guangxi | 4883 | 1495 | 1779 | 1608 | |
| 海　南 | Hainan | 129 | 12 | 117 | | |
| 重　庆 | Chongqing | 2404 | 872 | 476 | 950 | 105 |
| 四　川 | Sichuan | 27345 | 7991 | 15214 | 3670 | 470 |
| 贵　州 | Guizhou | 1282 | 214 | 404 | 82 | 581 |
| 云　南 | Yunnan | 1899 | 1271 | 369 | 236 | 24 |
| 西　藏 | Tibet | 187 | 96 | 91 | | |
| 陕　西 | Shaanxi | 15842 | 11308 | 1782 | 2588 | 164 |
| 甘　肃 | Gansu | 1883 | 706 | 817 | 360 | |
| 青　海 | Qinghai | 34 | 17 | 8 | 8 | 1 |
| 宁　夏 | Ningxia | 1439 | 10 | | | 1429 |
| 新　疆 | Xinjiang | 438 | 229 | 207 | 2 | |

# 4-10 各地区人文社科类高等学校R&D经费外部支出(2009年)
# External Expenditure on R&D in Higher Education in Social Sciences & Humanities by Region (2009)

单位：万元 (10000 yuan)

| 地　区 | Region | R&D经费外部支出 Total | 对国内研究机构支出 to Domestic Research institutions | 对国内高等学校支出 to Domestic Higher Education | 对国内企业支出 to Domestic Enterprises | 对境外机构支出 to Foreign Institutions |
|---|---|---|---|---|---|---|
| **全　国** | **National Total** | **7131** | **1487** | **1043** | **1222** | **110** |
| 东部地区 | Eastern Region | 4339 | 1179 | 674 | 943 | 44 |
| 中部地区 | Middle Region | 1837 | 232 | 314 | 243 | 31 |
| 西部地区 | Western Region | 955 | 76 | 55 | 35 | 35 |
| 北　京 | Beijing | 1607 | 278 | 214 | 589 | 5 |
| 天　津 | Tianjin | 29 | | 1 | | |
| 河　北 | Hebei | 16 | | 16 | | |
| 山　西 | Shanxi | 34 | 1 | 17 | 16 | |
| 内蒙古 | Inner Mongolia | 53 | | | | |
| 辽　宁 | Liaoning | 504 | 15 | 51 | 4 | 7 |
| 吉　林 | Jilin | 767 | 74 | 87 | 57 | 23 |
| 黑龙江 | Heilongjiang | 102 | 9 | 2 | | |
| 上　海 | Shanghai | 347 | 68 | 79 | 157 | 10 |
| 江　苏 | Jiangsu | 388 | 44 | 100 | 66 | 1 |
| 浙　江 | Zhejiang | 185 | 56 | 67 | 11 | 10 |
| 安　徽 | Anhui | 129 | 8 | 48 | 67 | |
| 福　建 | Fujian | 10 | 10 | | | |
| 江　西 | Jiangxi | 129 | 22 | 29 | 15 | |
| 山　东 | Shandong | 428 | 50 | 108 | 71 | 11 |
| 河　南 | Henan | 9 | | 2 | | |
| 湖　北 | Hubei | 593 | 117 | 124 | 88 | 8 |
| 湖　南 | Hunan | 75 | 1 | 7 | | |
| 广　东 | Guangdong | 825 | 656 | 37 | 46 | |
| 广　西 | Guangxi | 25 | 8 | 2 | 13 | |
| 海　南 | Hainan | | | | | |
| 重　庆 | Chongqing | 50 | | | | 30 |
| 四　川 | Sichuan | 45 | 10 | 4 | | |
| 贵　州 | Guizhou | | | | | |
| 云　南 | Yunnan | 65 | 20 | 32 | 10 | 3 |
| 西　藏 | Tibet | | | | | |
| 陕　西 | Shaanxi | 635 | 13 | 3 | 4 | |
| 甘　肃 | Gansu | 6 | 1 | 5 | | |
| 青　海 | Qinghai | 1 | | | | |
| 宁　夏 | Ningxia | | | | | |
| 新　疆 | Xinjiang | 75 | 25 | 9 | 8 | 2 |

# 4-11 各地区高等学校R&D课题(2009年)

## R&D Projects of Higher Education by Region (2009)

| 地 区 | Region | R&D课题数 (项) R&D Projects (item) | 投入人员 (人年) Input of Personnel (man-year) | 投入经费 (万元) Input of Funds (10000 yuan) |
|---|---|---|---|---|
| **全 国** | **National Total** | **476708** | **274777** | **3635298** |
| 东部地区 | Eastern Region | 258545 | 144028 | 2112052 |
| 中部地区 | Middle Region | 119573 | 73160 | 835966 |
| 西部地区 | Western Region | 98590 | 57589 | 687276 |
| 北 京 | Beijing | 51091 | 27715 | 612265 |
| 天 津 | Tianjin | 12666 | 8694 | 165186 |
| 河 北 | Hebei | 12116 | 6741 | 51669 |
| 山 西 | Shanxi | 6505 | 6361 | 40621 |
| 内蒙古 | Inner Mongolia | 4226 | 3065 | 16331 |
| 辽 宁 | Liaoning | 19247 | 15524 | 192754 |
| 吉 林 | Jilin | 11695 | 12476 | 113436 |
| 黑龙江 | Heilongjiang | 12787 | 12567 | 157520 |
| 上 海 | Shanghai | 31468 | 20917 | 296485 |
| 江 苏 | Jiangsu | 31307 | 17011 | 316114 |
| 浙 江 | Zhejiang | 34765 | 12026 | 166416 |
| 安 徽 | Anhui | 16170 | 8382 | 83002 |
| 福 建 | Fujian | 13184 | 5236 | 51358 |
| 江 西 | Jiangxi | 11499 | 4941 | 55051 |
| 山 东 | Shandong | 19786 | 14038 | 105108 |
| 河 南 | Henan | 13482 | 5271 | 55211 |
| 湖 北 | Hubei | 26920 | 13224 | 206278 |
| 湖 南 | Hunan | 20515 | 9937 | 124848 |
| 广 东 | Guangdong | 31262 | 15654 | 150822 |
| 广 西 | Guangxi | 11029 | 9482 | 36076 |
| 海 南 | Hainan | 1653 | 472 | 3874 |
| 重 庆 | Chongqing | 11333 | 6482 | 92744 |
| 四 川 | Sichuan | 25639 | 13802 | 250240 |
| 贵 州 | Guizhou | 5683 | 2509 | 20217 |
| 云 南 | Yunnan | 9215 | 5483 | 38493 |
| 西 藏 | Tibet | 320 | 397 | 1258 |
| 陕 西 | Shaanxi | 19545 | 9885 | 178119 |
| 甘 肃 | Gansu | 6185 | 2383 | 40226 |
| 青 海 | Qinghai | 574 | 757 | 2481 |
| 宁 夏 | Ningxia | 2294 | 1155 | 2367 |
| 新 疆 | Xinjiang | 2547 | 2189 | 8725 |

# 4-12 各地区理工农商类高等学校R&D课题(2009年)
# R&D Projects of Higher Education in Natural Sciences & Technology by Region (2009)

| 地区 | Region | R&D课题数 (项) R&D Projects (item) | 投入人员 (人年) Input of Personnel (man-year) | 投入经费 (万元) Input of Funds (10000 yuan) |
|---|---|---|---|---|
| **全国** | **National Total** | **283325** | **210434** | **3349867** |
| 东部地区 | Eastern Region | 152580 | 109841 | 1917451 |
| 中部地区 | Middle Region | 69984 | 54867 | 786763 |
| 西部地区 | Western Region | 60761 | 45726 | 645653 |
| 北京 | Beijing | 31807 | 20869 | 549003 |
| 天津 | Tianjin | 7142 | 6511 | 157673 |
| 河北 | Hebei | 6175 | 4792 | 49112 |
| 山西 | Shanxi | 3983 | 4834 | 37759 |
| 内蒙古 | Inner Mongolia | 2674 | 2423 | 15162 |
| 辽宁 | Liaoning | 12867 | 12430 | 188016 |
| 吉林 | Jilin | 6568 | 9914 | 108152 |
| 黑龙江 | Heilongjiang | 9878 | 10554 | 155666 |
| 上海 | Shanghai | 18537 | 17048 | 270880 |
| 江苏 | Jiangsu | 19069 | 13342 | 296895 |
| 浙江 | Zhejiang | 18550 | 8330 | 132571 |
| 安徽 | Anhui | 10439 | 6508 | 79522 |
| 福建 | Fujian | 6779 | 3732 | 41958 |
| 江西 | Jiangxi | 5534 | 3919 | 52514 |
| 山东 | Shandong | 11055 | 10945 | 97086 |
| 河南 | Henan | 5988 | 3286 | 52317 |
| 湖北 | Hubei | 16845 | 9849 | 184492 |
| 湖南 | Hunan | 10749 | 6003 | 116342 |
| 广东 | Guangdong | 19690 | 11604 | 130659 |
| 广西 | Guangxi | 6860 | 7423 | 32545 |
| 海南 | Hainan | 909 | 237 | 3597 |
| 重庆 | Chongqing | 6071 | 4423 | 83707 |
| 四川 | Sichuan | 16394 | 11469 | 239976 |
| 贵州 | Guizhou | 3583 | 2064 | 18728 |
| 云南 | Yunnan | 5117 | 4257 | 34485 |
| 西藏 | Tibet | 119 | 328 | 1146 |
| 陕西 | Shaanxi | 13072 | 8405 | 170600 |
| 甘肃 | Gansu | 3487 | 1690 | 37504 |
| 青海 | Qinghai | 331 | 565 | 1973 |
| 宁夏 | Ningxia | 1673 | 990 | 1899 |
| 新疆 | Xinjiang | 1380 | 1689 | 7928 |

# 4-13 各地区人文社科类高等学校R&D课题(2009年)

# R&D Projects of Higher Education in Social Sciences & Humanities by Region (2009)

| 地区 | Region | R&D课题数 (项) R&D Projects (item) | 投入人员 (人年) Input of Personnel (man-year) | 投入经费 (万元) Input of Funds (10000 yuan) |
|---|---|---|---|---|
| **全国** | **National Total** | **193383** | **64343** | **285427** |
| 东部地区 | Eastern Region | 105965 | 34187 | 194601 |
| 中部地区 | Middle Region | 49589 | 18293 | 49203 |
| 西部地区 | Western Region | 37829 | 11863 | 41623 |
| 北京 | Beijing | 19284 | 6846 | 63263 |
| 天津 | Tianjin | 5524 | 2183 | 7513 |
| 河北 | Hebei | 5941 | 1950 | 2558 |
| 山西 | Shanxi | 2522 | 1527 | 2861 |
| 内蒙古 | Inner Mongolia | 1552 | 642 | 1169 |
| 辽宁 | Liaoning | 6380 | 3094 | 4738 |
| 吉林 | Jilin | 5127 | 2562 | 5285 |
| 黑龙江 | Heilongjiang | 2909 | 2013 | 1854 |
| 上海 | Shanghai | 12931 | 3868 | 25605 |
| 江苏 | Jiangsu | 12238 | 3669 | 19219 |
| 浙江 | Zhejiang | 16215 | 3696 | 33844 |
| 安徽 | Anhui | 5731 | 1874 | 3480 |
| 福建 | Fujian | 6405 | 1504 | 9400 |
| 江西 | Jiangxi | 5965 | 1022 | 2537 |
| 山东 | Shandong | 8731 | 3093 | 8022 |
| 河南 | Henan | 7494 | 1985 | 2894 |
| 湖北 | Hubei | 10075 | 3375 | 21786 |
| 湖南 | Hunan | 9766 | 3935 | 8506 |
| 广东 | Guangdong | 11572 | 4049 | 20163 |
| 广西 | Guangxi | 4169 | 2059 | 3532 |
| 海南 | Hainan | 744 | 236 | 277 |
| 重庆 | Chongqing | 5262 | 2059 | 9037 |
| 四川 | Sichuan | 9245 | 2333 | 10263 |
| 贵州 | Guizhou | 2100 | 445 | 1489 |
| 云南 | Yunnan | 4098 | 1227 | 4008 |
| 西藏 | Tibet | 201 | 69 | 112 |
| 陕西 | Shaanxi | 6473 | 1480 | 7519 |
| 甘肃 | Gansu | 2698 | 692 | 2723 |
| 青海 | Qinghai | 243 | 192 | 507 |
| 宁夏 | Ningxia | 621 | 166 | 468 |
| 新疆 | Xinjiang | 1167 | 500 | 796 |

# 4-14 按学科分高等学校R&D课题(2009年)
## R&D Projects Taken by R&D Institutions by Discipline (2009)

| 学 科 | Discipline | R&D课题数 (项) R&D Projects (item) | 投入人员 (人年) Input of Personnel (man-year) | 投入经费 (万元) Input of Funds (10000 yuan) |
|---|---|---|---|---|
| **全 国** | **Total** | **476708** | **274777** | **3635298** |
| 数 学 | Mathematics | 7956 | 4833 | 39962 |
| 信息科学与系统科学 | Information & System Science | 4043 | 3024 | 59323 |
| 力 学 | Mechanics | 1938 | 1376 | 20254 |
| 物理学 | Physics | 7990 | 5753 | 79780 |
| 化 学 | Chemistry | 13342 | 9246 | 134862 |
| 天文学 | Astronomy | 220 | 120 | 2356 |
| 地球科学 | Earth Science | 9467 | 5450 | 141741 |
| 生物学 | Biology | 14618 | 10598 | 151049 |
| 心理学 | Psychology | 100 | 35 | 1046 |
| 农 学 | Agriculture | 12844 | 8520 | 141930 |
| 林 学 | Forestry | 3196 | 2133 | 29455 |
| 畜牧、兽医科学 | Livestock, Veterinary Medicine | 4512 | 3183 | 58380 |
| 水产学 | Aquatic | 1837 | 979 | 22730 |
| 基础医学 | Basic Medicine | 11261 | 11553 | 69598 |
| 临床医学 | Clinic Medicine | 30771 | 34091 | 146400 |
| 预防医学与公共卫生学 | Protective Medicine | 2517 | 1955 | 18098 |
| 军事医学与特种医学 | Military Medicine & Special Medicine | 49 | 54 | 188 |
| 药 学 | Pharmacy | 3512 | 2625 | 30621 |
| 中医学与中药学 | Traditional Chinese Medicine | 12054 | 10499 | 51148 |
| 工程与技术科学基础学科 | Engineering & Basic Technology Science | 2731 | 1533 | 45562 |
| 信息与系统科学相关工程技术 | Information and System Science,Engineering and Technology Related | 1050 | 695 | 9926 |
| 自然科学相关工程与技术 | Science and Technology Related Projects | 791 | 447 | 6533 |
| 测绘科学技术 | Surveying & Mapping | 1315 | 872 | 22879 |
| 材料科学 | Material Science | 13692 | 9748 | 230052 |
| 矿山工程技术 | Mining | 6345 | 3566 | 98753 |
| 冶金工程技术 | Metallurgy | 1524 | 1364 | 39425 |
| 机械工程 | Mechanical Engineering | 14693 | 10169 | 224099 |
| 动力与电气工程 | Power & Electrical Engineering | 7307 | 4865 | 139483 |
| 能源科学技术 | Energy Technology | 3147 | 2284 | 54903 |
| 核科学技术 | Nuclear Technology | 507 | 483 | 17228 |
| 电子、通信与自动控制技术 | Electronics, Communication & Automation | 18425 | 12649 | 303808 |
| 计算机科学技术 | Computer Technology | 15738 | 11129 | 195427 |
| 化学工程 | Chemical Engineering | 8815 | 5706 | 125646 |
| 产品应用相关工程与技术 | Engineering and Technology Related Products Application | 279 | 209 | 4101 |
| 纺织科学技术 | Textile Technology | 1363 | 1134 | 17762 |
| 食品科学技术 | Food Technology | 3418 | 2025 | 30887 |
| 土木建筑工程 | Civil Construction | 11472 | 7353 | 180081 |
| 水利工程 | Water Conservancy | 2759 | 1692 | 51128 |
| 交通运输工程 | Transportaiton Engineering | 5102 | 3459 | 81373 |
| 航空、航天科学技术 | Aviation and Aerospace | 2644 | 1549 | 72467 |
| 环境科学技术 | Environment | 8992 | 5500 | 119468 |
| 安全科学技术 | Security | 820 | 576 | 9748 |
| 管理学 | Management | 44208 | 15640 | 139674 |
| 马克思主义 | Marxism | 5194 | 1895 | 4081 |
| 哲 学 | Phylosophy | 3614 | 1310 | 4221 |
| 宗教学 | Religion | 150 | 51 | 316 |
| 语言学 | Linguistics | 12659 | 4779 | 8071 |
| 文 学 | Literature | 8777 | 2892 | 8032 |
| 艺术学 | Arts | 15638 | 5411 | 40132 |
| 历史学 | Histry | 6213 | 2170 | 6689 |
| 考古学 | Archaeology | 599 | 209 | 2375 |
| 经济学 | Economics | 33190 | 10873 | 59000 |
| 政治学 | Politics | 5321 | 1679 | 5922 |
| 法 学 | Law | 13284 | 4161 | 15350 |
| 军事学 | Military | 30 | 24 | 426 |
| 社会学 | Sociology | 10929 | 3698 | 17518 |
| 民族学与文化学 | Ethnography | 1451 | 529 | 1877 |
| 新闻学与传播学 | Journalism | 4133 | 1206 | 5105 |
| 图书馆、情报与文献学 | Library and Information Literature | 3543 | 1490 | 4336 |
| 教育学 | Education | 22967 | 8243 | 22740 |
| 体育科学 | Physical Science | 8275 | 3022 | 7985 |
| 统计学 | Statistics | 1377 | 466 | 2145 |

# 4-15 按来源和合作形式分高等学校R&D课题(2009年)

## R&D Projects of Higher Education by Sources and Cooperation Modality (2009)

| 项 目 | Item | R&D课题数 (项) R&D Projects (item) | 投入人员 (人年) Input of Personnel (man-year) | 投入经费 (万元) Input of Funds (10000 yuan) |
|---|---|---|---|---|
| **总 计** | **Total** | **476708** | **274777** | **3635298** |
| **按课题来源分组** | **By Sources of Topics** | | | |
| 国家科技项目 | National S&T Projects | 129798 | 97450 | 1606435 |
| 地方科技项目 | Local S&T Projects | 147983 | 80206 | 516951 |
| 企业委托科技项目 | S&T Projects Entrusted by Enterprise | 104802 | 55890 | 1318016 |
| 自选科技项目 | S&T Projects Chosen by Enterprise | 81501 | 34987 | 134990 |
| 来自国外的科技项目 | Oversease S&T Projects | 3515 | 1928 | 39988 |
| 其它科技项目 | Others | 9109 | 4315 | 19276 |
| **按合作形式分组** | **By Cooperation Modality** | | | |
| 与境外机构合作 | Cooperation with Oversease Institutes | 2893 | 2284 | 56100 |
| 与国内高校合作 | Cooperation with Higher Education | 14851 | 11071 | 180060 |
| 与国内独立研究机构合作 | Cooperation with Independent Research Institutes | 11373 | 8600 | 199505 |
| 与境内注册的外商独资企业合作 | Cooperation with Sole Foreign Enterprise | 365 | 192 | 4336 |
| 与境内注册的其他企业合作 | Cooperation with Other Enterprise | 25452 | 14870 | 342396 |
| 独立完成 | Independent Implementation | 414030 | 234373 | 2820146 |
| 其 他 | Others | 7744 | 3387 | 33113 |

# 4-16 各地区高等学校
## S&T Output of Higher

| 地区 | Region | 发表科技论文(篇) Scientific Papers Issued (piece) | #国外发表 Published in Foreign Periodicals | 出版科技著作(种) Publication on S&T (kind) |
|---|---|---|---|---|
| **全国** | **National Total** | **1016345** | **156750** | **40919** |
| 东部地区 | Eastern Region | 519808 | 93791 | 22904 |
| 中部地区 | Middle Region | 281555 | 39136 | 11547 |
| 西部地区 | Western Region | 214982 | 23823 | 6468 |
| 北京 | Beijing | 95100 | 16874 | 6343 |
| 天津 | Tianjin | 21074 | 5725 | 995 |
| 河北 | Hebei | 29640 | 2676 | 776 |
| 山西 | Shanxi | 13275 | 1631 | 660 |
| 内蒙古 | Inner Mongolia | 9517 | 510 | 399 |
| 辽宁 | Liaoning | 45089 | 5640 | 2386 |
| 吉林 | Jilin | 27672 | 3586 | 994 |
| 黑龙江 | Heilongjiang | 32503 | 9697 | 1167 |
| 上海 | Shanghai | 72344 | 16935 | 3146 |
| 江苏 | Jiangsu | 84062 | 17230 | 2703 |
| 浙江 | Zhejiang | 44553 | 10543 | 1730 |
| 安徽 | Anhui | 30280 | 3623 | 1337 |
| 福建 | Fujian | 18189 | 3347 | 711 |
| 江西 | Jiangxi | 19917 | 1441 | 624 |
| 山东 | Shandong | 48631 | 7636 | 1666 |
| 河南 | Henan | 43903 | 3344 | 2615 |
| 湖北 | Hubei | 66517 | 11310 | 2356 |
| 湖南 | Hunan | 47488 | 4504 | 1794 |
| 广东 | Guangdong | 58038 | 7013 | 2185 |
| 广西 | Guangxi | 23996 | 1204 | 616 |
| 海南 | Hainan | 3088 | 172 | 263 |
| 重庆 | Chongqing | 24903 | 3581 | 821 |
| 四川 | Sichuan | 50439 | 8155 | 1396 |
| 贵州 | Guizhou | 11057 | 354 | 215 |
| 云南 | Yunnan | 16834 | 1150 | 885 |
| 西藏 | Tibet | 620 | 25 | 36 |
| 陕西 | Shaanxi | 47292 | 6271 | 1219 |
| 甘肃 | Gansu | 14166 | 2109 | 580 |
| 青海 | Qinghai | 2076 | 55 | 57 |
| 宁夏 | Ningxia | 4347 | 81 | 79 |
| 新疆 | Xinjiang | 9735 | 328 | 165 |

# 科技产出(2009年)
# Education by Region(2009)

| 专利申请数(件) Patents Application (piece) | #发明专利 Invetions | 有效发明专利(件) Patent in Force (piece) | 专利所有权转让及许可数(件) Number of Transfer and Licensing of Patent Ownership (piece) | 专利所有权转让及许可收入(万元) Revenue from Transfer and Licensing of Patent Ownership (10000 yuan) | 形成国家或行业标准数(项) Number of National and Industrial Standard (item) |
|---|---|---|---|---|---|
| **56641** | **36241** | **85875** | **1602** | **57219** | **219** |
| 39801 | 24451 | 57043 | 1027 | 49204 | 115 |
| 9110 | 6510 | 15503 | 356 | 4685 | 75 |
| 7730 | 5280 | 13329 | 219 | 3330 | 29 |
| 6847 | 5944 | 13555 | 135 | 2690 | 53 |
| 1985 | 1415 | 2630 | 50 | 432 | |
| 673 | 364 | 1635 | 63 | 1002 | 4 |
| 317 | 263 | 871 | 32 | 207 | |
| 102 | 49 | 220 | | | |
| 3879 | 1341 | 4243 | 36 | 916 | 1 |
| 762 | 548 | 1347 | 14 | 346 | 3 |
| 2244 | 1885 | 3671 | 32 | 181 | 2 |
| 5772 | 4300 | 8866 | 127 | 4078 | |
| 9445 | 4427 | 9828 | 187 | 4438 | 32 |
| 5860 | 2870 | 7437 | 140 | 1786 | 15 |
| 659 | 537 | 1051 | 55 | 269 | 10 |
| 675 | 529 | 1221 | 46 | 28883 | |
| 563 | 278 | 413 | 11 | 830 | 2 |
| 2032 | 1342 | 3503 | 83 | 721 | 10 |
| 1069 | 706 | 1471 | 24 | 1030 | 32 |
| 2401 | 1511 | 4381 | 155 | 1317 | 22 |
| 1095 | 782 | 2298 | 33 | 506 | 4 |
| 2588 | 1882 | 4102 | 153 | 4170 | |
| 349 | 260 | 481 | 33 | 324 | |
| 45 | 37 | 23 | 7 | 88 | |
| 1413 | 980 | 1851 | 71 | 1291 | 6 |
| 1418 | 1125 | 2862 | 49 | 600 | 1 |
| 82 | 58 | 194 | 2 | 63 | |
| 815 | 477 | 1002 | 10 | 350 | 2 |
| 3134 | 2033 | 5806 | 47 | 584 | |
| 313 | 241 | 669 | 6 | 108 | 1 |
| 12 | 6 | 14 | | | 19 |
| 12 | 10 | 57 | | | |
| 80 | 41 | 173 | 1 | 10 | |

# 4-17 各地区理工农医类高等

## S&T Output of Higher Education in Natural

| 地　区 | Region | 发表科技论文（篇） Scientific Papers Issued (piece) | #国外发表 Published in Foreign Periodicals | 出版科技著作（种） Publication on S&T (kind) |
|---|---|---|---|---|
| **全　国** | **National Total** | **703538** | **151542** | **13898** |
| 东部地区 | Eastern Region | 360633 | 90157 | 6272 |
| 中部地区 | Middle Region | 192974 | 38020 | 5196 |
| 西部地区 | Western Region | 149931 | 23365 | 2430 |
| 北　京 | Beijing | 62507 | 15717 | 1201 |
| 天　津 | Tianjin | 14700 | 5612 | 288 |
| 河　北 | Hebei | 20765 | 2625 | 350 |
| 山　西 | Shanxi | 9947 | 1610 | 365 |
| 内蒙古 | Inner Mongolia | 6725 | 476 | 183 |
| 辽　宁 | Liaoning | 32998 | 5436 | 888 |
| 吉　林 | Jilin | 18256 | 3458 | 326 |
| 黑龙江 | Heilongjiang | 25392 | 9605 | 590 |
| 上　海 | Shanghai | 51094 | 16240 | 566 |
| 江　苏 | Jiangsu | 62636 | 16944 | 1152 |
| 浙　江 | Zhejiang | 31187 | 10039 | 432 |
| 安　徽 | Anhui | 21572 | 3594 | 698 |
| 福　建 | Fujian | 10173 | 3188 | 135 |
| 江　西 | Jiangxi | 13286 | 1409 | 266 |
| 山　东 | Shandong | 33711 | 7492 | 600 |
| 河　南 | Henan | 28142 | 3063 | 1487 |
| 湖　北 | Hubei | 48079 | 10944 | 805 |
| 湖　南 | Hunan | 28300 | 4337 | 659 |
| 广　东 | Guangdong | 39073 | 6699 | 608 |
| 广　西 | Guangxi | 16421 | 1171 | 193 |
| 海　南 | Hainan | 1789 | 165 | 52 |
| 重　庆 | Chongqing | 16820 | 3522 | 269 |
| 四　川 | Sichuan | 38130 | 8044 | 585 |
| 贵　州 | Guizhou | 6577 | 348 | 90 |
| 云　南 | Yunnan | 9681 | 1102 | 185 |
| 西　藏 | Tibet | 315 | 25 | 4 |
| 陕　西 | Shaanxi | 35572 | 6215 | 626 |
| 甘　肃 | Gansu | 9060 | 2015 | 221 |
| 青　海 | Qinghai | 1315 | 55 | 12 |
| 宁　夏 | Ningxia | 2938 | 81 | 17 |
| 新　疆 | Xinjiang | 6377 | 311 | 45 |

# 学校科技产出(2009年)
# Sciences & Technology by Region(2009)

| 专利申请数 (件) Patents Application (piece) | #发明专利 Invetions | 有效发明专利 (件) Patent in Force (piece) | 专利所有权转让及许可数 (件) Number of Transfer and Licensing of Patent Ownership (piece) | 专利所有权转让及许可收入 (万元) Revenue from Transfer and Licensing of Patent Ownership (10000 yuan) | 形成国家或行业标准数 (项) Number of National and Industrial Standard (item) |
|---|---|---|---|---|---|
| **54099** | **35697** | **85362** | **1571** | **56215** | **216** |
| 38023 | 24387 | 56948 | 1015 | 48614 | 114 |
| 8462 | 6117 | 15177 | 341 | 4282 | 73 |
| 7614 | 5193 | 13237 | 215 | 3319 | 29 |
| 6846 | 5943 | 13554 | 135 | 2690 | 53 |
| 1978 | 1409 | 2630 | 50 | 432 | |
| 670 | 363 | 1616 | 62 | 972 | 3 |
| 317 | 263 | 871 | 32 | 207 | |
| 99 | 49 | 217 | | | |
| 3836 | 1318 | 4221 | 35 | 836 | 1 |
| 762 | 548 | 1347 | 14 | 346 | 3 |
| 2049 | 1768 | 3612 | 29 | 178 | 2 |
| 5769 | 4298 | 8866 | 127 | 4078 | |
| 7781 | 4408 | 9820 | 177 | 3958 | 32 |
| 5829 | 2867 | 7416 | 140 | 1786 | 15 |
| 640 | 528 | 1049 | 53 | 269 | 10 |
| 673 | 529 | 1212 | 46 | 28883 | |
| 558 | 275 | 410 | 11 | 830 | 2 |
| 2016 | 1336 | 3493 | 83 | 721 | 10 |
| 655 | 446 | 1211 | 14 | 630 | 32 |
| 2391 | 1508 | 4381 | 155 | 1317 | 22 |
| 1090 | 781 | 2296 | 33 | 506 | 2 |
| 2580 | 1879 | 4097 | 153 | 4170 | |
| 328 | 252 | 474 | 33 | 324 | |
| 45 | 37 | 23 | 7 | 88 | |
| 1408 | 977 | 1848 | 71 | 1291 | 6 |
| 1408 | 1116 | 2862 | 49 | 600 | 1 |
| 82 | 58 | 194 | 2 | 63 | |
| 805 | 471 | 997 | 10 | 350 | 2 |
| 3069 | 1973 | 5733 | 43 | 573 | |
| 313 | 241 | 669 | 6 | 108 | 1 |
| 12 | 6 | 14 | | | 19 |
| 12 | 10 | 57 | | | |
| 78 | 40 | 172 | 1 | 10 | |

# 4-18 各地区人文社科类

## S&T Output of Higher Education in Social

| 地 区 | Region | 发表科技论文（篇） Scientific Papers Issued (piece) | #国外发表 Published in Foreign Periodicals | 出版科技著作（种） Publication on S&T (kind) |
|---|---|---|---|---|
| **全 国** | **National Total** | **312807** | **5208** | **27021** |
| 东部地区 | Eastern Region | 159175 | 3634 | 16632 |
| 中部地区 | Middle Region | 88581 | 1116 | 6351 |
| 西部地区 | Western Region | 65051 | 458 | 4038 |
| 北 京 | Beijing | 32593 | 1157 | 5142 |
| 天 津 | Tianjin | 6374 | 113 | 707 |
| 河 北 | Hebei | 8875 | 51 | 426 |
| 山 西 | Shanxi | 3328 | 21 | 295 |
| 内 蒙 古 | Inner Mongolia | 2792 | 34 | 216 |
| 辽 宁 | Liaoning | 12091 | 204 | 1498 |
| 吉 林 | Jilin | 9416 | 128 | 668 |
| 黑 龙 江 | Heilongjiang | 7111 | 92 | 577 |
| 上 海 | Shanghai | 21250 | 695 | 2580 |
| 江 苏 | Jiangsu | 21426 | 286 | 1551 |
| 浙 江 | Zhejiang | 13366 | 504 | 1298 |
| 安 徽 | Anhui | 8708 | 29 | 639 |
| 福 建 | Fujian | 8016 | 159 | 576 |
| 江 西 | Jiangxi | 6631 | 32 | 358 |
| 山 东 | Shandong | 14920 | 144 | 1066 |
| 河 南 | Henan | 15761 | 281 | 1128 |
| 湖 北 | Hubei | 18438 | 366 | 1551 |
| 湖 南 | Hunan | 19188 | 167 | 1135 |
| 广 东 | Guangdong | 18965 | 314 | 1577 |
| 广 西 | Guangxi | 7575 | 33 | 423 |
| 海 南 | Hainan | 1299 | 7 | 211 |
| 重 庆 | Chongqing | 8083 | 59 | 552 |
| 四 川 | Sichuan | 12309 | 111 | 811 |
| 贵 州 | Guizhou | 4480 | 6 | 125 |
| 云 南 | Yunnan | 7153 | 48 | 700 |
| 西 藏 | Tibet | 305 |  | 32 |
| 陕 西 | Shaanxi | 11720 | 56 | 593 |
| 甘 肃 | Gansu | 5106 | 94 | 359 |
| 青 海 | Qinghai | 761 |  | 45 |
| 宁 夏 | Ningxia | 1409 |  | 62 |
| 新 疆 | Xinjiang | 3358 | 17 | 120 |

# 高等学校科技产出(2009年)

## Sciences & Humanities by Region(2009)

| 专利申请数 (件) Patents Application (piece) | #发明专利 Invetions | 有效发明专利 (件) Patent in Force (piece) | 专利所有权转让及许可数 (件) Number of Transfer and Licensing of Patent Ownership (piece) | 专利所有权转让及许可收入 (万元) Revenue from Transfer and Licensing of Patent Ownership (10000 yuan) | 形成国家或行业标准数 (项) Number of National and Industrial Standard (item) |
|---|---|---|---|---|---|
| **2542** | **544** | **513** | **31** | **1004** | **3** |
| 1778 | 64 | 95 | 12 | 590 | 1 |
| 648 | 393 | 326 | 15 | 403 | 2 |
| 116 | 87 | 92 | 4 | 11 | |
| 1 | 1 | 1 | | | |
| 7 | 6 | | | | |
| 3 | 1 | 19 | 1 | 30 | 1 |
| 3 | | 3 | | | |
| 43 | 23 | 22 | 1 | 80 | |
| 195 | 117 | 59 | 3 | 3 | |
| 3 | 2 | | | | |
| 1664 | 19 | 8 | 10 | 480 | |
| 31 | 3 | 21 | | | |
| 19 | 9 | 2 | 2 | | |
| 2 | | 9 | | | |
| 5 | 3 | 3 | | | |
| 16 | 6 | 10 | | | |
| 414 | 260 | 260 | 10 | 400 | |
| 10 | 3 | | | | |
| 5 | 1 | 2 | | | 2 |
| 8 | 3 | 5 | | | |
| 21 | 8 | 7 | | | |
| 5 | 3 | 3 | | | |
| 10 | 9 | | | | |
| 10 | 6 | 5 | | | |
| 65 | 60 | 73 | 4 | 11 | |
| 2 | 1 | 1 | | | |

# 五、高技术产业
High-tech Industry

# 5-1 高技术产业基本情况
# Basic Statistics on High-tech Industry

| 指 标 | Item | 1995 | 2000 | 2005 | 2006 | 2007 | 2008 | 2009 |
|---|---|---|---|---|---|---|---|---|
| **生产经营情况** | **Statistics on Production and Operation** | | | | | | | |
| 企业数（个） | Number of Enterprises(unit) | 18834 | 9758 | 17527 | 19161 | 21517 | 25817 | 27218 |
| 从业人员年平均人数（万人） | Annual Average Number of Persons Engaged (10000 persons ) | 448.4 | 390.0 | 663.3 | 744.5 | 843.0 | 944.8 | 957.5 |
| 当年价总产值（亿元） | Gross Output Value(100 million yuan ) | 4097.8 | 10411.5 | 34367.1 | 41996.0 | 50461.2 | 57087.4 | 60430.5 |
| 主营业务收入（亿元） | Revenue from Principal Business (100 million yuan) | 3917.1 | 10033.7 | 33921.8 | 41584.6 | 49714.1 | 55728.9 | 59566.7 |
| 利润（亿元） | Profits (100 million yuan) | 178.0 | 673.5 | 1423.2 | 1777.3 | 2395.8 | 2725.1 | 3278.5 |
| 利税（亿元） | Pre-Tax Profits(100 million yuan) | 326.2 | 1033.4 | 2089.6 | 2611.2 | 3353.4 | 4023.9 | 4660.3 |
| 出口交货值（亿元） | Export(100 million yuan) | 1125.2 | 3388.4 | 17636.0 | 23476.5 | 28422.8 | 31503.9 | 29435.3 |
| **科技活动及相关情况** | **Statistics on Science and Technology Activities and Relative Statistics** | | | | | | | |
| 研发机构数（个） | R&D Institutions(unit) | 2138 | 1379 | 1619 | 1929 | 2217 | 2534 | 2845 |
| R&D人员全时当量（万人年） | R&D Personnel(10000 man-year) | 5.8 | 9.2 | 17.3 | 18.9 | 24.8 | 28.5 | 32.0 |
| R&D经费（亿元） | Expenditure on R&D(100 million yuan ) | 17.8 | 111.0 | 362.5 | 456.4 | 545.3 | 655.2 | 774.0 |
| 新产品开发经费（亿元） | Expenditure on New Produts Development (100 million yuan ) | 32.3 | 117.8 | 415.7 | 510.0 | 652.0 | 798.4 | 925.1 |
| 专利申请数（件） | Patent Applications (piece) | 612 | 2245 | 16823 | 24301 | 34446 | 39656 | 51513 |
| 有效发明专利数（件） | Number of Patents In Force(piece) | 410 | 1443 | 6658 | 8141 | 13386 | 23915 | 31830 |
| **固定资产投资情况** | **Statistics on Investment in Fixed Assets** | | | | | | | |
| 施工项目数（个） | Number of Projects under Construction(unit) | | 2734 | 7095 | 7507 | 7789 | 8534 | 9780 |
| #新开工项目数 | Number of Projects Started This Year | | 1640 | 4460 | 4435 | 4541 | 4872 | 6220 |
| 全部建成或投产项目数（个） | Number of Projects Completed and Put into Use(unit) | | 1282 | 3158 | 3227 | 3399 | 4290 | 5412 |
| 投资额（亿元） | Investment(100 million yuan) | | 563.0 | 2144.0 | 2761.0 | 3388.4 | 4169.2 | 4882.2 |
| 新增固定资产（亿元） | Newly Increased Fixed Assets(100 million yuan) | | 421.0 | 1464.0 | 1898.3 | 2071.3 | 2574.2 | 3160.5 |

注:本表生产经营情况的数据口径为规模以上工业企业；科技活动及相关情况的数据口径为大中型工业企业；固定资产投资情况的数据口径为投资额在50万元及以上的项目。

Note：Statistics on production and operation cover industrial enterprises above designated size;Statistics on science and technology activities and relative statistics cover large and medium-sized enterprises;Statistics on investment in fixed assets cover all projects with the investment over 500000 yuan.

# 5-2　高技术产业生产经营情况（2009年）

# Statistics on Production and Management in High-tech Industry(2009)

单位：亿元 (100 million yuan)

| 行　业 | Industry | 企业数（个） Number of Enterprises (unit) | 从业人员年平均人数(人) Annual Average Number of Persons Engaged (person) | 当年价总产值 Gross Output Value | 主营业务收入 Revenue from Principal Business | 利　润 Profits | 利　税 Pre-tax Profits | 出　口交货值 Export |
|---|---|---|---|---|---|---|---|---|
| **合　计** | **Total** | **27218** | **9575428** | **60430.5** | **59566.7** | **3278.5** | **4660.3** | **29435.3** |
| **医药制造业** | **Manufacture of Medicines** | **6807** | **1604792** | **9443.3** | **9087.0** | **994.0** | **1517.6** | **737.7** |
| #化学药品制造业 | Manufacture of Chemical Medicine | 2494 | 767596 | 4890.6 | 4780.3 | 508.8 | 792.0 | 492.6 |
| 中成药制造 | Manufacture of Finished Traditional Chinese Herbal Medicine | 1510 | 428684 | 2057.3 | 1942.9 | 220.3 | 356.9 | 48.1 |
| 生物、生化制品的制造 | Manufacture of Biological and Biochemical Chemical Products | 815 | 129036 | 980.7 | 919.3 | 135.3 | 178.2 | 93.9 |
| **航空航天器制造业** | **Manufacture of Aircrafts and Spacecrafts** | **220** | **325270** | **1353.0** | **1322.8** | **89.7** | **113.3** | **202.8** |
| 1.飞机制造及修理 | Manufacture and Repairing of Airplanes | 186 | 302792 | 1273.2 | 1245.8 | 81.9 | 104.9 | 201.1 |
| 2.航天器制造 | Manufacture of Spacecrafts | 23 | 21013 | 73.8 | 71.1 | 6.6 | 7.1 | 0.1 |
| **电子及通信设备制造业** | **Manufacture of Electronic Equipment and Communication Equipment** | **12831** | **5100040** | **28947.1** | **28465.5** | **1309.6** | **1858.2** | **15553.0** |
| 1.通信设备制造 | Manufacture of Communication Equipment | 1605 | 893945 | 8531.3 | 8540.5 | 550.8 | 746.5 | 4489.9 |
| #通信传输设备制造 | Manufacture of Communication Transmitting Equipment | 401 | 114735 | 661.3 | 663.3 | 51.7 | 65.7 | 167.7 |
| 通信交换设备制造 | Manufacture of Communication Exchanging Equipment | 158 | 203465 | 2570.8 | 2676.4 | 283.2 | 412.7 | 1296.8 |
| 通信终端设备制造 | Manufacture of Communication Terminal Equipment | 244 | 103270 | 523.8 | 503.9 | 20.5 | 27.4 | 298.0 |
| 2.雷达及配套设备制造 | Manufacture of Radar and Its Fittings | 51 | 35565 | 122.9 | 132.1 | 11.4 | 13.6 | 3.3 |
| 3.广播电视设备制造 | Manufacture of Broadcasting and TV Equipment | 477 | 100141 | 424.7 | 408.9 | 25.8 | 35.5 | 146.8 |
| 4.电子器件制造 | Manufacture of Electronic Appliances | 2355 | 1035697 | 6447.1 | 6163.0 | 153.6 | 248.7 | 4071.0 |
| #电子真空器件制造 | Manufacture of Electronic Vacuum Appliances | 167 | 77407 | 395.7 | 384.4 | -31.9 | -25.3 | 157.8 |
| 半导体分立器件制造 | Manufacture of Semiconductor Discreting Appliances | 408 | 101839 | 532.3 | 522.4 | 42.4 | 58.2 | 248.2 |
| 集成电路制造 | Manufacture of Integrate Circuit | 482 | 275637 | 1926.5 | 1781.8 | 9.0 | 30.8 | 1375.3 |
| 5.电子元件制造 | Manufacture of Electronic Components | 6145 | 2213312 | 8259.1 | 8101.5 | 353.0 | 503.5 | 4408.7 |
| 6.家用视听设备制造 | Manufacture of Domestic TV Set and Radio Receiver | 1088 | 541130 | 3918.4 | 3914.3 | 144.9 | 210.8 | 1894.0 |
| 7.其他电子设备制造 | Manufacture of Other Electronic Equipment | 1110 | 280250 | 1243.7 | 1205.2 | 70.1 | 99.6 | 539.3 |
| **电子计算机及办公设备制造业** | **Manufacture of Computers and Office Equipments** | **1676** | **1632703** | **16292.7** | **16432.0** | **487.2** | **607.8** | **12097.0** |
| 1.电子计算机整机制造 | Manufacture of Entired Computer | 162 | 513380 | 8960.3 | 9276.9 | 148.9 | 187.4 | 6771.9 |
| 2.电子计算机外部设备制造 | Manufacture of Computer Peripheral Equipment | 1121 | 964076 | 6235.8 | 6074.4 | 254.2 | 313.0 | 4707.7 |
| 3.办公设备制造 | Manufacture of Office Equipment | 223 | 96340 | 677.2 | 681.5 | 40.6 | 50.6 | 439.9 |
| **医疗设备及仪器仪表制造业** | **Manufacture of Medical Equipments and Meters** | **5684** | **912623** | **4394.3** | **4259.4** | **398.0** | **563.4** | **844.8** |
| 1.医疗设备及器械制造 | Manufacture of Medical Equipment and Appliances | 1262 | 233022 | 973.5 | 939.3 | 112.1 | 147.4 | 279.5 |
| 2.仪器仪表制造 | Manufacture of Measuring Instrument | 4422 | 679601 | 3420.8 | 3320.0 | 285.9 | 416.0 | 565.3 |

注：表5-2至表5-11的数据口径为规模以上工业企业。

Note：Statistics from table 5-2 to table 5-11 cover industrial enterprises above designated size.

# 5-3 各地区高技术产业生产经营情况（2009年）

# Statistics on Production and Management in High-tech Industry by Region(2009)

单位：亿元 (100 million yuan)

| 地区 | Region | 企业数（个）Number of Enterprises (unit) | 从业人员年平均人数(人) Annual Average Number of Persons Engaged (person) | 当年价总产值 Gross Output Value | 主营业务收入 Revenue from Principal Business | 利润 Profits | 利税 Pre-tax Profits | 出口交货值 Export |
|---|---|---|---|---|---|---|---|---|
| **全国** | **National Total** | **27218** | **9575428** | **60430.5** | **59566.7** | **3278.5** | **4660.3** | **29435.3** |
| 东部地区 | Eastern Region | 20918 | 7680448 | 51590.5 | 51296.1 | 2616.4 | 3648.3 | 28554.1 |
| 中部地区 | Middle Region | 3949 | 1098554 | 4903.0 | 4717.1 | 393.9 | 585.1 | 499.8 |
| 西部地区 | Western Region | 2351 | 796426 | 3937.0 | 3553.6 | 268.2 | 426.9 | 381.3 |
| 北京 | Beijing | 1150 | 238984 | 2757.1 | 3019.2 | 156.5 | 220.3 | 1170.8 |
| 天津 | Tianjin | 868 | 200280 | 1901.1 | 1918.3 | 106.2 | 139.8 | 878.9 |
| 河北 | Hebei | 424 | 144490 | 629.2 | 622.3 | 72.5 | 95.8 | 108.4 |
| 山西 | Shanxi | 154 | 93724 | 196.5 | 172.3 | 8.1 | 14.5 | 53.5 |
| 内蒙古 | Inner Mongolia | 109 | 23293 | 236.6 | 231.0 | 12.8 | 23.6 | 5.6 |
| 辽宁 | Liaoning | 999 | 215211 | 1313.8 | 1294.1 | 67.8 | 106.2 | 344.3 |
| 吉林 | Jilin | 447 | 107673 | 537.7 | 474.4 | 50.9 | 72.4 | 5.9 |
| 黑龙江 | Heilongjiang | 209 | 75737 | 311.4 | 356.5 | 38.5 | 57.2 | 19.3 |
| 上海 | Shanghai | 1536 | 475240 | 5557.5 | 5785.7 | 75.9 | 124.1 | 3899.6 |
| 江苏 | Jiangsu | 4542 | 1923840 | 13015.4 | 12781.8 | 676.1 | 949.5 | 7739.3 |
| 浙江 | Zhejiang | 3094 | 553078 | 2672.1 | 2569.4 | 198.3 | 288.7 | 1023.9 |
| 安徽 | Anhui | 617 | 114639 | 460.3 | 431.4 | 40.9 | 58.6 | 32.2 |
| 福建 | Fujian | 743 | 270506 | 1972.0 | 1948.1 | 114.2 | 147.9 | 1119.5 |
| 江西 | Jiangxi | 502 | 185719 | 755.7 | 743.4 | 41.5 | 72.6 | 102.2 |
| 山东 | Shandong | 1907 | 523435 | 4555.7 | 4548.8 | 279.1 | 407.7 | 1329.3 |
| 河南 | Henan | 678 | 196213 | 953.2 | 897.2 | 83.2 | 115.8 | 37.2 |
| 湖北 | Hubei | 739 | 195742 | 1039.5 | 1025.9 | 80.4 | 110.1 | 225.6 |
| 湖南 | Hunan | 603 | 129107 | 648.8 | 616.1 | 50.4 | 84.0 | 23.8 |
| 广东 | Guangdong | 5603 | 3124661 | 17161.9 | 16758.1 | 859.9 | 1154.8 | 10937.1 |
| 广西 | Guangxi | 303 | 80973 | 273.7 | 234.4 | 19.2 | 30.3 | 35.4 |
| 海南 | Hainan | 52 | 10723 | 54.8 | 50.4 | 10.0 | 13.6 | 2.9 |
| 重庆 | Chongqing | 287 | 79949 | 352.8 | 339.1 | 23.4 | 42.7 | 31.1 |
| 四川 | Sichuan | 830 | 278478 | 1766.8 | 1583.3 | 116.1 | 177.5 | 228.3 |
| 贵州 | Guizhou | 151 | 67722 | 293.6 | 245.0 | 21.2 | 31.9 | 11.2 |
| 云南 | Yunnan | 143 | 25576 | 147.2 | 131.3 | 19.5 | 30.2 | 6.3 |
| 西藏 | Tibet | 10 | 1282 | 6.0 | 4.6 | 1.8 | 2.5 | 0.0 |
| 陕西 | Shaanxi | 359 | 195119 | 717.0 | 665.8 | 38.4 | 66.1 | 52.0 |
| 甘肃 | Gansu | 80 | 25740 | 67.4 | 56.5 | 9.7 | 12.3 | 1.4 |
| 青海 | Qinghai | 28 | 5197 | 19.2 | 15.0 | 0.7 | 1.6 | 0.0 |
| 宁夏 | Ningxia | 20 | 6634 | 32.9 | 28.5 | 2.7 | 3.9 | 8.3 |
| 新疆 | Xinjiang | 31 | 6463 | 23.7 | 19.1 | 2.9 | 4.4 | 1.7 |

# 5-4 高技术产业R&D活动情况（2009年）
# Statistics on R&D Activities in High-tech Industry(2009)

单位：万元 (10000 yuan)

| 行　业 | Industry | R&D机构数（个）R&D Institutions (unit) | R&D人员（人年）R&D Personnel (man-year) | R&D经费内部支出 Intramual Expenditure on R&D | R&D项目数（项）R&D Projects (item) | R&D项目经费 Expenditure on R&D Projects |
|---|---|---|---|---|---|---|
| **合　计** | **Total** | **5760** | **389220** | **8921215** | **46323** | **7649420** |
| **医药制造业** | **Manufacture of Medicines** | **1839** | **70065** | **1345385** | **12698** | **1120750** |
| #化学药品制造业 | Manufacture of Chemical Medicine | 818 | 39245 | 771627 | 7089 | 655624 |
| 中成药制造 | Manufacture of Finished Traditional Chinese Herbal Medicine | 455 | 15464 | 268946 | 2824 | 208042 |
| 生物、生化制品的制造 | Manufacture of Biological and Biochemical Chemical Products | 271 | 9469 | 183213 | 1511 | 155256 |
| **航空航天器制造业** | **Manufacture of Aircrafts and Spacecrafts** | **116** | **23265** | **662649** | **1921** | **355482** |
| 1.飞机制造及修理 | Manufacture and Repairing of Airplanes | 102 | 20756 | 520835 | 1799 | 311484 |
| 2.航天器制造 | Manufacture of Spacecrafts | 11 | 2428 | 139222 | 114 | 41436 |
| **电子及通信设备制造业** | **Manufacture of Electronic Equipment and Communication Equipment** | **2250** | **209668** | **5011509** | **21570** | **4506290** |
| 1.通信设备制造 | Manufacture of Communication Equipment | 426 | 92595 | 2497548 | 6876 | 2345960 |
| #通信传输设备制造 | Manufacture of Communication Transmitting Equipment | 136 | 8725 | 194409 | 1205 | 142551 |
| 通信交换设备制造 | Manufacture of Communication Exchanging Equipment | 55 | 63099 | 1771255 | 3735 | 1720859 |
| 通信终端设备制造 | Manufacture of Communication Terminal Equipment | 58 | 3695 | 82516 | 390 | 73919 |
| 2.雷达及配套设备制造 | Manufacture of Radar and Its Fittings | 33 | 4036 | 77036 | 558 | 37722 |
| 3.广播电视设备制造 | Manufacture of Broadcasting and TV Equipment | 82 | 4589 | 64500 | 525 | 57245 |
| 4.电子器件制造 | Manufacture of Electronic Appliances | 523 | 38934 | 817058 | 4893 | 699352 |
| #电子真空器件制造 | Manufacture of Electronic Vacuum Appliances | 44 | 3488 | 62672 | 428 | 49454 |
| 半导体分立器件制造 | Manufacture of Semiconductor Discreting Appliances | 87 | 5815 | 73893 | 750 | 65269 |
| 集成电路制造 | Manufacture of Integrate Circuit | 125 | 15863 | 336889 | 1976 | 299025 |
| 5.电子元件制造 | Manufacture of Electronic Components | 816 | 41963 | 795600 | 4702 | 679706 |
| 6.家用视听设备制造 | Manufacture of Domestic TV Set and Radio Receiver | 186 | 16364 | 613348 | 3077 | 567875 |
| 7.其他电子设备制造 | Manufacture of Other Electronic Equipment | 184 | 11188 | 146419 | 939 | 118430 |
| **电子计算机及办公设备制造业** | **Manufacture of Computers and Office Equipments** | **348** | **39487** | **1048091** | **2298** | **949050** |
| 1.电子计算机整机制造 | Manufacture of Entired Computer | 60 | 17412 | 429971 | 503 | 359091 |
| 2.电子计算机外部设备制造 | Manufacture of Computer Peripheral Equipment | 201 | 14487 | 433563 | 1263 | 417003 |
| 3.办公设备制造 | Manufacture of Office Equipment | 44 | 2454 | 48317 | 257 | 41796 |
| **医疗设备及仪器仪表制造业** | **Manufacture of Medical Equipments and Meters** | **1207** | **46735** | **853581** | **7836** | **717848** |
| 1.医疗设备及器械制造 | Manufacture of Medical Equipment and Appliances | 241 | 9193 | 207525 | 1366 | 178321 |
| 2.仪器仪表制造 | Manufacture of Measuring Instrument | 966 | 37542.5 | 646056 | 6470 | 539527 |

# 5-5 各地区高技术产业R&D活动情况（2009年）
# Statistics on R&D Activities in High-tech Industry by Region(2009)

单位：万元 (10000 yuan)

| 地区 | Region | R&D机构数（个）R&D Institutions (unit) | R&D人员（人年）R&D Personnel (man-year) | R&D经费内部支出 Intramural Expenditure on R&D | R&D项目数（项）R&D Projects (item) | R&D项目经费 Expenditure on R&D Projects |
|---|---|---|---|---|---|---|
| **全国** | **National Total** | **5760** | **389220** | **8921215** | **46323** | **7649420** |
| 东部地区 | Eastern Region | 4269 | 304767 | 7380134 | 34015 | 6512060 |
| 中部地区 | Middle Region | 899 | 46886 | 858657 | 6595 | 656040 |
| 西部地区 | Western Region | 592 | 37568 | 682424 | 5713 | 481320 |
| 北京 | Beijing | 245 | 13458 | 454719 | 2214 | 274734 |
| 天津 | Tianjin | 109 | 6401 | 189530 | 1842 | 169033 |
| 河北 | Hebei | 74 | 6337 | 77716 | 1001 | 54533 |
| 山西 | Shanxi | 33 | 1817 | 18882 | 221 | 14876 |
| 内蒙古 | Inner Mongolia | 17 | 255 | 4685 | 51 | 2790 |
| 辽宁 | Liaoning | 121 | 6279 | 222594 | 882 | 105897 |
| 吉林 | Jilin | 53 | 2614 | 35677 | 313 | 31050 |
| 黑龙江 | Heilongjiang | 53 | 6225 | 137497 | 1218 | 102745 |
| 上海 | Shanghai | 337 | 21453 | 633021 | 2488 | 532529 |
| 江苏 | Jiangsu | 1010 | 59676 | 1275731 | 5480 | 1137768 |
| 浙江 | Zhejiang | 863 | 31245 | 621601 | 4269 | 587605 |
| 安徽 | Anhui | 189 | 4566 | 65741 | 875 | 51872 |
| 福建 | Fujian | 196 | 14114 | 315701 | 1116 | 278298 |
| 江西 | Jiangxi | 67 | 6422 | 111392 | 793 | 92379 |
| 山东 | Shandong | 305 | 17681 | 600638 | 2595 | 533394 |
| 河南 | Henan | 233 | 9385 | 121773 | 968 | 105063 |
| 湖北 | Hubei | 141 | 11007 | 229747 | 1542 | 175515 |
| 湖南 | Hunan | 130 | 4850 | 137948 | 665 | 82539 |
| 广东 | Guangdong | 993 | 127449 | 2975035 | 11934 | 2825967 |
| 广西 | Guangxi | 68 | 1219 | 22056 | 457 | 18507 |
| 海南 | Hainan | 16 | 675 | 13850 | 194 | 12303 |
| 重庆 | Chongqing | 93 | 3818 | 53560 | 647 | 44248 |
| 四川 | Sichuan | 147 | 15416 | 281434 | 2556 | 189030 |
| 贵州 | Guizhou | 46 | 2841 | 61160 | 503 | 47188 |
| 云南 | Yunnan | 34 | 902 | 13685 | 162 | 11862 |
| 西藏 | Tibet | 5 | 339 | 2342 | 10 | 2146 |
| 陕西 | Shaanxi | 136 | 11143 | 221235 | 947 | 148026 |
| 甘肃 | Gansu | 22 | 872 | 12117 | 191 | 8408 |
| 青海 | Qinghai | 3 | 156 | 2262 | 19 | 1806 |
| 宁夏 | Ningxia | 13 | 540 | 5608 | 145 | 5235 |
| 新疆 | Xinjiang | 8 | 66 | 2280 | 25 | 2077 |

# 5-6 高技术产业新产品开发及生产（2009年）

## Statistics on New Products Production in High-tech Industry (2009)

单位：万元 (10000 yuan)

| 行业 | Industry | 新产品开发项目数（项） New Products (unit) | 新产品开发经费支出 Expenditure on New Produts Development | 新产品产值 Gross Value of New Products | 新产品销售收入 Sales Revenue of New Products | #出口 Export |
|---|---|---|---|---|---|---|
| **合　计** | **Total** | **60331** | **11009463** | **136971315** | **137367222** | **49299107** |
| **医药制造业** | **Manufacture of Medicines** | **14360** | **1550581** | **17230624** | **15924583** | **1702401** |
| #化学药品制造业 | Manufacture of Chemical Medicine | 7566 | 850988 | 10612715 | 9915188 | 1340797 |
| 中成药制造 | Manufacture of Finished Traditional Chinese Herbal Medicine | 3271 | 307521 | 3378059 | 2970029 | 119670 |
| 生物、生化制品的制造 | Manufacture of Biological and Biochemical Chemical Products | 1843 | 219017 | 1812130 | 1688902 | 161921 |
| **航空航天器制造业** | **Manufacture of Aircrafts and Spacecrafts** | **2689** | **774624** | **3141629** | **2760872** | **223586** |
| 1.飞机制造及修理 | Manufacture and Repairing of Airplanes | 2590 | 635610 | 2940312 | 2593383 | 223586 |
| 2.航天器制造 | Manufacture of Spacecrafts | 84 | 135956 | 198829 | 164815 | |
| **电子及通信设备制造业** | **Manufacture of Electronic Equipment and Communication Equipment** | **29564** | **6159516** | **86639421** | **86981738** | **35690768** |
| 1.通信设备制造 | Manufacture of Communication Equipment | 9316 | 2974852 | 41132026 | 42605476 | 18539903 |
| # 通信传输设备制造 | Manufacture of Communication Transmitting Equipment | 1692 | 258240 | 1479127 | 1778293 | 202878 |
| 通信交换设备制造 | Manufacture of Communication Exchanging Equipment | 4735 | 1947159 | 14989817 | 16967766 | 6096658 |
| 通信终端设备制造 | Manufacture of Communication Terminal Equipment | 820 | 124589 | 1665115 | 1641467 | 987036 |
| 2.雷达及配套设备制造 | Manufacture of Radar and Its Fittings | 540 | 78949 | 579377 | 559064 | 115553 |
| 3.广播电视设备制造 | Manufacture of Broadcasting and TV Equipment | 747 | 94197 | 892591 | 818384 | 145052 |
| 4.电子器件制造 | Manufacture of Electronic Appliances | 6664 | 1086093 | 13355349 | 13110742 | 7103820 |
| #电子真空器件制造 | Manufacture of Electronic Vacuum Appliances | 626 | 86247 | 789896 | 780158 | 125242 |
| 半导体分立器件制造 | Manufacture of Semiconductor Discreting Appliances | 952 | 112466 | 945214 | 930924 | 271348 |
| 集成电路制造 | Manufacture of Integrate Circuit | 2598 | 380516 | 4700535 | 4636830 | 2687296 |
| 5.电子元件制造 | Manufacture of Electronic Components | 6890 | 954742 | 12184523 | 12050667 | 4883938 |
| 6.家用视听设备制造 | Manufacture of Domestic TV Set and Radio Receiver | 4017 | 757747 | 16408778 | 15783311 | 4503981 |
| 7.其他电子设备制造 | Manufacture of Other Electronic Equipment | 1390 | 212936 | 2086777 | 2054094 | 398521 |
| **电子计算机及办公设备制造业** | **Manufacture of Computers and Office Equipments** | **3055** | **1363178** | **21282356** | **23009386** | **10314625** |
| 1.电子计算机整机制造 | Manufacture of Entired Computer | 613 | 522443 | 7705764 | 9549073 | 1468178 |
| 2.电子计算机外部设备制造 | Manufacture of Computer Peripheral Equipment | 1724 | 621141 | 11717313 | 11646287 | 8428089 |
| 3.办公设备制造 | Manufacture of Office Equipment | 313 | 60879 | 536757 | 534205 | 174347 |
| **医疗设备及仪器仪表制造业** | **Manufacture of Medical Equipments and Meters** | **10663** | **1161565** | **8677286** | **8690643** | **1367726** |
| 1.医疗设备及器械制造 | Manufacture of Medical Equipment and Appliances | 1936 | 280534 | 1778833 | 1657648 | 341513 |
| 2.仪器仪表制造 | Manufacture of Measuring Instrument | 8727 | 881031 | 6898453 | 7032995 | 1026213 |

# 5-7 各地区高技术产业新产品开发及生产（2009年）

# Statistics on New Products Production in High-tech Industry by Region(2009)

单位：万元 (10000 yuan)

| 地区 | Region | 新产品开发项目数（项）New Products (unit) | 新产品开发经费支出 Expenditure on New Produts Development | 新产品产值 Gross Value of New Products | 新产品销售收入 Sales Revenue of New Products | #出口 Export |
|---|---|---|---|---|---|---|
| **全国** | **National Total** | **60331** | **11009463** | **136971315** | **137367222** | **49299107** |
| 东部地区 | Eastern Region | 44052 | 8985394 | 117708584 | 119989490 | 47570089 |
| 中部地区 | Middle Region | 8192 | 1125400 | 9022147 | 7990787 | 1026099 |
| 西部地区 | Western Region | 8087 | 898670 | 10240584 | 9386946 | 702919 |
| 北京 | Beijing | 3199 | 605252 | 14647597 | 14835434 | 6056880 |
| 天津 | Tianjin | 2071 | 202115 | 8261090 | 7787917 | 5264794 |
| 河北 | Hebei | 1280 | 75807 | 597924 | 580603 | 92135 |
| 山西 | Shanxi | 235 | 21545 | 844728 | 206692 | 2181 |
| 内蒙古 | Inner Mongolia | 72 | 8847 | 39017 | 26846 | 240 |
| 辽宁 | Liaoning | 1430 | 339618 | 1683839 | 1619901 | 384575 |
| 吉林 | Jilin | 486 | 56560 | 754449 | 584976 | 7989 |
| 黑龙江 | Heilongjiang | 957 | 138977 | 336064 | 306470 | 19322 |
| 上海 | Shanghai | 3325 | 845513 | 10619996 | 12291903 | 4169736 |
| 江苏 | Jiangsu | 6873 | 1653211 | 22953528 | 24077093 | 8410941 |
| 浙江 | Zhejiang | 5258 | 701201 | 7231973 | 6754966 | 2138710 |
| 安徽 | Anhui | 1245 | 123256 | 1140138 | 895473 | 66790 |
| 福建 | Fujian | 1459 | 383370 | 6486812 | 6400470 | 4451887 |
| 江西 | Jiangxi | 794 | 108662 | 864257 | 836821 | 85336 |
| 山东 | Shandong | 3195 | 722000 | 9100271 | 9848807 | 1560862 |
| 河南 | Henan | 1323 | 171404 | 1428131 | 1348458 | 74530 |
| 湖北 | Hubei | 2321 | 335916 | 2165450 | 2400591 | 670950 |
| 湖南 | Hunan | 831 | 169080 | 1488929 | 1411305 | 99002 |
| 广东 | Guangdong | 15777 | 3445354 | 36054686 | 35731530 | 15039557 |
| 广西 | Guangxi | 576 | 32837 | 194730 | 181695 | 9383 |
| 海南 | Hainan | 185 | 11953 | 70869 | 60867 | 13 |
| 重庆 | Chongqing | 800 | 64836 | 1496343 | 1574314 | 98004 |
| 四川 | Sichuan | 3081 | 374126 | 6075234 | 5516352 | 410374 |
| 贵州 | Guizhou | 705 | 100580 | 498693 | 388102 | 58556 |
| 云南 | Yunnan | 188 | 17463 | 328501 | 285099 | 21314 |
| 西藏 | Tibet | 2 | 922 | 46481 | 40780 | 408 |
| 陕西 | Shaanxi | 2125 | 262465 | 1302698 | 1127748 | 47317 |
| 甘肃 | Gansu | 257 | 19849 | 95070 | 92087 | 5678 |
| 青海 | Qinghai | 19 | 1085 | 3946 | 516 | 112 |
| 宁夏 | Ningxia | 177 | 7545 | 135296 | 133812 | 38862 |
| 新疆 | Xinjiang | 85 | 8116 | 24575 | 19595 | 12670 |

# 5-8 高技术产业专利情况（2009年）

# Statistics on Patents in High-tech Industry(2009)

单位：件 (piece)

| 行业 | Industry | 专利申请数 Patent Applications | #发明专利 Invention Patents | 有效发明专利数 Patents in Force |
|---|---|---|---|---|
| **合 计** | **Total** | **71337** | **38714** | **41170** |
| **医药制造业** | **Manufacture of Medicines** | **8601** | **5166** | **6017** |
| #化学药品制造业 | Manufacture of Chemical Medicine | 3414 | 2071 | 2453 |
| 中成药制造 | Manufacture of Finished Traditional Chinese Herbal Medicine | 2831 | 1700 | 2215 |
| 生物、生化制品的制造 | Manufacture of Biological and Biochemical Chemical Products | 1074 | 800 | 758 |
| **航空航天器制造业** | **Manufacture of Aircrafts and Spacecrafts** | **1609** | **679** | **622** |
| 1.飞机制造及修理 | Manufacture and Repairing of Airplanes | 1460 | 611 | 531 |
| 2.航天器制造 | Manufacture of Spacecrafts | 119 | 65 | 66 |
| **电子及通信设备制造业** | **Manufacture of Electronic Equipment and Communication Equipment** | **40499** | **24514** | **24562** |
| 1.通信设备制造 | Manufacture of Communication Equipment | 20614 | 16610 | 15611 |
| #通信传输设备制造 | Manufacture of Communication Transmitting Equipment | 1299 | 407 | 493 |
| 通信交换设备制造 | Manufacture of Communication Exchanging Equipment | 15965 | 14661 | 13576 |
| 通信终端设备制造 | Manufacture of Communication Terminal Equipment | 661 | 269 | 260 |
| 2.雷达及配套设备制造 | Manufacture of Radar and Its Fittings | 149 | 98 | 49 |
| 3.广播电视设备制造 | Manufacture of Broadcasting and TV Equipment | 1096 | 321 | 307 |
| 4.电子器件制造 | Manufacture of Electronic Appliances | 7479 | 4083 | 4738 |
| #电子真空器件制造 | Manufacture of Electronic Vacuum Appliances | 356 | 163 | 346 |
| 半导体分立器件制造 | Manufacture of Semiconductor Discreting Appliances | 494 | 152 | 265 |
| 集成电路制造 | Manufacture of Integrate Circuit | 2695 | 2032 | 2105 |
| 5.电子元件制造 | Manufacture of Electronic Components | 5314 | 1646 | 1773 |
| 6.家用视听设备制造 | Manufacture of Domestic TV Set and Radio Receiver | 4085 | 1254 | 1348 |
| 7.其他电子设备制造 | Manufacture of Other Electronic Equipment | 1762 | 502 | 736 |
| **电子计算机及办公设备制造业** | **Manufacture of Computers and Office Equipments** | **9178** | **4932** | **5016** |
| 1.电子计算机整机制造 | Manufacture of Entired Computer | 3605 | 2609 | 2784 |
| 2.电子计算机外部设备制造 | Manufacture of Computer Peripheral Equipment | 3926 | 1283 | 1563 |
| 3.办公设备制造 | Manufacture of Office Equipment | 452 | 61 | 80 |
| **医疗设备及仪器仪表制造业** | **Manufacture of Medical Equipments and Meters** | **11450** | **3423** | **4953** |
| 1.医疗设备及器械制造 | Manufacture of Medical Equipment and Appliances | 2719 | 837 | 1426 |
| 2.仪器仪表制造 | Manufacture of Measuring Instrument | 8731 | 2586 | 3527 |

# 5-9 各地区高技术产业专利情况（2009年）
# Statistics on Patents in High-tech Industry by Region(2009)

单位：件 (piece)

| 地区 | Region | 专利申请数 Patent Applications | #发明专利 Invention Patents | 有效发明专利数 Patents in Force |
|---|---|---|---|---|
| **全国** | **National Total** | **71337** | **38714** | **41170** |
| 东部地区 | Eastern Region | 61565 | 34735 | 34927 |
| 中部地区 | Middle Region | 5834 | 2421 | 3724 |
| 西部地区 | Western Region | 3938 | 1558 | 2519 |
| 北京 | Beijing | 2958 | 1835 | 2725 |
| 天津 | Tianjin | 2464 | 1127 | 918 |
| 河北 | Hebei | 481 | 316 | 455 |
| 山西 | Shanxi | 127 | 57 | 91 |
| 内蒙古 | Inner Mongolia | 78 | 13 | 16 |
| 辽宁 | Liaoning | 1331 | 646 | 744 |
| 吉林 | Jilin | 391 | 205 | 329 |
| 黑龙江 | Heilongjiang | 354 | 146 | 207 |
| 上海 | Shanghai | 4130 | 2743 | 2960 |
| 江苏 | Jiangsu | 7210 | 2667 | 3012 |
| 浙江 | Zhejiang | 6301 | 2104 | 2790 |
| 安徽 | Anhui | 906 | 377 | 410 |
| 福建 | Fujian | 2302 | 878 | 541 |
| 江西 | Jiangxi | 434 | 163 | 241 |
| 山东 | Shandong | 3371 | 1332 | 1758 |
| 河南 | Henan | 1288 | 423 | 413 |
| 湖北 | Hubei | 1326 | 708 | 1506 |
| 湖南 | Hunan | 1008 | 342 | 527 |
| 广东 | Guangdong | 30864 | 21006 | 18991 |
| 广西 | Guangxi | 180 | 90 | 210 |
| 海南 | Hainan | 153 | 81 | 33 |
| 重庆 | Chongqing | 549 | 242 | 382 |
| 四川 | Sichuan | 1301 | 448 | 392 |
| 贵州 | Guizhou | 524 | 257 | 431 |
| 云南 | Yunnan | 250 | 107 | 156 |
| 西藏 | Tibet | 18 | 12 | 10 |
| 陕西 | Shaanxi | 834 | 319 | 790 |
| 甘肃 | Gansu | 87 | 40 | 21 |
| 青海 | Qinghai | 21 | 5 | 14 |
| 宁夏 | Ningxia | 43 | 12 | 33 |
| 新疆 | Xinjiang | 53 | 13 | 64 |

# 5-10 高技术产业技术获取及技术改造（2009年）

## Technology Acquisition and Renovation in High-tech Industry (2009)

单位：万元 (10000 yuan)

| 行 业 | Industry | 引进国外技术经费支出 Expenditure for Acquisition of Foreign Technology | 引进技术消化吸收经费支出 Expenditure for Assimilation of Technology | 购买国内技术经费支出 Expenditure for Purchase of Domestic Technology | 技术改造经费支出 Expenditure for Technical Renovation |
|---|---|---|---|---|---|
| **合 计** | **Total** | **684704** | **124230** | **192586** | **2510947** |
| **医药制造业** | **Manufacture of Medicines** | **56446** | **52051** | **99667** | **830973** |
| #化学药品制造业 | Manufacture of Chemical Medicine | 48340 | 35942 | 67039 | 508852 |
| 中成药制造 | Manufacture of Finished Traditional Chinese Herbal Medicine | 2179 | 6637 | 19915 | 172357 |
| 生物、生化制品的制造 | Manufacture of Biological and Biochemical Chemical Products | 3607 | 5779 | 7418 | 56673 |
| **航空航天器制造业** | **Manufacture of Aircrafts and Spacecrafts** | **27754** | **27592** | **14350** | **414398** |
| 1.飞机制造及修理 | Manufacture and Repairing of Airplanes | 27714 | 27584 | 14270 | 401208 |
| 2.航天器制造 | Manufacture of Spacecrafts | | | | 12630 |
| **电子及通信设备制造业** | **Manufacture of Electronic Equipment and Communication Equipment** | **498436** | **27777** | **60032** | **837769** |
| 1.通信设备制造 | Manufacture of Communication Equipment | 175584 | 6124 | 14274 | 83941 |
| #通信传输设备制造 | Manufacture of Communication Transmitting Equipment | 4809 | 719 | 2829 | 37771 |
| 通信交换设备制造 | Manufacture of Communication Exchanging Equipment | 8457 | | 265 | 2316 |
| 通信终端设备制造 | Manufacture of Communication Terminal Equipment | 15752 | 417 | 1759 | 8116 |
| 2.雷达及配套设备制造 | Manufacture of Radar and Its Fittings | 630 | 102 | 1562 | 42780 |
| 3.广播电视设备制造 | Manufacture of Broadcasting and TV Equipment | 714 | 211 | 1699 | 9518 |
| 4.电子器件制造 | Manufacture of Electronic Appliances | 162853 | 4766 | 15710 | 316509 |
| #电子真空器件制造 | Manufacture of Electronic Vacuum Appliances | 26967 | 216 | 978 | 20693 |
| 半导体分立器件制造 | Manufacture of Semiconductor Discreting Appliances | 9281 | 976 | 1206 | 40817 |
| 集成电路制造 | Manufacture of Integrate Circuit | 16076 | 621 | 426 | 132067 |
| 5.电子元件制造 | Manufacture of Electronic Components | 53217 | 7322 | 19990 | 272343 |
| 6.家用视听设备制造 | Manufacture of Domestic TV Set and Radio Receiver | 98539 | 8932 | 5202 | 95702 |
| 7.其他电子设备制造 | Manufacture of Other Electronic Equipment | 6899 | 321 | 1595 | 16976 |
| **电子计算机及办公设备制造业** | **Manufacture of Computers and Office Equipments** | **58265** | **4253** | **5817** | **129874** |
| 1.电子计算机整机制造 | Manufacture of Entired Computer | 3779 | 3402 | 660 | 44917 |
| 2.电子计算机外部设备制造 | Manufacture of Computer Peripheral Equipment | 42527 | 534 | 4785 | 72624 |
| 3.办公设备制造 | Manufacture of Office Equipment | 11034 | 36 | 48 | 6454 |
| **医疗设备及仪器仪表制造业** | **Manufacture of Medical Equipments and Meters** | **43803** | **12557** | **12720** | **297933** |
| 1.医疗设备及器械制造 | Manufacture of Medical Equipment and Appliances | 1005 | 1111 | 1174 | 45655 |
| 2.仪器仪表制造 | Manufacture of Measuring Instrument | 42798 | 11446 | 11546 | 252278 |

# 5-11 各地区高技术产业技术获取及技术改造（2009年）

# Technology Acquisition and Renovation in High-tech Industry by Region(2009)

单位：万元 (10000 yuan)

| 地 区 | Region | 引进国外技术经费支出 Expenditure for Acquisition of Foreign Technology | 引进技术消化吸收经费支出 Expenditure for Assimilation of Technology | 购买国内技术经费支出 Expenditure for Purchase of Domestic Technology | 技术改造经费支出 Expenditure for Technical Renovation |
|---|---|---|---|---|---|
| **全 国** | **National Total** | **684704** | **124230** | **192586** | **2510947** |
| 东部地区 | Eastern Region | 638085 | 74977 | 140421 | 1501738 |
| 中部地区 | Middle Region | 18837 | 38826 | 31237 | 483724 |
| 西部地区 | Western Region | 27782 | 10426 | 20929 | 525485 |
| 北 京 | Beijing | 25802 | 922 | 6416 | 7726 |
| 天 津 | Tianjin | 148829 | 735 | 9775 | 9573 |
| 河 北 | Hebei | 1655 | 1733 | 3901 | 24005 |
| 山 西 | Shanxi | 1850 | 721 | 1898 | 3094 |
| 内蒙古 | Inner Mongolia | | | 2 | 2499 |
| 辽 宁 | Liaoning | 47056 | 1635 | 1911 | 79878 |
| 吉 林 | Jilin | 664 | 971 | 2531 | 45318 |
| 黑龙江 | Heilongjiang | 3258 | 26033 | 12674 | 62447 |
| 上 海 | Shanghai | 47739 | 5870 | 9084 | 79714 |
| 江 苏 | Jiangsu | 103355 | 24284 | 35434 | 612214 |
| 浙 江 | Zhejiang | 17471 | 9808 | 19120 | 249117 |
| 安 徽 | Anhui | 89 | 2874 | 2303 | 33143 |
| 福 建 | Fujian | 89399 | 2755 | 26573 | 62076 |
| 江 西 | Jiangxi | 36 | 177 | 1909 | 49103 |
| 山 东 | Shandong | 10906 | 12558 | 13370 | 222438 |
| 河 南 | Henan | 1942 | 3977 | 3457 | 164326 |
| 湖 北 | Hubei | 1957 | 1470 | 1502 | 36733 |
| 湖 南 | Hunan | 9041 | 2603 | 4963 | 89561 |
| 广 东 | Guangdong | 144016 | 10814 | 13624 | 153471 |
| 广 西 | Guangxi | 44 | 1117 | 441 | 67560 |
| 海 南 | Hainan | 1858 | 3863 | 1213 | 1528 |
| 重 庆 | Chongqing | 4845 | 3888 | 7842 | 52278 |
| 四 川 | Sichuan | 20892 | 2565 | 7441 | 189782 |
| 贵 州 | Guizhou | 221 | 110 | 460 | 42107 |
| 云 南 | Yunnan | | 75 | 1036 | 4346 |
| 西 藏 | Tibet | | | | |
| 陕 西 | Shaanxi | 523 | 1200 | 3395 | 148052 |
| 甘 肃 | Gansu | 327 | 433 | 240 | 8219 |
| 青 海 | Qinghai | | | | 263 |
| 宁 夏 | Ningxia | 930 | 1039 | 73 | 2255 |
| 新 疆 | Xinjiang | | | | 8127 |

# 5-12 高技术产业投资（2009年）

## Statistics on Investment in Fixed Assets in High-tech Industry(2009)

单位：个、亿元 (unit,100 million yuan)

| 行业 | Industry | 施工项目数 Number of Projects under Construction | #新开发项目数 Number of Projects Started This Year | 全部建成或投产项目数 Number of Projects Completed and Put into Use | 投资额 Investment | 新增固定资产 Newly Increased Fixed Assets |
|---|---|---|---|---|---|---|
| **合计** | **Total** | **9780** | **6220** | **5412** | **4882.2** | **3160.5** |
| **医药制造业** | **Manufacture of Medicines** | **3922** | **2635** | **2195** | **1454.3** | **950.8** |
| #化学药品制造业 | Manufacture of Chemical Medicine | 1297 | 834 | 689 | 543.6 | 342.1 |
| 中成药制造 | Manufacture of Finished Traditional Chinese Herbal Medicine | 855 | 578 | 456 | 292.0 | 184.1 |
| 生物、生化制品的制造 | Manufacture of Biological and Biochemical Chemical Products | 596 | 358 | 307 | 262.2 | 166.3 |
| **航空航天器制造业** | **Manufacture of Aircrafts and Spacecrafts** | **250** | **131** | **93** | **186.2** | **58.7** |
| 1.飞机制造及修理 | Manufacture and Repairing of Airplanes | 207 | 111 | 74 | 157.9 | 51.8 |
| 2.航天器制造 | Manufacture of Spacecrafts | 33 | 14 | 16 | 22.8 | 4.6 |
| **电子及通信设备制造业** | **Manufacture of Electronic Equipment and Communication Equipment** | **3687** | **2240** | **2001** | **2344.3** | **1541.0** |
| 1.通信设备制造 | Manufacture of Communication Equipment | 501 | 292 | 255 | 345.3 | 171.3 |
| #通信传输设备制造 | Manufacture of Communication Transmitting Equipment | 110 | 68 | 57 | 80.8 | 37.0 |
| 通信交换设备制造 | Manufacture of Communication Exchanging Equipment | 47 | 26 | 30 | 20.8 | 18.9 |
| 通信终端设备制造 | Manufacture of Communication Terminal Equipment | 53 | 24 | 27 | 20.0 | 12.9 |
| 2.雷达及配套设备制造 | Manufacture of Radar and Its Fittings | 32 | 21 | 21 | 13.6 | 10.2 |
| 3.广播电视设备制造 | Manufacture of Broadcasting and TV Equipment | 88 | 55 | 45 | 38.0 | 19.4 |
| 4.电子器件制造 | Manufacture of Electronic Appliances | 882 | 514 | 441 | 969.1 | 656.2 |
| #电子真空器件制造 | Manufacture of Electronic Vacuum Appliances | 85 | 52 | 48 | 50.7 | 29.3 |
| 半导体分立器件制造 | Manufacture of Semiconductor Discreting Appliances | 120 | 70 | 63 | 82.6 | 49.5 |
| 集成电路制造 | Manufacture of Integrate Circuit | 176 | 83 | 83 | 359.3 | 291.0 |
| 5.电子元件制造 | Manufacture of Electronic Components | 1496 | 931 | 883 | 611.5 | 508.3 |
| 6.家用视听设备制造 | Manufacture of Domestic TV Set and Radio Receiver | 178 | 104 | 80 | 117.0 | 59.2 |
| 7.其他电子设备制造 | Manufacture of Other Electronic Equipment | 510 | 323 | 276 | 249.9 | 116.5 |
| **电子计算机及办公设备制造业** | **Manufacture of Computers and Office Equipments** | **360** | **182** | **178** | **311.2** | **214.6** |
| 1.电子计算机整机制造 | Manufacture of Entired Computer | 58 | 35 | 26 | 61.4 | 25.1 |
| 2.电子计算机外部设备制造 | Manufacture of Computer Peripheral Equipment | 201 | 102 | 104 | 176.4 | 126.7 |
| 3.办公设备制造 | Manufacture of Office Equipment | 40 | 18 | 20 | 31.9 | 15.7 |
| **医疗设备及仪器仪表制造业** | **Manufacture of Medical Equipments and Meters** | **1561** | **1032** | **945** | **586.3** | **395.3** |
| 1.医疗设备及器械制造 | Manufacture of Medical Equipment and Appliances | 412 | 267 | 232 | 147.5 | 100.8 |
| 2.仪器仪表制造 | Manufacture of Measuring Instrument | 1149 | 765 | 713 | 438.8 | 294.5 |

注：表5-12和表5-13的数据口径为投资额在50万元及以上项目。

Note：Statistics on table 5-12 and 5-13 cover the projects with the investments above 500000 yuan.

# 5-13 各地区高技术产业投资（2009年）

## Statistics on Investment in Fixed Assets in High-tech Industry by Region(2009)

单位：个、亿元 (unit,100million yuan)

| 地区 | Region | 施工项目数 Number of Projects under Construction | #新开发项目数 Number of Projects Started This Year | 全部建成或投产项目数 Number of Projects Completed and Put into Use | 投资额 Investment | 新增固定资产 Newly Increased Fixed Assets |
|---|---|---|---|---|---|---|
| **全国** | **National Total** | **9780** | **6220** | **5412** | **4882.2** | **3160.5** |
| 东部地区 | Eastern Region | 4956 | 2952 | 2695 | 2742.2 | 1782.4 |
| 中部地区 | Middle Region | 3327 | 2369 | 1928 | 1397.4 | 889.8 |
| 西部地区 | Western Region | 1497 | 899 | 789 | 742.6 | 488.3 |
| 北京 | Beijing | 90 | 35 | 32 | 35.9 | 17.7 |
| 天津 | Tianjin | 206 | 139 | 115 | 141.3 | 56.0 |
| 河北 | Hebei | 383 | 286 | 264 | 166.8 | 115.4 |
| 山西 | Shanxi | 81 | 46 | 26 | 52.3 | 19.8 |
| 内蒙古 | Inner Mongolia | 74 | 61 | 53 | 64.2 | 27.9 |
| 辽宁 | Liaoning | 495 | 401 | 322 | 356.6 | 188.1 |
| 吉林 | Jilin | 438 | 349 | 304 | 215.0 | 148.8 |
| 黑龙江 | Heilongjiang | 143 | 103 | 92 | 64.4 | 44.8 |
| 上海 | Shanghai | 155 | 81 | 37 | 92.1 | 35.2 |
| 江苏 | Jiangsu | 1312 | 802 | 882 | 907.7 | 780.5 |
| 浙江 | Zhejiang | 574 | 282 | 235 | 139.6 | 84.5 |
| 安徽 | Anhui | 574 | 348 | 302 | 189.1 | 92.7 |
| 福建 | Fujian | 282 | 139 | 84 | 92.9 | 58.7 |
| 江西 | Jiangxi | 586 | 392 | 352 | 311.1 | 215.2 |
| 山东 | Shandong | 715 | 404 | 342 | 476.8 | 214.8 |
| 河南 | Henan | 634 | 522 | 444 | 219.3 | 173.4 |
| 湖北 | Hubei | 415 | 287 | 233 | 196.1 | 113.5 |
| 湖南 | Hunan | 456 | 322 | 175 | 150.1 | 81.6 |
| 广东 | Guangdong | 730 | 371 | 378 | 327.7 | 230.7 |
| 广西 | Guangxi | 262 | 150 | 144 | 66.5 | 32.2 |
| 海南 | Hainan | 14 | 12 | 4 | 5.0 | 0.9 |
| 重庆 | Chongqing | 143 | 82 | 80 | 75.7 | 32.2 |
| 四川 | Sichuan | 463 | 258 | 280 | 325.0 | 291.2 |
| 贵州 | Guizhou | 114 | 85 | 43 | 21.8 | 10.8 |
| 云南 | Yunnan | 76 | 61 | 21 | 26.8 | 6.4 |
| 西藏 | Tibet | 16 | 5 | 1 | 3.0 | 0.1 |
| 陕西 | Shaanxi | 250 | 132 | 129 | 139.4 | 78.2 |
| 甘肃 | Gansu | 55 | 32 | 21 | 10.5 | 5.8 |
| 青海 | Qinghai | 16 | 12 | 6 | 4.6 | 1.3 |
| 宁夏 | Ningxia | 15 | 11 | 6 | 4.1 | 1.6 |
| 新疆 | Xinjiang | 13 | 10 | 5 | 1.2 | 0.6 |

# 5-14 各地区国家高新技术产业

## Major Indicators of High-Technology

单位：万元

| 地 区 | Region | 企业数 (个) Number of Enterprises (unit) | 从业人员 (人) Employed Persons (person) | 全年收入 Revenue |
|---|---|---|---|---|
| **合 计** | **Total** | **53692** | **8153213** | **787069415** |
| 东部地区 | Eastern Region | 36355 | 5116876 | 526178419 |
| 中部地区 | Middle Region | 8778 | 1567852 | 147640201 |
| 西部地区 | Western Region | 8559 | 1468485 | 113250795 |
| 北 京 | Beijing | 16948 | 1096562 | 129950896 |
| 天 津 | Tianjin | 2779 | 247612 | 23219339 |
| 石家庄 | Shijiazhuang | 500 | 80673 | 9353047 |
| 保 定 | Baoding | 159 | 59171 | 5235691 |
| 太 原 | Taiyuan | 891 | 101299 | 10780905 |
| 包 头 | Baotou | 573 | 109273 | 9080715 |
| 沈 阳 | Shenyang | 813 | 124903 | 15015406 |
| 大 连 | Dalian | 1757 | 183216 | 13529029 |
| 鞍 山 | Anshan | 535 | 81921 | 8085319 |
| 长 春 | Changchun | 885 | 107091 | 19470073 |
| 吉 林 | Jilin | 742 | 105064 | 9307847 |
| 哈尔滨 | Haerbin | 479 | 116911 | 10087477 |
| 大 庆 | Daqing | 400 | 86428 | 7607885 |
| 上 海 | Shanghai | 1403 | 308800 | 48669951 |
| 南 京 | Nanjing | 253 | 148953 | 23904263 |
| 常 州 | Changzhou | 1072 | 145115 | 12076803 |
| 无 锡 | Wuxi | 1075 | 263042 | 25088223 |
| 苏 州 | Suzhou | 1022 | 249784 | 20022350 |
| 杭 州 | Hangzhou | 1589 | 201125 | 15764021 |
| 宁 波 | ningbo | 318 | 82518 | 9373421 |
| 合 肥 | Hefei | 398 | 113430 | 10736286 |
| 福 州 | Fuzhou | 178 | 60993 | 4116758 |
| 厦 门 | Xiamen | 290 | 87558 | 9673453 |
| 南 昌 | Nanchang | 285 | 80645 | 6688605 |

# 开发区基本情况（2009年）
# Industrial Development Zone (2009)

(10000 yuan)

| #技术性收入 Tech-related | #销售收入 Sales revenue | 总产值 Gross Output Value | 净利润 After Tax Profits | 实交税金 Tax | 年出口额（万美元） Exports (USD 10000) |
|---|---|---|---|---|---|
| **59204382** | **690101341** | **611513931** | **44653585** | **39945793** | **20072185** |
| 44665687 | 454398600 | 380180408 | 30531049 | 24448365 | 17466817 |
| 6195259 | 137270113 | 137370269 | 8366342 | 9615484 | 1074698 |
| 8343436 | 98432628 | 93963254 | 5756194 | 5881944 | 1530670 |
| 20936895 | 96034323 | 41930219 | 9566941 | 6615528 | 2082335 |
| 2601269 | 19967372 | 15684620 | 1821233 | 1137159 | 350676 |
| 612753 | 8457125 | 7338863 | 396206 | 535822 | 51281 |
| 2358 | 5037204 | 5509480 | 339921 | 244609 | 164451 |
| 637921 | 9986398 | 9773413 | 394034 | 648927 | 20013 |
| 148769 | 8727775 | 9276985 | 282023 | 380733 | 55850 |
| 2229980 | 12620685 | 12260173 | 650279 | 686982 | 155229 |
| 1644339 | 10914205 | 10204383 | 923046 | 605572 | 392410 |
| 346422 | 7592361 | 7186689 | 469071 | 393858 | 29004 |
| 115956 | 18943290 | 18998621 | 1744375 | 1686882 | 54339 |
| 174276 | 9133470 | 8907857 | 334064 | 455623 | 39846 |
| 46114 | 9653059 | 9159087 | 441258 | 488454 | 36159 |
| 313216 | 7082082 | 7254931 | 377141 | 467187 | 10669 |
| 2142146 | 44352923 | 33738782 | 2994984 | 2525402 | 2146609 |
| 364197 | 22896830 | 22562340 | 1128245 | 1169908 | 592578 |
| 21246 | 11869024 | 12093463 | 626270 | 432278 | 341584 |
| 65444 | 24822411 | 25063716 | 1288908 | 622021 | 1548330 |
| 823882 | 18116754 | 18593406 | 935850 | 802820 | 1717732 |
| 4115897 | 10280153 | 9648325 | 1015118 | 926641 | 378973 |
| 679332 | 8111049 | 6913583 | 476429 | 341751 | 458946 |
| 817054 | 9604097 | 10715534 | 741312 | 1560094 | 100101 |
| 78043 | 4010347 | 4187679 | 178731 | 117445 | 176275 |
| 28732 | 9558666 | 9273782 | 449537 | 572716 | 802118 |
| 124705 | 6372187 | 6268540 | 257353 | 688728 | 64677 |

5-14 续表

单位：万元

| 地 区 | Region | 企业数 (个) Number of Enterprises (unit) | 从业人员 (人) Employed Persons (person) | 全年收入 Revenue |
|---|---|---|---|---|
| 济 南 | Jinan | 522 | 120596 | 12037906 |
| 青 岛 | Qingdao | 138 | 64755 | 10210805 |
| 淄 博 | Zibo | 426 | 115072 | 12366219 |
| 潍 坊 | Weifang | 326 | 99344 | 10307061 |
| 威 海 | Weihai | 211 | 75656 | 7855485 |
| 郑 州 | Zhengzhou | 615 | 96642 | 9805548 |
| 洛 阳 | Luoyang | 460 | 80264 | 7529141 |
| 武 汉 | Wuhan | 2194 | 295821 | 22614099 |
| 襄 樊 | Xiangfan | 275 | 70211 | 6750861 |
| 长 沙 | Changsha | 720 | 164552 | 15006477 |
| 株 州 | Zhuzhou | 202 | 75723 | 6156329 |
| 广 州 | Guangzhou | 1751 | 291734 | 26656269 |
| 深 圳 | Shenzhen | 399 | 272972 | 26686681 |
| 珠 海 | Zhuhai | 521 | 193017 | 11734733 |
| 惠 州 | Huizhou | 158 | 94936 | 6309639 |
| 中 山 | Zhongshan | 423 | 135021 | 8621476 |
| 佛 山 | Foshan | 443 | 177835 | 15050005 |
| 南 宁 | Nanning | 686 | 108400 | 5802673 |
| 桂 林 | Guilin | 277 | 74338 | 3220050 |
| 海 南 | Hainan | 122 | 24041 | 1712594 |
| 成 都 | Chengdu | 1398 | 227008 | 22708951 |
| 重 庆 | Chongqing | 520 | 189687 | 8629594 |
| 绵 阳 | Mianyang | 114 | 101826 | 4755129 |
| 贵 阳 | Guiyang | 121 | 96536 | 3390817 |
| 昆 明 | Kunming | 240 | 61817 | 7505038 |
| 西 安 | Xian | 3471 | 275141 | 31366350 |
| 宝 鸡 | Baoji | 372 | 100703 | 7512151 |
| 杨 凌 | Yangling | 126 | 13753 | 735358 |
| 兰 州 | Lanzhou | 451 | 75805 | 6506938 |
| 乌鲁木齐 | Wulumuqi | 210 | 34198 | 2037031 |
| 湘 潭 | Xiangtan | 232 | 73771 | 5098668 |
| 泰 州 | Taizhou | 224 | 29951 | 3551576 |

continued

(10000 yuan)

| #技术性收入 Tech-related | #销售收入 Sales revenue | 总产值 Gross Output Value | 净利润 After Tax Profits | 实交税金 Tax | 年出口额（万美元） Exports (USD 10000) |
|---|---|---|---|---|---|
| 2573736 | 9401380 | 8922528 | 941280 | 909514 | 153547 |
| 91951 | 8870684 | 8314886 | 447803 | 415605 | 167914 |
| 737539 | 11628679 | 11739402 | 344289 | 914453 | 130221 |
| 83047 | 9081168 | 9245358 | 635584 | 413812 | 147737 |
| 10515 | 7741492 | 7707884 | 426192 | 387573 | 327252 |
| 680653 | 8755901 | 8580679 | 668197 | 586367 | 26093 |
| 574732 | 6771959 | 6547560 | 436962 | 397154 | 78746 |
| 1969571 | 19523869 | 19754978 | 1324107 | 1214336 | 251757 |
| 652604 | 6002714 | 6554403 | 287895 | 320609 | 29892 |
| 69298 | 14344934 | 13622994 | 973876 | 673718 | 87047 |
| 15670 | 6098877 | 6100166 | 239754 | 234437 | 54325 |
| 4172804 | 20512423 | 18822533 | 1203865 | 849436 | 1377782 |
| 103917 | 26256621 | 25507058 | 1475857 | 1383857 | 1235811 |
| 108721 | 11381137 | 11458126 | 517714 | 372890 | 750259 |
| 147 | 6296346 | 6461999 | 200633 | 138901 | 515411 |
| 3477 | 8586569 | 9004122 | 315081 | 219215 | 530228 |
| 80165 | 14786120 | 15437409 | 492665 | 364651 | 639527 |
| 633112 | 4652773 | 4541069 | 365016 | 301484 | 23585 |
| 13173 | 3165891 | 3750522 | 206914 | 216870 | 54272 |
| 76 | 1687187 | 1688983 | 74816 | 109340 | 45798 |
| 1622020 | 20366880 | 20903667 | 1471183 | 1081740 | 709408 |
| 1994932 | 6376514 | 6120410 | 368520 | 483876 | 64694 |
| 1496 | 4722605 | 5972401 | 139946 | 171684 | 74563 |
| 73442 | 3241444 | 3015615 | 80418 | 164316 | 47452 |
| 69183 | 7032955 | 5545709 | 335591 | 376156 | 126017 |
| 3640703 | 25479227 | 20162114 | 1471938 | 1697248 | 253668 |
| 21337 | 7266355 | 7422145 | 417006 | 491401 | 45230 |
| 451 | 397309 | 463431 | -5986 | 17077 | 9589 |
| 64720 | 5120260 | 5162514 | 243046 | 422764 | 8261 |
| 60098 | 1882640 | 1626672 | 380579 | 76595 | 58081 |
| 3489 | 4997276 | 5131506 | 146014 | 192968 | 221034 |
| 6657 | 3527362 | 3680617 | 194501 | 238606 | 56799 |

# 5-15 高技术产品进出口贸易（2009年）

## Value of Imports and Exports of High-tech Products (2009)

单位：百万美元 (million US dollar)

| 项目 | Item | 出口贸易额 Exports | 进口贸易额 Imports | 进出口贸易总额 Total |
|---|---|---|---|---|
| 1985 | | 521 | 4734 | 5255 |
| 1990 | | 2686 | 6967 | 9653 |
| 1995 | | 10091 | 21827 | 31918 |
| 2000 | | 37043 | 52507 | 89550 |
| 2005 | | 218253 | 197713 | 415966 |
| 2006 | | 281451 | 247299 | 528750 |
| 2007 | | 347819 | 286984 | 634803 |
| 2008 | | 415606 | 341820 | 757425 |
| 2009 | | 376931 | 309853 | 686784 |
| 计算机与通讯技术 | Computer and Communication Technology | 282465 | 73585 | 356050 |
| 生命科学技术 | Life Science and Technology | 11059 | 9477 | 20536 |
| 电子技术 | Electronics | 51075 | 148481 | 199555 |
| 计算机集成制造技术 | Computer Integrated Manufacturing Technology | 5097 | 19691 | 24788 |
| 航空航天技术 | Aviation and Aerospace | 2684 | 14035 | 16719 |
| 光电技术 | Photonics | 20927 | 38538 | 59466 |
| 生物技术 | Biotechnology | 296 | 360 | 656 |
| 材料技术 | Material Science | 2963 | 5074 | 8037 |
| 其他技术 | Others | 365 | 613 | 978 |

# 5-16 按贸易方式分高技术产品进出口贸易（2009年）

## Value of Imports and Exports of High-tech Products by Trade Form(2009)

单位：百万美元 (million US dollar)

| 项目 | Item | 出口贸易额 Exports | 进口贸易额 Imports | 进出口贸易总额 Total |
|---|---|---|---|---|
| **合计** | **Total** | **376931** | **309853** | **686784** |
| 一般贸易 | Ordinary Trade | 51527 | 75581 | 127109 |
| 国家间、国际组织无偿援助和赠送的物资 | Aid or Donation Between Governments or by International Organizations | 55 | 9 | 64 |
| 其他捐赠物资 | Other Donations | | 102 | 102 |
| 补偿贸易 | Compensation Trade | | | |
| 加工贸易 | Processing Trade | 307049 | 167796 | 474844 |
| #来料加工装配贸易 | Processing & Assembling | 34304 | 34933 | 69237 |
| 进料加工贸易 | Processing with Imported Materials | 272744 | 132863 | 405607 |
| 寄售、代销贸易 | Goods on Consignment | 1 | | 1 |
| 边境小额贸易 | Border Trade | 256 | 1 | 257 |
| 加工贸易进口设备 | Equipment for Processing trade | | 375 | 375 |
| 对外承包工程出口货物 | Contracting Projects | 757 | | 757 |
| 租赁贸易 | Goods on Lease | 10 | 3375 | 3385 |
| 外商投资企业作为投资进口的设备、物品 | Equipment/Materials Imported as Investment by FIE | | 6398 | 6398 |
| 出料加工贸易 | Outward Processing | 2 | 17 | 20 |
| 易货贸易 | Barter Trade | | | |
| 免税外汇商品 | Duty-free Commodities on Payment of Foreign Currency | | | |
| 保税仓库进出境货物 | Customs Warehousing Trade | 7331 | 21867 | 29198 |
| 保税区仓储转口货物 | Entrepot trade by bonded area | 9893 | 32526 | 42419 |
| 出口加工区进口设备 | Equipment Imported into Export Processing Zone | | 1542 | 1542 |
| 其他 | Others | 50 | 263 | 313 |

# 5-17 各地区高技术产品进出口贸易（2009年）

# Value of Imports and Exports of High-tech Products by Region(2009)

单位：百万美元 (million US dollar)

| 地区 | Region | 出口贸易额 Exports | 进口贸易额 Imports | 进出口贸易总额 Total |
|---|---|---|---|---|
| **全国** | **National Total** | **376931** | **309853** | **686784** |
| 东部地区 | Eastern Region | 365653 | 294326 | 659980 |
| 中部地区 | Middle Region | 5776 | 6064 | 11840 |
| 西部地区 | Western Region | 5501 | 9463 | 14964 |
| 北京 | Beijing | 14103 | 20358 | 34461 |
| 天津 | Tianjin | 11916 | 10567 | 22483 |
| 河北 | Hebei | 2123 | 1267 | 3391 |
| 山西 | Shanxi | 416 | 326 | 741 |
| 内蒙古 | Inner Mongolia | 51 | 256 | 307 |
| 辽宁 | Liaoning | 3767 | 3670 | 7438 |
| 吉林 | Jilin | 195 | 940 | 1135 |
| 黑龙江 | Heilongjiang | 178 | 380 | 558 |
| 上海 | Shanghai | 63317 | 51941 | 115258 |
| 江苏 | Jiangsu | 93960 | 61140 | 155099 |
| 浙江 | Zhejiang | 10206 | 6047 | 16254 |
| 安徽 | Anhui | 502 | 545 | 1047 |
| 福建 | Fujian | 10344 | 8383 | 18727 |
| 江西 | Jiangxi | 1541 | 825 | 2366 |
| 山东 | Shandong | 13790 | 13038 | 26827 |
| 河南 | Henan | 458 | 685 | 1143 |
| 湖北 | Hubei | 2042 | 1873 | 3914 |
| 湖南 | Hunan | 444 | 490 | 935 |
| 广东 | Guangdong | 142069 | 115948 | 258017 |
| 广西 | Guangxi | 272 | 336 | 608 |
| 海南 | Hainan | 58 | 1966 | 2023 |
| 重庆 | Chongqing | 212 | 445 | 657 |
| 四川 | Sichuan | 3707 | 5705 | 9412 |
| 贵州 | Guizhou | 150 | 92 | 243 |
| 云南 | Yunnan | 115 | 256 | 371 |
| 西藏 | Tibet | 4 | 3 | 7 |
| 陕西 | Shaanxi | 825 | 1823 | 2649 |
| 甘肃 | Gansu | 49 | 138 | 187 |
| 青海 | Qinghai | 1 | 39 | 40 |
| 宁夏 | Ningxia | 38 | 77 | 115 |
| 新疆 | Xinjiang | 76 | 292 | 368 |

# 5-18 高技术产品、工业制成品、

## Imports and Exports of High-tech Products,

单位：亿美元、%

| 项　目 | Item | 1995 | 2000 | 2001 |
|---|---|---|---|---|
| **商品出进口贸易总额** | **Total value of Exports and Imports** | **2809** | **4743** | **5097** |
| 工业制成品 | Manufactured Goods | 2350 | 4021 | 4376 |
| 占总额比重 | % of Total Exports and Imports | 83.6 | 84.8 | 85.9 |
| #高技术产品 | High-tech Products | 319 | 896 | 1106 |
| 占总额比重 | % of Total Exports and Imports | 11.4 | 18.9 | 21.7 |
| 占工业制成品比重 | % of Total Manufactured Goods | 13.6 | 22.3 | 25.3 |
| 初级产品 | Primary Goods | 459 | 722 | 721 |
| 占总额比重 | % of Total Exports and Imports | 16.3 | 15.2 | 14.2 |
| **商品出口贸易总额** | **Total Value of Exports** | **1488** | **2492** | **2662** |
| 工业制成品 | Manufactured Goods | 1273 | 2238 | 2398 |
| 占总额比重 | % of Total Exports | 85.6 | 89.8 | 90.1 |
| #高技术产品 | High-tech Products | 101 | 370 | 465 |
| 占总额比重 | % of Total Exports | 6.8 | 14.9 | 17.5 |
| 占工业制成品比重 | % of Total Manufactured Goods | 7.9 | 16.6 | 19.4 |
| 初级产品 | Primary Goods | 215 | 255 | 264 |
| 占总额比重 | % of Total Exports | 14.4 | 10.2 | 9.9 |
| **商品进口贸易总额** | **Total Value of Imports** | **1321** | **2251** | **2436** |
| 工业制成品 | Manufactured Goods | 1077 | 1784 | 1978 |
| 占总额比重 | % of Total Imports | 81.5 | 79.2 | 81.2 |
| #高技术产品 | High-tech Products | 218 | 525 | 641 |
| 占总额比重 | % of Total Imports | 16.5 | 23.3 | 26.3 |
| 占工业制成品比重 | % of Total Manufactured Goods | 20.3 | 29.4 | 32.4 |
| 初级产品 | Primary Goods | 244 | 467 | 458 |
| 占总额比重 | % of Total Imports | 18.5 | 20.8 | 18.8 |
| **商品出进口贸易差额** | **Balance** | **167** | **241** | **225** |
| 工业制成品 | Manufactured Goods | 196 | 454 | 420 |
| #高技术产品 | High-tech Products | -117 | -155 | -177 |
| 初级产品 | Primary Goods | -29 | -213 | -194 |

# 初级产品的进出口贸易额
# Manufactured Goods and Primary Goods

(USD 100 million,%)

| 2002 | 2003 | 2004 | 2005 | 2006 | 2007 | 2008 | 2009 |
|---|---|---|---|---|---|---|---|
| **6208** | **8510** | **11546** | **14219** | **17604** | **21738** | **25633** | **22075** |
| 5430 | 7437 | 9969 | 12254 | 15204 | 18693 | 21229 | 18546 |
| 87.5 | 87.4 | 86.3 | 86.2 | 86.4 | 86.0 | 82.8 | 84.0 |
| 1507 | 2296 | 3267 | 4160 | 5288 | 6348 | 7574 | 6868 |
| 24.3 | 27.0 | 28.3 | 29.2 | 30.0 | 29.2 | 29.5 | 31.1 |
| 27.8 | 30.9 | 32.8 | 33.9 | 34.8 | 34.0 | 35.7 | 37.0 |
| 778 | 1073 | 1577 | 1965 | 2401 | 3045 | 4404 | 3529 |
| 12.5 | 12.6 | 13.7 | 13.8 | 13.6 | 14.0 | 17.2 | 16.0 |
| **3256** | **4384** | **5934** | **7620** | **9689** | **12180** | **14307** | **12016** |
| 2971 | 4036 | 5528 | 7130 | 9160 | 11565 | 13527 | 11385 |
| 91.3 | 92.1 | 93.2 | 93.6 | 94.5 | 95.0 | 94.6 | 94.7 |
| 679 | 1103 | 1654 | 2182 | 2815 | 3478 | 4156 | 3769 |
| 20.8 | 25.2 | 27.9 | 28.6 | 29.0 | 28.6 | 29.0 | 31.4 |
| 22.8 | 27.3 | 29.9 | 30.6 | 30.7 | 30.1 | 30.7 | 33.1 |
| 285 | 348 | 406 | 490 | 529 | 615 | 780 | 631 |
| 8.7 | 7.9 | 6.8 | 6.4 | 5.5 | 5.0 | 5.4 | 5.3 |
| **2952** | **4128** | **5614** | **6601** | **7915** | **9558** | **11326** | **10059** |
| 2459 | 3401 | 4441 | 5124 | 6043 | 7128 | 7702 | 7161 |
| 83.3 | 82.4 | 79.1 | 77.6 | 76.4 | 74.6 | 68.0 | 71.2 |
| 828 | 1193 | 1613 | 1977 | 2473 | 2870 | 3418 | 3099 |
| 28.1 | 28.9 | 28.7 | 30.0 | 31.2 | 30.0 | 30.2 | 30.8 |
| 33.7 | 35.1 | 36.3 | 38.6 | 40.9 | 40.3 | 44.3 | 43.3 |
| 493 | 728 | 1173 | 1477 | 1871 | 2430 | 3624 | 2898 |
| 16.7 | 17.6 | 20.9 | 22.4 | 23.6 | 25.4 | 32.0 | 28.8 |
| **304** | **256** | **319** | **1019** | **1775** | **2622** | **2981** | **1957** |
| 512 | 635 | 1087 | 2006 | 3117 | 4437 | 5826 | 4224 |
| -150 | -90 | 41 | 205 | 342 | 608 | 738 | 671 |
| -208 | -380 | -768 | -987 | -1342 | -1815 | -2844 | -2267 |

# 六、国家科技发展计划

# National Program for Science and Technology Development

# 6-1 国家主要科技计划中央财政拨款
# Appropriation for S&T by Central Government in the Main Programs of S&T

单位：万元 (10000 yuan)

| 项　目 | Item | 2001 | 2005 | 2006 | 2007 | 2008 | 2009 |
|---|---|---|---|---|---|---|---|
| 基础研究计划 | Basic Research Program | | | | | | |
| 国家自然科学基金 | National Natural Science Fund | 159835 | 270128 | 362014 | 433096 | 535851 | 642697 |
| 国家重点基础研究发展计划(973计划) | National Basic Research Program of China | 58930 | 98297 | 135419 | 164581 | 190000 | 260000 |
| 科技支撑计划/科技攻关计划 | Key Technologies R&D Program | 105340 | 162440 | 300000 | 544115 | 506556 | 500000 |
| 科技基础条件平台建设 | S&T Basic Conditional Construction Program | | | | | | |
| 科技基础条件平台专项 | National Science and Technology Infrastructure Program | | 57330 | 75365 | 68555 | 2347 | 2127 |
| 国家重点实验室建设计划 | State Key Laboratory | 13000 | 13360 | 21640 | 160000 | 160500 | 291695 |
| 国家工程技术研究中心 | National Engineering Research Centres | 5000 | 5950 | 8350 | 8550 | | 10300 |
| 科技基础性工作专项 | S&T Basic Work | 19968 | | 10274 | 17843 | 15000 | 15048 |
| 星火计划 | Spark Program | 10000 | 11700 | 10160 | 15000 | 20000 | 21892 |
| 火炬计划 | Torch Program | 7000 | 7000 | 10825 | 13875 | 15176 | 22765 |
| 国家重点新产品计划 | National New Products Program | 14000 | 14000 | 13900 | 14000 | 15000 | 20000 |
| 科技型中小企业技术创新基金 | Innovation Fund for Small Technology-based Firms | 78330 | 98848 | 84288 | 125620 | 146209 | 333357 |
| 农业科技成果转化资金 | Agricultural Science and Technology Transfer Fund | 40000 | 30000 | 30000 | 30000 | 30000 | 40000 |
| 国际科技合作重点项目计划 | International S&T Cooperation Program | 10000 | 18000 | 30000 | 30000 | 40000 | 50000 |
| 科研院所技术开发专项 | Special Technnology Development Project for Research Institutions | 15830 | 18604 | 20000 | 25000 | 25000 | 25000 |

注：表中各项国家主要科技计划及相关内容依据“十一五”国家科技计划体系。科技攻关计划2006年起调整为科技支撑计划。

## 6-2 国家科技支撑计划/国家科技攻关计划①中央财政拨款
## Appropriation for S&T by Central Government in Key Technologies R&D Program

单位：万元 (10000 yuan)

| 项目 | Item | 2001 | 2005 | 2006 | 2007 | 2008 | 2009 |
|---|---|---|---|---|---|---|---|
| **合计** | **Total** | **105340** | **162440** | **300000** | **544115** | **506556** | **500000** |
| 能源② | Energy | 7380 | 11620 | 18471 | 17914 | 24148 | 15863 |
| 资源③ | Resource | 14003 | 15520 | 21330 | 33695 | 43393 | 42771 |
| 环境 | Environment | | | 18241 | 22771 | 33188 | 37681 |
| 农业 | Agriculture | 26053 | 30293 | 78879 | 118355 | 102004 | 96600 |
| 材料 | Material | 11110 | 12610 | 20480 | 46358 | 51483 | 53625 |
| 制造业 | Manufacture | 10530 | 7990 | 20548 | 62897 | 45199 | 28749 |
| 交通运输 | Traffic and Transport | | | 19917 | 50114 | 30795 | 71304 |
| 信息产业与现代服务业 | Information and Services | 6500 | 7993 | 28394 | 30284 | 46562 | 41036 |
| 人口与健康 | Population and Health | 8077 | 39364 | 24641 | 68576 | 47422 | 46871 |
| 城镇化与城市发展 | Urbanization and Urban Development | | | 11340 | 36496 | 26845 | 26127 |
| 公共安全及其他社会事业④ | Public Security and Other Social Undertakings | 21687 | 37050 | 37759 | 56655 | 55517 | 39373 |

注：①2005年及以前为国家科技攻关计划，自2006年起为国家科技支撑计划。
②2001-2005年数据包括交通运输领域。
③2001-2005年数据包括环境领域。
④2001-2005年数据包括城镇化与城市发展领域。

## 6-3 国家重点基础研究发展计划(973计划)中央财政拨款
## Appropriation for S&T by Central Government in National Basic Research Program of China

单位：万元 (10000 yuan)

| 项目 | Item | 2001 | 2005 | 2006 | 2007 | 2008 | 2009 |
|---|---|---|---|---|---|---|---|
| **合计** | **Total** | **58930** | **98297** | **135419** | **164581** | **190000** | **260000** |
| 农业 | Agriculture Science | 9970 | 10883 | 11117 | 14537 | 16982 | 22860 |
| 能源 | Energy Science | 7707 | 9481 | 9019 | 15615 | 16811 | 24038 |
| 信息 | Information Science | 7917 | 11426 | 7978 | 15883 | 15302 | 20310 |
| 资源环境 | Environment Science | 13758 | 14611 | 12447 | 15318 | 18156 | 23698 |
| 人口与健康 | Human and Health Science | 8921 | 20921 | 15079 | 19416 | 26059 | 31976 |
| 材料 | Materials Science | 8838 | 11923 | 11700 | 16221 | 18889 | 21300 |
| 综合交叉* | Synthesis Science | 1819 | 19052 | 16955 | 16138 | 17527 | 23547 |
| 重要科学前沿 | Forefront of Major Science | | | 13597 | 16135 | 20689 | 22248 |
| 重大科学研究计划 | National Special Science Research Program | | | 37527 | 35318 | 39585 | 70024 |

注：2001-2005年数据包括重要科学前沿。

# 6-4 国家自然科学基金资助项目经费
# Project Funding Approved by the National Natural Science Foundation of China

单位：万元 (10000 yuan)

| 项　目 | Item | 2000 | 2005 | 2006 | 2007 | 2008 | 2009 |
|---|---|---|---|---|---|---|---|
| **合　计** | **Total** | **111879** | **352060** | **410956** | **497083** | **630863** | **705392** |
| 面上项目 | General Programs | 63348 | 225898 | 268595 | 227457 | 288647 | 330516 |
| 重点项目 | Key Programs | 6826 | 50947 | 44349 | 63530 | 77973 | 72408 |
| 重大项目 | Major Program | 765 | 7000 | | | 17000 | 11000 |
| 重大研究计划 | Major Research Plan | | 5033 | 8492 | 22578 | 24972 | 33379 |
| 联合资助基金项目 | Program of joint Funds with other Institutions | | | 9497 | 15730 | 16654 | 18008 |
| 国家杰出青年科学基金(包括外籍) | Projects of National Distinguished Young Scientists (including Foreign) | 17015 | 16580 | 33280 | 35280 | 35220 | 35020 |
| 青年科学基金项目* | Young Scientists Fund | | | | 61737 | 93994 | 120304 |
| 地区科学基金项目* | Regional Fund | | | | 10196 | 16974 | 22180 |
| 海外和香港、澳门青年学者合作研究基金 | Programs of Joint Research for Oversea Young Scientists | 2400 | 3200 | 3200 | 3200 | 1580 | 1540 |
| 创新研究群体科学基金 | Programs of Innovation Research Teams | 5280 | 7800 | 10700 | 24730 | 26315 | 26480 |
| 国家基础科学人才培养基金 | Projects of States Foundation for Basic Science Scientists | 3804 | 17385 | 11400 | 9930 | 5180 | 1370 |
| 委主任基金、科学部主任基金 | Projects of President and Directors' Funds | 2732 | 5676 | 4722 | 4780 | 5412 | 8167 |
| 专项基金 | Projects of Special Programes | 4472 | 3564 | 4704 | 4708 | 6498 | 8125 |
| 国际合作与交流 | International Cooperation and Exchange | 5236 | 8977 | 12017 | 13227 | 14444 | 16895 |

注：“青年科学基金项目”和“地区科学基金项目”自2007年开始从原“面上项目”中分出。

# 6-5 分部门国家自然科学基金资助项目经费(2009年)

# Project Funding Approved by the National Natural Science Foundation of China by Sectors (2009)

单位：万元 (10000 yuan)

| 项 目 | Item | 合 计<br>Total | 高等学校<br>Higher Education | #教育部所属院校<br>Subordinated Directly to Ministry of Education | 科研机构<br>Research Institution | #中国科学院<br>China Academy of Sciences | 其 他<br>Others |
|---|---|---|---|---|---|---|---|
| **合 计** | **Total** | **705392** | **531629** | **311805** | **164533** | **136029** | **9229** |
| 面上项目 | General Programs | 330516 | 267654 | 153132 | 58195 | 44841 | 4668 |
| 重点项目 | Key Programs | 72408 | 50602 | 36549 | 21447 | 18612 | 359 |
| 重大项目 | Major Program | 11000 | 6726 | 6158 | 4274 | 4258 | |
| 重大研究计划 | Major Research Plan | 33379 | 20636 | 15462 | 12633 | 11537 | 110 |
| 联合资助基金项目 | Program of Joint Funds with other Institutions | 18008 | 12752 | 5958 | 5186 | 4894 | 70 |
| 国家杰出青年科学基金（包括外籍） | Projects of National Distinguished Young Scientists(including Foreign) | 35020 | 24340 | 19060 | 10680 | 10480 | |
| 青年科学基金项目 | Young Scientists Fund | 120304 | 94116 | 50703 | 24815 | 17916 | 1373 |
| 地区科学基金项目 | Regional Fund | 22180 | 19685 | | 1749 | | 746 |
| 海外和香港、澳门青年学者合作研究基金 | Programs of Joint Research for Oversea Young Scientists | 1540 | 1160 | 820 | 360 | 320 | 20 |
| 创新研究群体科学基金 | Programs of Innovation Research Teams | 26480 | 13380 | 9665 | 13100 | 12415 | |
| 国家基础科学人才培养基金 | Projects of States Foundation for Basic Science Scientists | 1370 | 530 | 490 | 840 | 840 | |
| 委主任基金、科学部主任基金 | Projects of President and Directors' Funds | 8167 | 5443 | 2824 | 2137 | 1909 | 587 |
| 专项基金 | Projects of Special Programes | 8125 | 4774 | 2964 | 3183 | 2881 | 168 |
| 国际合作与交流 | International Cooperation and Exchange | 16895 | 9832 | 8021 | 5935 | 5127 | 1128 |

# 6-6 国家重点实验室
# National Leading Laboratories

| 项　目 | Item | 实验室数(个) Number of Laboratories (unit)① | 实验室人员 Personnel of Laboratories 固定人员(人) Full-time Personnel (person) | 客座人员(人) Guest Researchers (person) |
|---|---|---|---|---|
| **总　计** | **Total** | **218** | **14210** | **5929** |
| 工业与信息化部 | Ministry of Industry and Information Technology of the People's Republic of China | 7 | 440 | 152 |
| 国家人口和计划生育委员会 | National Population and Family Planning Commission of China | 1 | 46 | 26 |
| 教育部 | Ministry of Education | 112 | 6998 | 3444 |
| 农业部 | Ministry of Agriculture | 5 | 315 | 61 |
| 卫生部 | Ministry of Health | 6 | 361 | 58 |
| 中国科学院 | Chinese Academy of Sciences | 71 | 5093 | 1837 |
| 中国地震局 | China Seismological Bureau | 1 | 50 | 43 |
| 总后勤部卫生部 | Health Department of The General Logistics Department，PLA | 5 | 345 | 38 |
| 中国气象局 | China Meteorological Administration | 1 | 49 | 18 |
| 国家海洋局 | State Oceanic Administration People's Republic of China | 1 | 42 | 33 |
| 河北省科技厅 | Hebei Science and Technology Department | 1 | 55 | 27 |
| 陕西省科技厅 | Shaanxi Science and Technology Deparment | 1 | 53 | 25 |
| 山西省科技厅 | The Shanxi Science and Technology Department | 1 | 28 | 10 |
| 四川省科技厅 | Science and technology Bureau of Sichuan Province | 2 | 160 | 99 |
| 江苏省科技厅 | Jiangsu Science and Technology Department | 1 | 64 | 26 |
| 山东省科技厅 | Department of Science and Technology of Shandong Province | 1 | 60 | 20 |
| 广东省科技厅 | Guangdong Science and Technology Department | 1 | 51 | 12 |

注：①以上数据按212个国家重点实验室和6个国家实验室(筹)统计。
②获奖成果按国家自然科学奖、国家科技进步奖、国家技术发明奖三项国家科技奖励统计。

## 运行情况(2009年)
## By Sectors (2009)

| 研究经费 | Funds | 科研项目 | Projects | 获奖成果(项) | 发表论文(篇) | 毕业研究生(人) |
|---|---|---|---|---|---|---|
| 筹集(万元) R&D Founds (10000 yuan) | 支出(万元) R&D Expenditure (10000 yuan) | 项数(项) R&D Projects (item) | 经费(万元) Funds (10000 yuan) | Achievements Awarded (item)[2] | Paper Published (piece) | Graduated Masters & Doctors (person) |
| **975093** | **716787** | **16165** | **656560** | **106** | **37608** | **18082** |
| 39071 | 29295 | 284 | 13122 | 7 | 1458 | 953 |
| 4717 | 4180 | 55 | 1717 | | 51 | 19 |
| 504084 | 367558 | 8867 | 318780 | 67 | 21794 | 12329 |
| 22794 | 28861 | 426 | 26764 | 2 | 868 | 336 |
| 22306 | 13989 | 250 | 10590 | 1 | 297 | 175 |
| 317201 | 234778 | 5336 | 242111 | 21 | 11161 | 2856 |
| 2356 | 1786 | 42 | 1223 | | 63 | 12 |
| 17587 | 7654 | 273 | 14161 | 1 | 483 | 182 |
| 1296 | 2 | 47 | 6850 | | 57 | 21 |
| 5270 | 4400 | 53 | 3824 | | 74 | 15 |
| 2697 | 1817 | 83 | 638 | 1 | 211 | 135 |
| 6603 | | 41 | 3207 | | 145 | 103 |
| 2067 | 2473 | 67 | 694 | | 42 | 32 |
| 17094 | 11925 | 192 | 6028 | 2 | 483 | 573 |
| 4019 | 2860 | 62 | 1912 | 1 | 204 | 133 |
| 4894 | 4894 | 56 | 3984 | 2 | 143 | 178 |
| 1037 | 315 | 31 | 955 | 1 | 74 | 30 |

# 6-7 国家主体性计划项目实施情况(2009年)
# Projects of National Main Research Program (2009)

| 项目 | Item | 合计 Total | "973"计划 National Basic Research Program | "863"计划 "863" Program | 国家科技支撑计划 Key Technologies R&D Program |
|---|---|---|---|---|---|
| 实施项目数(项) | Projects in Practice (item) | 11728 | 2352 | 5954 | 3422 |
| 项目组人员(人次) | Personnel in Project Group(person-time) | 329994 | 62245 | 109184 | 158565 |
| 高级职称 | Senior Title | 120561 | 19736 | 36954 | 63871 |
| 中级职称 | Middle Title | 75314 | 9600 | 24568 | 41146 |
| 项目人员当年投入工作量(人年) | Personnel Input(man-year) | 188113 | 36768 | 64468 | 86876 |
| 当年落实项目资金(万元) | Funds Arranged(10000 yuan ) | 3087530 | 266513 | 887625 | 1933392 |
| #政府资金 | Government Funds | 1139162 | 256554 | 343638 | 538969 |
| #科研机构承担的项目 | Performed by R&D Institutes | 560151 | 99494 | 149266 | 311390 |
| 高等学校承担的项目 | Performed by Higher Education | 677041 | 147485 | 193820 | 335736 |
| 企业承担的项目 | Performed by Enterprises | 1662327 | 11570 | 490894 | 1159864 |
| 培养博士、硕士(人) | Cultivated of Master and Doctor(person) | 56692 | 15855 | 21894 | 18943 |
| 发表科技论文(篇) | Scientific Papers Issued(piece) | 118465 | 38656 | 43337 | 36472 |
| #向国外发表 | Published in Foreign Periodicals | 46878 | 21998 | 18212 | 6668 |
| 出版科技著作 (万字) | Science Works (10000 words) | 61441 | 9749 | 18321 | 33371 |
| 专利申请数(件) | Patents Accepted(piece) | 25881 | 3992 | 12849 | 9040 |
| #发明 | Inventions | 20741 | 3824 | 10709 | 6208 |
| #向国外申请专利 | Accepted by Foreign Countries | 631 | 112 | 320 | 199 |
| 专利授权数(件) | Patents Granted (piece) | 8341 | 1477 | 3763 | 3101 |
| #发明 | Inventions | 5807 | 1393 | 2643 | 1771 |
| #国外授权专利 | Granted by Foreign Countries | 140 | 29 | 73 | 38 |

# 6-8 分社会经济目标国家主体性计划项目投入(2009年)

# Input of Projects of National Mandatory Program by Socio-economic Objective (2009)

单位：万元 (10000 yuan)

| 项 目 | Item | 当年落实资金 Funds Arranged | "973"计划 National Basic Research Program | "863"计划 "863" Program | 国家科技支撑计划 Key Technologies R&D Program |
|---|---|---|---|---|---|
| **合 计** | **Total** | **3087530** | **266513** | **887625** | **308753** |
| 环境保护、生态建设及污染防治 | Environmental conservation and Prevention of Pollution | 201468 | 20385 | 57242 | 20147 |
| 环境一般问题 | General Research on Environment | 5146 | 2495 | 410 | 515 |
| 环境与资源评估 | Environmental and Resource Evaluation | 11056 | 5073 | 812 | 1106 |
| 环境监测 | Environmental Monitoring | 19785 | 2871 | 13453 | 1978 |
| 生态建设 | Ecosystem Building | 14011 | 3170 | 1907 | 1401 |
| 环境污染预防 | Prevention of Pollution | 86204 | 2280 | 24524 | 8620 |
| 环境治理 | Treatment of Pollution | 48855 | 1683 | 15553 | 4886 |
| 自然灾害的预防、预报 | Prevention and Forecast of Natural Disasters | 16412 | 2813 | 583 | 1641 |
| 能源生产、分配和合理利用 | Production,Distribution and Rational Utilisation of Energy | 580225 | 32972 | 269336 | 58023 |
| 能源一般问题研究 | General Research on Production,Distribution and Rational Utilisation of Energy | 4935 | 2259 | 634 | 493 |
| 能源矿产的勘探技术 | Exploration Technology of Energy Mineral | 30315 | 4997 | 20503 | 3032 |
| 能源矿物的开采和加工技术 | Mining and Extraction Technology of Energy Mineral | 58705 | 3404 | 18308 | 5871 |
| 能源转换技术 | Energy Transformation Technology | 148295 | 5862 | 108706 | 14829 |
| 能源输送、储存与分配技术 | Energy Transport,Storage and Distribution Technology | 32614 | 3153 | 2181 | 3261 |
| 可再生能源 | Renewable Energy | 77671 | 4366 | 10704 | 7767 |
| 能源设施和设备建造 | Construction of Energy Facilities and Equipment | 117184 | 3843 | 48132 | 11718 |
| 能源安全生产管理和技术 | Safe Production Management and Technology of Energy | 40218 | 1632 | 16333 | 4022 |
| 节约能源的技术 | Technology of Saving Energy | 67574 | 2996 | 43055 | 6757 |
| 能源生产、输送、分配、储存、利用过程中污染的防治与处理 | Prevention of Pollution in the Process of Production, Transport,Distribution and Utilisation of Energy | 2716 | 461 | 780 | 272 |
| 卫生事业发展 | Development of Human Health | 218649 | 35876 | 71494 | 21865 |
| 卫生一般问题 | General Research on Development of Human Health | 36702 | 5409 | 16872 | 3670 |
| 诊断与治疗 | Surgery and Treatment | 111324 | 21725 | 41608 | 11132 |
| 预防医学 | Preventive Medicine | 17427 | 2715 | 7122 | 1743 |
| 公共卫生 | Public Health | 7055 | 125 | 1514 | 706 |
| 营养和食品卫生 | Nutrition and Food Hygiene | 2420 | 265 | 193 | 242 |
| 药物滥用和成瘾 | Drug Abuse and Addiction | 5817 | 1569 | 324 | 582 |
| 社会医疗 | Social Medicine | 9942 | 366 | 109 | 994 |
| 卫生医疗其他研究 | Medical Research not elsewhere classified | 27962 | 3703 | 3753 | 2796 |
| 教育事业发展 | Development of Education | 1752 | | 9 | 175 |
| 教育一般问题 | General Research on Development of Education | | | | |
| 学历教育 | Academic Education | 244 | | 9 | 24 |
| 非学历教育与培训 | Non-academic Education and Training | 1508 | | | 151 |
| 其它教育 | Education not elsewhere classified | | | | |
| 基础设施以及城市和农村规划 | Infrastructure, Urban and Rural Planning | 274877 | 5632 | 69509 | 27488 |
| 交通运输 | Transport | 165638 | 1583 | 53536 | 16564 |

## 6-8 续表 1 continued

单位: 万元 (10000 yuan)

| 项　目 | Item | 当年落实资金 Funds Arranged | "973" 计划 National Basic Research Program | "863" 计划 "863" Program | 国家科技支撑计划 Key Technologies R&D Program |
|---|---|---|---|---|---|
| 通信 | Communication | 38182 | 3405 | 13277 | 3818 |
| 广播与电视 | Broadcast and TV | 28998 | | 837 | 2900 |
| 城市规划与市政工程 | Urban Planning and Municipal Engineering | 24187 | 173 | 463 | 2419 |
| 农村发展规划与建设 | Rural Development,Planning and Building | 14442 | | 390 | 1444 |
| 交通运输、通信、城市与农村发展对环境的影响 | Impact on the Environment of Transportation, Communications, Urban and Rural Development | 3430 | 471 | 1006 | 343 |
| 社会发展和社会服务 | Social Development and Community Services | 40771 | 2280 | 1880 | 4077 |
| 社会发展和社会服务一般问题 | General Research on Social Development and Community Services | 975 | 91 | 115 | 97 |
| 社会保障 | Social Security System | 3501 | | 177 | 350 |
| 公共安全 | Public safety | 8736 | 499 | 332 | 874 |
| 社会管理 | Community management | 1366 | | 10 | 137 |
| 就业 | Employment | 595 | | 59 | 60 |
| 法律与司法 | The Law and Justice | 145 | | | 15 |
| 政府与政治 | Government and Politics | | | | |
| 国际关系 | International Relations | 654 | | 351 | 65 |
| 遗产保护 | Preserving Heritage | 2431 | | 23 | 243 |
| 语言与文化 | Languages and Cultures | 100 | | | 10 |
| 文艺、娱乐 | Arts and Leisure | 10466 | 39 | 92 | 1047 |
| 宗教与道德 | Religion and Ethics | | | | |
| 传媒 | Media | 124 | 69 | 55 | 12 |
| 科技发展 | Development of Science and Technology | 3008 | 1480 | 564 | 301 |
| 国土资源管理 | Management of Land and resource | 5129 | 59 | 43 | 513 |
| 其他社会发展和社会服务 | Social Development and Community Services not elsewhere classified | 3543 | 43 | 60 | 354 |
| 地球和大气层的探索与利用 | Exploration and Utilization of the Earth and Atmosphere | 69084 | 13141 | 37310 | 6908 |
| 地壳、地幔，海底的探测和研究 | Exploration and Research of Earth's Crust, Mantle and Sea-bed | 12797 | 5067 | 3437 | 1280 |
| 水文地理 | Hydrology | 3436 | 684 | 67 | 344 |
| 海洋 | Sea and Oceans | 32252 | 3336 | 25950 | 3225 |
| 大气 | Atmosphere | 10779 | 2794 | 1806 | 1078 |
| 地球探测和开发其他研究 | Other Research on Exploration and Exploitation of the Earth | 9820 | 1261 | 6050 | 982 |
| 民用空间探测及开发 | Civil Exploration and Exploitation of Space | 19537 | 3775 | 13140 | 1954 |
| 空间探测一般研究 | General Research on Exploration and Exploitation of Space | 6118 | 1808 | 4094 | 612 |
| 飞行器和运载工具研制 | Manufacture of Aircraft and Vehicles | 1534 | 118 | 1416 | 153 |
| 发射与控制系统 | Launch and Control Systems | 217 | | 217 | 22 |
| 卫星服务 | Space Laboratories and Space Travel | 9646 | 974 | 6267 | 965 |
| 空间探测和开发其他研究 | Other Research on Exploration and Exploitation of Space | 2022 | 875 | 1147 | 202 |
| 农林牧渔业发展 | Development of Agriculture,Forestry,Animal Husbandry and Fishery | 264596 | 21045 | 55335 | 26460 |
| 农林牧渔业发展一般问题 | General Research on Agriculture,Forestry, Animal Husbandry and Fishery | 10488 | 1855 | 1843 | 1049 |

## 6-8 续表 2 continued

单位：万元 (10000 yuan)

| 项　目 | Item | 当年落实资金 Funds Arranged | "973"计划 National Basic Research Program | "863"计划 "863" Program | 国家科技支撑计划 Key Technologies R&D Program |
|---|---|---|---|---|---|
| 农作物种植及培育 | Planting and Cultivation of Crops | 80452 | 7608 | 11924 | 8045 |
| 林业和林产品 | Forestry and Forestry Products | 10713 | 1236 | 917 | 1071 |
| 畜牧业 | Animal Husbandry | 42675 | 4068 | 7824 | 4267 |
| 渔业 | Fishery | 33592 | 1560 | 14971 | 3359 |
| 农林牧渔业体系支撑 | Support Systems of Agriculture,Forestry, Animal Husbandry and Fishery | 79229 | 4274 | 17714 | 7923 |
| 农林牧渔业生产中污染的防治与处理 | Prevention and Treatment of Pollution in the Production of Agriculture,Forestry,Animal Husbandry and Fishery | 7449 | 445 | 143 | 745 |
| 工商业发展 | Development of Industry and Commerce | 1291248 | 34413 | 295683 | 129125 |
| 促进工商业发展的一般问题 | General Research on Industry and Commerce | 2726 | 967 | 244 | 273 |
| 产业共性技术 | Industrial Generic Technology | 289020 | 6202 | 38269 | 28902 |
| 非能源资源矿产的开采 | Mining of Mineral Resources (excl. Energy) | 131933 | 275 | 3754 | 13193 |
| 食品、饮料和烟草制品业 | Manufacture of Food,Beverage and Tobacco Products | 33667 | 3118 | 13252 | 3367 |
| 纺织业、服装及皮革制品业 | Manufacture of Textile,Apparel and Leather Products | 13381 | 72 | 1633 | 1338 |
| 化学工业 | Chemical Industry | 201375 | 4452 | 50934 | 20137 |
| 非金属与金属制品业 | Manufacture of Nonmetal and Metal Products | 141360 | 4262 | 18469 | 14136 |
| 机械制造业(不包括电子设备、仪器仪表及办公机械) | Machinery | 226056 | 2226 | 74702 | 22606 |
| 电子设备、仪器仪表及办公机械 | Electronic Equipment | 79325 | 6453 | 46658 | 7932 |
| 其他制造业 | Other Manufacture | 11218 | 72 | 4077 | 1122 |
| 热力、水的生产和供应 | Production and Supply of Heat Power and Water | 14963 | 77 | 1280 | 1496 |
| 建筑业 | Construction | 29417 | 1093 | 925 | 2942 |
| 信息与通信技术(ICT)服务业 | Information and Communication Technology Services | 82178 | 5070 | 28542 | 8218 |
| 技术服务业 | Technical Service | 23262 | | 12833 | 2326 |
| 金融业 | Finance | 1263 | 76 | 29 | 126 |
| 房地产业 | Real Estate | | | | |
| 商业及其他服务业 | Commerce and Other Services | 5910 | | 83 | 591 |
| 工商业活动中的环境保护、污染防治与处理 | Prevention and Treatment of Pollution in the Activities of Industry and Commerce | 4192 | | | 419 |
| 非定向研究 | Non-oriented Research | 121810 | 96517 | 14057 | 12181 |
| 自然科学领域的非定向研究 | Non-oriented Research on Natural Science | 90980 | 75695 | 11032 | 9098 |
| 工程与技术科学领域的非定向研究 | Non-oriented Research on Engineering Sciences | 14095 | 8257 | 629 | 1410 |
| 农业科学领域的非定向研究 | Non-oriented Research on Agricultural Sciences | 2982 | 1564 | 628 | 298 |
| 医学科学领域的非定向研究 | Non-oriented Research on Medical Sciences | 12893 | 10402 | 1758 | 1289 |
| 社会科学领域的非定向研究 | Non-oriented Research on Social Sciences | 251 | | | 25 |
| 人文科学领域的非定向研究 | Non-oriented Research on Humanities | 10 | | 10 | 1 |
| 其他 | Non-oriented Research not elsewhere classified | 600 | 600 | | 60 |
| 其他民用目标 | Other Civil Research | | | | |
| 国防 | Defence | 3512 | 477 | 2630 | 351 |

# 6-9 分技术领域国家级火炬计划项目(2009年)

# National Torch Program by Technological Fields (2009)

| 项目 | Item | 项目数(项) Number of Projects (item) | 当年落实资金(万元) Funds Arranged (10000 yuan) | #政府资金 Goverement Funds | #企业资金 Self-raised Funds by Enterprises |
|---|---|---|---|---|---|
| **总　计** | **Total** | **4954** | **6396540** | **84250** | **4134325** |
| 电子与信息技术 | Electronic Information Technology | 783 | 1031807 | 14997 | 885588 |
| 生物、医药技术 | Biological, Medical Technology | 655 | 720703 | 7852 | 470696 |
| 新材料 | New Materials | 1224 | 1888782 | 16646 | 1240085 |
| 光机电一体化技术 | Integrated Light, Electronics and Machinery | 1459 | 1376474 | 21816 | 942675 |
| 新能源、高效节能 | New Energy and Efficient Energe-saving | 420 | 1041393 | 10682 | 376845 |
| 环境保护 | Environment Protection | 179 | 168988 | 2999 | 117440 |
| 其他高技术领域 | Other High-tech Fields | 234 | 168393 | 9258 | 100996 |

# 6-10 国家产业化计划项目实施情况(2009年)

# Projects of National Industrialization Program (2009)

| 项目 | Item | 合计 Total | 火炬计划 Torch Program | 星火计划 Spark Program |
|---|---|---|---|---|
| 实施项目数(项) | Projects in practice (item) | 7502 | 4954 | 2548 |
| 当年落实项目资金(万元) | Funds Arranged (10000 yuan) | 7489272 | 6396540 | 1092732 |
| #政府资金 | Government Funds | 138811 | 84250 | 54561 |
| 企业资金 | Self-raised Funds by Enterprises | 4708339 | 4134325 | 574014 |
| 贷　款 | Bank Loans | 1621710 | 1382883 | 238827 |
| #科研机构承担项目 | Performed by R&D Institutes | 42827 | 14701 | 28127 |
| 高等学校承担项目 | Performed by Higher Education | 38843 | 3295 | 35548 |
| 企业承担项目 | Performed by Enterprises | 7272620 | 6343395 | 929224 |
| 新增产值(万元) | Added Value of Output (10000 yuan) | 36065876 | 32939670 | 3126206 |
| 净利润额(万元) | After-tax Profit (10000 yuan) | 4207360 | 3568830 | 638531 |
| 上缴税金(万元) | Tax (10000 yuan) | 2364292 | 2191067 | 173225 |
| 出口创汇(万美元) | Export (USD 10000) | 868737 | 795873 | 72864 |
| 专利申请数(件) | Patents Received (piece) | 10316 | 8942 | 1374 |
| #发　明 | Invention | 4037 | 3415 | 622 |
| #向国外申请专利 | Received by Foreign Countries | 161 | 143 | 18 |
| 专利授权数(件) | Patents Granted (piece) | 5841 | 5279 | 562 |
| #发　明 | Invention | 1509 | 1283 | 226 |
| #国外授权专利 | Granted by Foreign Countries | 76 | 66 | 10 |

# 6-11 各地区国家产业化计划项目(2009年)
# Projects of National Industrialization Program by Region (2009)

| 地区 | Region | 项目数合计 (项) Total (item) | 火炬计划 Torch Program | 星火计划 Spark Program | 当年落实资金 (万元) Funds Arranged (10000 yuan) | 火炬计划 Torch Program | 星火计划 Spark Program |
|---|---|---|---|---|---|---|---|
| **全　国** | **Total** | **7502** | **4954** | **2548** | **7489272** | **6396540** | **1092732** |
| 东部地区 | Eastern Region | 4943 | 3604 | 1339 | 4671126 | 4078446 | 592680 |
| 中部地区 | Middle Region | 1405 | 879 | 526 | 1791472 | 1540377 | 251095 |
| 西部地区 | Western Region | 1154 | 471 | 683 | 1026674 | 777717 | 248957 |
| 北　京 | Beijing | 221 | 172 | 49 | 68657 | 65581 | 3076 |
| 天　津 | Tianjin | 95 | 58 | 37 | 76115 | 51723 | 24393 |
| 河　北 | Hebei | 122 | 75 | 47 | 198958 | 187491 | 11467 |
| 山　西 | Shanxi | 122 | 76 | 46 | 72196 | 33057 | 39139 |
| 内蒙古 | Inner Mongolia | 73 | 31 | 42 | 332582 | 319344 | 13238 |
| 辽　宁 | Liaoning | 203 | 122 | 81 | 362810 | 255056 | 107754 |
| 吉　林 | Jilin | 170 | 112 | 58 | 641362 | 627205 | 14157 |
| 黑龙江 | Heilongjiang | 220 | 158 | 62 | 111334 | 87319 | 24015 |
| 上　海 | Shanghai | 124 | 91 | 33 | 83553 | 79083 | 4471 |
| 江　苏 | Jiangsu | 1410 | 1098 | 312 | 1453953 | 1280314 | 173638 |
| 浙　江 | Zhejiang | 1453 | 1067 | 386 | 895079 | 806686 | 88392 |
| 安　徽 | Anhui | 244 | 145 | 99 | 300877 | 259933 | 40945 |
| 福　建 | Fujian | 168 | 130 | 38 | 104650 | 89903 | 14747 |
| 江　西 | Jiangxi | 138 | 68 | 70 | 130651 | 102177 | 28474 |
| 山　东 | Shandong | 656 | 447 | 209 | 994313 | 859663 | 134650 |
| 河　南 | Henan | 155 | 100 | 55 | 122317 | 108681 | 13636 |
| 湖　北 | Hubei | 227 | 152 | 75 | 295840 | 248247 | 47593 |
| 湖　南 | Hunan | 129 | 68 | 61 | 116895 | 73757 | 43137 |
| 广　东 | Guangdong | 447 | 313 | 134 | 365357 | 336521 | 28836 |
| 广　西 | Guangxi | 86 | 37 | 49 | 48193 | 20277 | 27916 |
| 海　南 | Hainan | 44 | 31 | 13 | 67683 | 66427 | 1256 |
| 重　庆 | Chongqing | 116 | 51 | 65 | 69077 | 45707 | 23370 |
| 四　川 | Sichuan | 219 | 90 | 129 | 153379 | 92792 | 60588 |
| 贵　州 | Guizhou | 70 | 34 | 36 | 28483 | 19298 | 9186 |
| 云　南 | Yunnan | 83 | 36 | 47 | 65179 | 46353 | 18826 |
| 西　藏 | Tibet | 14 | 6 | 8 | 1116 | 746 | 370 |
| 陕　西 | Shaanxi | 155 | 80 | 75 | 96942 | 80750 | 16191 |
| 甘　肃 | Gansu | 145 | 51 | 94 | 60671 | 47285 | 13386 |
| 青　海 | Qinghai | 28 | 11 | 17 | 55777 | 54797 | 980 |
| 宁　夏 | Ningxia | 48 | 24 | 24 | 39421 | 36137 | 3284 |
| 新　疆 | Xinjiang | 117 | 20 | 97 | 75855 | 14232 | 61623 |

# 6-12 全国创业风险投资基本情况
# Basic Statistics on National VC Capital

| 项 目 | Item | 2002 | 2003 | 2004 | 2005 | 2006 | 2007 | 2008 | 2009 |
|---|---|---|---|---|---|---|---|---|---|
| 一、机构数（个） | No. of VC Firms (unit) | 366 | 315 | 304 | 319 | 345 | 383 | 464 | 576 |
| 二、管理资本总额（亿元） | VC Capital under Management (100 Million Yuan) | 688.5 | 616.5 | 617.5 | 631.6 | 663.8 | 1112.9 | 1455.7 | 1605.1 |
| 三、投资强度（万元/项） | Avg. VC Deals Size (10000 Yuan) | 872.3 | 920.0 | 972.1 | 901.1 | 802.5 | 973.4 | 1041.3 | 1059.8 |
| 四、累计投资 | Cumulative Investment | | | | | | | | |
| 1.累计投资项目数（项） | No. of Cumulative Deals(unit) | | | 3172 | 3916 | 4592 | 5585 | 6796 | 7435 |
| #累计投资高新技术企业(项目)数 | In Hi-tech Deals | | | 1628 | 2453 | 2601 | 3369 | 3845 | 4737 |
| 2.累计投资金额（亿元） | Cumulative Capital (100 Million Yuan) | | | 219.9 | 326.1 | 410.8 | 495.5 | 769.7 | 906.2 |
| #累计投资高新技术企业(项目)额 | In Hi-tech Deals | | | 134.4 | 149.1 | 215.9 | 295.2 | 427.4 | 405.1 |
| 五、投资轮次（%） | Investment Rounds (%) | | | | | | | | |
| 首轮投资 | First | 83.3 | 72.1 | 67.2 | 70.8 | 77.0 | 83.1 | 84.5 | 82.7 |
| 后续投资 | Follows-on | 16.7 | 27.9 | 32.8 | 29.2 | 23.0 | 16.9 | 15.5 | 17.3 |
| 六、投资阶段 | Investment Stages | | | | | | | | |
| 1.按投资项目分（%） | By Investment Deal (%) | | | | | | | | |
| 种子期 | Seed | 16.0 | 13.0 | 15.8 | 15.4 | 37.4 | 26.6 | 19.3 | 32.2 |
| 起步期 | Startup | 28.1 | 19.3 | 20.6 | 30.1 | 21.3 | 18.9 | 30.2 | 20.3 |
| 成长(扩张)期 | Expansion | 30.7 | 49.5 | 47.8 | 41.0 | 30.0 | 36.6 | 34.0 | 35.2 |
| 成熟(过渡)期 | Maturity | 13.4 | 18.2 | 15.5 | 11.9 | 7.7 | 12.4 | 12.1 | 9.0 |
| 重建期 | Turnaround | 11.8 | | 0.3 | 1.6 | 3.6 | 5.4 | 4.4 | 3.4 |
| 2.按投资金额分（%） | By Investment Amt. (%) | | | | | | | | |
| 种子期 | Seed | 9.2 | 5.3 | 4.5 | 5.2 | 30.2 | 12.7 | 9.4 | 19.9 |
| 起步期 | Startup | 30.3 | 16.8 | 12.3 | 20.0 | 11.5 | 8.9 | 19.0 | 12.8 |
| 成长(扩张)期 | Expansion | 31.1 | 37.5 | 44.8 | 46.8 | 39.4 | 38.2 | 38.5 | 45.0 |
| 成熟(过渡)期 | Maturity | 15.2 | 40.4 | 38.4 | 26.3 | 14.6 | 35.2 | 26.5 | 18.5 |
| 重建期 | Turnaround | 14.2 | | | 1.7 | 4.3 | 5.0 | 6.6 | 3.7 |
| 七、退出方式（%） | Exit (%) | | | | | | | | |
| 上市 | IPO | | 5.4 | 12.4 | 11.9 | 12.7 | 24.2 | 22.7 | 25.3 |
| 收购 | Acquisition | | 40.4 | 55.3 | 44.4 | 28.4 | 29.0 | 23.2 | 33.0 |
| 回购 | Buyback | | 36.3 | 27.6 | 33.3 | 30.4 | 27.4 | 34.8 | 35.3 |
| 清算 | Liquidation | | 14.9 | 4.7 | 10.4 | 7.8 | 5.6 | 9.2 | 6.3 |
| 其它 | Others | | 3.0 | | | 20.6 | 13.7 | 10.1 | |

# 七、科技活动成果

# Results of Science and Technology Activities

# 7-1 国内专利申请受理数

## Domestic Patent Applications Accepted

单位：件 (piece)

| 地区 | Region | 1995 | 2000 | 2005 | 2006 | 2007 | 2008 | 2009 |
|---|---|---|---|---|---|---|---|---|
| **全国** | **National Total** | **69535** | **140339** | **383157** | **470342** | **586498** | **717144** | **877611** |
| 东部地区 | Eastern Region | 40257 | 89851 | 278088 | 346474 | 441154 | 540711 | 663205 |
| 中部地区 | Middle Region | 13927 | 21942 | 47745 | 58150 | 68969 | 87304 | 106123 |
| 西部地区 | Western Region | 9741 | 16381 | 34053 | 40587 | 50941 | 64152 | 84721 |
| 北京 | Beijing | 6362 | 10344 | 22572 | 26555 | 31680 | 43508 | 50236 |
| 天津 | Tianjin | 1648 | 2789 | 11657 | 13299 | 15744 | 18230 | 19624 |
| 河北 | Hebei | 2707 | 3848 | 6401 | 7220 | 7853 | 9128 | 11361 |
| 山西 | Shanxi | 917 | 1475 | 1985 | 2824 | 3333 | 5386 | 6822 |
| 内蒙古 | Inner Mongolia | 647 | 1138 | 1455 | 1946 | 2015 | 2221 | 2484 |
| 辽宁 | Liaoning | 4449 | 7151 | 15672 | 17052 | 19518 | 20893 | 25803 |
| 吉林 | Jilin | 1389 | 2501 | 4101 | 4578 | 5251 | 5536 | 5934 |
| 黑龙江 | Heilongjiang | 2569 | 3106 | 6050 | 6535 | 7242 | 7974 | 9014 |
| 上海 | Shanghai | 2456 | 11337 | 32741 | 36042 | 47205 | 52835 | 62241 |
| 江苏 | Jiangsu | 4078 | 8211 | 34811 | 53267 | 88950 | 128002 | 174329 |
| 浙江 | Zhejiang | 4042 | 10316 | 43221 | 52980 | 68933 | 89931 | 108482 |
| 安徽 | Anhui | 1026 | 1877 | 3516 | 4679 | 6070 | 10409 | 16386 |
| 福建 | Fujian | 1979 | 4211 | 9460 | 10351 | 11341 | 13181 | 17559 |
| 江西 | Jiangxi | 1008 | 1557 | 2815 | 3171 | 3548 | 3746 | 5224 |
| 山东 | Shandong | 4624 | 10019 | 28835 | 38284 | 46849 | 60247 | 66857 |
| 河南 | Henan | 2386 | 3823 | 8981 | 11538 | 14916 | 19090 | 19589 |
| 湖北 | Hubei | 2004 | 3486 | 11534 | 14576 | 17376 | 21147 | 27206 |
| 湖南 | Hunan | 2628 | 4117 | 8763 | 10249 | 11233 | 14016 | 15948 |
| 广东 | Guangdong | 7729 | 21123 | 72220 | 90886 | 102449 | 103883 | 125673 |
| 广西 | Guangxi | 1231 | 1762 | 2379 | 2784 | 3480 | 3884 | 4277 |
| 海南 | Hainan | 183 | 502 | 498 | 538 | 632 | 873 | 1040 |
| 重庆 | Chongqing | 318 | 1780 | 6260 | 6471 | 6715 | 8324 | 13482 |
| 四川 | Sichuan | 2868 | 4496 | 10567 | 13109 | 19165 | 24335 | 33047 |
| 贵州 | Guizhou | 562 | 986 | 2226 | 2674 | 2759 | 2943 | 3709 |
| 云南 | Yunnan | 959 | 1710 | 2556 | 3085 | 3108 | 4089 | 4633 |
| 西藏 | Tibet | 11 | 28 | 102 | 89 | 97 | 350 | 195 |
| 陕西 | Shaanxi | 1721 | 2080 | 4166 | 5717 | 8499 | 11898 | 15570 |
| 甘肃 | Gansu | 546 | 798 | 1759 | 1460 | 1608 | 2178 | 2676 |
| 青海 | Qinghai | 100 | 174 | 216 | 325 | 387 | 431 | 499 |
| 宁夏 | Ningxia | 169 | 341 | 516 | 671 | 838 | 1087 | 1277 |
| 新疆 | Xinjiang | 609 | 1088 | 1851 | 2256 | 2270 | 2412 | 2872 |
| 香港 | Hongkong | 655 | 1374 | 2645 | 2623 | 2562 | 2486 | 2411 |
| 澳门 | Macao | | 13 | 27 | 12 | 39 | 22 | 38 |
| 台湾 | Taiwan | 4955 | 10778 | 20599 | 22496 | 22833 | 22469 | 21113 |

注：本年鉴中有关专利申请受理与授权的数据口径为由我国专利机构受理与授权的专利，不包括我国在外国申请专利及被授权的数据。

# 7-2 国内专利申请授权数
# Domestic Patents Granted

单位：件 (piece)

| 地　区 | Region | 1995 | 2000 | 2005 | 2006 | 2007 | 2008 | 2009 |
|---|---|---|---|---|---|---|---|---|
| **全　国** | **National Total** | **41881** | **95236** | **171619** | **223860** | **301632** | **352406** | **501786** |
| 东部地区 | Eastern Region | 23877 | 59231 | 121148 | 159962 | 221160 | 259554 | 381552 |
| 中部地区 | Middle Region | 7556 | 14943 | 20716 | 26717 | 33933 | 40118 | 54181 |
| 西部地区 | Western Region | 5774 | 11299 | 16272 | 22082 | 28611 | 33353 | 47633 |
| 北　京 | Beijing | 4025 | 5905 | 10100 | 11238 | 14954 | 17747 | 22921 |
| 天　津 | Tianjin | 1034 | 1611 | 3045 | 4159 | 5584 | 6790 | 7404 |
| 河　北 | Hebei | 1580 | 2812 | 3585 | 4131 | 5358 | 5496 | 6839 |
| 山　西 | Shanxi | 569 | 968 | 1220 | 1421 | 1992 | 2279 | 3227 |
| 内蒙古 | Inner Mongolia | 415 | 775 | 845 | 978 | 1313 | 1328 | 1494 |
| 辽　宁 | Liaoning | 2745 | 4842 | 6195 | 7399 | 9615 | 10665 | 12198 |
| 吉　林 | Jilin | 824 | 1650 | 2023 | 2319 | 2855 | 2984 | 3275 |
| 黑龙江 | Heilongjiang | 1403 | 2252 | 2906 | 3622 | 4303 | 4574 | 5079 |
| 上　海 | Shanghai | 1436 | 4050 | 12603 | 16602 | 24481 | 24468 | 34913 |
| 江　苏 | Jiangsu | 2413 | 6432 | 13580 | 19352 | 31770 | 44438 | 87286 |
| 浙　江 | Zhejiang | 2131 | 7495 | 19056 | 30968 | 42069 | 52953 | 79945 |
| 安　徽 | Anhui | 574 | 1482 | 1939 | 2235 | 3413 | 4346 | 8594 |
| 福　建 | Fujian | 933 | 3003 | 5147 | 6412 | 7761 | 7937 | 11282 |
| 江　西 | Jiangxi | 509 | 1072 | 1361 | 1536 | 2069 | 2295 | 2915 |
| 山　东 | Shandong | 2861 | 6962 | 10743 | 15937 | 22821 | 26688 | 34513 |
| 河　南 | Henan | 1145 | 2766 | 3748 | 5242 | 6998 | 9133 | 11425 |
| 湖　北 | Hubei | 1017 | 2198 | 3860 | 4734 | 6616 | 8374 | 11357 |
| 湖　南 | Hunan | 1515 | 2555 | 3659 | 5608 | 5687 | 6133 | 8309 |
| 广　东 | Guangdong | 4611 | 15799 | 36894 | 43516 | 56451 | 62031 | 83621 |
| 广　西 | Guangxi | 665 | 1191 | 1225 | 1442 | 1907 | 2228 | 2702 |
| 海　南 | Hainan | 108 | 320 | 200 | 248 | 296 | 341 | 630 |
| 重　庆 | Chongqing | 305 | 1158 | 3591 | 4590 | 4994 | 4820 | 7501 |
| 四　川 | Sichuan | 1714 | 3218 | 4606 | 7138 | 9935 | 13369 | 20132 |
| 贵　州 | Guizhou | 274 | 710 | 925 | 1337 | 1727 | 1728 | 2084 |
| 云　南 | Yunnan | 569 | 1217 | 1381 | 1637 | 2139 | 2021 | 2923 |
| 西　藏 | Tibet | 2 | 17 | 44 | 81 | 68 | 93 | 292 |
| 陕　西 | Shaanxi | 1085 | 1462 | 1894 | 2473 | 3451 | 4392 | 6087 |
| 甘　肃 | Gansu | 257 | 493 | 547 | 832 | 1025 | 1047 | 1274 |
| 青　海 | Qinghai | 65 | 117 | 79 | 97 | 222 | 228 | 368 |
| 宁　夏 | Ningxia | 111 | 224 | 214 | 290 | 296 | 606 | 910 |
| 新　疆 | Xinjiang | 312 | 717 | 921 | 1187 | 1534 | 1493 | 1866 |
| 香　港 | Hongkong | 633 | 1285 | 1669 | 1881 | 2106 | 1892 | 2250 |
| 澳　门 | Macao |  | 13 | 3 | 15 | 16 | 23 | 15 |
| 台　湾 | Taiwan | 4041 | 8465 | 11811 | 13203 | 15806 | 17466 | 16155 |

# 7-3 国内有效专利数
# Domestic Patents in Force

单位：件 (piece)

| 地 区 | Region | 2006 | 2007 | 2008 | 2009 |
|---|---|---|---|---|---|
| **全 国** | **National Total** | **548758** | **622409** | **923797** | **1193110** |
| 东部地区 | Eastern Region | 376140 | 436855 | 658823 | 872622 |
| 中部地区 | Middle Region | 64541 | 68489 | 102752 | 130019 |
| 西部地区 | Western Region | 53628 | 58325 | 87808 | 111890 |
| 北 京 | Beijing | 36645 | 43584 | 55771 | 71076 |
| 天 津 | Tianjin | 10048 | 10909 | 17319 | 20515 |
| 河 北 | Hebei | 11086 | 11222 | 15776 | 18606 |
| 山 西 | Shanxi | 4012 | 4125 | 6076 | 7921 |
| 内蒙古 | Inner Mongolia | 2494 | 2727 | 3711 | 4188 |
| 辽 宁 | Liaoning | 18679 | 18948 | 27614 | 31107 |
| 吉 林 | Jilin | 6362 | 6199 | 8657 | 9619 |
| 黑龙江 | Heilongjiang | 9686 | 9760 | 13589 | 15519 |
| 上 海 | Shanghai | 37747 | 46547 | 66941 | 83235 |
| 江 苏 | Jiangsu | 43969 | 53065 | 94372 | 154887 |
| 浙 江 | Zhejiang | 62128 | 75298 | 121343 | 170474 |
| 安 徽 | Anhui | 5787 | 6438 | 10447 | 16608 |
| 福 建 | Fujian | 15332 | 16068 | 22976 | 28364 |
| 江 西 | Jiangxi | 3543 | 3820 | 5706 | 7050 |
| 山 东 | Shandong | 32823 | 37342 | 58482 | 71771 |
| 河 南 | Henan | 11772 | 13324 | 20713 | 26917 |
| 湖 北 | Hubei | 11462 | 12252 | 19931 | 25745 |
| 湖 南 | Hunan | 11917 | 12571 | 17633 | 20640 |
| 广 东 | Guangdong | 106932 | 123035 | 177144 | 221131 |
| 广 西 | Guangxi | 4076 | 4256 | 6213 | 7421 |
| 海 南 | Hainan | 751 | 837 | 1085 | 1456 |
| 重 庆 | Chongqing | 11336 | 11939 | 16361 | 20012 |
| 四 川 | Sichuan | 15373 | 17197 | 29310 | 39415 |
| 贵 州 | Guizhou | 3073 | 3691 | 5130 | 6241 |
| 云 南 | Yunnan | 4552 | 4913 | 6608 | 8051 |
| 西 藏 | Tibet | 151 | 161 | 231 | 430 |
| 陕 西 | Shaanxi | 6689 | 7305 | 11106 | 14828 |
| 甘 肃 | Gansu | 1960 | 2159 | 3113 | 3657 |
| 青 海 | Qinghai | 237 | 320 | 559 | 656 |
| 宁 夏 | Ningxia | 855 | 788 | 1336 | 1969 |
| 新 疆 | Xinjiang | 2832 | 2869 | 4130 | 5022 |
| 香 港 | Hongkong | 5448 | 6574 | 7862 | 8161 |
| 澳 门 | Macao | 34 | 29 | 44 | 51 |
| 台 湾 | Taiwan | 48967 | 52137 | 66508 | 70367 |

# 7-4 国内、外三种专利申请受理数

## Three Kinds of Domestic and Foreign Patent Applications Accepted

单位：件 (piece)

| 项 目 | Item | 1995 | 2000 | 2005 | 2006 | 2007 | 2008 | 2009 |
|---|---|---|---|---|---|---|---|---|
| **合 计** | **Total** | **83045** | **170682** | **476264** | **573178** | **693917** | **828328** | **976686** |
| 1.发 明 | Inventions | 21636 | 51747 | 173327 | 210490 | 245161 | 289838 | 314573 |
| 国 内 | Domestic | 10018 | 25346 | 93485 | 122318 | 153060 | 194579 | 229096 |
| 职 务 | Official | 2993 | 12609 | 62270 | 81485 | 107664 | 140452 | 172181 |
| 大专院校 | Universities and Colleges | 574 | 1942 | 14643 | 17312 | 23001 | 30808 | 37965 |
| 科研单位 | Research Institutions | 865 | 2228 | 6726 | 6845 | 9748 | 12435 | 14332 |
| 企 业 | Industrial and Mineral Enterprises | 1086 | 8316 | 40196 | 56455 | 73893 | 95619 | 118257 |
| 机关团体 | Government Agencies and Organizations | 468 | 123 | 705 | 873 | 1022 | 1590 | 1627 |
| 非职务 | Non-official | 7025 | 12737 | 31215 | 40833 | 45396 | 54127 | 56915 |
| 国 外 | Foreign | 11618 | 26401 | 79842 | 88172 | 92101 | 95259 | 85477 |
| 职 务 | Official | 11045 | 25334 | 77575 | 85834 | 89632 | 92827 | 82647 |
| 非职务 | Non-official | 573 | 1067 | 2267 | 2338 | 2469 | 2432 | 2830 |
| 2.实用新型 | Utility Models | 43741 | 68815 | 139566 | 161366 | 181324 | 225586 | 310771 |
| 国 内 | Domestic | 43429 | 68461 | 138085 | 159997 | 179999 | 223945 | 308861 |
| 职 务 | Official | 8727 | 17792 | 46879 | 58769 | 74715 | 107109 | 169413 |
| 大专院校 | Universities and Colleges | 771 | 965 | 3843 | 4376 | 6377 | 9362 | 13764 |
| 科研单位 | Research Institutions | 1376 | 1616 | 2661 | 2691 | 3598 | 4724 | 6022 |
| 企 业 | Industrial and Mineral Enterprises | 4739 | 14912 | 39649 | 50350 | 63371 | 91374 | 147618 |
| 机关团体 | Government Agencies and Organizations | 1841 | 299 | 726 | 1352 | 1369 | 1649 | 2009 |
| 非职务 | Non-official | 34702 | 50669 | 91206 | 101228 | 105284 | 116836 | 139448 |
| 国 外 | Foreign | 312 | 354 | 1481 | 1369 | 1325 | 1641 | 1910 |
| 职 务 | Official | 190 | 259 | 1171 | 1077 | 1002 | 1331 | 1612 |
| 非职务 | Non-official | 122 | 95 | 310 | 292 | 323 | 310 | 298 |
| 3.外观设计 | Designs | 17668 | 50120 | 163371 | 201322 | 267432 | 312904 | 351342 |
| 国 内 | Domestic | 15433 | 46532 | 151587 | 188027 | 253439 | 298620 | 339654 |
| 职 务 | Official | 8193 | 22974 | 49733 | 63312 | 93722 | 116825 | 141457 |
| 大专院校 | Universities and Colleges | 18 | 17 | 1435 | 1262 | 3302 | 4975 | 9850 |
| 科研单位 | Research Institutions | 104 | 278 | 359 | 342 | 773 | 1453 | 917 |
| 企 业 | Industrial and Mineral Enterprises | 6031 | 22634 | 47552 | 60069 | 86208 | 108517 | 128424 |
| 机关团体 | Government Agencies and Organizations | 2040 | 45 | 387 | 1639 | 3439 | 1880 | 2266 |
| 非职务 | Non-official | 7240 | 23558 | 101854 | 124715 | 159717 | 181795 | 198197 |
| 国 外 | Foreign | 2235 | 3588 | 11784 | 13295 | 13993 | 14284 | 11688 |
| 职 务 | Official | 2013 | 3432 | 11230 | 12697 | 13519 | 13776 | 10972 |
| 非职务 | Non-official | 222 | 156 | 554 | 598 | 474 | 508 | 716 |

# 7-5 国内、外三种专利申请授权数

## Three Kinds of Domestic and Foreign Patents Granted

单位：件 (piece)

| 项 目 | Item | 1995 | 2000 | 2005 | 2006 | 2007 | 2008 | 2009 |
|---|---|---|---|---|---|---|---|---|
| **合 计** | **Total** | **45064** | **105345** | **214003** | **268002** | **351782** | **411982** | **581992** |
| 1.发 明 | Inventions | 3393 | 12683 | 53305 | 57786 | 67948 | 93706 | 128489 |
| 国 内 | Domestic | 1530 | 6177 | 20705 | 25077 | 31945 | 46590 | 65391 |
| 职 务 | Official | 932 | 2824 | 14761 | 18400 | 24488 | 36955 | 52265 |
| 大专院校 | Universities and Colleges | 258 | 652 | 4453 | 6198 | 8214 | 10265 | 14391 |
| 科研单位 | Research Institutions | 304 | 910 | 2423 | 2553 | 3173 | 3945 | 5299 |
| 企 业 | Industrial and Mineral Enterprises | 205 | 1016 | 7712 | 9433 | 12851 | 22493 | 32160 |
| 机关团体 | Government Agencies and Organizations | 165 | 246 | 173 | 216 | 250 | 252 | 415 |
| 非职务 | Non-official | 598 | 3353 | 5944 | 6677 | 7457 | 9635 | 13126 |
| 国 外 | Foreign | 1863 | 6506 | 32600 | 32709 | 36003 | 47116 | 63098 |
| 职 务 | Official | 1748 | 6222 | 31555 | 31757 | 35132 | 46112 | 61422 |
| 非职务 | Non-official | 115 | 284 | 1045 | 952 | 871 | 1004 | 1676 |
| 2.实用新型 | Utility Models | 30471 | 54743 | 79349 | 107655 | 150036 | 176675 | 203802 |
| 国 内 | Domestic | 30195 | 54407 | 78137 | 106312 | 148391 | 175169 | 202113 |
| 职 务 | Official | 6766 | 15519 | 29191 | 42258 | 62975 | 82914 | 110625 |
| 大专院校 | Universities and Colleges | 623 | 868 | 2391 | 3453 | 5502 | 7242 | 9166 |
| 科研单位 | Research Institutions | 1025 | 1529 | 1599 | 2484 | 3101 | 4161 | 4503 |
| 企 业 | Industrial and Mineral Enterprises | 2627 | 12821 | 24743 | 35667 | 53451 | 70242 | 95407 |
| 机关团体 | Government Agencies and Organizations | 2491 | 301 | 458 | 654 | 921 | 1269 | 1549 |
| 非职务 | Non-official | 23429 | 38888 | 48946 | 64054 | 85416 | 92255 | 91488 |
| 国 外 | Foreign | 276 | 336 | 1212 | 1343 | 1645 | 1506 | 1689 |
| 职 务 | Official | 154 | 261 | 1011 | 1079 | 1342 | 1179 | 1400 |
| 非职务 | Non-official | 122 | 75 | 201 | 264 | 303 | 327 | 289 |
| 3.外观设计 | Designs | 11200 | 37919 | 81349 | 102561 | 133798 | 141601 | 249701 |
| 国 内 | Domestic | 9523 | 34652 | 72777 | 92471 | 121296 | 130647 | 234282 |
| 职 务 | Official | 5344 | 17789 | 27566 | 32473 | 46350 | 49375 | 99332 |
| 大专院校 | Universities and Colleges | 10 | 28 | 555 | 806 | 1057 | 1652 | 4390 |
| 科研单位 | Research Institutions | 156 | 248 | 170 | 276 | 284 | 238 | 467 |
| 企 业 | Industrial and Mineral Enterprises | 2554 | 17482 | 26658 | 31279 | 42515 | 45802 | 90754 |
| 机关团体 | Government Agencies and Organizations | 2624 | 31 | 183 | 112 | 2494 | 1683 | 3721 |
| 非职务 | Non-official | 4179 | 16863 | 45211 | 59998 | 74946 | 81272 | 134950 |
| 国 外 | Foreign | 1677 | 3267 | 8572 | 10090 | 12502 | 10954 | 15419 |
| 职 务 | Official | 1402 | 3108 | 8254 | 9630 | 12053 | 10598 | 14852 |
| 非职务 | Non-official | 275 | 159 | 318 | 460 | 449 | 356 | 567 |

# 7-6 国内、外三种专利有效数

## Three Kinds of Domestic and Foreign Patents in Force

单位：件 (piece)

| 项　目 | Item | 2006 | 2007 | 2008 | 2009 |
|---|---|---|---|---|---|
| **合　计** | **Total** | **727225** | **850043** | **1195196** | **1520023** |
| 1.发　明 | Inventions | 218922 | 271917 | 337215 | 438036 |
| 国　内 | Domestic | 72941 | 95678 | 127596 | 180042 |
| 职　务 | Official | 51148 | 70635 | 98796 | 144298 |
| 大专院校 | Universities and Colleges | 13966 | 17130 | 25130 | 35413 |
| 科研单位 | Research Institutions | 8982 | 12484 | 14004 | 16507 |
| 企　业 | Industrial and Mineral Enterprises | 27181 | 40335 | 58768 | 91237 |
| 机关团体 | Government Agencies and Organizations | 1019 | 686 | 894 | 1141 |
| 非职务 | Non-official | 21793 | 25043 | 28800 | 35744 |
| 国　外 | Foreign | 145981 | 176239 | 209619 | 257994 |
| 职　务 | Official | 141457 | 169388 | 204080 | 252620 |
| 非职务 | Non-official | 4524 | 6851 | 5539 | 5374 |
| 2.实用新型 | Utility Models | 292323 | 299242 | 469729 | 565804 |
| 国　内 | Domestic | 288032 | 294463 | 463342 | 558791 |
| 职　务 | Official | 124183 | 137094 | 231457 | 309630 |
| 大专院校 | Universities and Colleges | 7274 | 7601 | 13863 | 16363 |
| 科研单位 | Research Institutions | 7570 | 7455 | 11864 | 14219 |
| 企　业 | Industrial and Mineral Enterprises | 107807 | 120620 | 203110 | 274357 |
| 机关团体 | Government Agencies and Organizations | 1532 | 1418 | 2620 | 4691 |
| 非职务 | Non-official | 163849 | 157369 | 231885 | 249161 |
| 国　外 | Foreign | 4291 | 4779 | 6387 | 7013 |
| 职　务 | Official | 3502 | 3887 | 5439 | 5994 |
| 非职务 | Non-official | 789 | 892 | 948 | 1019 |
| 3.外观设计 | Designs | 215980 | 278884 | 388252 | 516183 |
| 国　内 | Domestic | 187785 | 232268 | 332859 | 454277 |
| 职　务 | Official | 72548 | 103174 | 141996 | 199973 |
| 大专院校 | Universities and Colleges | 1088 | 1021 | 2325 | 5726 |
| 科研单位 | Research Institutions | 566 | 639 | 775 | 986 |
| 企　业 | Industrial and Mineral Enterprises | 70689 | 99336 | 136885 | 189563 |
| 机关团体 | Government Agencies and Organizations | 205 | 2178 | 2011 | 3698 |
| 非职务 | Non-official | 115237 | 129094 | 190863 | 254304 |
| 国　外 | Foreign | 28195 | 46616 | 55393 | 61906 |
| 职　务 | Official | 27203 | 44555 | 53880 | 60306 |
| 非职务 | Non-official | 992 | 2061 | 1513 | 1600 |

# 7-7 国内三种专利申请受理数按地区分布(2009年)
# Three Kinds of Domestic Patent Applications Accepted by Region (2009)

单位：件 (piece)

| 地 区 | Region | 合 计 Total | 发 明 Invention | 实用新型 Utility Model | 外观设计 Design |
|---|---|---|---|---|---|
| **全 国** | **National Total** | **877611** | **229096** | **308861** | **339654** |
| 东部地区 | Eastern Region | 663205 | 165594 | 218259 | 279352 |
| 中部地区 | Middle Region | 106123 | 29372 | 47130 | 29621 |
| 西部地区 | Western Region | 84721 | 23145 | 33528 | 28048 |
| 北 京 | Beijing | 50236 | 29326 | 15424 | 5486 |
| 天 津 | Tianjin | 19624 | 6367 | 8267 | 4990 |
| 河 北 | Hebei | 11361 | 2811 | 6478 | 2072 |
| 山 西 | Shanxi | 6822 | 2422 | 2791 | 1609 |
| 内蒙古 | Inner Mongolia | 2484 | 719 | 1266 | 499 |
| 辽 宁 | Liaoning | 25803 | 7125 | 12633 | 6045 |
| 吉 林 | Jilin | 5934 | 2166 | 2912 | 856 |
| 黑龙江 | Heilongjiang | 9014 | 3384 | 4357 | 1273 |
| 上 海 | Shanghai | 62241 | 22012 | 19650 | 20579 |
| 江 苏 | Jiangsu | 174329 | 31779 | 36122 | 106428 |
| 浙 江 | Zhejiang | 108482 | 15646 | 40364 | 52472 |
| 安 徽 | Anhui | 16386 | 4465 | 7065 | 4856 |
| 福 建 | Fujian | 17559 | 3842 | 7844 | 5873 |
| 江 西 | Jiangxi | 5224 | 1502 | 2439 | 1283 |
| 山 东 | Shandong | 66857 | 13983 | 32091 | 20783 |
| 河 南 | Henan | 19589 | 4952 | 9912 | 4725 |
| 湖 北 | Hubei | 27206 | 6065 | 10579 | 10562 |
| 湖 南 | Hunan | 15948 | 4416 | 7075 | 4457 |
| 广 东 | Guangdong | 125673 | 32247 | 39027 | 54399 |
| 广 西 | Guangxi | 4277 | 1280 | 2091 | 906 |
| 海 南 | Hainan | 1040 | 456 | 359 | 225 |
| 重 庆 | Chongqing | 13482 | 3845 | 5503 | 4134 |
| 四 川 | Sichuan | 33047 | 6260 | 11943 | 14844 |
| 贵 州 | Guizhou | 3709 | 1336 | 1659 | 714 |
| 云 南 | Yunnan | 4633 | 1637 | 1825 | 1171 |
| 西 藏 | Tibet | 195 | 71 | 72 | 52 |
| 陕 西 | Shaanxi | 15570 | 5858 | 5798 | 3914 |
| 甘 肃 | Gansu | 2676 | 1120 | 1075 | 481 |
| 青 海 | Qinghai | 499 | 175 | 147 | 177 |
| 宁 夏 | Ningxia | 1277 | 182 | 284 | 811 |
| 新 疆 | Xinjiang | 2872 | 662 | 1865 | 345 |
| 香 港 | Hongkong | 2411 | 634 | 645 | 1132 |
| 澳 门 | Macao | 38 | 18 | 15 | 5 |
| 台 湾 | Taiwan | 21113 | 10333 | 9284 | 1496 |

# 7-8 国内三种专利申请授权数按地区分布(2009年)

# Three Kinds of Domestic Patents Granted by Region (2009)

单位：件 (piece)

| 地区 | Region | 合计 Total | 发明 Invention | 实用新型 Utility Model | 外观设计 Design |
|---|---|---|---|---|---|
| **全国** | **National Total** | **501786** | **65391** | **202113** | **234282** |
| 东部地区 | Eastern Region | 381552 | 44995 | 142963 | 193594 |
| 中部地区 | Middle Region | 54181 | 8004 | 29984 | 16193 |
| 西部地区 | Western Region | 47633 | 5515 | 20586 | 21532 |
| 北京 | Beijing | 22921 | 9157 | 10141 | 3623 |
| 天津 | Tianjin | 7404 | 1889 | 3988 | 1527 |
| 河北 | Hebei | 6839 | 691 | 4515 | 1633 |
| 山西 | Shanxi | 3227 | 603 | 1967 | 657 |
| 内蒙古 | Inner Mongolia | 1494 | 178 | 762 | 554 |
| 辽宁 | Liaoning | 12198 | 1993 | 8585 | 1620 |
| 吉林 | Jilin | 3275 | 719 | 1931 | 625 |
| 黑龙江 | Heilongjiang | 5079 | 1142 | 3212 | 725 |
| 上海 | Shanghai | 34913 | 5997 | 13158 | 15758 |
| 江苏 | Jiangsu | 87286 | 5322 | 21939 | 60025 |
| 浙江 | Zhejiang | 79945 | 4818 | 25295 | 49832 |
| 安徽 | Anhui | 8594 | 795 | 4226 | 3573 |
| 福建 | Fujian | 11282 | 824 | 4939 | 5519 |
| 江西 | Jiangxi | 2915 | 386 | 1515 | 1014 |
| 山东 | Shandong | 34513 | 2865 | 22635 | 9013 |
| 河南 | Henan | 11425 | 1129 | 6630 | 3666 |
| 湖北 | Hubei | 11357 | 1478 | 6285 | 3594 |
| 湖南 | Hunan | 8309 | 1752 | 4218 | 2339 |
| 广东 | Guangdong | 83621 | 11355 | 27438 | 44828 |
| 广西 | Guangxi | 2702 | 326 | 1506 | 870 |
| 海南 | Hainan | 630 | 84 | 330 | 216 |
| 重庆 | Chongqing | 7501 | 834 | 3274 | 3393 |
| 四川 | Sichuan | 20132 | 1596 | 6561 | 11975 |
| 贵州 | Guizhou | 2084 | 322 | 1234 | 528 |
| 云南 | Yunnan | 2923 | 476 | 1338 | 1109 |
| 西藏 | Tibet | 292 | 7 | 40 | 245 |
| 陕西 | Shaanxi | 6087 | 1342 | 3446 | 1299 |
| 甘肃 | Gansu | 1274 | 227 | 809 | 238 |
| 青海 | Qinghai | 368 | 35 | 89 | 244 |
| 宁夏 | Ningxia | 910 | 52 | 267 | 591 |
| 新疆 | Xinjiang | 1866 | 120 | 1260 | 486 |
| 香港 | Hongkong | 2250 | 328 | 570 | 1352 |
| 澳门 | Macao | 15 | 5 | 5 | 5 |
| 台湾 | Taiwan | 16155 | 6544 | 8005 | 1606 |

# 7-9 国内三种专利有效数按地区分布(2009年)

# Three Kinds of Domestic Patents in Force by Region (2009)

单位：件 (piece)

| 地区 | Region | 合计 Total | 发明 Invention | 实用新型 Utility Model | 外观设计 Design |
|---|---|---|---|---|---|
| **全国** | **National Total** | **1193110** | **180042** | **558791** | **454277** |
| 东部地区 | Eastern Region | 872622 | 120309 | 382201 | 370112 |
| 中部地区 | Middle Region | 130019 | 21229 | 76794 | 31996 |
| 西部地区 | Western Region | 111890 | 16218 | 54656 | 41016 |
| 北京 | Beijing | 71076 | 28774 | 32616 | 9686 |
| 天津 | Tianjin | 20515 | 4919 | 11542 | 4054 |
| 河北 | Hebei | 18606 | 2229 | 12406 | 3971 |
| 山西 | Shanxi | 7921 | 1760 | 4835 | 1326 |
| 内蒙古 | Inner Mongolia | 4188 | 600 | 2353 | 1235 |
| 辽宁 | Liaoning | 31107 | 5952 | 21460 | 3695 |
| 吉林 | Jilin | 9619 | 2233 | 5740 | 1646 |
| 黑龙江 | Heilongjiang | 15519 | 2986 | 10640 | 1893 |
| 上海 | Shanghai | 83235 | 17352 | 39102 | 26781 |
| 江苏 | Jiangsu | 154887 | 12625 | 55349 | 86913 |
| 浙江 | Zhejiang | 170474 | 11611 | 62646 | 96217 |
| 安徽 | Anhui | 16608 | 1842 | 8820 | 5946 |
| 福建 | Fujian | 28364 | 2100 | 13714 | 12550 |
| 江西 | Jiangxi | 7050 | 938 | 4138 | 1974 |
| 山东 | Shandong | 71771 | 7010 | 46110 | 18651 |
| 河南 | Henan | 26917 | 2771 | 16110 | 8036 |
| 湖北 | Hubei | 25745 | 4391 | 15370 | 5984 |
| 湖南 | Hunan | 20640 | 4308 | 11141 | 5191 |
| 广东 | Guangdong | 221131 | 27483 | 86576 | 107072 |
| 广西 | Guangxi | 7421 | 922 | 4303 | 2196 |
| 海南 | Hainan | 1456 | 254 | 680 | 522 |
| 重庆 | Chongqing | 20012 | 1943 | 9705 | 8364 |
| 四川 | Sichuan | 39415 | 4501 | 15111 | 19803 |
| 贵州 | Guizhou | 6241 | 1172 | 3921 | 1148 |
| 云南 | Yunnan | 8051 | 1743 | 3717 | 2591 |
| 西藏 | Tibet | 430 | 42 | 64 | 324 |
| 陕西 | Shaanxi | 14828 | 3686 | 8703 | 2439 |
| 甘肃 | Gansu | 3657 | 805 | 2236 | 616 |
| 青海 | Qinghai | 656 | 121 | 264 | 271 |
| 宁夏 | Ningxia | 1969 | 200 | 813 | 956 |
| 新疆 | Xinjiang | 5022 | 483 | 3466 | 1073 |
| 香港 | Hongkong | 8161 | 1149 | 2532 | 4480 |
| 澳门 | Macao | 51 | 7 | 29 | 15 |
| 台湾 | Taiwan | 70367 | 21130 | 42579 | 6658 |

# 7-10 按国别(地区)分国外三种专利申请受理(2009年)

# Three Kinds of Patent Applications Accepted by Country (Area) (2009)

单位：件 (piece)

| 国家(地区) | Country (Area) | 合计 Total | 发明 Invention | 实用新型 Utility Model | 外观设计 Design |
|---|---|---|---|---|---|
| **总计** | **Total** | **99075** | **85477** | **1910** | **11688** |
| 安拉圭 | Anguilla | 1 | | | 1 |
| 阿根廷 | Argentina | 5 | 4 | 1 | |
| 奥地利 | Austria | 413 | 357 | 11 | 45 |
| 澳大利亚 | Australia | 720 | 525 | 29 | 166 |
| 巴哈马 | Bahamas | 26 | 16 | 1 | 9 |
| 巴巴多斯 | Barbados | 79 | 73 | | 6 |
| 白俄罗斯 | Belarus | 6 | 3 | 3 | |
| 比利时 | Belgium | 516 | 486 | 4 | 26 |
| 伯利兹 | Belize | 18 | 5 | 12 | 1 |
| 百慕大群岛 | Bermuda | 116 | 110 | 4 | 2 |
| 巴西 | Brazil | 121 | 73 | 4 | 44 |
| 保加利亚 | Bulgaria | 1 | 1 | | |
| 加拿大 | Canada | 989 | 807 | 23 | 159 |
| 开曼群岛 | Cayman Islands | 331 | 252 | 21 | 58 |
| 智利 | Chile | 5 | 5 | | |
| 哥伦比亚 | Colombia | 8 | 8 | | |
| 克罗地亚 | Croatia | 6 | 5 | | 1 |
| 古巴 | Cuba | 7 | 7 | | |
| 塞浦路斯 | Cyprus | 17 | 15 | 1 | 1 |
| 捷克 | Czech Republic | 67 | 25 | 1 | 41 |
| 朝鲜 | North Korea | 1 | 1 | | |
| 丹麦 | Denmark | 739 | 584 | 10 | 145 |
| 埃及 | Egypt | 1 | | 1 | |
| 爱沙尼亚 | Estonia | 6 | 3 | 2 | 1 |
| 芬兰 | Finland | 1049 | 902 | 8 | 139 |
| 法国 | France | 3624 | 3011 | 65 | 548 |
| 德国 | Germany | 9694 | 8264 | 179 | 1251 |
| 希腊 | Greece | 16 | 16 | | |
| 匈牙利 | Hungary | 40 | 39 | | 1 |
| 冰岛 | Iceland | 28 | 28 | | |
| 印度 | India | 146 | 122 | 1 | 23 |
| 印度尼西亚 | Indonesia | 23 | 3 | 1 | 19 |
| 伊朗 | Iran, Islamic Republic of | 2 | 1 | 1 | |
| 爱尔兰 | Ireland | 171 | 163 | 3 | 5 |
| 以色列 | Israel | 366 | 330 | 2 | 34 |
| 意大利 | Italy | 1423 | 998 | 34 | 391 |
| 日本 | Japan | 34381 | 30293 | 328 | 3760 |
| 约旦 | Jordan | 1 | 1 | | |
| 哈萨克斯坦 | Kazakhstan | 3 | 3 | | |
| 拉托维亚 | Latvia | 7 | 7 | | |

# 7-10 续表 continued

单位：件 (piece)

| 国家（地区） | Country (Area) | 合计 Total | 发明 Invention | 实用新型 Utility Model | 外观设计 Design |
|---|---|---|---|---|---|
| 列支敦士登 | Liechtenstein | 111 | 68 | 1 | 42 |
| 卢森堡 | Luxembourg | 101 | 67 | 17 | 17 |
| 马来西亚 | Malaysia | 114 | 38 | 16 | 60 |
| 马耳他 | Malta | 21 | 21 | | |
| 毛里求斯 | Mauritius | 15 | 11 | 4 | |
| 墨西哥 | Mexico | 23 | 16 | | 7 |
| 摩纳哥 | Monaco | 4 | 4 | | |
| 荷　兰 | Netherlands | 3372 | 3089 | 32 | 251 |
| 荷属安的列斯群岛 | Netherlands Antilles | 16 | 16 | | |
| 新西兰 | New Zealand | 92 | 72 | 2 | 18 |
| 挪　威 | Norway | 211 | 192 | 3 | 16 |
| 巴基斯坦 | Pakistan | 1 | | | 1 |
| 巴拿马 | Panama | 11 | 10 | | 1 |
| 菲律宾 | Philippines | 8 | 1 | | 7 |
| 波　兰 | Poland | 24 | 14 | | 10 |
| 葡萄牙 | Portugal | 21 | 19 | | 2 |
| 韩　国 | South Korea | 7113 | 5907 | 134 | 1072 |
| 罗马尼亚 | Romania | 1 | 1 | | |
| 俄罗斯联邦 | Russian Federation | 122 | 91 | 15 | 16 |
| 圣马力诺 | San Marino | 1 | 1 | | |
| 萨摩亚 | Samoa | 8 | 5 | 2 | 1 |
| 沙特阿拉伯 | Saudi Arabia | 34 | 34 | | |
| 塞舌尔 | Seychelles | 12 | 10 | 2 | |
| 新加坡 | Singapore | 304 | 214 | 21 | 69 |
| 斯洛伐克 | Slovakia | 7 | 6 | 1 | |
| 斯洛文尼亚 | Slovenia | 22 | 14 | | 8 |
| 南　非 | South Africa | 99 | 93 | 2 | 4 |
| 西班牙 | Spain | 416 | 256 | 20 | 140 |
| 瑞　典 | Sweden | 1844 | 1653 | 33 | 158 |
| 瑞　士 | Switzerland | 2823 | 2362 | 70 | 391 |
| 泰　国 | Thailand | 36 | 10 | 2 | 24 |
| 突尼斯 | Tunis | 3 | 3 | | |
| 土耳其 | Turkey | 70 | 32 | 4 | 34 |
| 乌克兰 | Ukraine | 3 | 2 | 1 | |
| 委内瑞拉 | Venezuela | 2 | 1 | | 1 |
| 越　南 | Viet Nam | 1 | 1 | | |
| 阿拉伯联合酋长国 | United Arab Emirates | 12 | 3 | 1 | 8 |
| 英　国 | United Kingdom | 1911 | 1624 | 23 | 264 |
| 美　国 | United States of America | 24629 | 21799 | 720 | 2110 |
| 维尔京群岛 | Virgin Islands, British | 241 | 157 | 31 | 53 |
| 其　他 | Others | 43 | 14 | 3 | 26 |

# 7-11 按国别(地区)分国外三种专利授权(2009年)

## Three Kinds of Patents Granted by Country (Area)(2009)

单位：件 (piece)

| 国 家(地区) | Country (Area) | 合 计 Total | 发 明 Invention | 实用新型 Utility Model | 外观设计 Design |
|---|---|---|---|---|---|
| **合 计** | **Total** | **80206** | **63098** | **1689** | **15419** |
| 安道尔 | Andorra | 1 | 1 | | |
| 阿根廷 | Argentina | 9 | 2 | 1 | 6 |
| 奥地利 | Austria | 294 | 215 | 13 | 66 |
| 澳大利亚 | Australia | 577 | 322 | 25 | 230 |
| 巴哈马 | Bahamas | 11 | 11 | | |
| 巴巴多斯 | Barbados | 20 | 19 | | 1 |
| 白俄罗斯 | Belarus | 1 | 1 | | |
| 比利时 | Belgium | 258 | 229 | 2 | 27 |
| 伯利兹 | Belize | 14 | 1 | 12 | 1 |
| 百慕大群岛 | Bermuda | 17 | 15 | 2 | |
| 巴 西 | Brazil | 80 | 37 | 8 | 35 |
| 保加利亚 | Bulgaria | 4 | 2 | | 2 |
| 加拿大 | Canada | 599 | 461 | 21 | 117 |
| 开曼群岛 | Cayman Islands | 81 | 30 | 9 | 42 |
| 智 利 | Chile | 6 | 4 | 2 | |
| 哥伦比亚 | Colombia | 8 | 3 | | 5 |
| 克罗地亚 | Croatia | 3 | 3 | | |
| 古 巴 | Cuba | 7 | 7 | | |
| 塞浦路斯 | Cyprus | 16 | 16 | | |
| 捷 克 | Czech Republic | 81 | 9 | 2 | 70 |
| 朝 鲜 | North Korea | 1 | 1 | | |
| 韩 国 | South Korea | 7950 | 6476 | 93 | 1381 |
| 丹 麦 | Denmark | 423 | 280 | 11 | 132 |
| 埃 及 | Egypt | 1 | | 1 | |
| 芬 兰 | Finland | 852 | 674 | 9 | 169 |
| 法 国 | France | 3004 | 2200 | 33 | 771 |
| 德 国 | Germany | 6658 | 5054 | 146 | 1458 |
| 直布罗陀 | Gibraltar | 1 | 1 | | |
| 希 腊 | Greece | 13 | 11 | | 2 |
| 匈牙利 | Hungary | 14 | 13 | 1 | |
| 印度尼西亚 | Indonesia | 5 | | | 5 |
| 伊 朗 | Iran | 1 | | | 1 |
| 爱尔兰 | Ireland | 56 | 38 | 1 | 17 |
| 以色列 | Israel | 188 | 161 | 2 | 25 |
| 印 度 | India | 102 | 81 | 2 | 19 |
| 冰 岛 | Iceland | 6 | 6 | | |

7-11 续表 continued

单位：件 (piece)

| 国家（地区） | Country (Area) | 合计 Total | 发明 Invention | 实用新型 Utility Model | 外观设计 Design |
|---|---|---|---|---|---|
| 意大利 | Italy | 1291 | 757 | 26 | 508 |
| 日　本 | Japan | 33804 | 27897 | 374 | 5533 |
| 拉托维亚 | Latvia | 1 | 1 | | |
| 列支敦士登 | Liechtenstein | 179 | 41 | | 138 |
| 卢森堡 | Luxembourg | 69 | 29 | 17 | 23 |
| 马来西亚 | Malaysia | 102 | 23 | 13 | 66 |
| 马耳他 | Malta | 1 | 1 | | |
| 毛里求斯 | Mauritius | 11 | 6 | 4 | 1 |
| 墨西哥 | Mexico | 45 | 10 | | 35 |
| 摩纳哥 | Monaco | 15 | 6 | | 9 |
| 荷　兰 | Netherlands | 2523 | 2128 | 20 | 375 |
| 荷属安的列斯群岛 | Netherlands Antilles | 19 | 19 | | |
| 新西兰 | New Zealand | 92 | 62 | 3 | 27 |
| 挪　威 | Norway | 163 | 139 | | 24 |
| 巴拿马 | Panama | 17 | 17 | | |
| 菲律宾 | Philippines | 9 | 1 | 1 | 7 |
| 波　兰 | Poland | 22 | 9 | | 13 |
| 葡萄牙 | Portugal | 14 | 8 | 1 | 5 |
| 俄罗斯联邦 | Russian Federation | 84 | 49 | 23 | 12 |
| 萨摩亚 | Samoa | 18 | | 13 | 5 |
| 沙特阿拉伯 | Saudi Arabia | 51 | 7 | | 44 |
| 塞舌尔 | Seychelles | 6 | 2 | 1 | 3 |
| 新加坡 | Singapore | 234 | 134 | 27 | 73 |
| 斯洛伐克 | Slovakia | 13 | 3 | | 10 |
| 斯洛文尼亚 | Slovenia | 12 | 5 | | 7 |
| 南　非 | South Africa | 59 | 47 | 5 | 7 |
| 西班牙 | Spain | 232 | 108 | 19 | 105 |
| 瑞　典 | Sweden | 1189 | 895 | 22 | 272 |
| 瑞　士 | Switzerland | 1729 | 1245 | 19 | 465 |
| 泰　国 | Thailand | 21 | 3 | 3 | 15 |
| 土耳其 | Turkey | 104 | 28 | 11 | 65 |
| 乌克兰 | Ukraine | 4 | 2 | 2 | |
| 阿拉伯联合酋长国 | United Arab Emirates | 9 | 3 | 1 | 5 |
| 英　国 | United Kingdom | 1266 | 825 | 29 | 412 |
| 美　国 | United States of America | 15273 | 12158 | 612 | 2503 |
| 维尔京群岛 | Virgin Islands, British | 130 | 35 | 40 | 55 |
| 其　他 | Others | 33 | 11 | 7 | 15 |

# 7-12 按国别(地区)分国外三种专利有效数(2009年)

# Three Kinds of Patents Granted by Country (Area)(2009)

单位：件 (piece)

| 国家(地区) | Country (Area) | 合计 Total | 发明 Invention | 实用新型 Utility Model | 外观设计 Design |
|---|---|---|---|---|---|
| **合计** | **Total** | **326913** | **257994** | **7013** | **61906** |
| 安道尔 | Andorra | 4 | 4 | | |
| 阿根廷 | Argentina | 17 | 6 | 3 | 8 |
| 奥地利 | Austria | 1374 | 1134 | 33 | 207 |
| 澳大利亚 | Australia | 2360 | 1558 | 74 | 728 |
| 巴哈马 | Bahamas | 65 | 36 | 9 | 20 |
| 巴巴多斯 | Barbados | 77 | 70 | | 7 |
| 白俄罗斯 | Belarus | 6 | 4 | | 2 |
| 比利时 | Belgium | 1219 | 1018 | 8 | 193 |
| 伯利兹 | Belize | 16 | 3 | 11 | 2 |
| 百慕大群岛 | Bermuda | 77 | 58 | 10 | 9 |
| 巴　西 | Brazil | 290 | 189 | 15 | 86 |
| 文　莱 | Brunei Darussalam | | | | |
| 保加利亚 | Bulgaria | 9 | 4 | 1 | 4 |
| 加拿大 | Canada | 2136 | 1794 | 85 | 257 |
| 开曼群岛 | Cayman Islands | 521 | 131 | 142 | 248 |
| 智　利 | Chile | 14 | 8 | 3 | 3 |
| 哥伦比亚 | Colombia | 17 | 9 | 1 | 7 |
| 克罗地亚 | Croatia | 16 | 15 | | 1 |
| 古　巴 | Cuba | 43 | 43 | | |
| 塞浦路斯 | Cyprus | 43 | 41 | | 2 |
| 捷　克 | Czech Republic | 286 | 44 | 28 | 214 |
| 朝　鲜 | North Korea | 2 | 2 | | |
| 韩　国 | South Korea | 27316 | 22600 | 481 | 4235 |
| 丹　麦 | Denmark | 1974 | 1402 | 69 | 503 |
| 埃　及 | Egypt | 4 | 1 | 1 | 2 |
| 斐　济 | Fiji | 6 | | 5 | 1 |
| 芬　兰 | Finland | 3658 | 3014 | 20 | 624 |
| 法　国 | France | 11979 | 9267 | 112 | 2600 |
| 德　国 | Germany | 27055 | 21357 | 433 | 5265 |
| 直布罗陀 | Gibraltar | 9 | 9 | | |
| 希　腊 | Greece | 37 | 28 | 1 | 8 |
| 海　地 | Haiti | | | | |
| 匈牙利 | Hungary | 99 | 87 | 2 | 10 |
| 印度尼西亚 | Indonesia | 56 | 7 | 4 | 45 |
| 伊　朗 | Iran | 2 | 1 | | 1 |
| 爱尔兰 | Ireland | 279 | 153 | 15 | 111 |
| 以色列 | Israel | 689 | 583 | 5 | 101 |
| 印　度 | India | 375 | 309 | 2 | 64 |
| 冰　岛 | Iceland | 26 | 26 | | |
| 意大利 | Italy | 5376 | 3059 | 118 | 2199 |
| 日　本 | Japan | 142729 | 114055 | 2029 | 26645 |
| 哈萨克斯坦 | Kazakhstan | 6 | 5 | 1 | |
| 吉尔吉斯斯坦 | Kirghizia | | | | |
| 拉托维亚 | Latvia | 3 | 1 | 2 | |

7-12 续表 continued

单位：件 (piece)

| 国 家 (地区) | Country (Area) | 合 计 Total | 发 明 Invention | 实用新型 Utility Model | 外观设计 Design |
|---|---|---|---|---|---|
| 黎巴嫩 | Lebanon | 4 | | 4 | |
| 列支敦士登 | Liechtenstein | 492 | 237 | | 255 |
| 卢森堡 | Luxembourg | 281 | 216 | 27 | 38 |
| 马来西亚 | Malaysia | 263 | 72 | 31 | 160 |
| 马耳他 | Malta | 6 | 4 | | 2 |
| 毛里求斯 | Mauritius | 58 | 17 | 24 | 17 |
| 墨西哥 | Mexico | 75 | 33 | 1 | 41 |
| 摩纳哥 | Monaco | 39 | 27 | | 12 |
| 摩洛哥 | Morocco | 6 | 1 | 2 | 3 |
| 荷 兰 | Netherlands | 9296 | 8106 | 48 | 1142 |
| 荷属安的列斯群岛 | Netherlands Antilles | 101 | 98 | | 3 |
| 新西兰 | New Zealand | 237 | 158 | 7 | 72 |
| 挪 威 | Norway | 669 | 559 | 1 | 109 |
| 巴拿马 | Panama | 136 | 128 | 3 | 5 |
| 菲律宾 | Philippines | 15 | 3 | 5 | 7 |
| 波 兰 | Poland | 66 | 39 | 3 | 24 |
| 葡萄牙 | Portugal | 48 | 28 | 1 | 19 |
| 罗马尼亚 | Romania | 7 | 6 | | 1 |
| 俄罗斯联邦 | Russian Federation | 260 | 195 | 42 | 23 |
| 萨摩亚 | Samoa | 44 | 1 | 34 | 9 |
| 沙特阿拉伯 | Saudi Arabia | 217 | 33 | | 184 |
| 塞舌尔 | Seychelles | 20 | 12 | 4 | 4 |
| 新加坡 | Singapore | 887 | 584 | 73 | 230 |
| 斯里兰卡 | Sri Lanka | 2 | | 2 | |
| 斯洛伐克 | Slovakia | 34 | 12 | | 22 |
| 斯洛文尼亚 | Slovenia | 43 | 34 | | 9 |
| 南 非 | South Africa | 234 | 210 | 9 | 15 |
| 西班牙 | Spain | 977 | 431 | 50 | 496 |
| 瑞 典 | Sweden | 5646 | 4792 | 68 | 786 |
| 瑞 士 | Switzerland | 8723 | 6747 | 86 | 1890 |
| 泰 国 | Thailand | 100 | 22 | 22 | 56 |
| 英属库克群岛 | The Cook Islands | | | | |
| 突尼斯 | Tunis | 2 | | | 2 |
| 土耳其 | Turkey | 180 | 46 | 14 | 120 |
| 乌克兰 | Ukraine | 19 | 16 | 3 | |
| 阿拉伯联合酋长国 | United Arab Emirates | 37 | | | 37 |
| 英 国 | United Kingdom | 5913 | 4329 | 134 | 1450 |
| 美 国 | United States of America | 60588 | 48312 | 2406 | 9870 |
| 乌拉圭 | Uruguay | 3 | 2 | 1 | |
| 瓦努阿图 | Vanuatu | 1 | 1 | | |
| 越 南 | Viet Nam | 4 | | | 4 |
| 维尔京群岛 | Virgin Islands, British | 806 | 288 | 168 | 350 |
| 南斯拉夫 | Yugoslavia | 3 | 3 | | |
| 其 他 | Others | 101 | 57 | 17 | 27 |

# 7-13 按国际专利标准分类的发明、实用新型专利申请、授权和有效(2009年)

# Inventions and Utility Models of Patent Applications Accepted and Granted by International Classifications and Granted by International Patent Classification (2009)

单位：件 (piece)

| 项目 | Item | 申请 Application | 授权 Granted | 有效 in Force |
|---|---|---|---|---|
| **合计** | **Total** | **580845** | **332291** | **1003840** |
| **A部(人类生活需要)** | **Section A: Human Necessities** | **103822** | **55401** | **154019** |
| 农、林、牧、渔 | Agriculture, Forestry, Animal Husbandry and Fishery | 12849 | 5827 | 17886 |
| 烘烤、食用面团 | Baking and Edible Doughs | 768 | 360 | 1243 |
| 屠宰、加工 | Butchering and Meat Treatment | 218 | 135 | 369 |
| 食品、食物及处理 | Foods and Foodstuffs and their Treatment | 9265 | 2284 | 7850 |
| 烟类及用品 | Tobacco, Cigars and Cigarettes | 1226 | 703 | 2283 |
| 服装 | Clothing | 3089 | 1803 | 4213 |
| 帽类制品 | Headwear | 495 | 317 | 765 |
| 鞋类 | Footwear | 2509 | 1345 | 3492 |
| 男用服饰用品、珠宝 | Haberdashery and Jewelry | 914 | 656 | 1958 |
| 手携及旅行用品 | Hand or Traveling Articles | 4267 | 2583 | 6137 |
| 刷类用品 | Brushware | 1106 | 596 | 1406 |
| 家具、家庭日用品或设备 | Furniture, Domestic Articles, and Appliance | 23040 | 13942 | 34590 |
| 医学、兽医学、卫生学 | Medical or Veterinary Science and Hygiene | 37863 | 21184 | 60219 |
| 救生、消防 | Life-saving and Fire-fighting | 1291 | 661 | 2143 |
| 运动、游戏、娱乐活动 | Sports, Games and Recreation | 4922 | 3005 | 9465 |
| **B部(作业、运输)** | **Section B: Industrial and Transportation** | **110998** | **67654** | **194761** |
| 物理或化学的方法功能装置 | Physical or Chemical Processes or Apparatus | 11875 | 6241 | 19929 |
| 破碎、研磨、粉碎 | Crushing,Pulverizing or Disintegrating | 1737 | 1002 | 3148 |
| 分选、分离 | Separation of Solid Materials, Electrostatic Separation | 776 | 461 | 1383 |
| 离心装置、离心机 | Centrifugal Apparatus or Machines | 391 | 205 | 674 |
| 喷射、雾化 | Spraying or Atomizing in General | 2686 | 1538 | 4970 |
| 机械振动的产生和传递 | Generating or transmission of Mechanical Vibrations | 92 | 46 | 208 |
| 固体分离、分选 | Separating Solids from Solids Wastes | 947 | 531 | 1656 |
| 清洁 | Cleaning | 1383 | 720 | 1875 |
| 固体废料的处理 | Disposal of Solid Waste | 435 | 194 | 595 |
| 金属加工、冲裁 | Mechanical Metal-working and Stamping | 5356 | 3165 | 8780 |
| 铸造、粉末冶金 | Casting and Powder Metallurgy | 2879 | 1574 | 4774 |
| 机床、其他金属加工 | Machine Tools | 11151 | 6733 | 16839 |
| 磨削、抛光 | Grinding and Polishing | 2539 | 1884 | 4345 |
| 简单工具 | Hand tools, Portable Power Tools and Workshop Equipment | 3896 | 2353 | 6922 |
| 手工切割工具、切断 | Hand Cutting Tools, Cutting and Servering | 2141 | 1296 | 3517 |
| 木材加工、保存、钉钉机 | Wood Preservation and Nailing or Stapling Machines | 1430 | 829 | 2707 |
| 加工水泥、粘土和石料 | Cement, Clay or Stone | 2047 | 1295 | 3291 |
| 塑料制品的加工 | Working of Plastics | 5290 | 3369 | 9181 |
| 压力机 | Presses | 1011 | 683 | 1937 |
| 纸品制作、纸的加工 | Paper Making and Processing Paper | 567 | 359 | 1043 |
| 叠层产品 | Layered Products | 1486 | 998 | 3222 |
| 印刷、打字机、印刷机 | Pringting, Lining Machines, and Typewriters | 2498 | 1916 | 8104 |
| 装订、图册、文件夹 | Bookbinding, Albums, and Files | 1196 | 756 | 2039 |
| 绘图具、办公附属用品 | Writing or Drawing Appliances | 3300 | 1985 | 3949 |
| 装饰艺术 | Decorative Arts | 1210 | 618 | 1843 |

7-13 续表 1 continued

单位：件 (piece)

| 项　目 | Item | 申 请 Application | 授 权 Granted | 有 效 in Force |
|---|---|---|---|---|
| 一般车辆 | Vehicles in General | 12305 | 7711 | 21167 |
| 铁　路 | Railways | 1629 | 1032 | 2779 |
| 无轨陆用车牌 | Land Vehicles other than Rails | 6746 | 4544 | 13393 |
| 船舶、船只，有关的设备 | Ships and Related Equipment | 1598 | 950 | 2490 |
| 飞行器、航空、宇宙航行 | Aircraft and Aviation | 878 | 446 | 999 |
| 输送、包装、存储、搬运 | Conveying aand Packing Inflammatory Material | 13671 | 8677 | 27032 |
| 卷扬、提升、牵引 | Hoistng, Lifting, and Hauling | 4557 | 2843 | 8135 |
| 液体的储运 | Opening or Closing Bottles, Jars or Similar Containers | 872 | 555 | 1467 |
| 鞍具、室内装璜 | Saddlery and Upholstery | 36 | 34 | 106 |
| 微观结构技术 | Micro-Structural Technology | 211 | 51 | 180 |
| 超微技术 | Nano-Technology | 176 | 60 | 82 |
| **C部（化学、冶金）** | **Section C: Chemistry and Metallurgy** | **57267** | **24202** | **94778** |
| 无机化学 | Inorganic Chemistry | 3645 | 1530 | 5531 |
| 水、废污水、泥浆的处理 | Treatment of Water, Waste Water, Sewage or Sludge | 5258 | 2723 | 7990 |
| 玻璃、矿棉和渣棉 | Glass, Mineral or Slag Wool | 1604 | 732 | 2834 |
| 水泥、陶瓷等、隔音材料 | Cements, Concrete, Artificial Stone,Ceramics, Refractories | 3001 | 1065 | 4022 |
| 肥料及制造 | Fertilizers and Related Products | 1223 | 326 | 1107 |
| 炸药、火柴 | Explosives and Matches | 124 | 51 | 266 |
| 有机化学 | Organic Chemistry | 10545 | 3608 | 19866 |
| 有机高分子化合物 | Organic Macromolecular Compounds | 6895 | 3010 | 14684 |
| 杂料、涂料、抛光剂等 | Dyes, Paints, Polishes, Resins, and Adhesives | 4449 | 1514 | 6611 |
| 石油、煤气及炼焦工业 | Petroleum, Gas or Coke Industries,Inert Gases | 2963 | 1406 | 5311 |
| 动植物油、脂类 | Animal or Vegetable Oils, Fats | 810 | 301 | 1406 |
| 生化、酒、醋、酶、遗传工程 | Biochemistry, Beer, Spirits, Wine, Microbiology | 7301 | 2388 | 8982 |
| 糖或淀粉工业 | Sugar Industry | 55 | 29 | 87 |
| 大小原皮、毛皮、皮革 | Skins, Hides, Pelts, Leather | 159 | 64 | 197 |
| 黑色冶金 | Metallurgy of Iron | 2013 | 1307 | 3696 |
| 冶金学、合金或有色合金 | Metallurgy, Ferrous or Non-ferrous Alloys | 2744 | 1505 | 4744 |
| 金属加工涂料、防腐防绣 | Coating Metallic Materials | 2114 | 1470 | 3779 |
| 电解电泳方法及设备 | Electrolytic or Electrophoretic Processes | 1611 | 812 | 2655 |
| 晶体生长 | Crystal Growth | 728 | 353 | 1000 |
| 组合技术 | Combinatorial Technology | 25 | 8 | 10 |
| **D部（纺织、造纸）** | **Section D: Textiles and Papers Making** | **10059** | **5418** | **18753** |
| 线、纤维、纺纱 | Natural or Artificial Threads or Fibres, Spinning | 1935 | 1110 | 4074 |
| 纺纱、整经或络经 | Yarn, Mechanical Finishing of Yarns or Ropes | 426 | 194 | 586 |
| 织　造 | Weaving | 871 | 442 | 1376 |
| 编带、花边、针织、整理 | Braiding, Lacce-making, Knitting | 1052 | 624 | 2143 |
| 缝纫、绣花、簇绒 | Sewing, Embroidering, Tufting | 1193 | 615 | 2073 |
| 织物等的处理、洗涤 | Treatment of Textiles, Laundering | 3297 | 1826 | 5983 |
| 绳、除电缆外的缆绳 | Ropes, Cables other than Electric | 117 | 77 | 422 |
| 造纸、纤维素的生产 | Paper-making, Production of Cellulose | 1168 | 530 | 2096 |
| **E部（固定建筑物）** | **Section E: Fixed Constructions** | **31686** | **19677** | **59387** |
| 道路、铁路和桥梁的建筑 | Construction od Roads, Railways, or Bridges | 3078 | 1841 | 5531 |
| 水利工程、基础、运土 | Hydraulic Engineering, Foundations, Soil-shifting | 2970 | 1736 | 5242 |

7-13 续表 2 continued

单位：件 (piece)

| 项 目 | Item | 申 请 Application | 授 权 Granted | 有 效 in Force |
|---|---|---|---|---|
| 给水、排水 | Water Supply, Sewerage | 2521 | 1682 | 4992 |
| 建筑物 | Building | 9559 | 6081 | 17909 |
| 锁、钥匙、门窗、保险箱 | Locks, Keys, Windows or Door Fittings,Safes | 4057 | 2313 | 7965 |
| 一般门、窗、百叶窗、梯子 | Doors, Windows, Shutters, or Roller Blinds in General,Ladders | 3115 | 1934 | 6092 |
| 钻进、采矿 | Well Drilling, Mining | 6386 | 4090 | 11656 |
| **F部(机械工程)** | **Section F: Mechanical Engineering** | **76489** | **44621** | **130331** |
| 一般机器、发动机、蒸汽机 | Machines or Engines in General,Engines Plants in General, Steam Engines | 2686 | 1467 | 5020 |
| 内燃机等 | Combustion Engines | 4559 | 2726 | 9036 |
| 液力机械和其他发动机 | Machines or Engines for Liquids | 3079 | 1023 | 2449 |
| 液体变容机械、泵 | Prositive-displacement Machines for Liquids | 6470 | 3963 | 12842 |
| 液压调节器、液压技术 | Fluid-pressure Ajustors,Hydraulic or Pneumatics in General | 1289 | 721 | 2160 |
| 工程元件或部件 | Engineering Elements of Units | 20034 | 11851 | 37016 |
| 气体或液体的储藏或分配 | Storing or Distributing of Gases or Liquids | 958 | 550 | 1646 |
| 照 明 | Lighting | 12659 | 5710 | 12609 |
| 蒸汽的产生 | Steam Generation | 630 | 372 | 993 |
| 燃烧设备、燃烧技术 | Combustion Apparatus,Combustion Processes | 2821 | 1939 | 6153 |
| 采暖、炉灶、通风 | Heating, Ranges, Ventilation | 11998 | 7833 | 21749 |
| 制冷气体的液化和固化 | Refrigeration or Cooling, Heat Pump System | 2911 | 2371 | 7527 |
| 干 燥 | Drying | 1122 | 752 | 1970 |
| 炉、窑、灶、罐 | Furnaces, Kins, Ovens | 1822 | 982 | 2752 |
| 一般热交换 | Heat Exchanges in General | 2255 | 1696 | 4535 |
| 武 器 | Weapons | 470 | 248 | 809 |
| 弹药、爆破 | Ammunition, Blasting Caps | 726 | 417 | 1065 |
| **G部(物理)** | **Section G: Physics** | **83299** | **51229** | **156395** |
| 测量、测试 | Measurements,Testing | 29438 | 16136 | 43220 |
| 光学技术 | Optics | 7071 | 6078 | 20706 |
| 照相术、电影术、电刻术 | Photograppy,Cinematography, Electrography | 3703 | 3695 | 9840 |
| 测时技术 | Horology | 627 | 508 | 1502 |
| 控制、调节技术 | Controlling, Regulating | 4242 | 2629 | 5845 |
| 计算、推算、计数技术 | Computing, Calculating, Counting | 20976 | 10482 | 37976 |
| 核算装置 | Checking Devices | 2515 | 1238 | 3130 |
| 信号装置 | Signaling | 3079 | 1888 | 4709 |
| 教育、密码、显示、广告等 | Education, Cryptography, Advertising, Seals | 6928 | 4437 | 11375 |
| 乐器、声学 | Musical Instruments, Acoustics | 1234 | 709 | 2750 |
| 信息的储存 | Information Storage | 2903 | 3125 | 13748 |
| 仪器的零部件 | Instrument Details | 213 | 158 | 958 |
| 核物理、核工程 | Nuclear Physics, Nuclear Engineering | 370 | 146 | 636 |
| **H部(电学)** | **Section H: Electricity** | **107225** | **64089** | **195416** |
| 基本电器元件 | Basic Electric Elements | 37731 | 27286 | 85462 |
| 电力的发电、变电或配电 | Generation, Conversion, or Distribution of Electric Power | 17881 | 9383 | 26088 |
| 基本电子电路 | Basic Electronic Circuitry | 2685 | 2234 | 6310 |
| 电信技术 | Telecommunication Technique | 42068 | 20615 | 63323 |
| 其他类不包括的电技术 | Electric Technique not Otherwise Provided for | 6860 | 4571 | 14233 |

# 7-14 国外主要检索工具收录我国论文总数及在世界上的位置

## Number of Chinese Paper Taken by Major Foreign Referencing Systems and Precedence in the World

| 项 目 Item | 1995 | 2000 | 2005 | 2006 | 2007 | 2008 |
|---|---|---|---|---|---|---|
| **收录论文数（篇） Number of Papers Taken(piece)** | | | | | | |
| 《Science Citation Index》 | 13134 | 30499 | 68226 | 71184 | 89147 | 116677 |
| 《Index to Science and Technical Proceeding》 | 5152 | 6016 | 30786 | 35653 | 43131 | 64824 |
| 《Engineering Index》 | 8109 | 13163 | 54362 | 65041 | 75587 | 89377 |
| **位 次 Precedence** | | | | | | |
| 《Science Citation Index》 | 15 | 8 | 5 | 5 | 3 | 2 |
| 《Index to Science and Technical Proceeding》 | 10 | 8 | 5 | 2 | 2 | 2 |
| 《Engineering Index》 | 7 | 3 | 2 | 2 | 1 | 1 |

注：为便于国际比较，本表数据统一使用各检索系统直接检索结果，未经逐一核对。表7-15～表7-19数据为逐一核对过的第一作者单位在中国的论文数。

# 7-15 国外主要检索工具收录的我国科技人员在国内外期刊上发表论文数

## Number of Papers by Chinese Scientists and Technicians Published in Domestic and Foreign Periodicals and Taken by Major Foreign Referencing System

单位：篇 (piece)

| 项 目 | Item | 1995 | 2000 | 2005 | 2006 | 2007 | 2008 |
|---|---|---|---|---|---|---|---|
| **《Science Citation Index》收录合计** | **Taken by SCI** | **7980** | **22608** | **63150** | **71184** | **79669** | **95506** |
| 国内发表 | Published in Domestic Periodicals | 1087 | 9208 | 16669 | 16856 | 18410 | 20804 |
| 比重(%) | As % of Total | 14 | 41 | 26.4 | 23.7 | 23.1 | 21.8 |
| 国外发表 | Published in Foreign Periodicals | 6893 | 13400 | 46481 | 54328 | 61259 | 74702 |
| 比重(%) | As % of Total | 86 | 59 | 73.6 | 76.3 | 76.9 | 78.2 |
| **《Engineering Index》收录合计** | **Taken by《Engineering Index》** | **6791** | **13991** | **60301** | **65041** | **75568** | **85381** |
| 国内发表 | Published in Domestic Periodicals | 3038 | 8293 | 35262 | 33454 | 40656 | 45686 |
| 比重(%) | As % of Total | 45 | 59 | 58.5 | 51.4 | 53.8 | 53.5 |
| 国外发表 | Published in Foreign Periodicals | 3753 | 5698 | 25039 | 31587 | 34912 | 39695 |
| 比重(%) | As % of Total | 55 | 41 | 41.5 | 48.6 | 46.2 | 46.5 |

注：1999年开始使用《SCI-EXPANDED》统计。

# 7-16 国外主要检索工具收录我国科技论文按学科分布(2008年)
## Chinese Scientific Papers Taken by Major Foreign Referencing System by Discipline (2008)

| 学 科 | Discipline | 篇数(篇) Pieces(piece) | | | 位 次 Precedence | | |
|---|---|---|---|---|---|---|---|
| | | SCI | EI | ISTP | SCI | EI | ISTP |
| **合 计** | **Total** | **95506** | **85381** | **59299** | | | |
| 数 学 | Mathematics | 5281 | 6672 | 1320 | 6 | 6 | 9 |
| 力 学 | Mechanics | 473 | 7875 | 530 | 22 | 4 | 17 |
| 信息、系统科学 | Information, Systems Science | 312 | | 1117 | 27 | 34 | 12 |
| 物理学 | Physics | 13426 | 9045 | 2272 | 2 | 1 | 6 |
| 化 学 | Chemistry | 23734 | 8156 | 1150 | 1 | 3 | 10 |
| 天文学 | Astronomy | 667 | 104 | 195 | 18 | 29 | 22 |
| 地 学 | Earth Science | 3351 | 1619 | 1738 | 8 | 14 | 8 |
| 生物学 | Biology | 10081 | 2603 | 350 | 3 | 12 | 19 |
| 预防医学与卫生学 | Protective Medicine | 454 | 2 | 14 | 23 | 33 | 31 |
| 基础医学 | Basic Medicine | 4220 | 99 | 1149 | 7 | 30 | 11 |
| 药 学 | Pharmacy | 1788 | | 2 | 12 | 35 | 37 |
| 临床医学 | Clinic Medicine | 6068 | 7 | 126 | 5 | 32 | 25 |
| 中医学 | Traditional Chinese Medicine | | | | 40 | 40 | 40 |
| 军事医学与特种医学 | Special Medicine | 525 | | | 20 | 36 | 39 |
| 农 学 | Agriculture | 1707 | 222 | 695 | 13 | 27 | 16 |
| 林 学 | Forestry | 92 | | 14 | 32 | 39 | 32 |
| 畜牧、兽医科学 | Livestock, Veterinary Medicine | 104 | | 1 | 31 | 38 | 38 |
| 水产学 | Aquatic | 318 | | 6 | 26 | 37 | 34 |
| 测绘科学技术 | Surveying & Mapping | | 473 | 3 | 39 | 22 | 36 |
| 材料科学 | Material Science | 7516 | 8917 | 3323 | 4 | 2 | 3 |
| 工程与技术基础学科 | Engineering & Basic Technology Science | 411 | 1495 | 3 | 24 | 16 | 35 |
| 矿山工程技术 | Mining | 28 | 786 | 212 | 34 | 20 | 21 |
| 能源科学技术 | Energy | 778 | 1504 | 1087 | 17 | 15 | 13 |
| 冶金、金属学 | Metallurgy, Metallography | 1143 | 3141 | 396 | 16 | 11 | 18 |
| 机械、仪表 | Machinery, Instrument | 1472 | 3760 | 916 | 15 | 10 | 14 |
| 动力与电气 | Power & Electrical Engineering | 25 | 4951 | 233 | 35 | 8 | 20 |
| 核科学技术 | Nuclear Technology | 198 | 228 | 41 | 29 | 26 | 30 |
| 电子、通讯与自动控制 | Electronics,Communication & Automation | 3302 | 7469 | 19049 | 9 | 5 | 1 |
| 计算技术 | Computer | 2040 | 5401 | 14810 | 11 | 7 | 2 |
| 化 工 | Chemical Engineering | 1617 | 1706 | 133 | 14 | 13 | 24 |
| 轻工、纺织 | Light Industry & Textile Industry | 6 | 53 | 138 | 37 | 31 | 23 |
| 食 品 | Food | 649 | 230 | 13 | 19 | 25 | 33 |
| 土木建筑 | Civil Construction | 484 | 3865 | 1950 | 21 | 9 | 7 |
| 水 利 | Water Conservancy | 40 | 421 | 123 | 33 | 23 | 26 |
| 交通运输 | Transportaiton | 13 | 968 | 50 | 36 | 19 | 29 |
| 航空航天 | Aviation and Aerospace | 371 | 772 | 716 | 25 | 21 | 15 |
| 环 境 | Environment | 1 | 274 | 115 | 38 | 24 | 27 |
| 安全科学技术 | Security | 2439 | 1156 | 2327 | 10 | 18 | 5 |
| 管 理 | Management Science | 243 | 1238 | 2907 | 28 | 17 | 4 |
| 其 他 | Others | 129 | 169 | 75 | 30 | 28 | 28 |

# 7-17 国外主要检索工具收录我国科技论文按地区分布(2008年)

## Chinese Scientific Papers Taken by Major Foreign Referencing System by Region (2008)

| 地区 | Region | 篇数(篇) Pieces(piece) | | | 位次 Precedence | | |
|---|---|---|---|---|---|---|---|
| | | SCI | EI | ISTP | SCI | EI | ISTP |
| **全国** | **National Total** | **95506** | **85281** | **59299** | | | |
| 北京 | Beijing | 18945 | 16893 | 12238 | 1 | 1 | 1 |
| 天津 | Tianjin | 2880 | 2766 | 1455 | 14 | 13 | 15 |
| 河北 | Hebei | 1046 | 1011 | 2427 | 20 | 20 | 9 |
| 山西 | Shanxi | 795 | 690 | 880 | 22 | 21 | 19 |
| 内蒙古 | Inner Mongolia | 188 | 156 | 95 | 27 | 25 | 26 |
| 辽宁 | Liaoning | 4145 | 4844 | 2114 | 8 | 5 | 12 |
| 吉林 | Jilin | 2952 | 2387 | 912 | 12 | 14 | 18 |
| 黑龙江 | Heilongjiang | 2330 | 4019 | 2788 | 15 | 8 | 7 |
| 上海 | Shanghai | 10782 | 8334 | 4895 | 2 | 2 | 2 |
| 江苏 | Jiangsu | 8019 | 7441 | 4792 | 3 | 3 | 3 |
| 浙江 | Zhejiang | 5733 | 4412 | 2488 | 4 | 7 | 8 |
| 安徽 | Anhui | 2888 | 2308 | 1179 | 13 | 15 | 16 |
| 福建 | Fujian | 1911 | 1231 | 783 | 17 | 16 | 20 |
| 江西 | Jiangxi | 668 | 503 | 519 | 23 | 22 | 22 |
| 山东 | Shandong | 4523 | 2925 | 3394 | 7 | 12 | 5 |
| 河南 | Henan | 1498 | 1183 | 1691 | 18 | 18 | 14 |
| 湖北 | Hubei | 5306 | 4569 | 4779 | 5 | 6 | 4 |
| 湖南 | Hunan | 3147 | 3889 | 1947 | 11 | 9 | 13 |
| 广东 | Guangdong | 4575 | 3192 | 2277 | 6 | 11 | 10 |
| 广西 | Guangxi | 566 | 365 | 324 | 24 | 24 | 23 |
| 海南 | Hainan | 68 | 28 | 28 | 28 | 29 | 28 |
| 重庆 | Chongqing | 1353 | 1104 | 962 | 19 | 19 | 17 |
| 四川 | Sichuan | 3629 | 3770 | 2155 | 10 | 10 | 11 |
| 贵州 | Guizhou | 287 | 145 | 93 | 25 | 26 | 27 |
| 云南 | Yunnan | 913 | 370 | 155 | 21 | 23 | 24 |
| 西藏 | Tibet | 2 | | | 32 | 32 | 32 |
| 陕西 | Shaanxi | 4047 | 5483 | 3231 | 9 | 4 | 6 |
| 甘肃 | Gansu | 1942 | 1190 | 526 | 16 | 17 | 21 |
| 青海 | Qinghai | 67 | 31 | 12 | 29 | 28 | 30 |
| 宁夏 | Ningxia | 42 | 21 | 16 | 30 | 30 | 29 |
| 新疆 | Xinjiang | 252 | 121 | 137 | 26 | 27 | 25 |
| 地区不详 | | 7 | | 7 | 31 | 31 | 31 |

## 7-18 1995-2008年《SCI》收录的我国科技论文的5年滚动被引用情况

## Citation Impact of Chinese Scientific Papers in 5 Year over Lapping Taken in SCI

单位：篇 (piece)

| 项 目 | Item | 1995-1999 | 1996-2000 | 1997-2001 | 1998-2002 | 1999-2003 | 2000-2004 | 2001-2005 | 2002-2006 | 2003-2007 | 2004-2008 |
|---|---|---|---|---|---|---|---|---|---|---|---|
| 收录论文数 (A) | Number of Papers Taken by SCI | 89787 | 101613 | 116079 | 131933 | 152946 | 175913 | 210099 | 249582 | 349560 | 414391 |
| 被引用论文数 (B)* | Number of Papers Cited | 142026 | 170984 | 212161 | 259772 | 332297 | 412145 | 549879 | 692283 | 936676 | 1206096 |
| 论文影响 (B/A) | Impact | 1.58 | 1.68 | 1.83 | 1.97 | 2.17 | 2.34 | 2.62 | 2.77 | 2.68 | 2.91 |

## 7-19 中文科技期刊刊登的科技论文篇数按机构类型分类(2008年)

## Scientific Papers Published in Chinese Science and Technology Periodicals by Type of Institutions (2008)

单位：篇 (piece)

| 项 目 | Item | 总 计 Total | 高等院校 Universities | 研究机构 Research Institutes | 企 业 Enterprises | 医 院 Hospital | 其 他 Others |
|---|---|---|---|---|---|---|---|
| **合 计** | **Total** | **470020** | **317884** | **49906** | **15895** | **71353** | **16982** |
| 基础学科 | Basic Disciplines | 61700 | 47403 | 10665 | 725 | 410 | 2497 |
| 数 学 | Mathematics | 10004 | 9421 | 415 | 28 | | 140 |
| 力 学 | Mechanics | 1394 | 1265 | 106 | 11 | | 12 |
| 信息、系统 | Information, System Science | 337 | 306 | 23 | 2 | | 6 |
| 物 理 | Physics | 8115 | 6862 | 1167 | 39 | 3 | 44 |
| 化 学 | Chemistry | 13953 | 11521 | 1695 | 234 | 40 | 463 |
| 天 文 | Astronomy | 450 | 211 | 218 | 1 | 2 | 18 |
| 地 学 | Earth Sciences | 11505 | 5748 | 3907 | 345 | 12 | 1493 |
| 生 物 | Biological Sciences | 15942 | 12069 | 3134 | 65 | 353 | 321 |
| 医药卫生 | Medical Care | 190635 | 106382 | 10348 | 769 | 69981 | 5155 |
| 农林牧渔 | Agriculture, Forestry, Animal Husbandry and Fishery | 50135 | 33407 | 10675 | 1215 | 568 | 4270 |
| 工业技术 | Manufacturing Technology | 166207 | 129525 | 18132 | 13142 | 383 | 5025 |
| 其 他 | Others | 1343 | 1167 | 86 | 44 | 11 | 35 |

# 7-20 重大科技成果

## Major Research Results of Science and Technology

单位：项 (item)

| 项　目 | Item | 2000 | 2005 | 2006 | 2007 | 2008 | 2009 |
|---|---|---|---|---|---|---|---|
| **合　计** | **Total** | **32858** | **32359** | **33644** | **34170** | **35971** | **38688** |
| #基础理论 | Elementary Theory | 2368 | 2129 | 2107 | 2509 | 3227 | 2997 |
| #应用技术 | Applied Technology | 28843 | 28559 | 30103 | 29956 | 30847 | 33905 |
| #软科学 | Soft Science | 1647 | 1671 | 1434 | 1705 | 1897 | 1786 |
| **按完成单位类型分** | **by Type of Performing Institutes** | | | | | | |
| 研究机构 | Research Institutions | 7859 | 6140 | 6495 | 6263 | 6047 | 6826 |
| 高等院校 | Universities | 6508 | 7469 | 7064 | 7592 | 7700 | 8498 |
| 企　业 | Enterprises | 10586 | 11525 | 11918 | 12220 | 13301 | 14345 |
| 其　他 | Others | 7905 | 7225 | 8167 | 8095 | 8923 | 9019 |
| **应用技术成果按行业分** | **by Industries** | | | | | | |
| 农林牧渔业 | Farming, Forestry, Animal Husbandry and Fishery | 4147 | 5123 | 5216 | 5148 | 5006 | 5169 |
| 采掘业 | Mining and Quarrying | 600 | 1004 | 1022 | 1243 | 1845 | 1225 |
| 制造业 | Manufacturing | 5334 | 5054 | 6164 | 5338 | 5836 | 6824 |
| 电力、煤气及水的生产和供应业 | Production and Supply of Electricity, Gas and Water | 1279 | 1274 | 1297 | 1414 | 1397 | 1522 |
| 建筑业 | Construction | 1189 | 1334 | 1358 | 1201 | 1296 | 1251 |
| 地质勘查业水利管理业 | Geological Prospecting and Water Conservancy | 580 | 655 | 667 | 1010 | 1027 | 987 |
| 交通运输仓储及邮电通信业 | Transportation, Storage, Postal and Telecommunications Services | 1963 | 1641 | 1671 | 1477 | 1499 | 1548 |
| 批发和零售贸易餐饮业 | Wholesale and Retail Trade and Catering Services | 152 | 109 | 111 | 105 | 93 | 48 |
| 金融保险业 | Finance and Insurance | 244 | 175 | 178 | 105 | 62 | 96 |
| 房地产业 | Real Estate Management | 176 | 72 | 73 | 57 | 43 | 30 |
| 社会服务业 | Social Services | 404 | 407 | 414 | 162 | 167 | 296 |
| 卫生体育和社会福利业 | Health Care, Sports, and Social Welfare | 6009 | 5834 | 5940 | 6821 | 6894 | 7155 |
| 教育文化艺术和广播电影电视业 | Education, Culture, and Arts, Radio, Film and Television | 456 | 253 | 263 | 318 | 241 | 304 |
| 科学研究和综合技术服务业 | Scientific Research and Polytechnic Services | 2154 | 4234 | 4311 | 4284 | 4022 | 3968 |
| 国家机关党政机关和社会团体 | Government Agencies, Party Agencies and Social Organizations | 501 | 649 | 661 | 207 | 327 | 375 |
| 其　他 | Others | 3655 | 741 | 757 | 1066 | 1092 | 3107 |

# 7-21 国家级科技奖励
# National S&T Awards

单位：项 (item)

| 项 目 | Item | 2000 | 2005 | 2006 | 2007 | 2008 | 2009 |
|---|---|---|---|---|---|---|---|
| **合 计** | **Total** | **292** | **321** | **329** | **352** | **348** | **374** |
| **一、获国家最高科学技术奖** | **National Supreme Award of Science and Technology** | **2** | **2** | **1** | **2** | **2** | **2** |
| **二、获国家科学技术进步奖** | **National S&T Advancement Award** | **250** | **236** | **241** | **255** | **254** | **282** |
| 特 等 | Special Grade | | | 1 | 1 | 3 | 3 |
| 一 等 | 1st Class | 22 | 18 | 20 | 19 | 26 | 17 |
| 二 等 | 2nd Class | 228 | 218 | 220 | 235 | 225 | 262 |
| **三、获国家技术发明奖** | **National Invention Award** | **23** | **40** | **56** | **51** | **55** | **55** |
| 一 等 | 1st Class | | 1 | 1 | 1 | 3 | 2 |
| 二 等 | 2nd Class | 23 | 39 | 55 | 50 | 52 | 53 |
| **四、获国家自然科学奖** | **National Natural Science Award** | **15** | **38** | **29** | **39** | **34** | **28** |
| 一 等 | 1st Class | | | 2 | | | 1 |
| 二 等 | 2nd Class | 15 | 38 | 27 | 39 | 34 | 27 |
| **五、获国际科学技术合作奖** | **International Science and Technology Co-operation Award** | **2** | **5** | **2** | **5** | **3** | **7** |

# 7-22 国家级科技奖励分布
# Distribution of National S&T Awards

单位：项 (item)

| 项　　目 | Item | 2000 | 2005 | 2006 | 2007 | 2008 | 2009 |
|---|---|---|---|---|---|---|---|
| **一、国家科技进步奖** | **National S&T Advancement Award** | **250** | **236** | **241** | **255** | **254** | **282** |
| **按行业分** | **by Industries** | | | | | | |
| 工业交通 | Manufacturing and Transportation | 79 | 113 | 92 | 88 | 77 | 93 |
| 农林牧渔 | Agriculture, Forestry, Animal Husbandry and Fishery | 24 | 27 | 30 | 26 | 35 | 38 |
| 文教卫生 | Education, Culture and Health Care | 35 | 35 | 35 | 36 | 31 | 42 |
| 国防公安 | National Defense and Public Security | 71 | 61 | 57 | 63 | 72 | 60 |
| 其　他 | Others | 41 | | 27 | 42 | 39 | 49 |
| **按隶属分** | **by Subordination** | | | | | | |
| 部　委 | Ministries and Commissions | 123 | 62 | 57 | 53 | 58 | 73 |
| 省市自治区 | Province | 51 | 79 | 84 | 88 | 85 | 106 |
| 其它单位 | Others | | 31 | 43 | 51 | 39 | 43 |
| 军　口 | Military System | 76 | 64 | 57 | 63 | 72 | 60 |
| **二、国家发明奖** | **National Invention Award** | **23** | **40** | **56** | **51** | **55** | **55** |
| **按行业分** | **by Industries** | | | | | | |
| 工业交通 | Manufacturing and Transportation | 16 | 28 | 29 | 26 | 28 | 27 |
| 农林牧渔 | Agriculture, Forestry, Animal Husbandry and Fishery | 1 | 5 | 5 | 5 | 3 | 4 |
| 文教卫生 | Education, Culture and Health Care | 3 | 1 | 3 | 4 | 2 | 3 |
| 国防公安 | National Defense and Public Security | 2 | 6 | 15 | 12 | 18 | 16 |
| 其　他 | Others | 1 | | 4 | 4 | 4 | 5 |
| **按隶属分** | **by Subordination** | | | | | | |
| 部　委 | Ministries and Commissions | 12 | 12 | 16 | 5 | 10 | 12 |
| 省市自治区 | Province | 9 | 15 | 15 | 21 | 15 | 15 |
| 其它单位 | Others | | 6 | 10 | 13 | 12 | 12 |
| 军　口 | Military System | 2 | 7 | 15 | 12 | 18 | 16 |
| **三、获国家自然科学奖** | **National Natural Sciences Award** | **15** | **38** | **29** | **39** | **34** | **28** |
| **按学科分** | **by Disciplines** | | | | | | |
| 数　理 | Maths & Physics | 3 | 7 | 4 | 8 | 7 | 7 |
| 化　学 | Chemistry | 3 | 6 | 5 | 6 | 4 | 5 |
| 生物医学 | Biol-medical | 3 | 10 | 6 | 9 | 8 | 4 |
| 地　球 | Earth Sciences | 5 | 6 | 5 | 5 | 5 | 3 |
| 材料工程 | Material Engineering | 1 | 7 | 7 | 2 | 5 | 5 |
| 信　息 | Information | | 2 | 2 | 4 | 5 | 4 |
| 其　他 | Others | | | | 5 | | |
| **按隶属分** | **by Subordination** | | | | | | |
| 部　委 | Ministries and Commissions | 11 | 17 | 14 | 22 | 22 | 12 |
| 省市自治区 | Province | 4 | 20 | 15 | 14 | 11 | 12 |
| 专家推荐 | Expertise | | 1 | | 3 | 1 | 4 |
| 军　口 | Military System | | | | | | |
| 国　外 | Foreign | | | | | | |

# 7-23 商标注册申请及核准注册商标

## Registration Application and Approved of Trademark

单位：件 (piece)

| 年份 | 注册申请 Registration Application | | | | 核准注册 Registration Approved | | | |
|---|---|---|---|---|---|---|---|---|
| | 国内 Domestic | 国际 International | 马德里 Madrid | 合计 Total | 国内 Domestic | 国际 International | 马德里 Madrid | 合计 Total |
| 1979 | | | | | 27459 | 5130 | | 32589 |
| 1980 | | | | 26177 | 15348 | 1297 | | 16645 |
| 1981 | | | | 23004 | 15707 | 2049 | | 17756 |
| 1982 | 17000 | 1565 | | 18565 | 12385 | 4672 | | 17057 |
| 1983 | 19120 | 1687 | | 20807 | 4293 | 2278 | | 6571 |
| 1984 | 26487 | 3077 | | 29564 | 13252 | 1518 | | 14770 |
| 1985 | 43445 | 5798 | | 49243 | 19584 | 2084 | | 21668 |
| 1986 | 45031 | 5939 | | 50970 | 26993 | 5126 | | 32119 |
| 1987 | 40014 | 4055 | | 44069 | 27687 | 4454 | | 32141 |
| 1988 | 41683 | 5866 | | 47549 | 25448 | 3604 | | 29052 |
| 1989 | 43202 | 5209 | | 48411 | 31810 | 4625 | | 36435 |
| 1990 | 50853 | 4371 | 2048 | 57272 | 25966 | 4036 | 1269 | 31271 |
| 1991 | 59124 | 5885 | 2595 | 67604 | 34501 | 3523 | 2306 | 40330 |
| 1992 | 79837 | 8367 | 2591 | 90795 | 42710 | 4198 | 1180 | 48088 |
| 1993 | 107758 | 21014 | 3551 | 132323 | 42668 | 3999 | 2059 | 48726 |
| 1994 | 117186 | 20238 | 5193 | 142617 | 47482 | 7803 | 3016 | 58301 |
| 1995 | 144610 | 21442 | 6094 | 172146 | 59895 | 12591 | 19380 | 91866 |
| 1996 | 122057 | 22615 | 7132 | 151804 | 101178 | 15843 | 11407 | 128428 |
| 1997 | 118577 | 21676 | 8502 | 148755 | 188047 | 24958 | 10033 | 223038 |
| 1998 | 129394 | 18252 | 10037 | 157683 | 80095 | 14137 | 13478 | 107710 |
| 1999 | 140620 | 18883 | 11212 | 170715 | 96139 | 13896 | 12366 | 122401 |
| 2000 | 181717 | 24623 | 16837 | 223177 | 129441 | 16327 | 12807 | 158575 |
| 2001 | 229775 | 23234 | 17408 | 270417 | 167563 | 19017 | 16259 | 202839 |
| 2002 | 321034 | 37221 | 13681 | 371936 | 169904 | 23364 | 19265 | 212533 |
| 2003 | 405620 | 33912 | 12563 | 452095 | 206070 | 21188 | 15253 | 242511 |
| 2004 | 527591 | 44938 | 15396 | 587925 | 225394 | 25069 | 16156 | 266619 |
| 2005 | 593382 | 52166 | 18469 | 664017 | 218731 | 23792 | 16009 | 258532 |
| 2006 | 669276 | 56840 | 40203 | 766319 | 228814 | 25254 | 21573 | 275641 |
| 2007 | 604952 | 59714 | 43282 | 707948 | 215161 | 19159 | 29158 | 263478 |
| 2008 | 590525 | 60704 | 46890 | 698119 | 342498 | 31870 | 29101 | 403469 |
| 2009 | 741763 | 51966 | 36748 | 830477 | 737228 | 68471 | 31944 | 837643 |
| **累计** | **6211633** | **641257** | **320432** | **7222503** | **3579451** | **415332** | **284019** | **4278802** |

# 7-24 各地区商标注册申请与注册(2009年)

# Registration Application and Approved of Trademark by Region (2009)

单位: 件 (piece)

| 地区 | Region | 2009年申请数 Applications in 2009 | 2009年核准注册 Registrations Approved in 2009 | 1991-2009年核准注册商标 1991-2009 Registrations Approved | 截至2009年底有效注册量 Registrations Effected by the end of 2009 |
|---|---|---|---|---|---|
| **全国总计** | **National Total** | **741763** | **737228** | **3333519** | **2802051** |
| 东部地区 | Eastern Region | 511865 | 518674 | 2338649 | 1967884 |
| 中部地区 | Middle Region | 102119 | 109112 | 458730 | 380660 |
| 西部地区 | Western Region | 94805 | 84089 | 382735 | 320814 |
| 北京 | Beijing | 57801 | 52686 | 231654 | 195023 |
| 天津 | Tianjin | 8733 | 8234 | 51028 | 36754 |
| 河北 | Hebei | 20012 | 21384 | 105288 | 82200 |
| 山西 | Shanxi | 5628 | 6741 | 30376 | 24852 |
| 内蒙古 | Inner Mongolia | 6866 | 7327 | 29717 | 25408 |
| 辽宁 | Liaoning | 15963 | 16900 | 91563 | 74345 |
| 吉林 | Jilin | 7126 | 8800 | 38922 | 31961 |
| 黑龙江 | Heilongjiang | 9675 | 11622 | 54887 | 45869 |
| 上海 | Shanghai | 41882 | 35855 | 169235 | 143951 |
| 江苏 | Jiangsu | 49556 | 56517 | 268896 | 218776 |
| 浙江 | Zhejiang | 99934 | 108815 | 439679 | 382548 |
| 安徽 | Anhui | 14848 | 14930 | 57932 | 49375 |
| 福建 | Fujian | 41124 | 45352 | 180075 | 157522 |
| 江西 | Jiangxi | 9830 | 11553 | 40819 | 35455 |
| 山东 | Shandong | 41581 | 40993 | 191618 | 157593 |
| 河南 | Henan | 22395 | 23491 | 86930 | 70554 |
| 湖北 | Hubei | 16840 | 15112 | 75274 | 60844 |
| 湖南 | Hunan | 15777 | 16863 | 73590 | 61750 |
| 广东 | Guangdong | 132573 | 128175 | 590975 | 504704 |
| 广西 | Guangxi | 6455 | 6754 | 33311 | 25902 |
| 海南 | Hainan | 2706 | 3763 | 18638 | 14468 |
| 重庆 | Chongqing | 15475 | 9627 | 34652 | 34015 |
| 四川 | Sichuan | 25362 | 27012 | 129622 | 103773 |
| 贵州 | Guizhou | 4646 | 3621 | 17911 | 14928 |
| 云南 | Yunnan | 12289 | 8537 | 35438 | 29585 |
| 西藏 | Tibet | 352 | 513 | 1753 | 1516 |
| 陕西 | Shaanxi | 13064 | 8362 | 43197 | 35804 |
| 甘肃 | Gansu | 2041 | 3535 | 15730 | 13322 |
| 青海 | Qinghai | 1346 | 803 | 4246 | 3481 |
| 宁夏 | Ningxia | 1457 | 1423 | 6122 | 5272 |
| 新疆 | Xinjiang | 5452 | 6575 | 31036 | 27808 |
| 香港 | Hongkong | 21930 | 14175 | 66683 | 65162 |
| 澳门 | Macao | 368 | 300 | 1134 | 1409 |
| 台湾 | Taiwan | 10676 | 10878 | 85588 | 66122 |

注：以上数据根据《中国商标战略年度发展报告(2008)》及《中国商标战略年度发展报告(2009)》整理。

# 7-25 集成电路布图设计登记申请和登记发证(2009年)

# Registration Application and Registration Certification of Integrated Circuit Layout-design (2009)

单位：件 (piece)

| 地 区 | Region | 申请数 Application | 发证数 Certification |
|---|---|---|---|
| **合 计** | **Total** | **860** | **655** |
| **国 内** | **Domestic** | **838** | **627** |
| 东部地区 | Eastern Region | 754 | 559 |
| 中部地区 | Middle Region | 9 | 9 |
| 西部地区 | Western Region | 41 | 33 |
| 北 京 | Beijing | 90 | 85 |
| 天 津 | Tianjin | 9 | 5 |
| 河 北 | Hebei | | |
| 山 西 | Shanxi | | |
| 内蒙古 | Inner Mongolia | | |
| 辽 宁 | Liaoning | 10 | 11 |
| 吉 林 | Jilin | | |
| 黑龙江 | Heilongjiang | | |
| 上 海 | Shanghai | 234 | 129 |
| 江 苏 | Jiangsu | 133 | 105 |
| 浙 江 | Zhejiang | 70 | 43 |
| 安 徽 | Anhui | 4 | 4 |
| 福 建 | Fujian | 21 | 19 |
| 江 西 | Jiangxi | | |
| 山 东 | Shandong | 7 | 5 |
| 河 南 | Henan | | |
| 湖 北 | Hubei | 5 | 5 |
| 湖 南 | Hunan | | |
| 广 东 | Guangdong | 180 | 157 |
| 广 西 | Guangxi | | |
| 海 南 | Hainan | | |
| 重 庆 | Chongqing | 4 | |
| 四 川 | Sichuan | 22 | 23 |
| 贵 州 | Guizhou | 5 | 1 |
| 云 南 | Yunnan | | |
| 西 藏 | Tibet | | |
| 陕 西 | Shanxi | 10 | 9 |
| 甘 肃 | Gansu | | |
| 青 海 | Qinghai | | |
| 宁 夏 | Ningxia | | |
| 新 疆 | Xinjiang | | |
| 香 港 | Hongkong | 5 | 6 |
| 台 湾 | Taiwan | 29 | 20 |
| 国 外 | Abroad | 22 | 28 |
| 日 本 | Japan | | 4 |
| 新加坡 | Singapore | 2 | 2 |
| 美 国 | USA | 20 | 22 |

# 7-26 农业植物新品种权申请和授权
# Application and Granted of New Variety Rights of Agriculture Plants

单位：件 (piece)

| 项　目 | Item | 1999-2009年累计 Grand Total from 1999 to 2009 | | 2009年申请 Application in 2009 |
|---|---|---|---|---|
| | | 申　请 Application | 授　权 Granted | |
| **合　计** | **Total** | **6541** | **2807** | **978** |
| 一、按单位性质分 | **by Units** | | | |
| 国内科研 | Domestic Research | 3235 | 1510 | 462 |
| 国内企业 | Domestic Enterprises | 2059 | 902 | 276 |
| 国内教学 | Domestic Education | 494 | 230 | 69 |
| 国内个人 | Domestic Individuals | 376 | 112 | 67 |
| 国外企业 | Foreign Enterprises | 334 | 53 | 89 |
| 国外个人 | Foreign Individuals | 26 | | 11 |
| 国外教学 | Foreign Education | 14 | | 4 |
| 国外科研 | Foreign Research | 3 | | |
| 二、按植物种类划分 | by Plant Species | | | |
| 大田作物 | Field Crops | 5653 | 2602 | 747 |
| 蔬　菜 | Vegetables | 300 | 94 | 51 |
| 花　卉 | Flowers | 392 | 62 | 143 |
| 果　树 | Fruit Tree | 178 | 49 | 32 |
| 牧　草 | Pasture | 5 | | 1 |
| 其　他 | Others | 13 | | 4 |

# 7-27 各地区农业植物新品种权申请和授权
# Application and Granted of New Variety Rights of Agriculture Plants by Region

单位：件 (piece)

| 地区 | Region | 1999-2009年累计 Grand Total from 1999 to 2009 | | 2009年申请 Application in 2009 |
|---|---|---|---|---|
| | | 申请 Application | 授权 Granted | |
| **合计** | **Total** | **6541** | **2807** | **978** |
| **国内** | **Domestic** | **6164** | **2754** | **874** |
| 东部地区 | Eastern Region | 2600 | 1210 | 382 |
| 中部地区 | Middle Region | 2148 | 917 | 300 |
| 西部地区 | Western Region | 1416 | 627 | 192 |
| 北京 | Beijing | 343 | 132 | 74 |
| 天津 | Tianjin | 41 | 9 | 6 |
| 河北 | Hebei | 292 | 163 | 33 |
| 山西 | Shanxi | 90 | 38 | 13 |
| 内蒙古 | Inner Mongolia | 120 | 59 | 17 |
| 辽宁 | Liaoning | 397 | 210 | 34 |
| 吉林 | Jilin | 490 | 228 | 55 |
| 黑龙江 | Heilongjiang | 349 | 126 | 63 |
| 上海 | Shanghai | 106 | 22 | 29 |
| 江苏 | Jiangsu | 453 | 223 | 71 |
| 浙江 | Zhejiang | 139 | 60 | 18 |
| 安徽 | Anhui | 193 | 81 | 20 |
| 福建 | Fujian | 130 | 75 | 17 |
| 江西 | Jiangxi | 64 | 43 | 12 |
| 山东 | Shandong | 555 | 251 | 70 |
| 河南 | Henan | 531 | 209 | 77 |
| 湖北 | Hubei | 161 | 72 | 24 |
| 湖南 | Hunan | 270 | 120 | 36 |
| 广东 | Guangdong | 118 | 50 | 28 |
| 广西 | Guangxi | 125 | 62 | 11 |
| 海南 | Hainan | 26 | 15 | 2 |
| 重庆 | Chongqing | 69 | 36 | 7 |
| 四川 | Sichuan | 591 | 327 | 48 |
| 贵州 | Guizhou | 114 | 24 | 20 |
| 云南 | Yunnan | 191 | 51 | 61 |
| 西藏 | Tibet | | | |
| 陕西 | Shaanxi | 83 | 34 | 8 |
| 甘肃 | Gansu | 32 | 7 | 14 |
| 青海 | Qinghai | 3 | 1 | 1 |
| 宁夏 | Ningxia | 12 | 5 | 1 |
| 新疆 | Xinjiang | 76 | 21 | 4 |
| **国外** | **Abroad** | **377** | **53** | **104** |
| 荷兰 | **Netherlands** | 163 | 31 | 40 |
| 美国 | USA | 72 | 3 | 34 |
| 韩国 | Korea | 48 | 3 | 13 |
| 日本 | Japan | 32 | 15 | 7 |
| 德国 | Germany | 15 | | 4 |
| 比利时 | Belgium | 11 | | 2 |
| 法国 | France | 7 | | |
| 意大利 | Italy | 8 | | 1 |
| 西班牙 | Spain | 7 | | 2 |
| 以色列 | Israel | 4 | | |
| 澳大利亚 | Australia | 4 | | |
| 新西兰 | New Zealand | 4 | 1 | 1 |
| 南非 | South Africa | 1 | | |
| 英国 | England | 1 | | |

# 7-28 全国技术市场成交合同数
# Contract Deals in Domestic Technical Markets

单位：项 (item)

| 项 目 | Item | 2000 | 2005 | 2006 | 2007 | 2008 | 2009 |
|---|---|---|---|---|---|---|---|
| **一、按合同类型分** | **by Type of Contracts** | **241008** | **265010** | **205845** | **220868** | **226343** | **213752** |
| 技术开发 | Technology Development | 47324 | 75977 | 64595 | 73319 | 80191 | 88024 |
| 技术转让 | Technology Transfer | 27624 | 27328 | 11614 | 11474 | 11932 | 13282 |
| 技术咨询 | Technology Consultation | 44411 | 48463 | 35814 | 37820 | 39344 | 29203 |
| 技术服务 | Technology Service | 121649 | 113242 | 93822 | 98255 | 94876 | 83243 |
| **二、按卖方类型分** | **by Type of Sellers** | **241008** | **265010** | **205845** | **220868** | **226343** | **213752** |
| 机关法人 | Government | | | 709 | 926 | 585 | 441 |
| 事业法人 | Corporation for Non-profit | | | 68770 | 78377 | 83210 | 70584 |
| #科研机构 | R&D Institutes | | | 44079 | 43669 | 44742 | 30692 |
| 高等院校 | Universities | | | 18401 | 26963 | 29454 | 32739 |
| 医疗、卫生 | Health and Sanitation Unit | | | 475 | 727 | 772 | 1388 |
| 其 它 | Others | | | 5815 | 7018 | 8242 | 5765 |
| 社团法人 | Organization | | | 3125 | 2925 | 2845 | 2599 |
| 企业法人 | Enterprise | | | 130125 | 135928 | 137169 | 138191 |
| 自然人 | Individuals | | | 322 | 678 | 651 | 577 |
| 其他组织 | Other Organization | | | 2794 | 2034 | 1883 | 1360 |
| **三、按企业买方类型分** | **by Type of Buyers of Enterprises** | **155999** | **193796** | **159470** | **169289** | **173591** | **159991** |
| 内资企业 | Domestic Enterprise | | | 148749 | 155537 | 157743 | 143752 |
| 个体经营 | Private Enterprises | | | 1214 | 6747 | 7878 | 1768 |
| 港澳台商投资企业 | Hong Kong, Macao, Taiwan Invested Joint Venture | | | 821 | 1495 | 1572 | 1306 |
| 外商投资企业 | Foreign-Invested Enterprises | | | 5612 | 1282 | 1316 | 7781 |
| 境外企业 | Oversea Enterprises | | | 3074 | 4228 | 5082 | 5384 |

注：2006年技术市场成交合同数按卖买方类型分的分类有改变，与2005年以前不可比。

# 7-29 全国技术市场成交合同金额

# Value of Contract Deals in Domestic Technical Markets

单位：万元 (10000 yuan)

| 项 目 | Item | 2000 | 2005 | 2006 | 2007 | 2008 | 2009 |
|---|---|---|---|---|---|---|---|
| **一、按合同类型分** | **by Type of Contracts** | **6507519** | **15513694** | **18181813** | **22265261** | **26652288** | **30390024** |
| 技术开发 | Technology Development | 2405017 | 5697377 | 7170650 | 8755349 | 10754595 | 12641654 |
| 技术转让 | Technology Transfer | 1578757 | 3600207 | 3213269 | 4203561 | 5325906 | 5385174 |
| 技术咨询 | Technology Consultation | 382002 | 950318 | 847216 | 902429 | 1016044 | 941397 |
| 技术服务 | Technology Service | 2141743 | 5265792 | 6950678 | 8403923 | 9555743 | 11421800 |
| **二、按卖方类型分** | **by Type of Sellers** | **6507519** | **15513694** | **18181813** | **22265261** | **26652288** | **30390024** |
| 机关法人 | Government | | | 404431 | 194553 | 203829 | 162344 |
| 事业法人 | Corporation for Non-profit | | | 2250848 | 2558772 | 2838127 | 3466296 |
| #科研机构 | R&D Institutes | | | 1409551 | 1308320 | 1473808 | 1907858 |
| 高等院校 | Universities | | | 649612 | 1009398 | 1165490 | 1349656 |
| 医疗、卫生 | Health and Sanitation Unit | | | 6588 | 16109 | 12330 | 20202 |
| 其 它 | Others | | | 185097 | 224945 | 186499 | 188579 |
| 社团法人 | Organization | | | 71082 | 45066 | 36289 | 103277 |
| 企业法人 | Enterprise | | | 15280341 | 19244863 | 23338484 | 26283739 |
| 自然人 | Individuals | | | 48325 | 93975 | 66927 | 74463 |
| 其他组织 | Other Organization | | | 126787 | 128032 | 168632 | 299907 |
| **三、按企业买方类型分** | **by Type of Buyers of Enterprises** | **4573520** | **11707816** | **15248273** | **19244863** | **21635085** | **23490165** |
| 内资企业 | Domestic Enterprise | | | 11799166 | 14267430 | 14699140 | 16320850 |
| 个体经营 | Private Enterprises | | | 73243 | 3639630 | 40768 | 65076 |
| 港澳台商投资企业 | Hong Kong, Macao, Taiwan Invested Joint Venture | | | 113982 | 42609 | 417575 | 526850 |
| 外商投资企业 | Foreign-Invested Enterprises | | | 1376517 | 320417 | 2674023 | 2432090 |
| 境外企业 | Oversea Enterprises | | | 1885365 | 974778 | 3803579 | 4145299 |

注：2006年技术市场成交合同金额按卖买方类型分的分类有改变，与2005年以前不可比。

# 7-30 各地区技术市场成交合同数

# Contract Deals in Domestic Technical Markets by Region

单位: 项 (item)

| 地 区 | Region | 2000 | 2005 | 2006 | 2007 | 2008 | 2009 |
|---|---|---|---|---|---|---|---|
| **全 国** | **National Total** | **241008** | **265010** | **205845** | **220868** | **226343** | **213752** |
| 东部地区 | Eastern Region | 165313 | 196151 | 160694 | 166701 | 172103 | 160504 |
| 中部地区 | Middle Region | 56226 | 49248 | 27569 | 31132 | 31253 | 29137 |
| 西部地区 | Western Region | 19469 | 19611 | 17354 | 22769 | 22472 | 23549 |
| 北 京 | Beijing | 21270 | 37625 | 51570 | 50972 | 52742 | 49938 |
| 天 津 | Tianjin | 6415 | 11295 | 10181 | 8380 | 9312 | 9842 |
| 河 北 | Hebei | 3340 | 3338 | 3719 | 3448 | 4100 | 4392 |
| 山 西 | Shanxi | 290 | 556 | 506 | 469 | 831 | 826 |
| 内蒙古 | Inner Mongolia | 3075 | 1160 | 1112 | 943 | 1068 | 865 |
| 辽 宁 | Liaoning | 11455 | 13826 | 12546 | 15105 | 17738 | 15729 |
| 吉 林 | Jilin | 5386 | 3879 | 4196 | 3542 | 3647 | 3222 |
| 黑龙江 | Heilongjiang | 9883 | 2041 | 1755 | 1607 | 1706 | 2068 |
| 上 海 | Shanghai | 20974 | 30290 | 28102 | 27667 | 28593 | 26952 |
| 江 苏 | Jiangsu | 28618 | 26178 | 10844 | 14366 | 14089 | 13938 |
| 浙 江 | Zhejiang | 31218 | 20628 | 17734 | 16398 | 17391 | 12786 |
| 安 徽 | Anhui | 3184 | 5113 | 4792 | 4648 | 5667 | 5888 |
| 福 建 | Fujian | 5597 | 6510 | 5671 | 5044 | 5188 | 4785 |
| 江 西 | Jiangxi | 5068 | 3321 | 2530 | 2809 | 2266 | 2273 |
| 山 东 | Shandong | 30962 | 31908 | 5331 | 7027 | 6908 | 7672 |
| 河 南 | Henan | 4097 | 3770 | 2831 | 3773 | 4478 | 3913 |
| 湖 北 | Hubei | 7203 | 11131 | 5309 | 8297 | 7147 | 5689 |
| 湖 南 | Hunan | 21115 | 19437 | 5650 | 5987 | 5511 | 5258 |
| 广 东 | Guangdong | 5464 | 14432 | 14866 | 18175 | 15945 | 14408 |
| 广 西 | Guangxi | 912 | 558 | 247 | 319 | 437 | 290 |
| 海 南 | Hainan |  | 121 | 130 | 119 | 97 | 62 |
| 重 庆 | Chongqing | 1610 | 2730 | 2662 | 3769 | 2332 | 2465 |
| 四 川 | Sichuan | 3441 | 4933 | 4242 | 5723 | 6473 | 7632 |
| 贵 州 | Guizhou | 43 | 466 | 263 | 457 | 713 | 988 |
| 云 南 | Yunnan | 2054 | 1853 | 920 | 859 | 889 | 1028 |
| 西 藏 | Tibet |  |  |  |  |  |  |
| 陕 西 | Shaanxi | 4023 | 3392 | 3542 | 4856 | 4846 | 6243 |
| 甘 肃 | Gansu | 2960 | 1877 | 1995 | 1908 | 2306 | 2680 |
| 青 海 | Qinghai |  | 318 | 271 | 486 | 424 | 429 |
| 宁 夏 | Ningxia | 233 | 323 | 336 | 400 | 448 | 450 |
| 新 疆 | Xinjiang | 1118 | 2001 | 1764 | 3049 | 2536 | 479 |
| 港澳台 | Hongkong, Macao & Taiwan |  |  | 9 | 10 | 31 | 52 |
| 国 外 | Abroad |  |  | 219 | 256 | 484 | 510 |

# 7-31 各地区技术市场成交合同金额

# Value of Contract Deals in Domestic Technical Markets by Region

单位：万元 (10000 yuan)

| 地 区 | Region | 2000 | 2005 | 2006 | 2007 | 2008 | 2009 |
|---|---|---|---|---|---|---|---|
| **全 国** | **National Total** | **6507519** | **15513694** | **18181813** | **22265261** | **26652288** | **30390024** |
| 东部地区 | Eastern Region | 4515047 | 12374906 | 14131469 | 17360729 | 20584358 | 23454532 |
| 中部地区 | Middle Region | 1133795 | 1749560 | 1784865 | 2216648 | 2499981 | 2776089 |
| 西部地区 | Western Region | 858677 | 1389229 | 1517580 | 1618597 | 2145274 | 2375111 |
| 北 京 | Beijing | 1402871 | 4895922 | 6973256 | 8825603 | 10272173 | 12362450 |
| 天 津 | Tianjin | 262581 | 507093 | 588624 | 723356 | 866122 | 1054611 |
| 河 北 | Hebei | 94143 | 103827 | 156099 | 164329 | 165906 | 172112 |
| 山 西 | Shanxi | 5258 | 47980 | 59213 | 82677 | 128425 | 162068 |
| 内 蒙 古 | Inner Mongolia | 60287 | 109939 | 107127 | 109835 | 94423 | 147651 |
| 辽 宁 | Liaoning | 347817 | 865167 | 806494 | 929290 | 997290 | 1197095 |
| 吉 林 | Jilin | 71390 | 122261 | 153666 | 174845 | 196066 | 197598 |
| 黑 龙 江 | Heilongjiang | 152382 | 142585 | 156934 | 350209 | 412565 | 488550 |
| 上 海 | Shanghai | 738952 | 2317328 | 3095095 | 3548877 | 3861695 | 4354108 |
| 江 苏 | Jiangsu | 449568 | 1008296 | 688297 | 784173 | 940246 | 1082184 |
| 浙 江 | Zhejiang | 276275 | 386954 | 399618 | 453474 | 589189 | 564581 |
| 安 徽 | Anhui | 61012 | 142553 | 184921 | 264515 | 324865 | 356174 |
| 福 建 | Fujian | 172601 | 171959 | 113187 | 145579 | 179690 | 232594 |
| 江 西 | Jiangxi | 69299 | 111227 | 93135 | 99533 | 77641 | 97893 |
| 山 东 | Shandong | 288135 | 983614 | 232005 | 450275 | 660126 | 719391 |
| 河 南 | Henan | 211621 | 263737 | 237288 | 261907 | 254425 | 263046 |
| 湖 北 | Hubei | 276000 | 501823 | 444427 | 522146 | 628971 | 770329 |
| 湖 南 | Hunan | 286833 | 417394 | 455281 | 460816 | 477024 | 440432 |
| 广 东 | Guangdong | 482104 | 1124740 | 1070257 | 1328448 | 2016319 | 1709850 |
| 广 西 | Guangxi | 17741 | 94059 | 9423 | 9970 | 26996 | 17662 |
| 海 南 | Hainan | | 10007 | 8535 | 7327 | 35602 | 5556 |
| 重 庆 | Chongqing | 296594 | 357059 | 553479 | 395658 | 621884 | 383158 |
| 四 川 | Sichuan | 104150 | 190823 | 259323 | 303878 | 435313 | 545977 |
| 贵 州 | Guizhou | 620 | 10488 | 5361 | 6560 | 20356 | 17806 |
| 云 南 | Yunnan | 187742 | 159175 | 82747 | 97496 | 50547 | 102469 |
| 西 藏 | Tibet | | | | | | |
| 陕 西 | Shaanxi | 92560 | 188977 | 179485 | 301710 | 438300 | 698074 |
| 甘 肃 | Gansu | 26413 | 172736 | 214534 | 262107 | 297560 | 356287 |
| 青 海 | Qinghai | | 11812 | 24665 | 53017 | 77033 | 84967 |
| 宁 夏 | Ningxia | 6402 | 14131 | 5349 | 6641 | 8898 | 8982 |
| 新 疆 | Xinjiang | 66168 | 80029 | 76084 | 71724 | 73963 | 12078 |
| 港 澳 台 | Hongkong,Macao & Taiwan | | | 15557 | 24308 | 49309 | 124063 |
| 国 外 | Abroad | | | 732342 | 1044979 | 1373366 | 1660227 |

# 7-32 技术市场技术流向地域(合同数)

## Contract Inflows to Domestic Technical Markets by Region

单位: 项 (item)

| 地区 | Region | 2000 | 2005 | 2006 | 2007 | 2008 | 2009 |
|---|---|---|---|---|---|---|---|
| **全国** | **National Total** | **241008** | **265010** | **205845** | **220868** | **226343** | **213752** |
| 东部地区 | Eastern Region | 161446 | 185882 | 145297 | 151755 | 154745 | 143986 |
| 中部地区 | Middle Region | 54854 | 49668 | 31807 | 34297 | 35015 | 33238 |
| 西部地区 | Western Region | 23905 | 26203 | 24072 | 28046 | 28978 | 28971 |
| 北京 | Beijing | 16998 | 24206 | 30782 | 31728 | 32583 | 32341 |
| 天津 | Tianjin | 6297 | 8719 | 8105 | 6811 | 7285 | 7246 |
| 河北 | Hebei | 5230 | 5719 | 5495 | 5222 | 5683 | 5420 |
| 山西 | Shanxi | 1693 | 2112 | 2220 | 2208 | 2493 | 2372 |
| 内蒙古 | Inner Mongolia | 3907 | 2426 | 2317 | 2240 | 2565 | 2398 |
| 辽宁 | Liaoning | 9631 | 12677 | 10927 | 12462 | 14242 | 12576 |
| 吉林 | Jilin | 5257 | 3655 | 3946 | 3595 | 3859 | 3419 |
| 黑龙江 | Heilongjiang | 8391 | 3315 | 2676 | 2493 | 2665 | 2844 |
| 上海 | Shanghai | 21036 | 28606 | 24998 | 24740 | 25735 | 24180 |
| 江苏 | Jiangsu | 25957 | 22675 | 12696 | 16024 | 15556 | 14771 |
| 浙江 | Zhejiang | 29197 | 23639 | 19853 | 18770 | 19765 | 15204 |
| 安徽 | Anhui | 3276 | 5299 | 5226 | 5052 | 6078 | 6389 |
| 福建 | Fujian | 6532 | 7729 | 6566 | 5893 | 6087 | 5454 |
| 江西 | Jiangxi | 5772 | 4014 | 3025 | 3367 | 2774 | 2648 |
| 山东 | Shandong | 30909 | 34362 | 8136 | 9513 | 9237 | 9551 |
| 河南 | Henan | 5312 | 5382 | 4439 | 5009 | 5560 | 5070 |
| 湖北 | Hubei | 6166 | 8419 | 4898 | 6609 | 6256 | 5415 |
| 湖南 | Hunan | 18987 | 17472 | 5377 | 5964 | 5330 | 5081 |
| 广东 | Guangdong | 9277 | 16930 | 17142 | 19979 | 17995 | 16595 |
| 广西 | Guangxi | 1566 | 1382 | 1118 | 1196 | 1327 | 1192 |
| 海南 | Hainan | 382 | 620 | 597 | 613 | 577 | 648 |
| 重庆 | Chongqing | 1639 | 2416 | 2229 | 2815 | 1930 | 2205 |
| 四川 | Sichuan | 4330 | 5483 | 4940 | 5784 | 6665 | 7226 |
| 贵州 | Guizhou | 806 | 1294 | 1067 | 1313 | 1627 | 2028 |
| 云南 | Yunnan | 2754 | 3493 | 2204 | 2099 | 2219 | 2366 |
| 西藏 | Tibet | 41 | 87 | 126 | 108 | 173 | 236 |
| 陕西 | Shaanxi | 2582 | 3427 | 3679 | 4533 | 4630 | 5293 |
| 甘肃 | Gansu | 3590 | 2106 | 2368 | 2193 | 2534 | 2707 |
| 青海 | Qinghai | 280 | 606 | 594 | 765 | 762 | 813 |
| 宁夏 | Ningxia | 488 | 603 | 674 | 797 | 786 | 854 |
| 新疆 | Xinjiang | 1922 | 2880 | 2756 | 4203 | 3760 | 1653 |
| 港澳台 | Hongkong, Macao & Taiwan | 203 | 383 | 695 | 712 | 1015 | 977 |
| 其它 | Other | 600 | 2874 | 3974 | 6058 | 6590 | 6580 |

# 7-33 技术市场技术流向地域(合同金额)

## Value of Contract Inflows to Domestic Technical Markets by Region

单位：万元 (10000 yuan)

| 地区 | Region | 2000 | 2005 | 2006 | 2007 | 2008 | 2009 |
|---|---|---|---|---|---|---|---|
| **全国** | **National Total** | **6507519** | **15513694** | **18181813** | **22265261** | **26652288** | **30390024** |
| 东部地区 | Eastern Region | 4326995 | 9897950 | 10736318 | 12431802 | 14999611 | 16466327 |
| 中部地区 | Middle Region | 1024928 | 1950447 | 2160880 | 2551715 | 2933130 | 3353328 |
| 西部地区 | Western Region | 898411 | 1912047 | 2386566 | 2497525 | 3357871 | 3426466 |
| 北京 | Beijing | 1031906 | 2468704 | 3800294 | 3414186 | 3951167 | 4824978 |
| 天津 | Tianjin | 231158 | 381307 | 462407 | 662662 | 876416 | 1381934 |
| 河北 | Hebei | 163950 | 301803 | 425110 | 855847 | 801095 | 490164 |
| 山西 | Shanxi | 49350 | 215430 | 315866 | 460273 | 546856 | 601473 |
| 内蒙古 | Inner Mongolia | 79600 | 301516 | 296279 | 342845 | 910604 | 655260 |
| 辽宁 | Liaoning | 326885 | 855864 | 572430 | 681914 | 1434258 | 977954 |
| 吉林 | Jilin | 78926 | 134995 | 169763 | 171439 | 288587 | 271104 |
| 黑龙江 | Heilongjiang | 155168 | 153920 | 164280 | 224434 | 214417 | 389128 |
| 上海 | Shanghai | 633736 | 1746358 | 2206069 | 2793779 | 3086825 | 2727538 |
| 江苏 | Jiangsu | 411821 | 849194 | 694186 | 974909 | 1036150 | 1105730 |
| 浙江 | Zhejiang | 303584 | 589430 | 605586 | 681058 | 736267 | 806561 |
| 安徽 | Anhui | 66604 | 204344 | 196148 | 287299 | 358785 | 525582 |
| 福建 | Fujian | 193767 | 250239 | 221723 | 304796 | 322565 | 555523 |
| 江西 | Jiangxi | 66104 | 132315 | 108484 | 255224 | 133240 | 240457 |
| 山东 | Shandong | 345610 | 1143692 | 499470 | 863275 | 844896 | 1034863 |
| 河南 | Henan | 190434 | 358430 | 383382 | 369616 | 445256 | 366858 |
| 湖北 | Hubei | 190942 | 393847 | 458187 | 503683 | 530303 | 618523 |
| 湖南 | Hunan | 227400 | 357167 | 364770 | 279746 | 415685 | 340204 |
| 广东 | Guangdong | 669783 | 1217999 | 1146341 | 1124658 | 1759485 | 2476809 |
| 广西 | Guangxi | 38736 | 116309 | 176237 | 98048 | 121540 | 107819 |
| 海南 | Hainan | 14795 | 93360 | 102701 | 74717 | 150486 | 84272 |
| 重庆 | Chongqing | 164500 | 322759 | 454611 | 274851 | 261018 | 310811 |
| 四川 | Sichuan | 128590 | 231663 | 338133 | 394221 | 579322 | 602196 |
| 贵州 | Guizhou | 16522 | 53871 | 61389 | 145966 | 152744 | 283737 |
| 云南 | Yunnan | 228497 | 294254 | 295978 | 306882 | 223981 | 268621 |
| 西藏 | Tibet | 2994 | 7989 | 15279 | 15701 | 13218 | 19295 |
| 陕西 | Shaanxi | 84188 | 189469 | 286874 | 324701 | 362321 | 469572 |
| 甘肃 | Gansu | 54557 | 173761 | 186482 | 247342 | 288985 | 228703 |
| 青海 | Qinghai | 7628 | 29174 | 49162 | 77657 | 114843 | 233476 |
| 宁夏 | Ningxia | 9752 | 35262 | 35994 | 69383 | 78513 | 65651 |
| 新疆 | Xinjiang | 82847 | 156021 | 190148 | 199928 | 250781 | 181325 |
| 港澳台 | Hongkong, Macao & Taiwan | 47241 | 142287 | 267900 | 332406 | 344019 | 389146 |
| 其它 | Other | 209944 | 1610964 | 2630150 | 4451813 | 5017657 | 6754756 |

# 7-34 按合同类别分技术市场技术流向地域(合同数)(2009年)

# Contract Inflows to Domestic Technical Markets by Region (2009)

单位：项 (item)

| 地 区 | Region | 合 计 Total | 技术开发 Technology Development | 技术转让 Technology Transfer | 技术咨询 Technology Consultation | 技术服务 Technology Service |
|---|---|---|---|---|---|---|
| **全 国** | **National Total** | **213752** | **88025** | **13282** | **29203** | **83242** |
| 东部地区 | Eastern Region | 143983 | 57905 | 8615 | 19551 | 57912 |
| 中部地区 | Middle Region | 33239 | 12052 | 2348 | 5477 | 13362 |
| 西部地区 | Western Region | 28973 | 12068 | 1585 | 4091 | 11229 |
| 北 京 | Beijing | 32337 | 12898 | 765 | 2463 | 16211 |
| 天 津 | Tianjin | 7246 | 2733 | 195 | 1044 | 3274 |
| 河 北 | Hebei | 5420 | 2295 | 409 | 650 | 2066 |
| 山 西 | Shanxi | 2372 | 1061 | 264 | 229 | 818 |
| 内蒙古 | Inner Mongolia | 2398 | 662 | 116 | 640 | 980 |
| 辽 宁 | Liaoning | 12576 | 3305 | 330 | 4721 | 4220 |
| 吉 林 | Jilin | 3419 | 1183 | 93 | 1050 | 1093 |
| 黑龙江 | Heilongjiang | 2844 | 1181 | 166 | 319 | 1178 |
| 上 海 | Shanghai | 24180 | 6830 | 1179 | 2984 | 13187 |
| 江 苏 | Jiangsu | 14771 | 7870 | 1826 | 876 | 4199 |
| 浙 江 | Zhejiang | 15204 | 6588 | 1071 | 3704 | 3841 |
| 安 徽 | Anhui | 6389 | 1771 | 424 | 1458 | 2736 |
| 福 建 | Fujian | 5454 | 2030 | 293 | 974 | 2157 |
| 江 西 | Jiangxi | 2648 | 1027 | 318 | 545 | 758 |
| 山 东 | Shandong | 9551 | 4763 | 975 | 502 | 3311 |
| 河 南 | Henan | 5070 | 1630 | 519 | 712 | 2209 |
| 湖 北 | Hubei | 5415 | 2126 | 306 | 897 | 2086 |
| 湖 南 | Hunan | 5082 | 2073 | 258 | 267 | 2484 |
| 广 东 | Guangdong | 16596 | 8331 | 1501 | 1545 | 5219 |
| 广 西 | Guangxi | 1192 | 511 | 111 | 201 | 369 |
| 海 南 | Hainan | 648 | 262 | 71 | 88 | 227 |
| 重 庆 | Chongqing | 2205 | 1060 | 189 | 214 | 742 |
| 四 川 | Sichuan | 7227 | 2969 | 396 | 1206 | 2656 |
| 贵 州 | Guizhou | 2029 | 1068 | 77 | 129 | 755 |
| 云 南 | Yunnan | 2366 | 1501 | 139 | 164 | 562 |
| 西 藏 | Tibet | 236 | 68 | 10 | 25 | 133 |
| 陕 西 | Shaanxi | 5293 | 2452 | 253 | 309 | 2279 |
| 甘 肃 | Gansu | 2707 | 585 | 105 | 591 | 1426 |
| 青 海 | Qinghai | 813 | 189 | 65 | 99 | 460 |
| 宁 夏 | Ningxia | 854 | 512 | 43 | 54 | 245 |
| 新 疆 | Xinjiang | 1653 | 491 | 81 | 459 | 622 |
| 港澳台 | Hongkong, Macao & Taiwan | 977 | 547 | 192 | 15 | 223 |
| 其 它 | Other | 6580 | 5453 | 542 | 69 | 516 |

# 7-35 按合同类别分技术市场技术流向地域(合同金额)(2009年)

## Value of Contract Inflows to Domestic Technical Markets by Region (2009)

单位：万元 (10000 yuan)

| 地区 | Region | 合计 Total | 技术开发 Technology Development | 技术转让 Technology Transfer | 技术咨询 Technology Consultation | 技术服务 Technology Service |
|---|---|---|---|---|---|---|
| **全国** | **National Total** | **30390024** | **12641654** | **5385174** | **941397** | **11421800** |
| 东部地区 | Eastern Region | 16466327 | 6570106 | 3298726 | 685291 | 5912204 |
| 中部地区 | Middle Region | 3353329 | 1112772 | 757285 | 108042 | 1375231 |
| 西部地区 | Western Region | 3426466 | 1293975 | 425758 | 145999 | 1560735 |
| 北京 | Beijing | 4824978 | 1919128 | 192288 | 160150 | 2553412 |
| 天津 | Tianjin | 1381934 | 401954 | 45182 | 18254 | 916545 |
| 河北 | Hebei | 490164 | 142524 | 132368 | 32566 | 182706 |
| 山西 | Shanxi | 601473 | 151370 | 87627 | 16026 | 346450 |
| 内蒙古 | Inner Mongolia | 655260 | 131086 | 42494 | 21760 | 459919 |
| 辽宁 | Liaoning | 977954 | 294159 | 67952 | 226267 | 389576 |
| 吉林 | Jilin | 271104 | 109367 | 70815 | 15614 | 75308 |
| 黑龙江 | Heilongjiang | 389128 | 109415 | 27478 | 11022 | 241214 |
| 上海 | Shanghai | 2727538 | 1196949 | 1074534 | 46274 | 409781 |
| 江苏 | Jiangsu | 1105730 | 584166 | 249412 | 33039 | 239113 |
| 浙江 | Zhejiang | 806561 | 473324 | 142502 | 48446 | 142289 |
| 安徽 | Anhui | 525582 | 118877 | 270870 | 21151 | 114684 |
| 福建 | Fujian | 555523 | 283232 | 58039 | 20673 | 193578 |
| 江西 | Jiangxi | 240457 | 80767 | 53563 | 8438 | 97688 |
| 山东 | Shandong | 1034863 | 446224 | 264496 | 27406 | 296738 |
| 河南 | Henan | 366858 | 123751 | 60549 | 11734 | 170824 |
| 湖北 | Hubei | 618523 | 276621 | 114494 | 14721 | 212688 |
| 湖南 | Hunan | 340204 | 142604 | 71890 | 9335 | 116375 |
| 广东 | Guangdong | 2476809 | 807875 | 1041999 | 67135 | 559800 |
| 广西 | Guangxi | 107819 | 35133 | 18547 | 5829 | 48310 |
| 海南 | Hainan | 84272 | 20570 | 29954 | 5082 | 28666 |
| 重庆 | Chongqing | 310811 | 159968 | 56576 | 10497 | 83770 |
| 四川 | Sichuan | 602196 | 265940 | 172750 | 32303 | 131203 |
| 贵州 | Guizhou | 283737 | 95833 | 7273 | 6198 | 174433 |
| 云南 | Yunnan | 268621 | 108147 | 23819 | 7660 | 128996 |
| 西藏 | Tibet | 19295 | 5980 | 3021 | 1041 | 9254 |
| 陕西 | Shaanxi | 469572 | 203097 | 71456 | 12693 | 182326 |
| 甘肃 | Gansu | 228703 | 53910 | 7746 | 22669 | 144378 |
| 青海 | Qinghai | 233476 | 145673 | 10049 | 7132 | 70623 |
| 宁夏 | Ningxia | 65651 | 20802 | 6238 | 4318 | 34292 |
| 新疆 | Xinjiang | 181325 | 68404 | 5790 | 13900 | 93231 |
| 港澳台 | Hongkong, Macao & Taiwan | 389146 | 200263 | 123244 | 524 | 65115 |
| 其它 | Other | 6754756 | 3464538 | 780161 | 1540 | 2508516 |

# 7-36 按地区分的国外技术引进合同(2009年)
# Technology Contracts Imported by Region (2009)

| 地区 | Region | 合同数(项) Number of Contracts (item) | 合同金额(万美元) Value of Contracts (USD 10000) | 技术费 for Technology | 设备费 for Equipment |
|---|---|---|---|---|---|
| **全国** | **National Total** | **9964** | **2157179** | **1860788** | **296391** |
| 东部地区 | Eastern Region | 8256 | 1670528 | 1452285 | 218243 |
| 中部地区 | Middle Region | 802 | 154004 | 129059 | 24945 |
| 西部地区 | Western Region | 820 | 218115 | 204611 | 13504 |
| 北京 | Beijing | 1275 | 358710 | 196947 | 161763 |
| 天津 | Tianjin | 490 | 86771 | 80553 | 6218 |
| 河北 | Hebei | 52 | 6173 | 6172 | 1 |
| 山西 | Shanxi | 32 | 6539 | 5450 | 1090 |
| 内蒙古 | Inner Mongolia | 22 | 6044 | 3793 | 2251 |
| 辽宁 | Liaoning | 617 | 68833 | 68418 | 415 |
| 吉林 | Jilin | 299 | 44638 | 44624 | 14 |
| 黑龙江 | Heilongjiang | 13 | 2741 | 2536 | 206 |
| 上海 | Shanghai | 2571 | 445498 | 411648 | 33849 |
| 江苏 | Jiangsu | 739 | 159404 | 158232 | 1172 |
| 浙江 | Zhejiang | 683 | 52209 | 51443 | 766 |
| 安徽 | Anhui | 156 | 17810 | 17810 | 0 |
| 福建 | Fujian | 276 | 56386 | 56338 | 49 |
| 江西 | Jiangxi | 87 | 13058 | 8404 | 4655 |
| 山东 | Shandong | 624 | 95767 | 91976 | 3790 |
| 河南 | Henan | 45 | 30341 | 11714 | 18628 |
| 湖北 | Hubei | 134 | 36130 | 36040 | 90 |
| 湖南 | Hunan | 36 | 2745 | 2483 | 263 |
| 广东 | Guangdong | 918 | 338243 | 328022 | 10221 |
| 广西 | Guangxi | 41 | 8820 | 8723 | 97 |
| 海南 | Hainan | 11 | 2534 | 2534 | |
| 重庆 | Chongqing | 272 | 129188 | 126569 | 2619 |
| 四川 | Sichuan | 330 | 39350 | 34807 | 4543 |
| 贵州 | Guizhou | 9 | 827 | 737 | 90 |
| 云南 | Yunnan | 73 | 7712 | 7712 | |
| 西藏 | Tibet | | | | |
| 陕西 | Shaanxi | 49 | 16030 | 15348 | 682 |
| 甘肃 | Gansu | 9 | 5477 | 2277 | 3200 |
| 青海 | Qinghai | 7 | 150 | 150 | |
| 宁夏 | Ningxia | 8 | 4287 | 4264 | 23 |
| 新疆 | Xinjiang | 10 | 230 | 230 | |

注：国外技术引进合同有一部分无法按地区分类，所以分地区之和不等于全国总计。

# 7-37 按行业分的国外技术引进合同(2009年)

## Technology Contracts Imported by Industry (2009)

| 行业 | Industry | 合同数 (项) Number of Contracts (item) | 合同金额 (万美元) Value of Contracts (USD 10000) | 技术费 for Technology | 设备费 for Equipment |
|---|---|---|---|---|---|
| **总计** | **Total** | **9964** | **2157179** | **1860788** | **296391** |
| 农、林、牧、渔业 | Farming, Forestry, Animal Husbandry and Fishery | 52 | 3490 | 3479 | 11 |
| 采掘业 | Mining and Quarrying | 161 | 110473 | 38958 | 71515 |
| 制造业 | Manufacturing | 6460 | 1581783 | 1438982 | 142801 |
| 电力、煤气及水的生产和供应业 | Production and Supply of Electricity, Gas and Water | 166 | 73386 | 27468 | 45918 |
| 建筑业 | Construction | 138 | 14779 | 14779 | |
| 地质勘查业、水利管理业 | Geological Prospecting and Water Conservancy | 15 | 30316 | 13458 | 16858 |
| 交通运输、仓储及邮电通信业 | Transport, Storage, Post and Telecommunications | 141 | 24193 | 19114 | 5079 |
| 批发和零售贸易、餐饮业 | Wholesale, Retail Trade and Catering Service | 577 | 99928 | 99698 | 230 |
| 金融、保险业 | Finance and Insurance | 34 | 10200 | 10200 | |
| 房地产业 | Real Estate | 927 | 62965 | 62962 | 4 |
| 社会服务业 | Public Service | 690 | 75571 | 74828 | 743 |
| 卫生、体育和社会福利业 | Health Care, Sporting and Social Welfare | 1 | 4 | 4 | |
| 教育、文化艺术及广播电影电视业 | Education, Culture and Arts, Radio, Film and Television | 29 | 849 | 849 | |
| 科学研究和综合技术服务业 | Scientific Research and Polytechnic Service | 1 | 31 | 31 | |
| 国家机关、政党机关和社会团体 | Government, Party Agencies and Social Organizations | 3 | 94 | 94 | |
| 其他行业 | Others | 569 | 69116 | 55884 | 13232 |

# 7-38 国外技术引进合同按引进方式分(2009年)

## Technology Contracts Imported by Type of Import (2009)

| 项目 | Item | 合同数 (项) Number of Contracts (item) | 合同金额 (万美元) Value of Contracts (USD 10000) | 技术费 for Technology | 设备费 for Equipment |
|---|---|---|---|---|---|
| **总计** | **Total** | **9964** | **2157179** | **1860788** | **296391** |
| 专利技术的许可或转让(包括专利申请权的转让) | Patent Technology License and Transfer | 418 | 182091 | 179643 | 2447 |
| 专有技术的许可或转让 | Technology License and Transfer | 2156 | 956279 | 934653 | 21626 |
| 技术咨询、技术服务 | Technology Consultation and Service | 6170 | 660323 | 506537 | 153786 |
| 计算机软件的进口 | Import of Computer Software | 736 | 108805 | 108490 | 314 |
| 商标许可 | Trade Mark License | 75 | 14226 | 14223 | 3 |
| 合资生产、合作生产等 | Joint-venture Production and Cooperative Production | 153 | 61865 | 61291 | 574 |
| 为实施以上内容而进口的成套设备、关键设备、生产线等 | Comolete Set of Equipment, Key Equipment and Production Line | 145 | 150036 | 34545 | 115491 |
| 其它方式的技术进口 | Others | 111 | 23555 | 21405 | 2150 |

# 7-39 按引进国别或地区分的国外技术引进合同(2009年)

## Technology Contracts Imported by Country or Area (2009)

| 国别或地区 | Country or Area | 合同数(项) Number of Contracts (item) | 合同金额(万美元) Value of Contracts (USD 10000) | 技术费 for Technology | 设备费 for Equipment |
|---|---|---|---|---|---|
| **总　计** | **Total** | **9964** | **2157179** | **1860788** | **296391** |
| 阿根廷 | Argentina | 1 | 264 | 264 | |
| 阿拉伯酋长国 | Argentina | 3 | 23 | 23 | |
| 埃及 | Egypt | 1 | 24 | 24 | |
| 爱尔兰 | Ireland | 77 | 9889 | 9889 | |
| 奥地利 | Austri | 136 | 18369 | 12067 | 6302 |
| 澳大利亚 | Australia | 129 | 21752 | 21399 | 353 |
| 巴巴多斯 | Barbados | 1 | 91 | 91 | |
| 巴哈马 | Bahamas | 1 | 1327 | 1327 | |
| 巴基斯坦 | Pakistan | 2 | 76 | 76 | |
| 巴拿马 | Panama | 7 | 2875 | 2875 | |
| 巴西 | Brazil | 4 | 511 | 511 | |
| 百慕大 | Bermuda | 1 | 179 | 179 | |
| 比利时 | Belgium | 49 | 10377 | 6704 | 3673 |
| 冰岛 | Iceland | 1 | 180 | 180 | |
| 波兰 | Poland | 3 | 1071 | 821 | 250 |
| 伯利兹 | Belize | 1 | 4 | 4 | |
| 丹麦 | Denmark | 48 | 17479 | 15847 | 1631 |
| 德意志联邦共和国 | Germany | 1216 | 270036 | 187487 | 82549 |
| 俄罗斯 | Russia | 32 | 7256 | 6983 | 273 |
| 法国 | France | 308 | 44388 | 38781 | 5608 |
| 菲律宾 | Philippines | 6 | 224 | 224 | |
| 芬兰 | Finland | 53 | 37266 | 35104 | 2163 |
| 格鲁吉亚 | Georgia | 2 | 34 | 34 | |
| 古巴 | Cuba | 1 | 25 | 25 | |
| 哈萨克 | Kazakhstan | 3 | 363 | 363 | |
| 韩国 | South Korea | 775 | 249542 | 243897 | 5645 |
| 荷兰 | Netherlands | 162 | 44109 | 42981 | 1128 |
| 加拿大 | Canada | 160 | 23961 | 22039 | 1923 |
| 捷克共和国 | Czech Republic | 59 | 793 | 793 | |
| 开曼群岛 | Cayman Islands | 22 | 7141 | 6800 | 341 |
| 列支敦士登 | Liechtenstein | 1 | 16 | 16 | |
| 卢森堡 | Luxemburg | 11 | 2570 | 2570 | |
| 罗马尼亚 | Romania | 3 | 72 | 72 | |
| 马来西亚 | Malaysia | 47 | 5809 | 5809 | |
| 马绍尔群岛共和国 | Marshall Islands | 1 | 1073 | 1073 | |
| 毛里求斯 | Mauritius | 5 | 657 | 657 | |

7-39 续表 continued

| 国别或地区 | Country or Area | 合同数(项) Number of Contracts (item) | 合同金额(万美元) Value of Contracts (USD 10000) | 技术费 for Technology | 设备费 for Equipment |
|---|---|---|---|---|---|
| 美国 | United States | 1628 | 585855 | 536657 | 49198 |
| 蒙古 | Mongolia | 3 | 37 | 37 | |
| 墨西哥 | Mexico | 4 | 13 | 13 | |
| 南非 | South Africa | 4 | 753 | 753 | |
| 挪威 | Norway | 25 | 1155 | 1155 | |
| 葡萄牙 | Portugal | 4 | 53 | 53 | |
| 日本 | Japan | 2243 | 374249 | 340571 | 33678 |
| 瑞典 | Sweden | 83 | 42136 | 37195 | 4940 |
| 瑞士 | Switzerland | 137 | 30662 | 22119 | 8543 |
| 萨摩亚 | Samoa | 9 | 946 | 946 | |
| 塞浦路斯 | Cyprus | 9 | 423 | 423 | |
| 塞舌尔 | Seychelles | 1 | 0 | 0 | |
| 沙特阿拉伯 | Saudi Arabia | 1 | 70 | 70 | |
| 斯洛文尼亚共和国 | Republic of Slovenia | 1 | 50 | 50 | |
| 泰国 | Thailand | 35 | 2500 | 2500 | |
| 突尼斯 | Tunisia | 3 | 18 | 18 | |
| 土耳其 | Turkey | 8 | 332 | 332 | |
| 文莱 | Brunei | 2 | 24 | 24 | |
| 乌克兰 | Ukraine | 5 | 1734 | 459 | 1274 |
| 西班牙 | Spain | 33 | 16978 | 6099 | 10879 |
| 希腊 | Greece | 1 | 82 | 82 | |
| 新加坡 | Singapore | 313 | 18904 | 18355 | 549 |
| 新西兰 | New Zealand | 13 | 89 | 89 | 0 |
| 匈牙利 | Hungary | 7 | 821 | 516 | 304 |
| 以色列 | Israel | 37 | 1393 | 1393 | |
| 意大利 | Italy | 209 | 68354 | 18250 | 50104 |
| 印度 | India | 45 | 3938 | 3938 | |
| 印度尼西亚 | Indonesia | 9 | 72 | 72 | |
| 英国 | United Kingdom | 300 | 57679 | 54251 | 3429 |
| 英属维尔京 | British Virgin | 126 | 36487 | 36479 | 9 |
| 越南 | Vietnam | 1 | 20 | 20 | |
| 直布罗陀 | Gibraltar | null | 5 | 5 | |
| 中国 | China | 16 | 9171 | 1041 | 8130 |
| 中国澳门 | Macao, China | 14 | 614 | 614 | |
| 中国台湾 | China Taiwan | 319 | 20047 | 19354 | 694 |
| 中国香港 | Hong Kong, China | 984 | 101688 | 88868 | 12820 |

# 八、科技服务

# Scientific and Technologic Services

# 8-1　全国地质勘查分部门情况
# Basic Statistics on Geological Work by Sector

| 项　目 | Item | 年末从业人员（人）Year-end Employed Persons (person) | #技术人员 Technical Personnel | 地质勘查工作费用（万元）Expenditure on Geological Work (10000 yuan) |
|---|---|---|---|---|
| | 1994 | 994952 | 87729 | 1857485 |
| | 1995 | 969269 | 84411 | 2141855 |
| | 1996 | 807663 | 79994 | 2581164 |
| | 1997 | 792126 | 80775 | 2920572 |
| | 1998 | 742998 | 39407 | 3008294 |
| | 1999 | 314789 | 41955 | 2075697 |
| | 2000 | 258713 | 38863 | 2176666 |
| | 2001 | 240148 | 51059 | 2223651 |
| | 2002 | 221524 | 52310 | 2220273 |
| | 2003 | 209398 | 47470 | 2597619 |
| | 2004 | 224978 | 49661 | 3129145 |
| | 2005 | 234582 | 58587 | 3444127 |
| | 2006 | 214652 | 65899 | 4951695 |
| | 2007 | 215937 | 77661 | 6228345 |
| | 2008 | 351096 | 171498 | 7357584 |
| | 2009 | 456981 | 196871 | 8306187 |
| 属地化单位 | Localized Unit | 260504 | 136435 | 2879441 |
| 冶金部门 | Metallurgic Industry | 2598 | 1675 | 47695 |
| 有色金属部门 | Nonferrous | 572 | 333 | 7930 |
| 地质调查局 | Geological Prospecting | 5645 | 5220 | 189470 |
| 武警黄金部门 | Gold Industry | 4100 | 893 | 21080 |
| 煤田部门 | Coal Industry | 12732 | 3925 | 86427 |
| 石油天然气 | Oil Industry | 117259 | 24812 | 2512575 |
| 海洋石油部门 | Offshore Oil | 1962 | 1188 | 975474 |
| 石化集团 | Petrol-chem Corp. | 43639 | 17045 | 1422123 |
| 核工业部门 | Nuclear Industry | 2460 | 950 | 54625 |
| 化工部门 | Chemical Engineering | 1237 | 982 | 12120 |
| 建材部门 | Building Material | 3986 | 3255 | 30389 |
| 中联煤层气公司 | China United Coalbed Methane Corporation,Ltd. | 287 | 158 | 66837 |

# 8-2 全国地质勘查分地区情况(2009年)

# Basic Statistics on Geological Work by Region (2009)

| 地　区 | Region | 年末从业人员 (人) Year-end Employed Persons (person) | #技术人员 Technical Personnel | 地质勘查工作费用 (万元) Expenditure on Geological Work (10000 yuan) |
|---|---|---|---|---|
| **全　国** | **National Total** | **456981** | **196871** | **8306187** |
| 北　京 | Beijing | 9883 | 7318 | 25753 |
| 天　津 | Tianjin | 15538 | 5042 | 377703 |
| 河　北 | Hebei | 40856 | 15511 | 450315 |
| 山　西 | Shanxi | 8804 | 6027 | 160482 |
| 内蒙古 | Inner Mongolia | 24385 | 7595 | 944908 |
| 辽　宁 | Liaoning | 23507 | 9585 | 233235 |
| 吉　林 | Jilin | 7103 | 4566 | 229722 |
| 黑龙江 | Heilongjiang | 30192 | 8779 | 318661 |
| 上　海 | Shanghai | 2693 | 1777 | 87383 |
| 江　苏 | Jiangsu | 12531 | 5915 | 124155 |
| 浙　江 | Zhejiang | 3034 | 2230 | 20378 |
| 安　徽 | Anhui | 10257 | 5581 | 86352 |
| 福　建 | Fujian | 4981 | 3683 | 37156 |
| 江　西 | Jiangxi | 10483 | 7124 | 51987 |
| 山　东 | Shandong | 26916 | 12509 | 439747 |
| 河　南 | Henan | 28868 | 16086 | 335640 |
| 湖　北 | Hubei | 10359 | 6240 | 95515 |
| 湖　南 | Hunan | 9211 | 6464 | 45039 |
| 广　东 | Guangdong | 8020 | 6310 | 641287 |
| 广　西 | Guangxi | 4002 | 3075 | 42440 |
| 海　南 | Hainan | 1419 | 1225 | 23645 |
| 重　庆 | Chongqing | 7437 | 2971 | 44256 |
| 四　川 | Sichuan | 28816 | 12578 | 701728 |
| 贵　州 | Guizhou | 3703 | 2843 | 70532 |
| 云　南 | Yunnan | 7270 | 5951 | 133379 |
| 西　藏 | Tibet | 873 | 794 | 37383 |
| 陕　西 | Shaanxi | 83794 | 15048 | 611126 |
| 甘　肃 | Gansu | 5001 | 2628 | 274158 |
| 青　海 | Qinghai | 6343 | 2781 | 140152 |
| 宁　夏 | Ningxia | 1783 | 1329 | 60563 |
| 新　疆 | Xinjiang | 18919 | 7306 | 1278824 |

# 8-3 全国气象部门基本情况

## Basic Statistics on Meteorological Units

| 项 目 | Item | 2000 | 2005 | 2006 | 2007 | 2008 | 2009 |
|---|---|---|---|---|---|---|---|
| **一、气象观测业务台站(个)** | **Operating Station (Unit)** | | | | | | |
| 1. 地面观测 | Surface Observation Stations | 2819 | 2405 | 2418 | 2431 | 2438 | 2416 |
| 2. 高空探测 | Upper-air Observation Stations | 156 | 120 | 122 | 123 | 121 | 118 |
| 3. 自动气象站 | Automatic Weather Stations | 550 | 7813 | 16775 | 23130 | 28235 | 31553 |
| 4. 天气雷达观测 | Weather Radar Observation Stations | 238 | 253 | 252 | 304 | 313 | 330 |
| 5. 大气成分观测 | Atmospheric Composition Observation Stations | | 21 | 73 | 31 | 35 | 35 |
| 6. 太阳辐射观测 | Solar Radiation Observation Stations | 99 | 105 | 110 | 103 | 142 | 157 |
| 7. 农业气象观测 | Agro-Meteorological Observation Stations | 1125 | 769 | 771 | 739 | 635 | 653 |
| 8. 生态与农业气象观测试验 | Ecological & Agro-Meteorological Observation Stations | 68 | 67 | 68 | 69 | 67 | 68 |
| 9. 卫星云图接收 | Satellite Cloud Images Receiving Stations | 319 | 435 | 384 | 496 | 621 | 311 |
| 10.大气本底站 | | 4 | 6 | 7 | 7 | 7 | 7 |
| 11.雷电定位监测 | Lightning Location Monitoring Stations | | 234 | 292 | 354 | 387 | 417 |
| 12.沙尘暴监测 | Sand and Dust Storm Monitoring | | 85 | 86 | 31 | 194 | 182 |
| 13.紫外线观测 | UV Observation | | 178 | 178 | 174 | 203 | 149 |
| 14.酸雨观测 | Acid Rain Observation | 82 | 299 | 513 | 334 | 330 | 337 |
| 15.臭氧观测 | Ozone Observation | 3 | 14 | 18 | 4 | 20 | 17 |
| 16.海洋气象台站 | | 140 | 125 | 100 | 105 | 102 | 102 |
| **二、气象科学数据共享服务数据量(GB)** | **Quantity of Meteorological Data (GB)** | | **2089** | **218784** | **112506** | **51985** | **245740** |
| **三、装备** | **Equipment** | | | | | | |
| 1. 拥有计算机数(台) | Number of Computers (unit) | 27724 | 50683 | 57007 | 63350 | 72137 | 79349 |
| 高性能计算机 | High-powered Computers | | 62 | 53 | 65 | 61 | 72 |
| 服务器及工作站(套) | Servers and Workstations (set) | | 768 | 941 | 1046 | 1196 | 1751 |
| PC服务器 | PC Servers | | 1903 | 2142 | 2629 | 3021 | 3776 |
| PC机(含PC工作站) | Personal Computers | | 47950 | 53871 | 59610 | 67859 | 73750 |
| 2. 云图接收机数(台) | Number of Cloud Images Receiving Stations (unit) | 354 | 506 | 423 | 438 | 453 | 407 |
| 3. 电视会商系统设备(套) | TV Conference Facilities (set) | | 729 | 877 | 1041 | 1296 | 1805 |
| 4. 人工影响天气作业 | Facilities for Conducting Weather Modification Operations | | | | | | |
| 设备高炮(门) | Cloud Seeding Guns (unit) | | 6393 | 6800 | 6969 | 6311 | 6973 |
| 火箭发射系统(部) | Cloud Seeding Rocket Launchers (unit) | | 4129 | 4936 | 5039 | 4862 | 6355 |
| **四、人员(人)** | **Number of Personnel (Person)** | | | | | | |
| 全国气象部门职工总数 | Total Staff and Workers | 59113 | 53214 | 53137 | 53321 | 53265 | 53180 |

注：从2006年开始气象科学数据共享服务数据量是全国气象部门利用网络向社会提供气象资料的数据量，2005年及以前是国家气象信息中心气象科学数据共享服务网的数据量。

# 8-4 地震台、网基本情况(2009年)

# Statistics of Earthquake Monitoring Stations and Networks (2009)

单位: 个 (unit)

| 地区 Region | 国家地震观测台、网 National Seismic Observation Stations, Networks | | | 国家地震遥测台、网 National Seismic Telemetric Stations, Networks | | 市、县地震台 Municipality/County-level Seismic Stations | | 企业台 Number of enterprise Stations |
|---|---|---|---|---|---|---|---|---|
| | 国家级台 number of National stations | 省级台 number of provincial stations | 强震观测点 Number of Strong motion observation spots | 台网 Number of Seismic networks | 子台 Sub-seismic Stations | 市、县级台 Municipality/County-level seismic Stations | 宏观观测点 Macro-observation Spots | |
| **全国 National Total** | **196** | **240** | **1972** | **140** | **1508** | **883** | **127** | **22625** |
| 北京 Beijing | 5 | 8 | 244 | 3 | 194 | 86 | 2 | 259 |
| 天津 Tianjin | 4 | 5 | 136 | 1 | 33 | | | 18 |
| 河北 Hebei | 10 | 11 | 67 | 4 | 81 | 45 | 12 | 1129 |
| 山西 Shanxi | 5 | 6 | 40 | 5 | 48 | 61 | 25 | 6044 |
| 内蒙古 Inner Mongolia | 10 | 15 | 32 | 1 | 25 | 28 | | 530 |
| 辽宁 Liaoning | 9 | 8 | | 3 | 47 | 28 | 5 | 872 |
| 吉林 Jilin | 7 | 6 | 10 | 2 | 43 | 18 | | 274 |
| 黑龙江 Heilongjiang | 8 | 3 | 100 | 7 | 68 | 29 | 1 | 2167 |
| 上海 Shanghai | 2 | | 25 | 1 | 33 | 7 | | 15 |
| 江苏 Jiangsu | 6 | 9 | 64 | 12 | 15 | 60 | 4 | 1023 |
| 浙江 Zhejiang | 5 | 2 | 16 | 4 | 65 | 30 | | 4 |
| 安徽 Anhui | 6 | 6 | 10 | 4 | 11 | 15 | 1 | 594 |
| 福建 Fujian | 6 | 8 | 40 | 9 | 41 | 23 | 8 | 330 |
| 江西 Jiangxi | 2 | 4 | 6 | 1 | 18 | 6 | | 688 |
| 山东 Shandong | 7 | 17 | 62 | 9 | 98 | 12 | 7 | 1229 |
| 河南 Henan | 7 | 20 | 17 | 29 | 41 | 29 | 4 | 830 |
| 湖北 Hubei | 7 | 2 | 2 | 5 | 53 | | | 157 |
| 湖南 Hunan | 3 | 4 | 2 | 1 | 21 | 25 | 2 | 500 |
| 广东 Guangdong | 8 | 8 | 67 | 8 | 45 | 32 | 5 | 203 |
| 广西 Guangxi | 5 | 3 | 21 | 6 | 60 | 2 | 3 | 513 |
| 海南 Hainan | 2 | 3 | 14 | 1 | 24 | 7 | | 1276 |
| 重庆 Chongqing | 2 | 7 | | 1 | 27 | 22 | | 17 |
| 四川 Sichuan | 10 | 33 | 211 | 8 | 105 | 77 | 10 | 554 |
| 贵州 Guizhou | | | | | | | | |
| 云南 Yunnan | 14 | 19 | 315 | 1 | 55 | 109 | 1 | 1620 |
| 西藏 Tibet | 6 | 3 | 2 | 1 | 18 | | | |
| 陕西 Shaanxi | 6 | 6 | 30 | 2 | 43 | 43 | 8 | 596 |
| 甘肃 Gansu | 9 | 12 | 177 | 5 | 58 | 40 | 8 | 567 |
| 青海 Qinghai | 8 | 1 | 41 | 3 | 53 | 7 | 20 | 46 |
| 宁夏 Ningxia | 4 | 3 | 51 | 1 | 13 | 11 | | 226 |
| 新疆 Xinjiang | 13 | 8 | 170 | 2 | 72 | 31 | 1 | 344 |

# 8-5 国家标准、

## Basic Statistics on National

| 项　目 | Item | 1994 | 1995 | 1996 | 1997 | 1998 |
|---|---|---|---|---|---|---|
| **本年度制、修订 标准合计(个)** | **Number of Standards on Formulation and Redaction (unit)** | **1304** | **1319** | **1387** | **1162** | **990** |
| 制　定 | Formulation | 883 | 899 | 818 | 658 | 587 |
| 修　订 | Redaction | 421 | 420 | 569 | 504 | 403 |
| **国标标准采用程度合计(个)** | **Number of International Standards used on diffirent Levels (unit)** | **438** | **505** | **560** | **688** | **600** |
| 等　同 | Same | 59 | 96 | 203 | 281 | 249 |
| 修　改 | Modified | 140 | 185 | 186 | 267 | 235 |
| 非等效 | Non-equivalent | 239 | 224 | 171 | 140 | 116 |
| **计量基准、标准建立情况** | **Establsihed on Standards and Measurement** | | | | | |
| 类　别 | Categories | 10 | 10 | 10 | 10 | 10 |
| 项　别 | Items | 87 | 86 | 83 | 87 | 88 |
| 种　别 | Sorts | 147 | 147 | 143 | 141 | 140 |
| **计量仪器检定按类别分(台、件)** | **Measuring Instrument Examined on Diffirent Category (set)** | | | | | |
| 合　计 | Total | 25735737 | 26344211 | 27611905 | 29374465 | 27597670 |
| 长　度 | Length | 2419281 | 2441130 | 2584605 | 2358173 | 2086995 |
| 温　度 | Temperature | 630550 | 534085 | 670683 | 689446 | 669758 |
| 力　学 | Mechanics | 18638860 | 8845119 | 19252999 | 20153072 | 17955936 |
| #衡　器 | Weighing Apparatus | 10728650 | 10442331 | 10229244 | 9751864 | 8971949 |
| 电　磁 | Electromagnetism | 3373039 | 3688655 | 4012280 | 4997291 | 5231026 |
| 光　学 | Optics | 117165 | 113448 | 157343 | 173046 | 254095 |
| 声　学 | Acoustics | 11518 | 15262 | 19272 | 24641 | 25778 |
| 化　学 | Chemistry | 168165 | 151530 | 228704 | 221255 | 210298 |
| 放射性 | Radioactivity | 12637 | 18485 | 32522 | 28914 | 40257 |
| 无线电 | Radio | 70586 | 94819 | 86536 | 97672 | 107467 |
| 时间频率 | Time Frequency | 45841 | 32525 | 77136 | 84747 | 145744 |
| 其　他 | Others | 248095 | 409153 | 489825 | 546208 | 870316 |

# 计量基本情况

# Standards and Measurement

| 1999 | 2000 | 2001 | 2002 | 2003 | 2004 | 2005 | 2006 | 2007 | 2008 | 2009 |
|---|---|---|---|---|---|---|---|---|---|---|
| **900** | **1087** | **1045** | **1049** | **1653** | **893** | **1320** | **1909** | **1410** | **6373** | **3158** |
| 477 | 605 | 497 | 514 | 734 | 458 | 690 | 1080 | 745 | 2714 | 2102 |
| 423 | 482 | 548 | 535 | 919 | 435 | 630 | 829 | 665 | 3659 | 1056 |
| **526** | **538** | **492** | **608** | **661** | **365** | **711** | **955** | **651** | | |
| 194 | 230 | 213 | 222 | 361 | 151 | 417 | 518 | 360 | | |
| 194 | 220 | 167 | 269 | 192 | 147 | 220 | 327 | 200 | | |
| 138 | 88 | 112 | 117 | 108 | 67 | 74 | 110 | 91 | | |
| 10 | 10 | 10 | 10 | 10 | 10 | 10 | 10 | 10 | 10 | 10 |
| 133 | 133 | 133 | 133 | 130 | 130 | 130 | 130 | 130 | 130 | 130 |
| 190 | 191 | 190 | 190 | 177 | 177 | 177 | 178 | 178 | 178 | 178 |
| 31004284 | 40058507 | 38935133 | 44993208 | 41587596 | 40006798 | 36210234 | 39050639 | 34777777 | 36954296 | 37999532 |
| 2283278 | 2990725 | 3033660 | 3475520 | 3476880 | 2885297 | 2632844 | 2700486 | 3078905 | 3337733 | 3572267 |
| 745406 | 5019420 | 1294382 | 1881378 | 1421727 | 1182162 | 1385405 | 1558850 | 1520869 | 1674392 | 1845849 |
| 18393406 | 20325728 | 20623794 | 23679332 | 21153580 | 19729179 | 18116433 | 20427899 | 18600652 | 19963861 | 20605492 |
| 9470396 | 8197099 | 8375575 | 8051990 | 7937044 | 6331145 | 6138724 | 5916416 | 5223488 | 5004744 | 5449181 |
| 7569615 | 8565969 | 10885992 | 11827159 | 11610007 | 13204391 | 10797067 | 10263954 | 6735195 | 6964295 | 6001671 |
| 322881 | 336359 | 397073 | 410101 | 381681 | 418509 | 449592 | 421163 | 382068 | 410157 | 419131 |
| 32937 | 46625 | 43058 | 67133 | 52472 | 48714 | 69376 | 82233 | 96329 | 131987 | 107800 |
| 224892 | 294201 | 317330 | 484879 | 477352 | 406095 | 479283 | 515981 | 573885 | 759964 | 868235 |
| 43377 | 49763 | 53111 | 115578 | 65886 | 80627 | 101392 | 102664 | 157063 | 126900 | 162839 |
| 156113 | 688232 | 731195 | 813242 | 832157 | 191300 | 224285 | 283346 | 256213 | 251293 | 312823 |
| 252201 | 401238 | 407959 | 380299 | 396674 | 313220 | 475873 | 466726 | 454633 | 486494 | 406320 |
| 980178 | 1340247 | 1156036 | 1858587 | 1719179 | 1547304 | 1478684 | 2227337 | 2921963 | 2847020 | 3698772 |

# 8-6 地方标准、质量

## Basic Statistics on Local

| 项　目 | Item | 1994 | 1995 | 1996 | 1997 | 1998 | 1999 |
|---|---|---|---|---|---|---|---|
| 本年末标准累计(个) | Number of Standards (unit) | 11473 | 8553 | 10216 | 10793 | 10965 | 12156 |
| 本年度制、修订标准合计(个) | Number of Standards for Formulation or Redaction (unit) | 1030 | 985 | 801 | 738 | 678 | 1151 |
| 制　定 | Formulation | 1017 | 930 | 787 | 637 | 644 | 1021 |
| 修　订 | Redaction | 13 | 55 | 14 | 101 | 34 | 130 |
| 产品质量监督检验企业数(家) | Number of Enterprises Supervised and Checked for Product Quality (unit) | 265975 | 260490 | 301839 | 422153 | 395015 | 401089 |
| 检验批次数(批次) | Inspection Batch-time (batch-time) | 439125 | 435900 | 476885 | 633563 | 508191 | 501121 |
| 批次合格率(%) | Rate of Batch-time Qualified (%) | 77.38 | 77.00 | 78.00 | 80.00 | 79.40 | 79.92 |

## 监督基本情况
## Standards and Measurements

| 2000 | 2001 | 2002 | 2003 | 2004 | 2005 | 2006 | 2007 | 2008 | 2009 |
|---|---|---|---|---|---|---|---|---|---|
| 11464 | 11914 | 12269 | 12877 | 13166 | 16005 | 18128 | 20263 | 22396 | 25054 |
| 921 | 722 | 1388 | 2109 | 2134 | 2679 | 2377 | 2805 | 2809 | 3110 |
| 873 | 689 | 1255 | 1976 | 1992 | 2532 | 2198 | 2639 | 2594 | 2988 |
| 48 | 33 | 133 | 133 | 142 | 147 | 179 | 166 | 215 | 122 |
| 389675 | 355119 | 351882 | 319492 | 181820 | 218612 | 188093 | 337613 | 175980 | 234724 |
| 484581 | 445044 | 448718 | 392712 | 226334 | 295663 | 246007 | 503758 | 212153 | 275688 |
| 81.00 | 81.07 | 83.59 | 86.07 | 83.62 | 84.59 | 81.74 | 86.20 | 86.91 | 87.64 |

# 8-7 全国测绘部门资料提供情况(2009年)
## Statistics on Surveying and Mapping Materials (2009)

| 地 区 | Region | 地形图合计(张) Topographic Map (piece) | 1:10000 | 1:50000 | 大地成果(点) Geodetic Results (point) | 航摄成果(片) Aerial Photograph (piece) | 挂图(张) Wall-map (piece) | 地图集(册) Atlas (volume) |
|---|---|---|---|---|---|---|---|---|
| **全 国** | **Total** | **464886** | **145535** | **87336** | **282927** | **703784** | **60729** | **4705** |
| 东部地区 | Eastern Region | 245009 | 29680 | 6762 | 59284 | 128179 | 294 | 68 |
| 中部地区 | Mid Region | 51557 | 36456 | 12533 | 51637 | 145632 | 32757 | 3363 |
| 西部地区 | Western Region | 137648 | 79399 | 44200 | 99518 | 95575 | 27678 | 1274 |
| 北 京 | Beijing | 18636 | 345 | | 18389 | | | |
| 天 津 | Tianjin | 500 | | | 321 | | | |
| 河 北 | Hebei | 3603 | 2887 | 569 | 2452 | 15018 | 28 | |
| 山 西 | Shanxi | 3277 | 2931 | 346 | | | | |
| 内 蒙 古 | Inner Mongolia | 16005 | 1536 | 11354 | 33469 | 23238 | | |
| 辽 宁 | Liaoning | 3902 | 3026 | 698 | 1298 | 130 | | 15 |
| 吉 林 | Jilin | 8654 | 5053 | 2760 | 7745 | 14462 | 7748 | 3363 |
| 黑 龙 江 | Heilongjiang | 12568 | 4578 | 6705 | 23659 | 52755 | 9 | |
| 上 海 | Shanghai | 183033 | 20 | 13 | 4011 | | | |
| 江 苏 | Jiangsu | 7153 | 4599 | 2496 | 15984 | 1323 | 266 | 53 |
| 浙 江 | Zhejiang | 5400 | 4524 | 853 | 4294 | 18989 | | |
| 安 徽 | Anhui | 6808 | 6125 | 683 | 5247 | 8708 | | |
| 福 建 | Fujian | 13285 | 5712 | 1316 | 4008 | 11024 | | |
| 江 西 | Jiangxi | 5660 | 4963 | 627 | 8357 | | | |
| 山 东 | Shandong | 6142 | 5511 | 522 | 3779 | 81689 | | |
| 河 南 | Henan | 2859 | 2415 | 366 | 1536 | 63186 | 25000 | |
| 湖 北 | Hubei | 2606 | 2270 | 258 | 3523 | 5097 | | |
| 湖 南 | Hunan | 9125 | 8121 | 788 | 1570 | 1424 | | |
| 广 东 | Guangdong | 3102 | 2803 | 295 | 3919 | | | |
| 广 西 | Guangxi | 20595 | 19028 | 1380 | 6824 | 1107 | 322 | 80 |
| 海 南 | Hainan | 253 | 253 | | 829 | 6 | | |
| 重 庆 | Chongqing | 10769 | 9188 | 1407 | 1059 | 220 | | |
| 四 川 | Sichuan | 12337 | 8233 | 3192 | 6141 | 18229 | | |
| 贵 州 | Guizhou | 23017 | 17186 | 5286 | 3410 | 9977 | | |
| 云 南 | Yunnan | 9975 | 5334 | 3845 | 16588 | 7819 | 124 | 3 |
| 西 藏 | Tibet | 1229 | 24 | 296 | 161 | | 21970 | 174 |
| 陕 西 | Shaanxi | 14316 | 12041 | 1994 | 1610 | 21372 | | |
| 甘 肃 | Gansu | 2413 | 32 | 2045 | 1982 | 1115 | | 300 |
| 青 海 | Qinghai | 4347 | 1693 | 1630 | 2648 | 1254 | 560 | 82 |
| 宁 夏 | Ningxia | 1365 | 1118 | 180 | 962 | 329 | | |
| 新 疆 | Xinjiang | 21280 | 3986 | 11591 | 24664 | 10915 | 4702 | 635 |
| 国家基础地理信息中心 | National Geomatics Center of China | 30672 | | 23841 | 72488 | 334398 | | |

# 8-8 软科学基本情况

# Basic Statistics on Soft Sciences

| 项　目 | Item | 1993-1994 | 1995-1996 | 1997-1998 | 1999-2000 | 2001-2002 | 2003-2004 | 2005-2006 |
|---|---|---|---|---|---|---|---|---|
| 软科学机构数(个) | Number of Institutes (unit) | 1076 | 1241 | 1224 | 1323 | 1634 | 1079 | 1333 |
| 从事科学活动人员数(人) | S&T Personnel (person) | 29529 | 44300 | 36230 | 37347 | 48589 | 31214 | 35276 |
| #科学家工程师 | Scientists and Engineers | 22404 | 27898 | 24308 | 27548 | 35840 | | |
| #高级职称 | Senior Title | 9107 | 10841 | 12172 | 14207 | 19207 | 14615 | 16417 |
| 中级职称 | Middle Title | 12452 | 16107 | 12070 | 13314 | 16514 | 10417 | 13079 |
| 完成软科学课题(项) | Finished Projects (item) | 6047 | 5761 | 7672 | 7147 | 9213 | 9133 | 7601 |
| 正在进行的软科学课题(项) | Ongoing Projects (item) | 2361 | 2367 | 3262 | 3020 | 5139 | 5336 | 2644 |
| 投入软科学研究经费(万元) | Research Funds (10000 yuan) | 23600 | 48400 | 62400 | 58500 | 88649 | 125798 | 56040 |
| 投入软科学研究人力(人年) | Research Personnel (man-year) | 23500 | 22400 | 33700 | 26011 | 37647 | 39058 | 8169 |
| 发表科学论文(篇) | Scientific Papers (piece) | 34464 | 44230 | 45862 | 42934 | 64671 | 63313 | 73482 |
| #国外发表 | Published abroad | 2552 | 2154 | 2658 | 1895 | 2391 | 3984 | 2783 |
| 获奖成果(项) | Achievements Awarded (item) | 1542 | 1411 | 1976 | 1642 | 2027 | 1549 | 456 |
| 开展国际合作项目(项) | International Cooperative Projects (item) | 808 | 592 | 1222 | 995 | 1022 | 741 | 136 |
| 参加人数(人) | Personnel Participated (person) | 5602 | 2307 | 3154 | 3476 | 4753 | | |
| 出席国际会议或出国考察(项) | Participated Int'l Conference or Field Trip abroad (item) | 1242 | 2714 | 3338 | 3616 | 4370 | | |
| 参加人数(人) | Personnel Participated (person) | 3795 | 5736 | 7480 | 7208 | 10172 | 5139 | |

# 8-9 国际科技合作项目

# International Cooperation Exchange for Science and Technology

单位：项 (item)

| 项　目 | Item | 1995 | 2005 | 2006 | 2007 | 2008 | 2009 |
|---|---|---|---|---|---|---|---|
| **按出国项目分** | **by Type of Project Going Abroad** | | | | | | |
| **合　计** | **Total** | **18845** | **19132** | **23913** | **27509** | **34408** | **44531** |
| 考察访问 | Field Trip | 6133 | 6218 | 6603 | 7598 | 6977 | 8506 |
| 国际会议 | International Conference | 5170 | 6565 | 8400 | 10562 | 14910 | 19102 |
| 合作研究 | Cooperative Research | 3052 | 2341 | 2799 | 3677 | 5270 | 6346 |
| 培　训 | Training | 2687 | 1593 | 1945 | 2094 | 1750 | 1928 |
| 展览会 | Exhibition | 496 | 577 | 571 | 483 | 411 | 375 |
| 其　他 | Others | 1307 | 1838 | 3595 | 3095 | 5090 | 8274 |
| **按来华项目分** | **by Type of Project Coming to China** | | | | | | |
| **合　计** | **Total** | **8940** | **15829** | **16692** | **17509** | **24897** | **26539** |
| 考察访问 | Field Trip | 5050 | 6081 | 7129 | 7683 | 8817 | 11791 |
| 国际会议 | International Conference | 1212 | 3729 | 2967 | 4008 | 8007 | 5019 |
| 合作研究 | Cooperative Research | 1522 | 3470 | 3293 | 3786 | 5044 | 6592 |
| 培　训 | Training | 363 | 695 | 1043 | 552 | 988 | 1174 |
| 展览会 | Exhibition | 149 | 447 | 490 | 127 | 373 | 116 |
| 其　他 | Others | 644 | 1407 | 1770 | 1353 | 1668 | 1847 |

# 8-10 国际科技合作项目参加人数

## Personnel Participated in International Cooperation Exchange for Science and Technology

单位：人次 (person-time)

| 项　目 | Item | 1995 | 2005 | 2006 | 2007 | 2008 | 2009 |
|---|---|---|---|---|---|---|---|
| **按出国项目分** | **by Type of Project Going Abroad** | | | | | | |
| **合　计** | **Total** | **58883** | **54347** | **64238** | **81916** | **69125** | **103744** |
| 考察访问 | Field Trip | 21578 | 23335 | 27300 | 30160 | 18543 | 23220 |
| 国际会议 | International Conference | 10937 | 10476 | 14562 | 20639 | 21848 | 34730 |
| 合作研究 | Cooperative Research | 6873 | 4884 | 6011 | 8019 | 8053 | 12385 |
| 培　训 | Training | 12127 | 7520 | 2300 | 8182 | 6056 | 7818 |
| 展览会 | Exhibition | 3729 | 3086 | 3754 | 3342 | 2330 | 2701 |
| 其　他 | Others | 3639 | 5046 | 10311 | 11574 | 12295 | 22890 |
| **按来华项目分** | **by Type of Project Coming to China** | | | | | | |
| **合　计** | **Total** | **35098** | **70900** | **85774** | **86354** | **99955** | **130019** |
| 考察访问 | Field Trip | 15587 | 21192 | 26697 | 35891 | 35201 | 63086 |
| 国际会议 | International Conference | 9101 | 28765 | 29663 | 31707 | 29507 | 36460 |
| 合作研究 | Cooperative Research | 4029 | 8470 | 8170 | 7270 | 10583 | 14911 |
| 培　训 | Training | 1376 | 2506 | 4219 | 2920 | 4865 | 4097 |
| 展览会 | Exhibition | 3271 | 6822 | 10387 | 5707 | 14332 | 5211 |
| 其　他 | Others | 1734 | 3145 | 6638 | 2859 | 5467 | 6254 |

# 8-11 中国科协系统
## Basic Statistics on Scientific and Technological Activities

| 指　标 | Iem | 总　计 Total |
| --- | --- | --- |
| **机构** | **Number of Associations or Academic Societies** | |
| 实有机构（各级科协组织）(个) | Number of Associations or Academic Societies (Organizations at All Levels for S&T)(unit) | 7091 |
| #独立建制 | Number of Independent Institution | 2581 |
| 企业科协（个) | Number of Enterprises Association for Science and Technology(unit) | 16039 |
| 大专院校科协（个) | Number of College Association for Science and Technology(unit) | 698 |
| 街道科普协会（个) | Number of Street Science Association(unit) | 9544 |
| 乡镇科普协会(个) | Number of Science Associations in towns (unit) | 31659 |
| 农村专业技术协会（个) | Number of Rural Professional and Technical Associations (unit) | 100980 |
| **人员** | **Number of Personnel** | |
| 各级科协从业人员(人) | Number of Persons Engaged in China Associations for S&T(person) | 37349 |
| 学会从业人员(人) | Number of Persons Engaged of Academic Societies(person) | 16570 |
| #社会聘用人员 | Number of Temperany Staff for Community | 4398 |
| 学会个人会员(万人) | Number of Individual Members of Academic Societies(10000 persons) | |
| 企业科协个人会员(万人) | Number of Individual Members of Enterprises Association for Science and Technology (10000 persons) | 289 |
| 大专院校科协个人会员(万人) | Number of Individual Members of College Association for Science and Technology (10000 persons) | 45 |
| 街道科普协会个人会员(万人) | Number of Individual Members Street Science Association(10000 persons) | 52 |
| 乡镇科普协会个人会员(万人) | Number of Individual Members of Science Associations in towns (10000 persons) | 187 |
| 农村专业技术协会个人会员(万人) | Number of Individual Members of Rural Professional and Technical Associations (10000 persons) | 1147 |
| **经费** | **Budget** | |
| 经费筹集总额(百万元) | Total Budget(million yuan) | 7313 |
| #同级财政补助收入 | Income of the Same Level Financial Assistance | |
| **学术交流活动** | **Academic Exchange** | |
| 境内举办学术交流活动(次) | Number of Academic Meetings Held in China(time) | 29825 |
| 参加人数(万人次) | Number of Participants(10000 person-time) | 455 |
| **科学技术普及活动** | **S&T Popularization Activities** | |
| 举办科普讲座(次) | Number of S&T Popularization Lectures(time) | 151108 |
| 受众人数(万人次) | Number of Participants(10000 person-time) | 7730 |
| 举办科普展览(次) | Number of S&T Popularization Exhibitions(time) | 69168 |
| 受众人数(万人次) | Number of Participants(10000 person-time) | 13809 |
| 发放科普宣传资料(万份) | Number of Releasing Popular Science Materials(10000 units) | 18475 |
| 开展科技咨询(次) | Number of S&T Popularization Consultion(time) | 270477 |
| 实用技术培训人数(万人次) | Number of People receiving Applied Technology Training(10000 person-time) | 3461 |
| 推广新技术、新品种(项) | Number of New Technologies and New Products Promoted(item) | 37933 |
| **科学技术普及专题——青少年科技教育** | **S&T Populariztion Activities Specifics (Activities for Educationi in Popular S&T among Adolescent)** | |
| 举办青少年科普讲座(次) | Number of S&T Popularization Lectures for Adolescent(time) | 21332 |
| 听讲人数(万人次) | Number of Participants(10000 person-time) | 1584 |
| 举办青少年科普展览(次) | Number of S&T Popularization Exhibitions for Adolescent(time) | 13569 |
| 参观人数(万人次) | Number of Participants(10000 person-time) | 2153 |
| 举办青少年科技竞赛(次) | Number of S&T Competitions for Adolescent(time) | 11120 |
| 参加人数(万人次) | Number of Participants(10000 person-time) | 3129 |
| 举办青少年科技夏冬令营(次) | Number of Summer-Winter Camps for Adolescent(time) | 2754 |
| 参加人数(万人次) | Number of Participants(10000 person-time) | 58 |

# 科技活动情况(2009年)

## of China Associations for Science and Technology (2009)

| 科协小计 Total Number of Associations | 中国科协 China Association | 省级科协 Provincial Associations | 副省级、省会城市科协 Associations of Capital cities | 地级科协 Prefectural Associations | 县级科协 County Associations | 学会小计 Total Number of Academic Societies | 全国学会 National Learned Societies | 省级学会 Provincial Learned Societies |
|---|---|---|---|---|---|---|---|---|
| 3159 | 1 | 32 | 32 | 382 | 2712 | 3932 | 192 | 3740 |
| 2581 | 1 | 31 | 31 | 347 | 2171 | | | |
| 16039 | | 2121 | 1404 | 4110 | 8404 | | | |
| 698 | | 156 | 120 | 269 | 153 | | | |
| 9544 | | | | 397 | 9147 | | | |
| 31659 | | | | 489 | 31170 | | | |
| 100980 | | | 1236 | 9053 | 90691 | | | |
| 37349 | 1233 | 7233 | 2386 | 7846 | 18651 | | | |
| | | | | | | 16570 | 2684 | 13886 |
| | | | | | | 4398 | 879 | 3519 |
| | | | | | | | 414 | 583 |
| 289 | | 77 | 44 | 103 | 65 | | | |
| 45 | | 24 | 8 | 12 | 1 | | | |
| 52 | | | | 4 | 48 | | | |
| 187 | | | | 2 | 185 | | | |
| 1147 | | | 16 | 97 | 1034 | | | |
| 5242 | 881 | 1867 | 405 | 969 | 1120 | 2071 | 1126 | 945 |
| 4057 | 675 | 1183 | 342 | 897 | 960 | | | |
| 13874 | 58 | 635 | 2248 | 5206 | 5727 | 15951 | 4117 | 11834 |
| 230 | 1 | 15 | 49 | 90 | 75 | 225 | 76 | 149 |
| 120859 | 343 | 2808 | 4434 | 26559 | 86715 | 30249 | 5218 | 25031 |
| 6437 | 18 | 424 | 123 | 1107 | 4765 | 1293 | 437 | 856 |
| 62385 | 85 | 1920 | 1165 | 12988 | 46227 | 6783 | 768 | 6015 |
| 11424 | 276 | 1045 | 325 | 2595 | 7183 | 2385 | 800 | 1585 |
| 15073 | 24 | 552 | 251 | 2969 | 11277 | 3402 | 668 | 2734 |
| 270477 | 130 | 850 | 1183 | 31572 | 236742 | | | |
| 3461 | 2 | 24 | 21 | 627 | 2787 | | | |
| 37933 | 6 | 877 | 591 | 7560 | 28899 | | | |
| 21332 | 128 | 711 | 536 | 4421 | 15536 | | | |
| 1584 | 7 | 106 | 32 | 268 | 1171 | | | |
| 13569 | 1 | 324 | 204 | 2941 | 10099 | | | |
| 2153 | 1 | 148 | 90 | 478 | 1436 | | | |
| 10484 | 5 | 229 | 173 | 3063 | 7014 | 636 | 86 | 550 |
| 2766 | 0 | 883 | 263 | 583 | 1037 | 363 | 164 | 199 |
| 2401 | 1 | 137 | 67 | 386 | 1810 | 353 | 75 | 278 |
| 51 | 0 | 2 | 2 | 8 | 39 | 7 | 1 | 6 |

8-11 续表

| 指　标 | Iem | 总　计 Total |
|---|---|---|
| **科普资源建设** | **S&T Resource Construction** | |
| 科普读物(种) | Number of Popular Science Books(kind) | 12585 |
| 科普读物总印数(万册、幅) | The total printing of Popular Science Books(10000 copies) | 7456 |
| 制作科普广播影视节目(小时) | Hours in Producting Popular Science Broadcasting and Television Programs(hour) | 12406 |
| 开发制作科普展览(个) | Number of Popular Science Exhibitions(unit) | 6177 |
| 科普活动资源包(个) | Number of Popular Science Activities Resource Packages(unit) | 3204 |
| 科普动漫作品(个) | Number of Popular Science Animation Works(unit) | 6136 |
| **科普基础设施建设** | **S&T Popularization Infrastrcture Construction** | |
| 科技馆(科普活动中心)(个) | Number of Science and Technology Museum(Popular Science Center)(unit) | 983 |
| #建筑面积8000平方米以上 | Number of More than 8000 Square Metres Construction Areas | 79 |
| 科普教育基地(示范基地)(个) | Number of Education Bases for S&T Popularization(Model Bases)(unit) | 28121 |
| 参观人数(万人次) | Number of Participants(10000 person-time) | 19576 |
| 科普画廊(宣传栏)(个) | Number of Popular Science Galleries(Boards)(unit) | 215374 |
| 科普展示单元总长度（万米） | The Total Length of Popular Science Displayed Units(10000 metre) | 214 |
| 科普大篷车行驶里程（公里） | Mileage of Travelling about Science Caravans(Km) | 2068761 |
| 科普网站(个) | Number of Popular Science Sites(unit) | 2179 |
| 浏览人次（万人次） | Number of Visitors(10000 person-time) | 76757 |
| **国际民间科技交流活动** | **International S&T Exchange** | |
| 国外及港澳台地区来访团组(个) | Visits from Foreign Countries,Hong Kong,Macao and Taiwan(unit) | 3932 |
| 来访总人数　(人次) | Total Number of Visitors(person-time) | 35937 |
| 派往国外及港澳台地区团组(个) | Visits to Foreign Countries,Hong Kong,Macao and Taiwan(unit) | 2154 |
| 派出总人数（人次） | Total Number of Visitors(person-time) | 17080 |
| **科技活动和社会服务** | **S&T Activities and Public Service** | |
| 开展“讲、比”活动企业数(个) | Number of Carrying out "ideal and contribution" Competition Enterprises(unit) | 18099 |
| 参与“讲、比”活动的科技人员(万人次) | Number of "ideal and contribution" Competition S&T Staffs (10000 person-time) | 146 |
| “讲、比”活动项目完成数（项） | Number of Completed "ideal and contribution" Competition Projects(item) | 47181 |
| “金桥工程”本年完成数(项) | Number of Completed "Golden Bridge Program" Projects(item) | 8539 |
| 完成技术咨询合同（项） | Number of Consultative Contracts Completed(item) | 29828 |
| 反映科技工作者建议(项) | Number of S&T Workers Proposals(item) | 33655 |
| 举办培训班（次） | Number of Training Courses(unit) | 57690 |
| 培训结业人数（万人次） | Persons Trained(10000 person-time) | 732 |
| 表彰奖励科技工作者（人次） | Number of Recognition and Award S&T Workers(person-time) | 90744 |
| **科技传媒情况** | **S&T Media** | |
| 主办科技期刊（种） | Number of Scientific & Technological Journals(kind) | 2126 |
| 总印数(万册) | Printed Copies(10000 copies) | 9070 |
| 主办科技报纸（种） | Number of Scientific & Technological Newspapers(kind) | 101 |
| 总印数（万份） | Printed Copies(10000 copies) | 15186 |
| 编著科技图书（种） | Number of Scientific & Technological Books(kind) | 1743 |
| 总印数(万册) | Printed Copies(10000 copies) | 1123 |

continued

| 科协小计 | | | | | | 学会小计 | | |
|---|---|---|---|---|---|---|---|---|
| Total Number of Associations | 中国科协 China Association | 省级科协 Provincial Associations | 副省级、省会城市科协 Associations of Capital cities | 地级科协 Prefectural Associations | 县级科协 County Associations | Total Number of Academic Societies | 全国学会 National Learned Societies | 省级学会 Provincial Learned Societies |
| 12585 | 406 | 621 | 335 | 1485 | 9738 | | | |
| 7456 | 373 | 5216 | 132 | 562 | 1173 | | | |
| 11694 | 210 | 261 | 277 | 2246 | 8700 | 712 | 176 | 536 |
| 6177 | 24 | 57 | 39 | 1099 | 4958 | | | |
| 3204 | 9 | 56 | 20 | 435 | 2684 | | | |
| 6084 | 1 | 4632 | 224 | 876 | 351 | 52 | 6 | 46 |
| | | | | | | | | |
| 983 | 1 | 23 | 15 | 146 | 798 | | | |
| 79 | 1 | 19 | 5 | 11 | 43 | | | |
| 28121 | 668 | 1390 | 1057 | 5212 | 19794 | | | |
| 19576 | 1700 | 5706 | 1307 | 4130 | 6733 | | | |
| 215374 | | 823 | 3733 | 21875 | 188943 | | | |
| 214 | | 1 | 6 | 27 | 180 | | | |
| 2068761 | | 336281 | 54240 | 669534 | 1008706 | | | |
| 1493 | 9 | 96 | 42 | 284 | 1062 | 686 | 234 | 452 |
| 17414 | 1613 | 8260 | 433 | 2247 | 4861 | 59343 | 53354 | 5989 |
| | | | | | | | | |
| 772 | 60 | 258 | 142 | 224 | 88 | 3160 | 1202 | 1958 |
| 9053 | 584 | 2583 | 2104 | 2371 | 1411 | 26884 | 11931 | 14953 |
| 491 | 136 | 204 | 50 | 73 | 28 | 1663 | 557 | 1106 |
| 4311 | 1079 | 1522 | 852 | 662 | 196 | 12769 | 4704 | 8065 |
| | | | | | | | | |
| 18099 | 1 | 2115 | 835 | 4586 | 10562 | | | |
| 146 | 0 | 16 | 27 | 64 | 39 | | | |
| 47181 | 6 | 7385 | 8484 | 21525 | 9781 | | | |
| 8539 | | 1144 | 766 | 2633 | 3996 | | | |
| 24939 | 300 | 5673 | 4832 | 8500 | 5634 | 4889 | 512 | 4377 |
| 26475 | 138 | 695 | 1311 | 6125 | 18206 | 7180 | 697 | 6483 |
| 46018 | 70 | 2208 | 2088 | 6634 | 35018 | 11672 | 1829 | 9843 |
| 597 | 2 | 18 | 15 | 104 | 458 | 135 | 21 | 114 |
| 50635 | 179 | 2964 | 1755 | 15070 | 30667 | 40109 | 18129 | 21980 |
| | | | | | | | | |
| 51 | 6 | 45 | | | | 2075 | 971 | 1104 |
| 699 | 31 | 668 | | | | 8371 | 5887 | 2484 |
| 29 | | 29 | | | | 72 | 5 | 67 |
| 13202 | | 13202 | | | | 1984 | 202 | 1782 |
| 757 | 201 | 61 | 30 | 135 | 330 | 986 | 229 | 757 |
| 369 | 47 | 57 | 42 | 72 | 151 | 754 | 174 | 580 |

# 九、国际比较
# International Comparison

# 9-1 研究与试验发展(R&D)经费及占国内生产总值的比重

## R&D Expenditure and as a Percentage of GDP

单位：10亿本国货币单位 (billion of national currency)

| 国家(地区) | Country (Area) | R&D经费 R&D Expenditure | | | | | | | |
|---|---|---|---|---|---|---|---|---|---|
| | | 1994 | 1995 | 1996 | 1997 | 1998 | 1999 | 2000 | 2001 |
| 中国 | China | 30.63 | 34.87 | 40.45 | 50.92 | 55.11 | 67.89 | 89.57 | 104.25 |
| 美国 | USA | 169.61 | 184.08 | 197.79 | 212.71 | 228.11 | 245.48 | 267.77 | 278.23 |
| 日本 | Japan | 13596.03 | 14408.24 | 14155.06 | 14794.03 | 15169.20 | 15032.66 | 15304.42 | 15542.82 |
| 英国 | UK | 13.68 | 14.03 | 14.34 | 14.66 | 15.45 | 16.93 | 17.72 | 18.29 |
| 法国 | France | 26.76 | 27.30 | 27.84 | 27.76 | 28.32 | 29.53 | 30.95 | 32.89 |
| 德国 | Germany | 38.90 | 40.46 | 41.17 | 42.86 | 44.65 | 48.19 | 50.62 | 52.00 |
| 澳大利亚 | Australia | 7.47 | | 8.79 | | 8.92 | | 10.42 | |
| 加拿大 | Canada | 13.34 | 13.75 | 13.82 | 14.64 | 16.09 | 17.64 | 20.64 | 23.17 |
| 意大利 | Italy | 8.98 | 9.23 | 9.89 | 10.79 | 11.44 | 11.52 | 12.46 | 13.57 |
| 瑞典 | Sweden | | 59.30 | | 66.92 | | 75.81 | | 97.28 |
| 瑞士 | Switzerland | | | 9.99 | | | | 10.68 | |
| 土耳其 | Turkey | 0.01 | 0.03 | 0.07 | 0.14 | 0.26 | 0.49 | 0.80 | 1.29 |
| 奥地利 | Austria | 2.55 | 2.70 | 2.89 | 3.12 | 3.40 | 3.76 | 4.03 | 4.39 |
| 比利时 | Belgium | 3.31 | 3.47 | 3.74 | 4.06 | 4.28 | 4.62 | 4.96 | 5.37 |
| 捷克 | Czech | 12.98 | 13.98 | 16.26 | 19.48 | 22.87 | 23.65 | 26.49 | 28.34 |
| 丹麦 | Denmark | | 18.54 | 19.66 | 21.65 | 23.79 | 26.42 | | 31.88 |
| 芬兰 | Finland | 2.01 | 2.17 | 2.50 | 2.90 | 3.35 | 3.88 | 4.42 | 4.62 |
| 希腊 | Greek | | 0.39 | | 0.49 | | 0.76 | | 0.85 |
| 冰岛 | Iceland | 6.05 | 6.96 | | 9.65 | 11.77 | 14.52 | 18.25 | 22.78 |
| 爱尔兰 | Ireland | 0.59 | 0.67 | 0.76 | 0.86 | 0.97 | 1.07 | 1.18 | 1.28 |
| 墨西哥 | Mexico | 4.17 | 5.69 | 7.83 | 10.94 | 14.52 | 19.75 | 20.49 | 22.92 |
| 荷兰 | Netherlands | 5.67 | 6.01 | 6.34 | 6.81 | 6.87 | 7.56 | 7.63 | 8.08 |
| 新西兰 | New Zealand | | 0.89 | | 1.11 | | 1.09 | | 1.42 |
| 挪威 | Norway | | 15.91 | | 18.19 | | 20.32 | | 24.44 |
| 葡萄牙 | Portugal | 0.44 | 0.46 | 0.52 | 0.58 | 0.70 | 0.81 | 0.93 | 1.04 |
| 西班牙 | Spain | 3.29 | 3.55 | 3.85 | 4.04 | 4.72 | 5.00 | 5.72 | 6.23 |
| 韩国 | South Korea | 7894.75 | 9440.61 | 10878.05 | 12185.81 | 11336.62 | 11921.75 | 13848.50 | 16110.52 |
| 中国台北 | Taipei | | 125.03 | 137.96 | 156.32 | 176.46 | 190.52 | 197.63 | 204.97 |
| 新加坡 | Singapore | 1.18 | 1.37 | 1.79 | 2.10 | 2.49 | 2.66 | 3.01 | 3.23 |
| 匈牙利 | Hungary | 38.85 | 41.20 | 44.89 | 61.75 | 68.62 | 78.19 | 105.39 | 140.61 |
| 波兰 | Poland | 1.72 | 2.13 | 2.76 | 3.36 | 4.01 | 4.59 | 4.80 | 4.86 |
| 俄罗斯联邦 | Russian Federation | 5.15 | 12.15 | 19.39 | 24.45 | 25.08 | 48.05 | 76.70 | 105.26 |
| 巴西 | Brazil | 3.23 | 5.63 | 6.04 | | | | 10.90 | 12.22 |
| 印度 | India | 66.22 | 74.84 | 89.14 | 106.11 | 129.02 | 150.9 | 176.6 | 180.34 |

## 9-1 续表 1 continued

单位：10亿本国货币单位、%  (billion of national currency,%)

| 国家（地区） | Country (Area) | R&D经费 R&D Expenditure | | | | | | | R&D / GDP | | | |
|---|---|---|---|---|---|---|---|---|---|---|---|---|
| | | 2002 | 2003 | 2004 | 2005 | 2006 | 2007 | 2008 | 1994 | 1995 | 1996 | 1997 |
| 中　国 | China | 128.76 | 153.96 | 196.63 | 245.00 | 300.31 | 371.02 | 461.60 | 0.64 | 0.57 | 0.57 | 0.64 |
| 美　国 | USA | 277.05 | 289.72 | 301.02 | 324.46 | 343.75 | 368.80 | | 2.42 | 2.51 | 2.55 | 2.58 |
| 日　本 | Japan | 15551.51 | 15683.40 | 15782.74 | 16672.63 | 17273.45 | 17756.24 | | 2.79 | 2.92 | 2.81 | 2.87 |
| 英　国 | UK | 19.23 | 19.9 | 20.25 | 21.68 | 23.20 | 25.13 | | 2 | 1.94 | 1.86 | 1.8 |
| 法　国 | France | 34.53 | 34.57 | 35.69 | 36.53 | 37.84 | 39.37 | | 2.32 | 2.29 | 2.27 | 2.19 |
| 德　国 | Germany | 53.36 | 54.54 | 54.97 | 55.74 | 58.85 | 61.54 | | 2.18 | 2.19 | 2.19 | 2.24 |
| 澳大利亚 | Australia | 13.21 | | 15.97 | | 21.00 | | | 1.53 | | 1.61 | |
| 加拿大 | Canada | 23.53 | 24.64 | 26.48 | 27.70 | 28.07 | 28.88 | 29.07 | 1.73 | 1.7 | 1.65 | 1.66 |
| 意大利 | Italy | 14.6 | 14.77 | 15.25 | 15.60 | 16.83 | | | 1.02 | 0.97 | 0.99 | 1.03 |
| 瑞　典 | Sweden | | 97.10 | 95.13 | 103.82 | 108.19 | 110.41 | | | 3.28 | | 3.47 |
| 瑞　士 | Switzerland | | | 13.10 | | | | | | | 2.65 | |
| 土耳其 | Turkey | 1.84 | 2.20 | 2.90 | 3.84 | 4.40 | 6.09 | | 0.36 | 0.38 | 0.45 | 0.49 |
| 奥地利 | Austria | 4.68 | 5.04 | 5.25 | 5.92 | 6.32 | 6.95 | 7.51 | 1.51 | 1.54 | 1.59 | 1.69 |
| 比利时 | Belgium | 5.2 | 5.18 | 5.40 | 5.55 | 5.80 | 6.26 | | 1.65 | 1.67 | 1.77 | 1.83 |
| 捷　克 | Czech | 29.55 | 32.25 | 35.08 | 42.20 | 49.90 | 54.28 | | 1.03 | 0.95 | 0.97 | 1.08 |
| 丹　麦 | Denmark | 34.43 | 36.07 | 36.43 | 37.96 | 40.42 | 43.05 | | | 1.82 | 1.84 | 1.92 |
| 芬　兰 | Finland | 4.83 | 5.01 | 5.25 | 5.47 | 5.76 | 6.24 | 6.45 | 2.28 | 2.26 | 2.52 | 2.7 |
| 希　腊 | Greek | | 0.98 | 1.02 | 1.15 | 1.22 | 1.31 | | | 0.43 | | 0.45 |
| 冰　岛 | Iceland | 24.10 | 23.72 | | 28.44 | 34.97 | 35.13 | 39.17 | 1.37 | 1.53 | | 1.83 |
| 爱尔兰 | Ireland | 1.44 | 1.64 | 1.84 | 2.03 | 2.31 | 2.50 | 2.69 | 1.25 | 1.26 | 1.3 | 1.27 |
| 墨西哥 | Mexico | 27.34 | 29.93 | 36.38 | 42.18 | | | | 0.29 | 0.31 | 0.31 | 0.34 |
| 荷　兰 | Netherlands | 8.02 | 8.38 | 8.75 | 8.84 | 9.26 | 9.67 | | 1.95 | 1.97 | 1.98 | 1.99 |
| 新西兰 | New Zealand | | 1.66 | | 1.83 | | 2.14 | | | 0.95 | | 1.09 |
| 挪　威 | Norway | 25.44 | 27.30 | 27.77 | 29.63 | 32.76 | 37.40 | | | 1.69 | | 1.63 |
| 葡萄牙 | Portugal | 1.03 | 1.02 | 1.11 | 1.20 | 1.56 | 1.92 | | 0.56 | 0.54 | 0.57 | 0.59 |
| 西班牙 | Spain | 7.19 | 8.21 | 8.95 | 10.20 | 11.82 | 13.34 | | 0.79 | 0.79 | 0.81 | 0.8 |
| 韩　国 | South Korea | 17325.08 | 19068.68 | 22185.34 | 24155.41 | 27345.70 | 31301.38 | | 2.32 | 2.37 | 2.42 | 2.48 |
| 中国台北 | Taipei | 224.43 | 242.94 | 263.27 | 280.98 | 307.04 | 331.39 | | | 1.72 | 1.74 | 1.82 |
| 新加坡 | Singapore | 3.40 | 3.42 | 4.06 | 4.58 | 5.01 | 6.34 | | 1.09 | 1.14 | 1.37 | 1.48 |
| 匈牙利 | Hungary | 171.47 | 175.77 | 181.53 | 207.76 | 237.95 | 245.69 | | 0.87 | 0.71 | 0.63 | 0.7 |
| 波　兰 | Poland | 4.52 | 4.56 | 5.16 | 5.57 | 5.89 | 6.67 | | 0.7 | 0.63 | 0.65 | 0.65 |
| 俄罗斯联邦 | Russian Federation | 135.00 | 169.86 | 196.04 | 230.79 | 288.81 | 371.08 | | 0.84 | 0.85 | 0.97 | 1.04 |
| 巴　西 | Brazil | 15.39 | 14.15 | 14.83 | 17.18 | | | | 0.92 | 0.87 | 0.77 | |
| 印　度 | India | 170.36 | 180.02 | 197.29 | 216.38 | | | | 0.73 | 0.71 | 0.72 | 0.77 |

## 9-1 续表 2 continued

单位：% (%)

| 国家（地区） | Country (Area) | R&D / GDP 1998 | 1999 | 2000 | 2001 | 2002 | 2003 | 2004 | 2005 | 2006 | 2007 | 2008 |
|---|---|---|---|---|---|---|---|---|---|---|---|---|
| 中　国 | China | 0.65 | 0.76 | 0.90 | 0.95 | 1.07 | 1.13 | 1.23 | 1.32 | 1.39 | 1.40 | 1.47 |
| 美　国 | USA | 2.62 | 2.66 | 2.74 | 2.76 | 2.66 | 2.66 | 2.59 | 2.62 | 2.66 | 2.68 | |
| 日　本 | Japan | 3 | 3.02 | 3.04 | 3.12 | 3.17 | 3.2 | 3.17 | 3.32 | 3.39 | 3.44 | |
| 英　国 | UK | 1.79 | 1.86 | 1.85 | 1.82 | 1.82 | 1.78 | 1.71 | 1.76 | 1.76 | 1.79 | |
| 法　国 | France | 2.14 | 2.16 | 2.15 | 2.2 | 2.23 | 2.17 | 2.15 | 2.10 | 2.10 | 2.08 | |
| 德　国 | Germany | 2.27 | 2.4 | 2.45 | 2.46 | 2.49 | 2.52 | 2.49 | 2.48 | 2.54 | 2.54 | |
| 澳大利亚 | Australia | 1.47 | | 1.51 | | 1.69 | | 1.78 | | 2.01 | | |
| 加拿大 | Canada | 1.76 | 1.8 | 1.92 | 2.09 | 2.04 | 2.03 | 2.05 | 2.01 | 1.98 | 1.88 | 1.82 |
| 意大利 | Italy | 1.05 | 1.02 | 1.05 | 1.09 | 1.13 | 1.11 | 1.10 | 1.09 | 1.13 | | |
| 瑞　典 | Sweden | | 3.57 | | 4.18 | | 3.85 | 3.62 | 3.60 | 3.74 | 3.60 | |
| 瑞　士 | Switzerland | | | 2.53 | | | | 2.90 | | | | |
| 土耳其 | Turkey | 0.5 | 0.63 | 0.64 | 0.72 | 0.66 | 0.48 | 0.52 | 0.59 | 0.58 | 0.71 | |
| 奥地利 | Austria | 1.77 | 1.88 | 1.91 | 2.03 | 2.12 | 2.26 | 2.26 | 2.44 | 2.46 | 2.56 | 2.66 |
| 比利时 | Belgium | 1.86 | 1.94 | 1.97 | 2.08 | 1.94 | 1.88 | 1.87 | 1.84 | 1.88 | 1.87 | |
| 捷　克 | Czech | 1.15 | 1.14 | 1.21 | 1.20 | 1.20 | 1.25 | 1.25 | 1.41 | 1.55 | 1.54 | |
| 丹　麦 | Denmark | 2.04 | 2.18 | | 2.39 | 2.51 | 2.58 | 2.48 | 2.45 | 2.48 | 2.55 | |
| 芬　兰 | Finland | 2.86 | 3.16 | 3.34 | 3.3 | 3.36 | 3.43 | 3.45 | 3.48 | 3.45 | 3.47 | 3.46 |
| 希　腊 | Greek | | 0.6 | | 0.58 | | 0.57 | 0.55 | 0.58 | 0.57 | 0.57 | |
| 冰　岛 | Iceland | 2.01 | 2.3 | 2.68 | 2.96 | 2.97 | 2.82 | | 2.78 | 2.99 | 2.75 | 2.76 |
| 爱尔兰 | Ireland | 1.24 | 1.18 | 1.12 | 1.10 | 1.10 | 1.17 | 1.24 | 1.26 | 1.30 | 1.31 | 1.45 |
| 墨西哥 | Mexico | 0.38 | 0.43 | 0.37 | 0.39 | 0.44 | 0.4 | 0.43 | 0.46 | | | |
| 荷　兰 | Netherlands | 1.9 | 1.96 | 1.82 | 1.80 | 1.72 | 1.76 | 1.78 | 1.72 | 1.71 | 1.70 | |
| 新西兰 | New Zealand | | 1 | | 1.14 | | 1.19 | | 1.16 | | 1.21 | |
| 挪　威 | Norway | | 1.64 | | 1.59 | 1.66 | 1.71 | 1.59 | 1.52 | 1.52 | 1.64 | |
| 葡萄牙 | Portugal | 0.65 | 0.71 | 0.76 | 0.8 | 0.76 | 0.74 | 0.77 | 0.81 | 1.00 | 1.18 | |
| 西班牙 | Spain | 0.87 | 0.86 | 0.91 | 0.91 | 0.99 | 1.05 | 1.06 | 1.12 | 1.20 | 1.27 | |
| 韩　国 | South Korea | 2.34 | 2.25 | 2.39 | 2.59 | 2.53 | 2.63 | 2.85 | 2.98 | 3.22 | 3.47 | |
| 中国台北 | Taipei | 1.91 | 1.98 | 1.97 | 2.08 | 2.18 | 2.31 | 2.38 | 2.45 | 2.58 | 2.63 | |
| 新加坡 | Singapore | 1.81 | 1.9 | 1.88 | 2.11 | 2.15 | 2.11 | 2.20 | 2.30 | 2.31 | 2.61 | |
| 匈牙利 | Hungary | 0.66 | 0.67 | 0.78 | 0.92 | 1 | 0.93 | 0.88 | 0.94 | 1.00 | 0.97 | |
| 波　兰 | Poland | 0.67 | 0.69 | 0.64 | 0.62 | 0.56 | 0.54 | 0.56 | 0.57 | 0.56 | 0.57 | |
| 俄罗斯联邦 | Russian Federation | 0.95 | 1 | 1.05 | 1.18 | 1.25 | 1.28 | 1.15 | 1.07 | 1.07 | 1.12 | |
| 巴　西 | Brazil | | | 0.99 | 1.02 | 0.95 | 0.88 | 0.83 | 0.97 | 1.02 | | |
| 印　度 | India | 0.81 | 0.82 | 0.86 | 0.82 | 0.82 | 0.8 | 0.78 | 0.61 | | | |

# 9-2 研究与试验发展
# International Comparison

| 项　目 | Item | 中 国<br>China | 美 国<br>USA | 日 本<br>Japan | 英 国<br>UK | 法 国<br>France | 德 国<br>Germany | 澳大利亚<br>Australia |
|---|---|---|---|---|---|---|---|---|
| **一、R&D人员** | **R&D personnel** | | | | | | | |
| **1.人力资源** | **Human Resources** | **(2009)** | **(2006)** | **(2008)** | **(2008)** | **(2007)** | **(2008)** | **(2006)** |
| 从事R&D活动人员(千人) | R&D Personnel(1000 persons) | 3183.7 | | 908.8 | 341.5 | 372.3 | 521.9 | 126.1 |
| #研究人员 | Researchers | 1649.7 | 1425.6 | 682.8 | 251.6 | 215.8 | 301.3 | 87.1 |
| 每万人劳动力中从事R&D活动人员(人) | R&D Personnel in 10000 Labor Forces (person) | 40 | | 137 | 110 | 131 | 125 | 116 |
| #研究人员 | Researchers | 21 | 94 | 103 | 81 | 76 | 72 | 81 |
| **2.从事R&D活动人员按执行部门分(%)** | **R&D Personnel by Performing Sectors (%)** | **(2009)** | | **(2008)** | **(2008)** | **(2007)** | **(2008)** | **(2006)** |
| 企业部门 | Business Enterprise Sector | 68.6 | | 68.8 | 44.6 | 57.3 | 63.8 | 36.7 |
| 政府部门 | Government Sector | 10.1 | | 6.8 | 5.4 | 13.6 | 15.5 | 13.0 |
| 高等教育部门 | Higher Education Sector | 16.0 | | 22.9 | 47.9 | 27.5 | 20.7 | 46.6 |
| **二、R&D经费** | **R&D Funds** | | | | | | | |
| **1.按经费来源分(%)** | **By sources of Funds (%)** | **(2009)** | **(2008)** | **(2008)** | **(2008)** | **(2008)** | **(2007)** | **(2006)** |
| 来源于企业资金 | Financed by Industry | 71.7 | 67.4 | 78.2 | 45.4 | 50.5 | 67.9 | 58.3 |
| 来源于政府资金 | Financed by Government | 23.4 | 26.9 | 15.6 | 30.7 | 39.4 | 27.7 | 37.3 |
| 来源于其他资金 | Financed by Other Sources | 4.8 | 5.7 | 6.2 | 23.9 | 10.1 | 4.4 | 4.4 |
| **2.按执行部门分(%)** | **By Performing Sector (%)** | **(2009)** | **(2008)** | **(2008)** | **(2008)** | **(2008)** | **(2008)** | **(2006)** |
| 企业部门 | Business Enterprise Sector | 73.2 | 72.7 | 78.5 | 62.0 | 63.0 | 69.9 | 58.3 |
| 政府部门 | Government Sector | 17.2 | 10.5 | 8.3 | 9.2 | 16.1 | 13.8 | 13.7 |
| 高等教育部门 | Higher Education Sector | 8.1 | 12.9 | 11.6 | 26.5 | 19.7 | 16.2 | 25.1 |
| 私人非营利部门 | Private Non-Profit Sector | | 3.9 | 1.6 | 2.4 | 1.2 | | 2.8 |
| **3.按研究类型分(%)** | **By types of Research (%)** | **(2009)** | **(2008)** | **(2005)** | | **(2005)** | | **(2004)** |
| 基础研究 | Basic Research | 4.7 | 17.3 | 12.7 | | 23.7 | | 23.2 |
| 应用研究 | Applied Research | 12.6 | 22.4 | 22.2 | | 39.0 | | 38.1 |
| 试验发展 | Experimental Development | 82.7 | 60.3 | 65.2 | | 37.3 | | 38.7 |

# (R&D)活动的国际比较
# of R&D Activities

| 加拿大 Canada | 意大利 Italy | 瑞典 Sweden | 瑞士 Switzerland | 土耳其 Turkey | 奥地利 Austria | 比利时 Belgium | 捷克 Czech | 丹麦 Denmark | 韩国 South Korea | 俄罗斯联邦 Russian Federation |
|---|---|---|---|---|---|---|---|---|---|---|
| **(2007)** | **(2008)** | **(2008)** | **(2008)** | **(2007)** | **(2008)** | **(2008)** | **(2008)** | **(2008)** | **(2008)** | **(2008)** |
| 228.7 | 236.3 | 77.5 | 62.1 | 63.4 | 58.1 | 58.7 | 50.8 | 48.1 | 294.4 | 869.8 |
| 142.9 | 96.3 | 48.2 | 25.1 | 49.7 | 34.5 | 36.4 | 29.8 | 30.9 | 236.1 | 451.2 |
| 127 | 94 | 158 | 133 | 27 | 137 | 122 | 97 | 164 | 121 | 115 |
| 79 | 38 | 98 | 54 | 21 | 81 | 76 | 57 | 106 | 97 | 60 |
| **(2007)** | **(2008)** | **(2008)** | **(2008)** | **(2007)** | **(2008)** | **(2008)** | **(2008)** | **(2008)** | **(2008)** | **(2008)** |
| 64.5 | 42.8 | 75.8 | 64.2 | 38.3 | 69.5 | 57.8 | 51.3 | 66.5 | 70.8 | 54.9 |
| 8.2 | 15.2 | 3.8 | 1.3 | 15.1 | 4.7 | 6.9 | 22.4 | 3.6 | 7.4 | 32.5 |
| 26.3 | 38.5 | 20.1 | 34.5 | 46.6 | 25.6 | 34.3 | 25.9 | 29.3 | 20.5 | 12.3 |
| **(2009)** | **(2007)** | **(2007)** | **(2008)** | **(2008)** | **(2009)** | **(2007)** | **(2008)** | **(2008)** | **(2008)** | **(2008)** |
| 47.5 | 42.0 | 64.0 | 68.2 | 47.3 | 44.8 | 61.4 | 52.2 | 61.1 | 72.9 | 28.7 |
| 32.5 | 44.3 | 22.2 | 22.8 | 31.6 | 39.1 | 22.2 | 41.3 | 25.3 | 25.4 | 64.7 |
| 20.0 | 13.7 | 13.8 | 9.0 | 21.1 | 16.1 | 16.5 | 6.5 | 13.5 | 1.7 | 6.6 |
| **(2009)** | **(2008)** | **(2008)** | **(2008)** | **(2008)** | **(2008)** | **(2008)** | **(2008)** | **(2008)** | **(2008)** | **(2008)** |
| 54.1 | 50.9 | 74.1 | 73.5 | 44.2 | 70.6 | 68.9 | 61.9 | 70.1 | 75.4 | 62.9 |
| 10.4 | 13.2 | 4.4 | 0.7 | 11.9 | 5.3 | 8.6 | 20.9 | 3.2 | 12.1 | 30.1 |
| 34.9 | 32.6 | 21.3 | 24.2 | 43.8 | 23.8 | 21.2 | 16.8 | 26.2 | 11.1 | 6.7 |
| 0.6 | 3.3 | 0.2 | 1.6 | | 0.3 | 1.3 | 0.4 | 0.5 | 1.4 | 0.3 |
| | **(2005)** | | **(2004)** | | **(2002)** | | **(2006)** | **(2005)** | **(2006)** | **(2003)** |
| | 27.7 | | 28.7 | | 17.8 | | 29.3 | 18.7 | 15.2 | 15.1 |
| | 44.4 | | 33.3 | | 37.6 | | 24.1 | 28.1 | 19.9 | 15.6 |
| | 27.9 | | 38.0 | | 44.6 | | 46.6 | 53.2 | 65.0 | 69.4 |

# 9-3 按ESI论文数量排序的前20个国家*
# The Top 20 Most-cited Countries Sorted by Papers in ESI

| 国家（地区） | Country (Area) | 位次 Rank | 论文数量(篇) Papers(piece) | 被引用次数(次) Citations(time) | 论文引用率(次/篇) Citations Per Paper (time/piece) |
|---|---|---|---|---|---|
| 美国 | USA | 1 | 2974344 | 44669056 | 15.02 |
| 日本 | Japan | 2 | 788650 | 7602742 | 9.64 |
| 德国 | Germany | 3 | 766162 | 9406841 | 12.28 |
| 英国 | UK | 4 | 682018 | 9399334 | 13.78 |
| 中国 | China | 5 | 649689 | 3404466 | 5.24 |
| 法国 | France | 6 | 548046 | 6304141 | 11.5 |
| 加拿大 | Canada | 7 | 424562 | 5233211 | 12.33 |
| 意大利 | Italy | 8 | 403588 | 4417871 | 10.95 |
| 西班牙 | Spain | 9 | 305430 | 2942425 | 9.63 |
| 澳大利亚 | Australia | 10 | 276622 | 3067686 | 11.09 |
| 俄罗斯 | Russia | 11 | 273189 | 1199538 | 4.39 |
| 印度 | India | 12 | 253520 | 1288075 | 5.08 |
| 韩国 | South Korea | 13 | 237652 | 1515555 | 6.38 |
| 荷兰 | Netherlands | 14 | 236344 | 3419657 | 14.47 |
| 巴西 | Brazil | 15 | 175063 | 1039235 | 5.94 |
| 瑞典 | Sweden | 16 | 174789 | 2407364 | 13.77 |
| 瑞士 | Switzerland | 17 | 171248 | 2693730 | 15.73 |
| 台湾 | Taiwan | 18 | 154634 | 974818 | 6.3 |
| 波兰 | Poland | 19 | 138705 | 864073 | 6.23 |
| 比利时 | Belgium | 20 | 128800 | 1613458 | 12.53 |

注：数据来源于 Essential Science Indicators（基本科学指标数据库），年限跨度从1999年1月至2009年8月31日。

Source: Essential Science Indicators covering a ten-year plus eight-month period, January 1999-August 31, 2009.

# 9-4 按ESI论文被引用次数排序的前20个国家*

## The Top 20 Most-cited Countries Sorted by Citations in ESI

| 国家(地区) | Country (Area) | 位 次 Rank | 被引用次数(次) Citations(time) | 论文数量(篇) Papers(piece) | 论文引用率(次/篇) Citations Per Paper (time/piele) |
|---|---|---|---|---|---|
| 美国 | USA | 1 | 44669056 | 2974344 | 15.02 |
| 德国 | Germany | 2 | 9406841 | 766162 | 12.28 |
| 英国 | UK | 3 | 9399334 | 682018 | 13.78 |
| 日本 | Japan | 4 | 7602742 | 788650 | 9.64 |
| 法国 | France | 5 | 6304141 | 548046 | 11.5 |
| 加拿大 | Canada | 6 | 5233211 | 424562 | 12.33 |
| 意大利 | Italy | 7 | 4417871 | 403588 | 10.95 |
| 荷兰 | Netherlands | 8 | 3419657 | 236344 | 14.47 |
| 中国 | China | 9 | 3404466 | 649689 | 5.24 |
| 澳大利亚 | Australia | 10 | 3067686 | 276622 | 11.09 |
| 西班牙 | Spain | 11 | 2942425 | 305430 | 9.63 |
| 瑞士 | Switzerland | 12 | 2693730 | 171248 | 15.73 |
| 瑞典 | Sweden | 13 | 2407364 | 174789 | 13.77 |
| 比利时 | Belgium | 14 | 1613458 | 128800 | 12.53 |
| 苏格兰 | Scotland | 15 | 1522948 | 106559 | 14.29 |
| 韩国 | South Korea | 16 | 1515555 | 237652 | 6.38 |
| 丹麦 | Denmark | 17 | 1369297 | 92734 | 14.77 |
| 印度 | India | 18 | 1288075 | 253520 | 5.08 |
| 以色列 | Israel | 19 | 1287435 | 109410 | 11.77 |
| 俄罗斯 | Russia | 20 | 1199538 | 273189 | 4.39 |

注：数据来源于 Essential Science Indicators (基本科学指标数据库),年限跨度从1999年1月至2009年8月31日。

Source: Essential Science Indicators covering a ten-year plus eight-month period, January 1999-August 31, 2009.

# 指标解释

# Explanatory Notes of Indicators

# 指标解释

**研究与试验发展（R&D）**：指在科学技术领域，为增加知识总量、以及运用这些知识去创造新的应用而进行的系统的、创造性的活动，包括基础研究、应用研究、试验发展三类活动。

**基础研究**：指为了获得关于现象和可观察事实的基本原理的新知识（揭示客观事物的本质、运动规律，获得新发展、新学说）而进行的实验性或理论性研究，它不以任何专门或特定的应用或使用为目的。

**应用研究**：指为获得新知识而进行的创造性研究，主要针对某一特定的目的或目标。应用研究是为了确定基础研究成果可能的用途，或是为达到预定的目标探索应采取的新方法（原理性）或新途径。

**试验发展**：指利用从基础研究、应用研究和实际经验所获得的现有知识，为产生新的产品、材料和装置，建立新的工艺、系统和服务，以及对已产生和建立的上述各项作实质性的改进而进行的系统性工作。

**R&D 人员**：指调查单位内部从事基础研究、应用研究和试验发展三类活动的人员。包括直接参加上述三类项目活动的人员以及这三类项目的管理人员和直接服务人员。为研发活动提供直接服务的人员包括直接为研发活动提供资料文献、材料供应、设备维护等服务的人员。

R&D **人员中全时人员**：在报告年度实际从事 R&D 活动的时间占制度工作时间 90% 及以上的人员。

R&D **人员全时当量**：是国际上通用的、用于比较科技人力投入的指标。指 R&D 全时人员（全年从事 R&D 活动累积工作时间占全部工作时间的 90% 及以上人员）工作量与非全时人员按实际工作时间折算的工作量之和。例如：有 2 个 R&D 全时人员（工作时间分别为 0．9 年和 1 年）和 3 个 R&D 非全时人员（工作时间分别为 0．2 年、0．3 年和 0．7 年），则 R&D 人员全时当量 = 1 + 1 + 0．2 + 0．3 + 0．7 = 3．2（人年）。

**研究人员**：指 R&D 人员中具备中级以上职称或博士学历（学位）的人员。

R&D **经费内部支出**：指调查单位在报告年度用于内部开展 R&D 活动的实际支出。包括用于 R&D 项目（课题）活动的直接支出，以及间接用于 R&D 活动的管理费、服务费、与 R&D 有关的基本建设支出以及外协加工费等。不包括生产性活动支出、归还贷款支出以及与外单位合作或委托外单位进行 R&D 活动而转拨给对方的经费支出。

**日常性支出**：指调查单位在报告年度为开展 R&D 活动而发生的人员劳务费，及其各项管理费用和购买非资产性的材料、物资费用等他日常支出。

**资产性支出**：指调查单位在报告年度为开展 R&D 活动而进行建造、购置、安装、改建、扩建固定资产，以及进行设备技术改造和大修理等实际支出的费用。

**政府资金**：指调查单位 R&D 经费内部支出中来自各级政府部门的各类资金，包括财政科学技术拨款、科学基金、教育等部门事业费以及政府部门预算外资金的实际支出。

**企业资金**：指调查单位 R&D 经费内部支出中来自本企业的自有资金和接受其他企业委托而获得的经费，以及科研院所、高校等事业单位从企业获得的资金的实际支出。

R&D **经费外部支出合计**：指报告年度调查单位委托外单位或与外单位合作进行 R&D 活动而拨给对方的经费。

R&D 项目（课题）：指调查单位在当年立项并开展研究工作、以前年份立项仍继续进行研究的研究开发项目或课题，包括当年完成和年内研究工作已告失败的研发项目或课题。

**专业技术人员**：指从事专业技术工作和专业技术管理工作的人员，即企事业单位中已经聘任专业技术职务从事专业技术工作和专业技术管理工作的人员，以及未聘任专业技术职务，现在专业技术岗位上的人员。包括工程技术人员，农业技术人员，科学研究人员，卫生技术人员，教学人员，经济人员，会计人员，统计人员，翻译人员，图书资料、档案、文博人员，新闻出版人员，律师、公证人员、广播电视播音人员，工艺美术人员，体育人员，艺术人员及企业政治思想工作人员，共十七个专业技术职务类别。

**新产品**：指采用新技术原理、新设计构思研制、生产的全新产品，或在结构、材质、工艺等某一方面比原有产品有明显改进，从而显著提高了产品性能或扩大了使用功能的产品。

**专利**：是专利权的简称，是对发明人的发明创造经审查合格后，由专利局依据专利法授予发明人和设计人对该项发明创造享有的专有权。包括发明、实用新型和外观设计。

**发明专利**：指对产品、方法或者其改进所提出的新的技术方案。

**实用新型专利**：指对产品的形状、构造或者其结合所提出的适于实用的新的技术方案。

**外观设计专利**：指对产品的形状、图案、色彩或者其结合所作出的富有美感并适于工业上应用的新设计。

**职务发明**：执行本单位的任务或者主要是利用本单位的物质条件所完成的发明创造，申请专利的权利属于本单位。

**有效发明专利数**：指调查单位作为专利权人在报告年度拥有的、经国内外知识产权行政部门授权且在有效期内的发明专利件数。

**专利所有权转让及许可数**：指报告年度调查单位向外单位转让专利所有权或允许专利技术由被许可单位使用的件数。

**专利所有权转让与许可收入**：指报告年度调查单位向外单位转让专利所有权或允许专利技术由被许可单位使用而得到的收入。包括当年从被转让方或被许可方得到的一次性付款和分期付款收入，以及利润分成、股息收入等。

**集成电路布图设计登记数**：指报告年度调查单位向知识产权行政部门提出登记申请并被受理登记的集成电路布图设计的件数。

**形成国家或行业标准数**：指报告年度调查单位在自主研发或自主知识产权基础上形成的国家或行业标准。形成国家或行业标准须经有关部门批准。

**发表科技论文**：指在学术刊物上以书面形式发表的最初的科学研究成果。应具备以下三个条件：（1）首次发表的研究成果；（2）作者的结论和试验能被同行重复并验证；（3）发表后科技界能引用。

**出版科技著作**：指经过正式出版部门编印出版的论述科学技术问题的理论性论文集或专著以及大专院校教科书、科普著作。但不包括翻译国外的著作。由多人合著的科技著作，由第一作者所在单位统计。

**《SCI》**：美国《科学引文索引》（Science Citation Index），是由美国科学情报研究所于1961年创立，报道生命科学、医学、生物、物理、化学、农业、工程技术领域内的科技文献。是目前国际上最具权威性的用于基础研究和应用研究科研成果的评价体系。

**《EI》**：美国《工程索引》（The Engineering Index），创刊于1884年，由美国工程信息公司编辑出版。作为世界著名的工程技术领域的文献检索系统，其收录文献的内容包括以下工程技术领域；生物工程、土木、地质、环境、矿业、石油、冶金、机械、燃料工程、核能、汽车、宇航工程、电气、电子、控制工程、化工、食品、农业、工业管理、数学、物理、仪表等。

**《ISTP》**：《科学技术会议录索引》（Index to Scientific and Technical Proceedings）。

**东部地区**：包括北京，天津，河北，辽宁，上海，江苏，浙江，福建，山东，广东和海南11个省市。

**中部地区**：包括山西，吉林，黑龙江，安徽，江西，河南，湖北和湖南8个省市。

**西部地区**：包括内蒙古，广西，重庆，四川，贵州，云南，西藏，陕西，甘肃，青海，宁夏和新疆12个省市。